航空人因工程学

Human Factors Engineering in Civil Aviation

罗晓利　李海燕　谭　鑫　主编

西南交通大学出版社
·成都·

内容简介

本书内容包括人因工程学的基本理论与常用方法，飞机驾驶舱人体工效学、认知工效学、组织工效学，航空器适航法规和设计原则与标准，空中交通管制环境与设备的人因工程学、机务维修人因工程学以及机场规划与设计的人因工程学问题及其解决方案。

本书适用于航空应用心理学及其相关学科硕士研究生的"航空人因工程学"课程学习，对于从事该领域研究的科研人员亦有一定的参考价值。

图书在版编目（C I P）数据

航空人因工程学 / 罗晓利，李海燕，谭鑫主编. —
成都：西南交通大学出版社，2021.9
ISBN 978-7-5643-8237-7

Ⅰ. ①航… Ⅱ. ①罗… ②李… ③谭… Ⅲ. ①航空 –
人因工程 Ⅳ. ①V②TB18

中国版本图书馆 CIP 数据核字（2021）第 180211 号

Hangkong Renyin Gongchengxue
航空人因工程学

罗晓利　李海燕　谭　鑫　主编	
责任编辑	何明飞
封面设计	何东琳设计工作室
出版发行	西南交通大学出版社 （四川省成都市金牛区二环路北一段 111 号 西南交通大学创新大厦 21 楼）
邮政编码	610031
发行部电话	028-87600564　028-87600533
网址	http://www.xnjdcbs.com
印刷	四川森林印务有限责任公司
成品尺寸	185 mm×260 mm
印张	22.5
字数	562 千
版次	2021 年 9 月第 1 版
印次	2021 年 9 月第 1 次
定价	68.00 元
书号	ISBN 978-7-5643-8237-7

课件咨询电话：028-81435775

前　言

写这本书的意愿由来已久。2006年，我所在的中国民用航空飞行学院获得了硕士学位授予权，航空人因工程是载运工具应用工程二级学科下的一个研究方向，"航空人因工程学"理所当然地就成了航空人因工程研究方向研究生和其他相关学科研究生的必修或者选修课程。那个时候，我们是在摸索中前行，主要教学内容还局限在民航从业人员的差错及其管理、人体测量学、通用的人因工程学理论、原则与方法，教学资料主要参考 C.D.威肯斯的《人因工程学导论》，查找了一些资料不断补充、融入教学电子课件里，并把相关资料提供给研究生们。2008年，国产大飞机的研制被提上日程，许多单位都投入了大量人力和物力参与这项工作，迄今为止取得了丰硕的成果。ARJ21-700成功投入运营，C919已经进入适航取证阶段；在理论成果上，王黎静、张炜、薛红军、揭裕文、顾铮、傅山等先后出版了航空人因工程学/工效学的专著或教材，这些专著和教材都为本教材的编写提供了丰富而宝贵的资料。2020年，中国民用航空飞行学院应用心理学（航空心理方向）专业硕士学位授权点申报成功，更加迫切地需要一本供研究生们学习的航空人因工程学教材。

航空人因工程学/工效学是一门多学科交叉的边缘学科，涉及心理学（尤其是工程心理学、解剖生理学）、人体测量学、生物力学以及航空领域的相关学科知识。就学习这门课程的研究生而言，除非在本科阶段就积累了较好的工程心理学和航空领域背景知识，否则学习起来很困难。但从实际情况来看，目前符合上述条件的研究生很少。这就需要在教材编写时充分考虑教材结构的循序渐进、教材内容的难易深浅、知识体系的范围以及研究生们未来可能的工作岗位。

航空人因工程学研究生教材的编写大体可以概括为三种倾向：一是比较偏重人因工程学理论与方法；二是比较偏重人因工程学的工程应用；三是综合上述两种倾向，将人因工程学理论与工程应用比较好地结合在一起。本教材努力的方向就是力图将人因工程学理论与航空器、管制环境与设备、机场规划与设计以及机务维修等特定领域的工程实践问题紧密结合，为学生未来从事航空应用心理学/航空人因工程学/工效学的相关工作奠定知识与技能的基础。

本教材一共九章，罗晓利负责第一章至第七章的编写，谭鑫负责第八章的编写，李海燕负责第九章的编写，最后由罗晓利对全书进行统稿，李海燕协助统稿并负责书稿提交给出版社以后的各项事务。全书内容大致可概括为五个部分：第一部分为航空人因工程学的基础理论和研究方法。第一章主要介绍人因工程学和航空人因工程学的基本概念、研究目标和研究范畴以及发展历史与现状；第二章主要介绍研究生们未来可能会用到的人因工程学方法；第三章主要介绍设计和评估中常用的方法，包括人因工程学设计的内涵、效益/成本分析、设计工作的资料来源、产品设计周期的人因工程学、民机设计流程与设计理念以及驾驶舱人员构成设计原则等。第二部分为驾驶舱的人因工程学设计，第四章至第六章主要介绍飞机驾驶舱设计与评价的人因工程学知识、方法以及法规。其中，第四章"人体工效学与驾驶舱空间布局"主要介绍人体测量与建模技术、驾驶舱布局的人因工程学要求，并以 A380 型飞机为例分析了该机型驾驶舱布局的人因工程学原理；第五章主要介绍飞机驾驶舱认知工效学内容。首先，通过人的信息加工模型简要介绍了人的认知过程及其特点、人的优势与局限及其工程设计意义；然后，阐述显示器的人因工程学设计与评价；最后，介绍了操纵器/控制器的人因工程学设计与评价等相关内容；第六章，主要介绍了与航空人因设计相关的适航审定条款，包括中国民用航空局 CCAR25 部和美国联邦航空局 FAR25 部中与驾驶舱人因工程学设计相关的适航条款。第三部分为第七章，讲述管制室环境与设备设计中的人因工程学内容，主要包括概述、管制工作间的人因工程学设计要求以及管制设备的人因工程学设计要求等。第四部分为第八章，介绍航空维修中的人因工程学内容，主要包括影响维修效能的人因工程学因素、航空维修工作区域的危险源及其处置以及航空维修工作的人因工程学设计。第五部分为第九章，主要讲述机场规划与设计中的人因工程学内容，包括机场系统的组成、机场设计中的人因工程学要求、障碍物限制面的设计、目视助航设施的设计、助航灯光的设计等。各章均按照知识点提炼出复习思考题，并提供了相关案例。

2017 年，本书作为中国民用航空飞行学院学科建设项目得以立项，经过近四年时间的努力，现在终于可以付印了。在编写本教材的过程中，我们参考和使用了 C.D. 威肯斯、顾铮、揭裕文、张炜、薛红军、王黎静、傅山等学者专著或者教材中的许多研究成果和相关资料，在此向他们致以诚挚的谢意！

由于编写人员能力有限，加之教材编写期间尚需同时完成其他工作，导致时间较为仓促，书中肯定会存在错漏和不妥之处，恳请广大读者批评指正。

罗晓利

2021 年 6 月于四川广汉

目　录

第一章　航空人因工程学概论

第一节　航空人因工程学的定义与研究目标

一、航空人因工程学的定义

（一）人因工程学的定义

人因工程学在不同的国家有不同的称谓（详见表 1-1），但最为常见的是欧洲的工效学（Ergonomics）和美国的人因工程学/人的因素（Human Factors）。虽然许多学者认为"工效学"与"人因工程学/人的因素"的含义之间没有区别，可以互为替换表达为同一个概念，但也有学者指出："人因工程学"侧重于关注提高工作效率或改善人的健康与安全方面的问题；"工效学"则更加关注设备、操作和系统对用户的影响（薛红军等，2014）。本书并不打算严格区分二者在含义上的细微区别，以下是比较常见的人因工程学/工效学定义。

国际工效学会（International Ergonomics Association，IEA）的定义：研究人在某种工作环境中的解剖学、生理学和心理学等方面的因素；研究人和机器及环境的相互作用；研究在工作中、生活中和休假时怎样统一考虑工作效率、人的健康、安全和舒适等问题。

该定义包括三层含义：

（1）研究人在某种工作环境中的解剖学、生理学和心理学等方面的因素。就设计而言，设计的对象总是给人看、给人用，这就会涉及人的解剖/人体测量学、生理以及心理因素，对这些因素的研究是从事人因工程学的基础。

（2）研究人和机器及环境的相互作用。人因工程学的主要任务是研究人-机、人-环、人-组织/社会以及人-机-环-组织/社会之间的交互，以便使这些要素之间能够很好地匹配。

（3）研究在工作中、生活中和休假时怎样统一考虑工作效率、人的健康、安全和舒适等问题。这可以视为人因工程学研究的目的，那就是设计出的产品应该是安全、高效、舒适以及不至于损害人的健康的。

根据该定义，人因工程学专家的任务就是旨在设计和优化任务、工作、产品、环境和系统，使之满足人们的需要、能力和限度。该定义强调人-机-环-组织之间的交互和优化以及可用性，得到了国际上许多学者的普遍认可。

国际民航组织（ICAO）对人的因素的定义：是关于人的科学，其研究的范围涉及航空系统中人的一切表现，它常利用系统工程学框架，通过系统应用人的科学知识，以寻求人的最佳表现。它的两个相互关联的目的是飞行安全和效益。

我国学者朱祖祥的定义：人类工效学是以人的生理、心理特性为依据，应用系统工程的观点，分析研究人与产品、人与环境以及产品与环境之间的相互作用，为设计操作简便省力、安全、舒适，人-机-环境的配合达到最佳状态的工程系统提供理论和方法的学科。在这里，他认为人类工效学是按照人的特性设计和改善人-机-环境系统的科学。

我国台湾工效学会认为：人因工程是了解人的能力与限制，以应用于工具、机器、系统、工作方法和环境的设计，使人能在安全舒适及合乎人性的状况下，发挥最大工作效率和使用效能，并提高生产力及使用者的满意度的学科领域。

表 1-1　不同国家和地区的学科称谓

欧洲	Ergonomics 工效学
美国	Human Factors 人的因素/人因工程学 Human Engineering 人类工程学 Engineering Psychology 工程心理学
日本	人间工程学
中国	人机工程学、工效学、人机学、人因工程学、人类工程学、人的因素、人素学、宜人学等

注：Ergonomics 由希腊文 ergon 和 nomos 构成，本意为工作的自然法则。

（二）航空人因工程学的定义

参照我国学者朱祖祥的定义，可以将航空人因工程学定义为：以航空从业人员的生理、心理特性为依据，充分考虑从业人员作业环境和运行场景条件，应用系统工程的观点，分析研究从业人员与产品、人与环境以及产品与环境之间的相互作用，为设计操作简便省力、安全、舒适，使人-机-环境-组织的配合达到最佳状态的航空工程系统/产品提供理论和方法的学科。其目的在于保证安全、高效、舒适和人员健康。人因工程学专家的任务就是设计和优化任务、工作、产品、环境和系统，使之满足从业人员的需要、能力和限度。

二、人因工程学的三个重点研究领域

欧洲工效学联合会（Federation of Ergonomics Societies, FEES）将工效学分为人体工效学、认知工效学以及组织工效学三个重点领域。

（1）人体工效学：由于涉及身体活动，因此人体工效学与人体解剖学、人体测量学、生物力学等方面的特性有关。相关主题包括工作作业姿势、重复动作、与工作相关的肌肉骨骼不适、工作空间布局和设计、安全和劳动健康等。

（2）认知工效学：就人与系统其他组成部分的交互而言，认知工效学与脑的认知过程相关，如感知、记忆、推理和运动反应等。相关主题包括心理/脑负荷、决策、熟练操作、人机交互、人的可靠性、应激、人员选拔与训练等。

（3）组织工效学：它与优化社会技术系统相关，包括它们的组织结构、政策、生产过程等。相关主题包括交流、个人资料管理、任务设计、轮班时间设计、团队和协同作业、参与性设计、虚拟组织、生产安排、质量管理等。

本书主要介绍人体工效学和认知工效学的部分内容，限于篇幅和教学学时的限制，组织工效学的内容未做介绍。

三、人因工程学的目标

（一）人因工程学研究的目标

人因工程学的目标可概括为增进系统安全、提高系统的绩效以及提高人员满意度三个目标（参见图 1-1）。人因工程学的研究就是要考虑如何设计和制造"人造物"/产品，使其达到上述三个目标。通常将提高质量和降低错误率用可用性概念来表示。

需要认识到：上述三个目标有时候是相互冲突的。譬如，"绩效"就含有增加准确性，减少差错和增加速度，提高效率的目标，这两者之间往往是相互冲突的。速度增加有可能会增加差错率，在具体的设计过程中，理想的设计是这两个目标都应该达到，但有的时候也需要在两者之间进行平衡，那就是"速度-准确性权衡"设计原则。

图 1-1 人因工程学目标

上述人因工程学的三个目标具体来说可以通过以下五种途径来实现：

（1）设备设计（Equipment Design）：即通过改变工作中物质工具的特征来解决问题。如改变航空设备（飞行器或者管制设备等）的显示方式和显示内容来提高易读性和准确性，通过改变操纵器的位置和操作方式来提高易达性和准确性。

（2）任务设计（Task Design）：通过改变操作者所做的事情，而不是改变它们所用的设备来解决问题。任务设计可能会涉及将部分或全部任务转移给其他人或者用自动化来代替，如飞行员任务设计和管制员任务设计等。

（3）环境设计（Environmental Design）：即改变环境因素，如改变工作场所的照明、温度控制和降低噪声来解决问题。广义地讲，环境因素也包括工作时所处的组织氛围。驾驶舱、管制室的照明、温度以及噪声控制设计的人因工程学的重要内容。

（4）培训（Training）：即通过教学与实践提高对某一特定工作所需体力和智力的技巧，使得操作人员能够更好地从事某一工作。在民用航空中，飞行员、管制员、飞行签派员、机务维修人员以及机场等关键岗位从业人员都必须经过严格、多程序培训才能具备职业胜任能力。

（5）选拔（Selection）：就是根据人与人之间的物理维度和心理维度上存在的差异，制订相应的标准，找到适合某项工作的人，进而获得好的系统绩效的技术。飞行员、管制员等民航关键岗位从业人员都必须经过严格的心理选拔，以便降低培训成本、提高从业人员素质和航空安全水平。

实现人因工程学三个目标的五种途径也可以用图 1-2 表示，该图描述了操作者（脑和身体）与其操作的系统之间的交互过程。

图 1-2 说明了人因工程学的三项目标是如何通过人因工程学回路中的几个过程/环节来实现目标。该图描述了操作者（脑和身体）与他所在系统的交互作用。

在 A 点必须诊断（确定）出某一既定系统的人机交互作用中的问题。为了有效地达到此目的，必须将有关人员的身体特点的核心知识（大小、形状和力度）和有关人员心理的核心知识（信息加工的特点和局限）与有关系统的知识结合起来考虑，采用适当的分析工具，以判明问题的所在。发现问题之后，利用 B 点的五种途径来发现解决问题的方法。

如图 1-2 所示，任何一个或者全部方法都可以用来"解决"问题。反之，对绩效的再测量可以指出问题解决得怎么样。从该图中可以看出，在 A 点的干预是为了对系统存在的问题进行修正，而更重要的是在设计阶段就提出避免系统可能出现的问题，人因工程学的应用价值就在于此。因此，人因工程学的理论和方法在图 1-2 的回路中应该同时应用于 A 点和 B 点。

如果人因工程学的理论和方法应用于系统的早期设计阶段，就可以达到节省资金和避免人员伤害以及确保安全的目的。

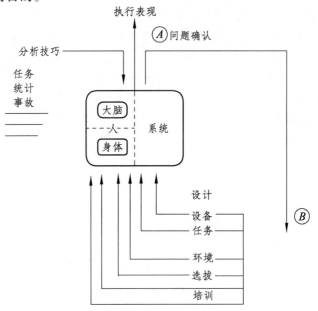

图 1-2 人因工程学的目标回路

[引自 C.D.威肯斯《人因工程学导论》(第 2 版)]

注：点 A 表示一个回路，即当人-系统交互中有问题（事故或特殊事件）发生时，需要采取人因工程学措
施解决方案的回路；点 B 表示一个设计循环的始点，人因工程学理论与方法应用的切入点。

（二）人机界面设计不良的几个案例

案例 1： 在美国中西部的一座工厂里，一位装配工人不得不从一个别扭的位置拿一件沉重的部件，并将其放置在流水线上。一次，快要下班时，他刚将这个部件抓到手里，就感到自己的腰部有一阵剧烈的疼痛。经医生诊断，该工人有一个椎间盘断裂了。为此，他不得不休息了好几天。于是，他向法庭起诉了这家工厂，罪名是让工人从事了会对腰部造成危害的工作。

案例 2： 一位老妇人仔细看了看印有使用说明的药瓶，但是怎么也看不清楚上面印的关于服用剂量的说明，更糟糕的是在剂量说明下方的红色警告语也看不清。显然，由于看不清警告语，她就没有对服用剂量特别注意。另外，这个药瓶上有一个防止儿童开瓶的盖子，因为老太太手发抖又没有力气，她怎么也打不开药瓶的盖子。

案例 3： 一位顾客因为有急事而给一家公司打电话，这位倒霉的顾客很快发现和她对话的是录音电话，而且电话里的回答完全不切题。等了好长时间听录音电话讲怎么继续下一步，但她还是按错了键，她想要回到她需要的服务，怎么也回不去了，多次尝试没有结果，最后只好挂断。

案例 4： 1988 年的波斯湾战云密布，充满危机。正在巡航的美国海军巡洋舰"文森斯"号收到不明飞机迫近的信息，从雷达上很难区分这架正在逼近的飞机是在爬升还是在俯冲。军舰上的人错误地判断这架飞机正在向他们俯冲，因此认为这是一架逼近的敌机。同时，飞机上的飞行员又没有回应军舰发出的警告，舰上人员的生命悬于一线，事件非常紧迫。舰长决定向敌机开火，士兵们毫不犹豫地执行了舰长的决定。非常悲哀的是，那架飞机是一架伊朗的民航飞机，并且该飞机不是在俯冲，而是在爬升。

以上4个案例展现了缺乏人因工程学的后果。这些情景都描述了在人机系统中，人和机器配合的失败。这些问题的解决，就是人因工程学对系统设计的重要贡献。

在第一个案例中，为什么那位工人会发生腰部损伤？是部件太沉，还是位置不太合适？该工人的案例具有代表性吗？任务分析、统计分析以及事故/故障分析都是达到上述目标的主要措施。在第二个案例中，可以将瓶子上的说明设计得更好认一些和将瓶盖设计得更好开一些来改进。在第四个案例中，"文森斯"号可以通过重新设计雷达显示，以提供有关飞机侧向运动和上下运动的整合信息。

第二节 人因工程学的研究范畴

一、从系统科学的角度看人因工程学的研究范畴

中国系统工程学会龙升照教授一直致力系统工程学科的发展和应用，在他的主导下我国每两年召开一次国际系统工程研讨会，在多次会议征文中均把"人-机-环系统工程研究"作为会议主题，以下内容摘自会议征文通知。

图1-3所示为从系统科学的角度看人因工程学的研究对象与范畴。

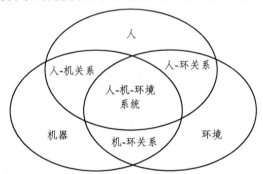

图1-3 从系统科学的角度看人因工程学的研究对象与范畴

从图1-3中我们可以看到，人因工程学研究的范围非常广泛，可以概括为以下9个方面/领域：

（1）人的特性的研究：人的工作能力研究、人的基本素质的测试与评价、人的体力负荷、脑力负荷和心理负荷研究、人的可靠性研究、人的数学模型（控制模型和决策模型）研究、人体测量技术研究、人员的选拔和训练研究等。

（2）机的特性的研究：被控对象动力学的建模技术、机的可操作性研究、机的可维护性研究、机的本质安全性（防错设计）研究等。

（3）环境特性的研究：环境检测技术的研究、环境控制技术的研究、环境建模技术的研究等。

（4）人-机关系的研究：静态人-机关系研究（作业域的布局与设计）、动态人-机关系研究（人-机界面研究、显示和控制技术研究、人-机界面设计及评价技术研究、人-机功能分配研究、人-机功能比较研究、人-机功能分配方法研究、人工智能研究）、多媒体技术在人-机

关系研究中的应用、数字人体在人-机关系研究中的应用等。

（5）人-环关系的研究：环境对人影响的研究、人对环境影响的研究、个体防护措施的研究等。

（6）机-环关系的研究：环境对机器性能影响的研究、机器对环境影响的研究等。

（7）人-机-环境系统总体性能的研究：人-机-环境系统总体数学模型的研究、人-机-环境系统模拟（数学模拟、半物理模拟和全物理模拟）技术的研究、人-机-环境系统总体性能（安全、高效、经济）的分析和评价研究、虚拟技术（Virtual Reality）在系统总体性能研究中的应用等。

（8）人-机-环境系统工程理论及应用研究：人-机-环境系统工程理论研究、人-机-环境系统工程在国民经济各部门（如航空、航天、航海、武器装备、核工业、能源、交通、运输、管理、企业生产等）中的应用研究等。

（9）组织因素：一个独立的不安全事件暴露的是单一组织层次的缺陷，而一系列的不安全事件，尤其是严重层级较高的不安全事件连续出现则标示着安全管理体系的崩溃，它表明组织在决策层面的失败气氛蔓延以及监督与执行力度的丧失。组织因素对运行的影响主要体现在资源分配、组织氛围和管理过程控制三个方面。

二、从研究的对象看航空人因工程的研究范畴

人因工程学是一个以目标为朝向的学科，而不是以内容为朝向的学科，因此其精确的范围很难非常明确地界定。但从现有的文献来看，其研究的对象和范围包括了人-机-环境-组织4个方面及其下层所包含的诸多要素，如图1-4所示。

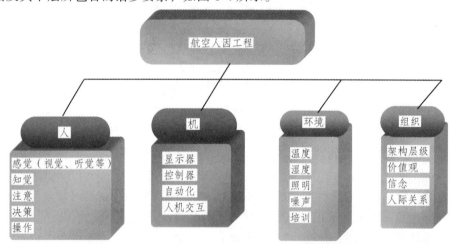

图1-4 从研究的具体的对象看航空人因工程学的研究范围

美国工程心理学家威肯斯在其《人因工程学导论》一书中用人因工程学矩阵图来描述其研究的对象和范围（见图1-5），它描述了可能应用到人因工程学要素的操作者工作绩效和具体环境，人因工程学研究的对象是这一矩阵中任一单元或者任一单元组合的交互。

图1-5中，最上面一行给出了系统的列表（但不是全部），人因工程学在这些系统环境或情景中起到一定的作用，主要有作业环境、信息环境、卫生保健、消费品（如手机、照相机）和交通系统。左侧是针对单个操作者的系统环境，最右侧的内容表示有两个和两个以上操作

者之间发生的交互作用的环境。其中团队和组织的区别是团队只涉及合作性问题，组织则涉及管理结构上更为广泛的方面。

图 1-5 列出了从系统的角度看有关使用者的要素。譬如，完成任务所需的信息可见吗？信息能够被正确感知吗？在以上提到的第二个事例中，这些要素对老年妇女就不合适。在理解信息并依靠信息做出决策时，需要哪些沟通过程和认知过程？"文森斯"号上的人员就因为沟通混乱而无法做出正确的决定。怎样执行动作？需要何种程度的体力和肌肉紧张度？显然，前面提到的装配工人受伤的事例涉及这个问题，还有哪些生理因素与疾病和疲劳有关？在图的最左边，可以看到以上的加工过程还受到压力、训练和个体差异的影响。

在图 1-5 中，上方所列出的任务环境都和下方列出的有关人的要素相对应。任务分析最关键的作用就是建立任务要求和人的要素之间的对应关系。从中可以看出任何具体的人因工程学问题的范围。

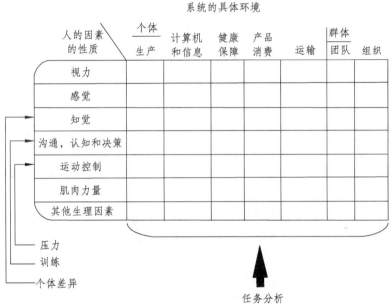

图 1-5 人因工程学研究范围的主体矩阵图
[引自 C.D.威肯斯《人因工程学导论》（第 2 版）]

三、从 SHEL 模型看航空人因工程学的研究范围

（一）SHEL 模型

SHEL 模型可作为航空人因工程学的概念模型，也可用于描述航空人因工程学的研究对象和研究范围。最初由爱德华（Edwards，1972）提出，几年后霍金斯对其进行了修改，并在一份欧洲共同体论文中发表。SHEL 并不是一个单词，而是由 Software（软件）、Hardware（硬件）、Environment（环境）、Liveware（人）的首写字母组成的（见图 1-6）。该模型表明了航空系统中与作业者构成界面的 4 个要素及其相互关系，常用于分析航空中人的因素的研究范围

图 1-6 SHEL 模型

和作业者错误的来源。从图中可以看到，与作业者构成界面的4个要素是硬件、软件、航空环境及其他机组成员、管制员（ATC）等。系统各要素之间构成的界面是凸凹不平的，意味着各界面之间必须谨慎匹配，否则，系统内的应力就会过高，最终引起系统的断裂或解体，事故也就在所难免。从该图中还可以看到，"作业者"位于模型的中心，其他要素围绕在它的周围。这意味着只要是有人驾驶的飞机，无论自动化程度有多高，作业者都将始终是航空系统中最有价值、最重要的因素。但是，由于人类自身的局限，作业者也是最易变化、最不可靠的因素。从某种意义上说，这正是航空中人因事故居高不下的主要原因。因此，在设计航空系统时，不但飞行器的设计和制造必须考虑人的特点，使其他要素更加适合于人。更重要的是，模型中心的作业者也必须了解与自己构成界面的其他要素的局限以及自身的局限，并不断完善自己，才能避免出错，减少飞行事故。

（二）航空中人因工程学的研究范围

根据 SHEL 模型，可以对航空人因工程学的研究范围做如下概括：

（1）航空从业人员与硬件的关系。研究航空从业人员与硬件（如操纵器、显示器）之间的相互适应问题。硬件怎样设计才符合作业者的特点，作业者怎样操纵硬件才能保障飞行安全，提高飞行效益等。

（2）作业者与软件的关系。研究作业者与软件（如自动化系统软件和飞行手册等非物理性信息）的相互适应问题，合理的作业程序、检查单程序以及应急处置程序等，以便简化作业、减小作业者工作负荷，不致使作业者出错等。

（3）作业者与环境的关系。探索特定工作环境和生活环境对作业者的影响，作业者对特定环境的适应过程和适应规律等，以便促进作业者-环境界面的相容。

（4）作业者与其他活动关联者之间的关系。研究特定工作岗位人员的相互配合问题，他们是如何进行沟通和交流的，在各种场景中班组成员之间应该有什么样的配合，以便促进人-人界面的相容。

（5）模型中心"人"的特点。研究作业者的解剖、生理、心理、人体测量学特点，以便为设计产品（设备与系统）、任务及其流程、人员选拔与训练程序提供依据。

四、人因工程学工者承担的工作

Marks S. Sanders 等人（1993）通过调查，得到了如表1-2所示的美国人因工程学会会员中有30%以上的被调查者时常或频繁从事的活动。

表1-2　美国人因工程学工作者经常从事的活动

活动项目	从事活动人数百分比（%）
信息沟通	
撰写报告	80
管理正式的简报会和报告会	59
编辑他人撰写的报告	54
写研究计划	52

续表

活动项目	从事活动人数百分比（%）
评估他人撰写报告的相关性、价值和质量	47
回顾和总结文献	35
管理	
安排项目活动计划	53
管理和监督他人	49
安排预算和监督财政事项	38
系统开发	
确定系统需求	43
核查系统设计是否符合人因标准	43
撰写系统目的和目标	40
进行作业分析	37
确定客户对软硬件的要求	31
研究与评估	
开发实验设计以检验理论和评估系统	44
设计数据采集仪器和流程	39
为特定的数据集确定合适的统计检验	38
规划和设计人机界面	36
在实验室控制条件下收集数据	32
开发人机系统绩效的评价标准	31

在对美国人因工程学会会员进行的另一次调查中，Sanders（1982）发现被调查者对他们自身的工作在多样性和自主性方面的评价非常高（与其他专业技术人员比较）。在这里，技能多样性是指工作本身对各种不同的活动、技能和天赋的需要程度；自主性是指规划与决定实施工作流程中工作赋予工作者的自由、独立和决策的程度。在这次调查中，Sanders还评估了被调查者的工作满意度，发现他们在收入、安全性和个人成长机会方面特别满意（与其他专业技术人员相比较），其整体满意度的水平也非常高。

第三节　航空人因工程学相关学科

航空人因工程学是一门综合性多领域交叉的学科。人体范畴的人因工程学研究与人体行为有关的解剖学、人体测量学、生理学以及生物力学等方面的各种特征；认知范畴的人因工程学研究各系统中人与其他要素相互作用时的智力过程，如感觉、知觉、推理和判断与决策以及运动反应等；组织范畴的人因工程学研究社会生产系统的优化问题，包括它们的组织结构、政策以及过程。

美国学者威肯斯在其《人因工程学导论》（第 2 版）中，列出了更加广泛的人因工程学相关学科，并用图形的方式阐明了各学科与人因工程学的关系密切程度（详见图 1-7）。

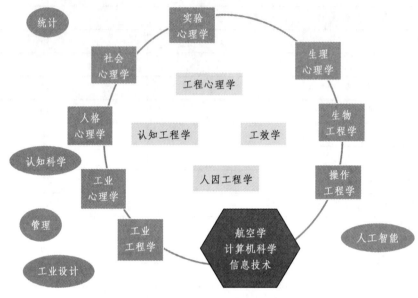

图 1-7　人因工程学相关学科关系
[引自 C.D.威肯斯《人因工程学导论》（第 2 版）]

在图 1-7 中，环的内部是人因工程学的核心领域或者说是与人因工程学关系最为密切的学科：工程心理学（Engineering Psychology）是心理学的一个分支，研究与系统设计有关的心理特征，目的是发现具有普遍规律的原理和理论；认知人因工程学（Cognitive Engineering）注重复杂的、具有认知思考和与知识有关的系统作业方面，而不管这部分是由人来完成还是由机器来完成。后一种情况与人工智能和认知科学分不开。

外面一圈是与人因工程学有交互的一些心理学研究领域（从上向下）和工程学的一些领域（从下向上）；在图的底部是一些具体的工程学的领域，它们每一个都有其独特的人因工程学要素；在环的外面是一些和人因工程学的某些方面有交互的其他学科领域。

人因工程学作为一门科学学科的特征在于其探索普遍性和预测性（Meister，1989）主要体现在以下几个方面：

（1）在问题诊断阶段，研究人员希望获得各类问题的普遍特征。

（2）获得有效的普遍性和预测性的一个关键是观测和研究人类操作者。

（3）可以在一系列的环境条件下研究人的行为，其逼真性可以高低不同（模拟/仿真）。

（4）在严格控制条件的实验室里，可以模拟相关系统的要素，也可以在现场研究操作者的行为（包括正常、故障以及事故行为）。

（5）最有效的理解、总结和预测人的行为有赖于综合采用这些逼真性水平不同的方法。

譬如，前面提到的"文森斯"号悲剧，人因工程师可能对事件进行分析并综合采用实验室实验、沟通原理、决策原理、综合显示原理以及时间压力下的作业下降等多方面的原理和结果，以分析出"文森斯"号出问题的原因并提出解决方案。

第四节 人因工程学的发展历史

一、早期、经验的人因工程学（萌芽阶段，19 世纪末到 20 世纪初）

人因工程学的历史可以追溯到人类祖先为了生存而将工具制作成适合人体结构和生物力学特征的形状，以便捕获猎物和进行自保，如将石斧手柄制作成适合手握的形状，将长矛制作成手握和投掷的大小和形状，这些可认为是人因工程学的早期萌芽，尚未达到科学人因工程学的水平。

作为科学的人因工程学的兴起始于 19 世纪末、20 世纪初。在这一时期，研究者开始采用科学的方法系统地研究人的能力与其使用的工具之间的关系。例如 20 世纪初，Frank 和 Lilian Gibreth 就开始从事动作研究和工厂车间管理的研究工作，因而成为人因工程学的先驱之一。他们的工作包括了对疲劳和技术性工作绩效的研究，以及对残障人士使用的工作场所和设备的设计。

第一次世界大战的爆发刺激了更先进设备的发展，如原始的布莱里奥类型的飞行器变更为现代化的 Spad、Neuport 和 Fokker 型战斗机，战争也见证了第一辆坦克的诞生。由于许多人无法操作这些机器，特别是飞机，人们更加关注于人员选拔测试的发展，这促使美国聘请了心理学家去开发和管理这些测试，而这反过来又促进了航空医学实验室的建立。航空医学实验室在第一次世界大战后继续被使用，在第二次世界大战时被实验心理学家作为一种范式来使用。由于需要扩大飞行员的数量，美国心理学会理事会建立了航空心理问题委员会，这个委员会在 1918 年 11 月成为美国国家研究委员会下属委员会的一个研究小组。通过对陆军航空学员的测试，委员会对 23 项心理和生理测试进行了评价。

第一次世界大战结束到第二次世界大战开始的这段时间是人因工程学的一个酝酿期，产生的杰出成就相对较少。由于汽车的日益普及，人们对驾驶员的行为进行了许多研究。对汽车主题的研究兴趣一直维持到现在，人因工程学会在这方面发表的论文数量仅次于航空心理学主题的论文。到第一次世界大战结束时，已成立了两个航空实验室，一个在得克萨斯州的布鲁克斯空军基地，另一个在俄亥俄州代顿外的赖特场地。

1918 年，第一次世界大战即将结束时和紧接着停战后这段时间，人们对欧洲的远征军飞行员进行了许多测试，想要确定优秀飞行员与非优秀飞行员之间的性格差异（第二次世界大战时也做过类似的努力，但同样没有成功）。早期的航空工作是在极端的环境中探索人类和机器性能的极限，如 1935 年产生了热气球飞行高度达 72 000 ft（21 945.6 m）的记录。人类测量学已开始在飞机设计和船员表现方面得到初步应用。先驱发明者林肯研制出了第一台作为娱乐设备的模拟器，1934 年美国陆军航空队购买了第一台战斗模拟器（邓普西，1985）。

在此期间，还有一项值得一提的研究，即 1924 年至 1933 年间在西方电器公司的霍桑工厂进行的照明对工人生产效率影响的研究。仅仅因为知道了自己是实验对象，使得所有工人付出了更多的努力、发挥了更大的潜能。这个结果现在被称为"霍桑效应"。这表明，动机因素能够显著地影响人们的技术水平表现。

1939 年第二次世界大战爆发，美国军队预料到即将到来的战争以及在第一次世界大战中形成的传统，建立了人员选拔测试部门，美国国家研究委员会创建了一个心理学应急委员会专注于人员的测试和选拔。紧接着，在 1941 年约翰·弗拉纳根（"关键事件法"的创造者）

领导下创建了陆军航空兵航空心理学课程。

第一次世界大战有很多推动工程学科发展的地方，但是如果不伴随众多其他活动，人们将不会对人因工程学的历史如此感兴趣。战争见证了声呐、雷达和高性能飞机的呈指数形增加，这样的例子不胜枚举。

由于这是场全面战争，涉及大量的人，所以不再可能采用泰勒原理去选择一些特殊个体来匹配已存在的工作了。设备的物理特性现在必须设计得能够利用人的能力并避免人类局限的负面影响。

此类工作中有一个已经完成的突出例子，即现在众所周知的菲兹和琼斯的经典研究，他们研究了用于开发飞机驾驶室控制旋钮的最有效配置。这个例子中涉及两点问题：第一，关于系统单元的研究还处于组件级别；第二，完成这些研究的研究人员是那些用自己的实验室技术去适应应用型问题的实验心理学家。

早期的信号识别研究直接着眼于声呐的听觉能力上，为了确定雷达探测目标所需的视觉能力，也进行了类似的研究。其目的是使操作人员更加"容易"有效地进行控制和显示。在编目这些领域的研究时，指出它们如果只在理论上"纯"研究，把设备的开发和评估作为研究的结果，那么它将迫使心理学家与设计工程师直接针对目标开展研究，这便使人因工程学与实际应用紧密结合起来。作为强制与工程师紧密联系的结果，应用实验心理学（Chapam等，1949）缓慢但不可避免地过渡为人因工程学。

第一次世界大战刚一结束，美国军方就试图总结在战争期间从研究中已经了解到的知识。陆军航空力量出版了 19 卷书，不仅强调了人才的选拔和测试，还包含了设备测试的研究，飞行员培训的心理研究，特别是设备设计的心理学研究。另外一个重要的成果是解决了水下作战的人因工程问题。

二、科学人因工程学的诞生（1945—1965 年）

这段时间包括了 1945 年到 1965 年之间的 20 年，研究者包括世界大战时在军队中工作的人们和他们的第一代后人。1945 年，美国陆军航空兵和海军航空兵都建立了工程心理学实验室。与此同时，以合作方式从事工程心理学研究的第一家民间咨询公司成立（Dunlap&Associates）。在英国，由于医学委员会和科学与工业研究部的共同推动，同样的工作也在进行。

在第二次世界大战以后，人因工程学学科正式诞生。1949 年，工效学研究学会（现在简称工效学会）在英国成立，并出版了一本人因工程学专著《应用实验心理学：工程设计中的人因工程学》（*Applied Experimental Psychology: Human Factors in Engineering Design*, Chapannis, Garer and Morgan）。在此之后的几年里，许多人因工程学会议召开，相关著作出版，更多的人因工程实验室和咨询公司不断成立。

在美国，冷战的爆发推动美国国防部（DOD）大力扩展了对实验室研究的支持。战后所处环境对于政府支持的研究特别有利，从而使在战争期间建立的实验室得到扩展，如加州大学战争研究部在加利福尼亚州圣迭戈建立了一个实验室，它后来成为美国海军电子实验室，进而演变成为海军海洋系统中心。每个服务项目在世界大战期间或此后不久都开展了人体工效与机能研究室。

1945 年及其以后的一段时间，美国几乎所有的人因工程学研究都是军方资助的，大学被给予大量资金去进行基础和应用研究（如俄亥俄州立大学的航空心理学实验室）。军方成立了一些"智囊团"，如洛杉矶的系统开发公司和从它分离出来的兰德公司。战争期间的研究大多集中在较小的设备部件上（如单个的控制和显示），而战后的实验室研究则更倾向于大型的设备单元，如一个完整的工作站或整个系统。

在美国，第二次世界大战中的一些主要心理学家随后继续着他们的工作。保罗·菲茨（被认为是人因工程学之父）一直担任航空医学实验室心理学分部主任，到 1949 年才退休。空军人力资源及训练研究中心聘用了数百名得克萨斯州和科罗拉多州的专家成立了一个颇具规模的公司。

与此同时，美国将一些人因工程学研究项目向民用工业开放，但仍由军方主导和支持。航空领域的大公司，如北美的麦克唐纳·道格拉斯、马丁·玛丽埃塔、波音和格鲁门等，都成立了人因工程学团体作为其工程部门的一部分。

将人因工程学引入工业工程中标志着人因工程的一个重大变化，意味着人因工程学不再是一个完全或主要以研究为导向的学科了。第二次世界大战期间人因工程研究者和设计者之间的交流互动得到了促进，现在的人因工程学团体成为系统设计团队中不可或缺的重要组成部分。以前将"基础"研究作为主要研究对象的研究者，现在不得不把他们的工作与物理系统的发展结合起来。即使没有成立一个正式的实验室，政府也会通过一些机构，如在怀特·帕特森空军基地的人体工程部或军队行为科学研究实验室等，给予全国各大学的心理学和工业工程部门进行人体机能研究的合约。为了竞标这些合约，私人企业也应运而生，这些私人企业雇用了大量的人因工程专业人员，如约翰·弗拉纳根领导的美国陆军航空项目研究所。

所有这些活动，扩大了人因工程专业人员的数量，使它从战争期间一个很小的机构发展到现在至少包含 5 000 人的规模，几乎所有人都拥有高学位（文学或理学硕士学位及博士学位），该学科吸收的人员不仅包括心理学家，还包括受过工业和其他形式工程训练的人员，以及那些具有心理学或安全学背景的人。使在战争时期仅仅隐约可见的与工程的联系更加牢固，并在该学科领域发挥了自己的作用。

1957 年是人因工程学发展历程上非常重要的一年。在这一年里，英国的工效学研究学会期刊《工效学》（Ergnomics）开始发行；美国的人因工程学学会成立；美国的心理学会（APA）第 21 分会（工程心理学学会）成立；Marks S.Sandes 等撰写的《工程和设计中的人因工程学》（第 1 版）出版发行；苏联发射了 Sputnik 人造卫星，人类的太空竞赛由此开始；1959 年，国际工效学学会成立，该学会把世界各国的人因工程学和工效学会联系起来。

三、现代人因工程学（1965 年至今）

1965 年至今是现代人因工程学时期，该学科更加成熟，工业界开始承认人因工程学对于工作场景和产品制造的重要性以及巨大贡献。但直到 20 世纪 80 年代，人因工程学对于普通大众来讲仍然是相对陌生的。有学者（Marks S. Sanders 等，1993）认为，1980 至 1990 年这一段时间是人因工程学发展的"计算机、灾难以及诉讼"的时期，亦即这一阶段人因工程学的应用领域主要与计算机软硬件开发、人因重大灾害频发以及由设计不良导致人员伤害的民事诉讼有关，如人性化的计算机软硬件界面、三里岛核电站事故以及人因工伤事故引发的民事诉讼等都聘请了大量人因工程学专家参与设计、调查和法庭辩论。美国国会在 1988 年通过一项法令，要求美国联邦航空局（Federal Aviation Administration，FAA）扩大人因工程学的研究规模，以提高航空安全。

1957 年，在俄克拉何马州的塔尔萨（Tulsa，Oklahoma）成立的人因工程学会时只有 60 名成员，到了 1990 年时已经发展到近 5 000 名成员。给研究生开设人因工程学课程的大学越来越多。计算机科学技术的发展极大地促进了人因工程学的发展。软件方面，基于经验的人因工程学研究直到 1970 年后个人计算机（PC）发展起来才变得更引人注目。伴随着 PC 应用而产生的大量的开发研究，尤其是图形方面的行为问题，如信息处理和认知能力与计算机的设计问题。与此同时，认知人因工程也开始兴起，该领域把研究的重点放在了高度复杂和多元显示上。越来越多的系统显示自动化带来的影响也同样受到了关注，尤其是依靠综合完整的计算机化图形显示的航空玻璃驾驶舱更为受人关注。组织心理学以宏观人因工程的形式得到了新生。不仅如此，传统的以系统导向的人因工程学在某种程度上因为工业人因工程的重要性而被大家所认知。

尽管许多人因工程学项目都是在美国的资助下完成的，但其他国家也有很多类似的研究。譬如，英国的人因工程学研究几乎与美国以一种平行的方式进行着，但规模要小很多，英、美两国之间在人因工程方面进行了大量交流和相互借鉴。

西欧的研究重点放在了在工业人机工程（IE）的方向上，侧重于作业者满意度、肌肉创伤、生物力学等方面的研究，它们与宏观人机工程有更紧密的联系，并把人因工程学兴趣放在了系统开发上。现在，系统开发正逐渐与 IE 融为一体，根据这一变化，美国人因工程学会于 1993 年将原来的人因工程学会改为人因工效学学会（Human Factor Ergnomics，HFE）。

四、飞机驾驶舱人因工程学的发展历程

以下资料主要来源于张炜、马智及俞金海所著《民机驾驶舱人机一体化设计》。

飞机驾驶舱的发展历程与人因工程学的发展历程息息相关，以下按照国外发展历程、国内发展历程以及存在问题三个方面予以介绍。

（一）国外发展历程

国外飞机驾驶舱人因工程学设计的研究可从三个方面来阐述：一是已经形成成果的标准制定；二是人因工程学辅助软件分析平台的开发；三是近年来人因工程学其他方面的研究，主要是涉及 IEA 人机工效定义的第二和第三层次。

北美、欧洲的传统飞机设计强国已经通过早期的研究形成了很多人因工程学设计标准和规范。与飞机驾驶舱人因工程学直接相关的标准主要有美军标（MIL）、美国机动工程师协会（SAE）标准、美国联邦航空局（FAA）标准、国际民航组织（ICAO）标准等。譬如，MIL-STD-1472 人机工程，MIL-HDBK-759B 人因工程设计指南，MIL-STD-850B 军用飞机座舱视野要求，SAEARP4101-0v002 驾驶舱布局和设备，SAEARP4101-1 驾驶舱座椅和约束系统，SAEARP4101-2v002 飞机驾驶舱可视性，SAEARP4033 飞行员-系统综合，SAEARP4102-0v001 驾驶舱面板、控制、显示器，等等。这些标准的制定为飞机驾驶舱人因工程学设计提供了指南，但如何使用这些标准未见有具体报告，波音、空客公司飞机的驾驶舱人因工程学设计、布局的原则也少见学术文献发表。目前，尚无法真实了解到欧美国家工业尤其是波音、空客

等飞机公司在飞机驾驶舱人因工程学设计技术的实际状况。波音公司高度重视人因工程学，在其驾驶舱设计中体现以飞行员为中心并充分考虑飞行员需要、能力和极限的设计原则（Crew-Centered Design Philosophy, CCDP），在波音 777 型飞机的研制中形成了一个由多学科人员、人因工程学专家组成的团队全程参与驾驶舱设计，以保证 CCDP 的实现。其中，涉及人因工程学或工效学的方法主要有快速原型法、模拟舱验证法、分系统实验法、建模法、工效学事故分析法以及最后的工效学试飞和认证等方法。

除了标准外，国外系统研究的成果还有驾驶舱人机工效计算机辅助分析评价平台的开发和发展。美国波音公司 1969 年开发了 BOEMAN，用于飞机驾驶舱布局评价。BOEMAN 人体模型允许建立任意尺寸的人体，并配备有美国空军男、女性人体数据库，其人体模型使用实体造型方法生成。该软件的主要功能是完成手的可达性判断，构造可达性包络面，视域的计算显示，人机干涉检查等。因未提供人机交互的图形显示手段，难以使用，故未被推广。

由波音公司为美国海军航空兵发展中心研发的 CAR 用于评估操纵者的身体尺寸及其工作空间，以决定什么样的人适合某一特定的工作空间。此系统没有图像显示，纯粹用数学模型，只适用于飞机机务维修人员设计的可达性分析。

Dayton 大学 1973 年为美国空军开发了 COMBIMAN，用于飞机乘务员工作站辅助设计中的视野分析和手部可达性分析。该系统提供陆、海、空军男、女性人体测量数据库。该系统的人体模型考虑了人体活动在关节处的约束以及服装对人体关节的限制。1978 年以来，COMBIMAN 已经在大部分航空企业中得到了应用。

由英国诺丁汉大学开发的 SAMMIE，是一款辅助人机交互评估系统，该系统具有完全参数化人体测量学数据的三维人体模型，能够定义关节角度的舒适、最大范围。在固定翼飞机和直升机驾驶舱可达、可视、视域、座椅等设计中都得到了应用。德国埃森的 Gesellschaft fur Ingenieur-Tecnick(GIt) mbH 开发研制的 FRANKY，在系统的复杂性和功能方面类似于 SAMMIE。

由德国 THCMATH 开发的 RAMSIS，既可以单独使用，也可以作为一个模块嵌入 CATIA V4 或 V5 中。其工效分析工具包括：人体建模、动作仿真、姿势计算、创建或导入产品模型、可达性分析、动画、镜像分析、安全带分析、舒适性分析、距离分析、净空分析、关节角和最大操作力计算（手、臂系统）等。新版本又新增了飞行员和乘客两个姿势模型。RAMSIS 模型提供了大范围的人体测量数据库，包括德国、法国、美国/加拿大、中国、墨西哥、南美和日本/韩国等。它主要用于汽车驾驶室内部的工效分析，世界上 70%以上的汽车产品都在使用它进行工效分析，其应用范围正在不断扩大。近年来还有专门用于航空的模块 Ramsis for aircraft，但该模块未集成进 CATIA 平台。

SAFEWORK 是加拿大蒙特利尔 Ecole 理工大学开发的一款工效学分析软件。其分析工具包括建立人体模型、任务仿真、动画、服装仿真、碰撞检测、视觉分析（仿真了盲点、可调整视野、焦距等属性）、虚拟现实、姿势分析、可达性分析、人的绩效分析、举升/放下/搬运分析和推拉分析等。该模型有 104 个人体测量学参数，100 个关节点，148 个自由度、逼真的手、脊骨和肩模型。SAFEWORK 可单独运行，也可整合到 CATIA、DEMIA 或 Division/ProE 中使用，拥有多个人体测量学数据库，几乎覆盖了全世界的人体测量学数据，应用范围非常广泛。

JACK 软件最初由美国宾夕法尼亚大学开发，现属于 EDS 下 e-factory 解决方案中的产品。

JACK 人体模型的人体测量数据源自 1988 年美国军方人体测量调查结果（ANSUE88）。人体模型包含 68 个关节点，69 个节段，135 个自由度，脊柱有 17 段，手有 16 段，有逼真的肩膀/锁骨关节模型，目前已有学者利用该软件建立了中国飞行员人体模型。

国外近年来的其他研究较为分散，这些研究比较多的是处于 IEA 人因工程学定义的第二和第三层次。主要研究如下：

美国 NASA 进行了很多的驾驶舱人机工效研究。阿姆斯研究中心建有高级概念飞行仿真模拟器（ACFS），兰利研究中心建有集成驾驶舱仿真器。通过 NASA 航空宇航人因研究部门和美军方主导的 A31（The Army-NASA Aircrew/Aircraft Integration）项目，阿姆斯研究中心还建有 MIDAS（人机界面设计与分析系统）工作平台，进行高级旋翼机驾驶舱概念设计和驾驶舱设计的原型训练评估。阿姆斯研究中心还与高校合作，进行了改进以往的显示器以适应通过显示屏直接控制子系统的新方法。兰利研究中心和多家航空企业、高校合作开展了驾驶舱设计与集成原理项目，该项目支持了 HSR（High Speed Research）项目组，进行了高速民用运输机以机组为中心的驾驶舱设计理念研究。霍尼韦尔技术中心和波音公司的 RPA（The US Army's Rotorcraft Pilot's Associate）项目组设计了一个驾驶舱信息管理系统。俄亥俄州立大学进行了飞机驾驶舱人体测量学数据适应性预测研究。FAA 也主导研究过"机组和现代驾驶舱系统之间的界面"，并进行了大量操作失误的人因学研究。普渡大学对比了玻璃驾驶舱和老式驾驶舱飞行员恢复和反应时。

欧洲的学者也进行了大量研究。北约 AGARD（Advisory Group and Aerospace Research &Development）的飞行器集成工作组研究了玻璃驾驶舱的操作效能问题，其中也包含了人因工程学的研究。英国克兰菲尔德大学的人因研究小组验证了 SHERPA 方法在预测飞行员失误的有效性和可靠性。该小组还研究了新一代商用飞机驾驶舱 HFI/HIS（人因集成或人系统集成）的设计和训练程序。英国南安普敦大学的运输机研究小组开发了一种新的飞行员失误预测方法（Human Error Template，HET），并与其他方法进行了对比分析。

在驾驶舱显示器设计上，塞尔维亚和荷兰学者进行了多模式显示器设计，英国布里斯托尔大学的实验心理学系为民用飞机驾驶舱开发了一个新的显示器-能量管理显示器，荷兰代尔伏特大学修订了一种驾驶舱中支持 4D 踪迹的人机界面设计。

欧盟第六框架支持了 40 个成员参加的 HILAS（Human Integration into the Lifecycle of Aviation Systems）项目。在该项目的支持下，荷兰 NLR 实验室建有 GRACE（Generic Research And Cockpit Enviroment）飞机驾驶舱模拟器，采用该系统进行了一些人因工程学研究，能进行驾驶舱概念设计研究、驾驶舱人机界面设计和评估以及人因专家咨询服务。NLR 学者在 GRACE 模拟器上采用 CRIA（Critical Interaction Analysis）方法进行了触摸屏通信面板的人因工程学研究，验证两种新概念驾驶舱技术，包括双层显示器和触摸显示屏。德国宇航研究院基于欧盟第七框架项目"Human"，开发了 AHMI 高级人机界面，用于控制 AFMS 高级飞行管理系统。

在驾驶舱的人因工程学评估上，美国阿姆斯特朗采用 TAKE（Tools for Automated Knowledge Engineering）工具进行了 MH-53J 直升机驾驶舱的评估。英国防务评估研究所（DERA）设计了驾驶舱评估的人因工程学问卷来评估大型运输机 C-130J 驾驶舱的人因工程学影响因素，包括视觉和灯光、夜视仪、控制器、功能分配、显示器、用户指南和支持、健康和安全、能量信息、通信、热环境和人体测量学等项目。

尤其是在虚拟现实（VR）的研究中，国外形成了CAVE、VADE、HEMAP等虚拟现实系统，硬件主要有各种显示设备（包括大屏幕投影、背投式立体显示设备、普通显示器等）、产生沉浸感的设备[主要有头盔显示器HMDs、立体显示摇臂、LCD（液晶显示）频闪镜头和数据手套等]、数据手套、运动测量系统、力和力反馈设备以及其他一些特定设备，软件主要有CAD（计算机辅助设计）建模软件、人机工效评估软件、动画仿真软件等。这些软件的研发为国外虚拟现实的应用提供了强大的支撑。目前，文献研究中见到与驾驶舱人机工效虚拟现实相关的研究有波音飞机设计中的虚拟交互设计，飞机装配人机工效姿态分析，飞船操纵的训练和人因工程设计等，但不能真实地了解到欧美工业国家尤其是波音、空客等飞机公司在飞机驾驶舱人因工程学设计数字化虚拟现实技术的实际情况。

近年来，印度、韩国、土耳其等国家也开始进行飞机驾驶舱的设计评估研究，但相对欧美飞机设计强国的研究较为基本。印度的Karmakara等研究虚拟环境下采用JACK软件进行喷气式飞机驾驶舱的飞行员视觉评估问题。韩国的Jung等研究韩国多用途直升机（KUH）驾驶舱时，在JACK虚拟环境平台下针对不同飞行阶段（飞行前、飞行中、应急/紧急情况、飞行后）的不同任务（比如进门、调整座椅、操纵器件、前视、开应急门等）采用不同的评估标准（包括姿态、可达、可视、净空）进行了工作负荷量化评估。评估的目的在于使驾驶舱更好地适应特定人群。Lee等测量了94名韩国男性直升机飞行员的21项人体测量学数据，分析直升机驾驶舱设计中韩国男性飞行员人体测量学数据。土耳其的Senol采用定性和定量的方法进行通用多功能直升机显示面板设计，提出了一种设计方法MCDM，并采用MCDM进行了定性和定量的驾驶舱人机工效评估。

综上，欧美飞机设计强国已经在飞机驾驶舱人机工效标准制定和人机工效辅助软件分析平台上形成了大量成果，另外在人的失误、显示界面设计、虚拟现实以及飞行管理上进行了一些研究，相对比较分散。而印度、韩国、土耳其等国在驾驶舱人机工效的研究则主要出于使用成熟软件进行驾驶舱人机工效评估的层次。

（二）国内发展历程

国内对飞机驾驶舱人机工效的设计尚缺乏系统性，实际投入和应用也相对较少，与国外相比还有很大的差距，但近年来研究正在逐渐增多，主要是北京航空航天大学、西北工业大学和南京航空航天大学等高校进行了大量的研究。可喜的是近年来已有几个人因工程学项目获得国家级课题的支持，包括科技部973项目"民机驾驶舱人机工效综合仿真理论与方法研究"和工信部"十二五"规划民机专项项目"民机驾驶舱人机工效评估及操纵设计技术研究"。

人因工程学在飞机驾驶舱的整个系统生命周期的不同阶段均发挥着不可替代的作用。有文献认为，飞机驾驶舱设计中的人机工效学包括飞行员操作位置的几何尺寸、显示器和操纵器的布局与座舱视界。驾驶舱概念设计阶段的人机工效包括驾驶舱定义、机头理论外形和风挡、机组界面功能定义、定义主要基准点以及主要部件外形和布置等。在进行驾驶舱概念设计阶段工效评价用人体几何模型建立时，提到在飞机驾驶舱概念设计阶段，涉及驾驶舱人机界面评价的项目有驾驶员的视域、判断、可达域以及对所有需控元件的操作；观察和得到显示信息、无障碍路径通过等。也提出飞机驾驶舱涉及的人机工效主要包含三个方面：飞行员操作位置的几何尺寸、显示器和操纵器的布局与座舱视界。而文献从视觉显示、听觉显示和操纵控制三方面概述国内军用飞机座舱工效学的研究进展。因此总的来看，在国内驾驶舱人机工效研究中，具体研究对象主要聚焦在视觉工效和操纵工效两点。主要涉及以下几个方面：

1. 人体建模

人体建模是飞机驾驶舱人机工效分析的基础，人体建模主要是基于人体测量学数据建立形体上的人体模型，国内当前的研究包括自主建模和基于商业软件人体建模的中国人体数据建模。

在自主建模的研究方面，北京航空航天大学的研究较为突出。付世波建立了人体手部运动模型来进行驾驶员操作域的计算机辅助判断，该模型共有 6 个自由度。王黎静根据 GJB 20—84 中国飞行员人体数据建立了飞机驾驶舱概念设计阶段工效评价用人体几何模型，该模型具有中国人体尺寸、人体生物力学参数，能够进行视域分析、手作业域评价和脚作业域评价。该模型活动关节为 15 个，自由度为 21 个，具体使用在何种软件平台上未见说明。王睿建立了基于 SimMechanics 的 3 关节 7 自由度的飞行员上肢模型，并对飞行员推杆和拉杆操作进行动力学仿真。张立博、王黎静、Sun X 在 3D 飞机驾驶舱人机工效评估系统中建立了一个数字人体模型，该模型人体测量学数据来自 GJB 4856—2003，共 66 个段、65 个关节、131 个自由度。该系统采用该模型可进行视觉分析和评估、可达分析和评估以及工作姿势评估。

西北工业大学在这方面也做了一些工作。苏建民在 CATIA 软件平台上，建立了 15 个刚体单元通过 14 个球铰连接成一个链式系统人体模型，并采用该模型进行了飞机驾驶舱内的操纵力分析、可达性检查和视角分析。刘新丽建立 GB 10000—88 人体数据库和 Dreyfuss 人体数据库，并以此为基础基于 UG 软件平台建立 19 个关节段的人体模型，采用该模型以座椅为实例进行了基于尺寸驱动的人机工程设计。杜鹃面向民机驾驶舱人机工程在 Solidworks 平台上建立了满足 GJB 36—85、GB 10000—88 和 Dreyfuss 人体数据库的人体模型。采用 NURBS 方法建立人体几何尺寸模型，并建立了人体运动学模型。

另外还有直升机研究所的汤鸿在 CATIA 平台建立直升机仿真系统中使用的数字人体模型，该模型简化为 15 个关节段，26 个自由度。南京航空航天大学的张红等在轻型飞行模拟器座舱中飞行员头部运动范围的求解研究过程中，以"棒状人"（Stick-Man）概念为基础，将整个头部、躯干分别简化为一段刚体，将颈关节和髋关节简化为一个球链，将下肢看作一个基座，建立了一个人体躯干至头部的结构模型，并根据 GJB36-85 提供飞行员侧面样板控制尺寸进行了正向运动学求解，得到了飞行员头部运动范围。

相对自主建模仿真度上的缺点，基于商业软件的中国人体数据建模具有更强的真实性。北京航空航天大学的王黎静针对 GJB 4856—2003 中国飞行员人体数据，编制了中国飞行员人体数据文件，并在 CATIA 软件中实现了中国飞行员人体模型的可视化。西北工业大学的苏润娥采用 JACK 软件进行飞机驾驶舱虚拟工效评价，在 JACK 软件平台上根据 GJB 4856—2003 中国飞行员人体数据进行了 JACK 人体模型的本土化，对直接生成数据造成人体模型形态下的不正常进行了修正。张晓燕以 CATIA 人体模型为基础，针对其缺乏这个人体数据的缺点，采用国军标 GJB 4856—2003《中国男性飞行员人体尺寸》中混合机种飞行员尺寸建立了具有各种百分位的中国人飞行员人体模型。对 CATIA 平台的可达性及可视性等模块进行了二次开发，采用该模型完成对某驾驶舱虚拟人机工效-可视性及可达性的评估与分析。

2. 操纵部件

在飞机驾驶舱操纵研究中，研究对象主要有脚蹬、拨动开关、按键、操纵杆等操纵部件的研究，以及操作域、操纵姿态舒适性的研究。

在操作域的研究上，北京航空航天大学的付世波利用 6 自由度的手臂模型，建立手臂运动方程，实现了驾驶员操作可达域的建立，并利用该模型检查驾驶员工作过程中的人机干涉情况。在驾驶舱概念设计阶段，该模型可以进行驾驶舱仪器、仪表及各类控制器件的布局设计。王黎静针对中国还没有标准的上肢可达区数据供设计者使用的情况，采用坐标变换的方法将美国军机飞行员的上肢可达区数据转换成中国歼（强）击机飞行员（数据来自 GJB 20—84）上肢可达区的近似数据。再按照国家军用标准 GJB 35A—93 关于 3 种可达区的规定，建立了座舱可达区的 3 种分析模型，并对飞机进行了可达性分析。

在操纵舒适性的研究上，北京航空航天大学的张立博根据主观感觉利用自由模量幅度估计法，确定了站姿和坐姿时共 8 个关节活动的相对不舒适度指数。通过该研究还能确定关节活动之间的舒适度对比。张立博还通过在人体前侧方空间划分网络，实现了上肢作业姿势的参数化定义，并采用模量幅度估计法对定义的 384 种作业姿势的舒适性进行了评价和分级，得到了网格姿态舒适图。王睿分别建立 Sim.Mechannic 上肢模型和上肢动力学模型求解关节力矩，以 NASA 最大关节力矩计算公式计算的力矩的 60% 作为力矩值舒适条件，以侧式操纵杆为例确定了其舒适操作域。该舒适操作域可以用来进行操纵部件的优化设计。

3. 视觉显示

在飞机执行任务中，作为工作主体的驾驶员，总是通过五官从周围环境获取信息，并根据这些信息来指导自己的行动。其中视觉最为重要，大约 80% 的信息来自视觉。视觉显示研究方向主要有驾驶舱视界、显示界面、显示器评价、可视性以及内饰视觉等。

李岩等针对适航条款中驾驶舱视界的要求，结合具体型号研究了如何将条款转化为设计要求，并进一步给出了可行的适航符合性验证方法的建议。刘伟等则分析了视觉工效的影响因素，包括振动、反射炫光、噪声、对比度、照明环境、信息综合显示及显示方式等，并提出了视觉工效测定方法研究的 3 个方面，包括反应时间及准确度评估显示器布局工效。但仅仅是设想还未付诸实施。李银霞等综述了国内外现有飞机驾驶舱显控系统的工效学评价技术，并对各种技术的优缺点进行了分析。

苏润娥、谭正文针对 JACK 在民机驾驶舱可视性评估中的不足，提出了一种在 JACK 环境下计算飞行员眼位点沿各个方向视觉度数的算法，并进行二次开发得以实现。张存通过建立飞机座舱内饰设计视觉仿真方法的框架模型，进行座舱内饰仿真，并建立内饰评估指标体系，对某客舱内饰进行了评估。

相对来说，显示器界面设计上的研究更多。董大勇以 VAPS 为平台建立了具有人机交互功能的基于飞行任务的驾驶舱显示人机界面仿真环境，为驾驶舱人机界面设计方案阶段的评价提供了基础。任晓炜也在 VAPS 上通过二次开发实现了一种座舱仪表的虚拟优化设计方法。采用该方法能够进行航空仪表界面的仿真和评价。仇岑探讨了以计算机为核心的航空电子综合显示时代的人机界面设计理念，在驾驶舱显控系统设计中引入了生态界面设计理论，并进行了涡轮轴发动机监控系统生态界面设计。对界面的优越性未进行验证。张惠妹通过模拟器的飞行试验建立了视觉显示器的视觉信息流强度模型，该模型及实验结论对于人机显示界面设计的适人性研究有一定的价值。张炜通过认知实验研究了一种新的状态信息显示方式 Polar-Star 与传统监视器显示方式之间的差异。结果表明，从信息预测能力的角度衡量情景意识（SA）水平的重要性看来，实验结果初步反映出 Polar-Star 显示方式在未来的驾驶舱设计中具有重要的应用潜力。Li F 采用组件方法实现了一种飞机仪表快速建模方法。

4. 布置和布局

布置布局上的方法主要有优化设计方法和基于知识的推理方法。

优化设计方法方面，王立刚总结了 3 个基于工效学的控制面板计算机辅助设计方法，确定控制面板的设计问题应该按照多约束的优化问题进行处理，但没有具体实施。纽松采用类似的方法进行了民机驾驶舱人机工效设计的布局优化研究。具体优化算法采用的是遗传算法，目标函数是布局的主要原则，包括原件功能性分组、重要程度、使用频率、操作顺序、相关性和空间相容。李瑞通过解运动方程并结合人体活动范围得出飞行操纵过程中百分位飞行员手和脚的可达域和舒适域，结合飞机驾驶舱的几何尺寸，确定了飞机驾驶舱操纵装置中的操纵杆、油门和航向操纵脚蹬的最佳作业空间。

基于知识推理的方法方面，王黎静采用知识工程的方法（主要是框架法）建立了驾驶舱布局知识，并在 CATIA 平台通过二次开发形成了基于知识库的飞机驾驶舱设计方法。该方法主要用于操纵台、仪表板、仪表和控制器等布局和装配。艾玲英阐述了飞机驾驶舱主要设备的布置与人机工效的关系，为飞机驾驶舱设备布置提供了理论依据，采用知识工程中的规则-框架表示法表示飞机驾驶空间布局规则，产生式-框架规则进行推理形成了智能化飞机驾驶舱布局设计方法。杨俊超采用类似的框架法设计了一种基于知识工程的直升机座舱工效设计系统。Zhang Y 提出了一种基于飞行员运动重构的驾驶舱布置设计方法。该方法采用知识工程中基于案例的推理方法，以已有机型驾驶舱操纵部件的操纵姿态为案例，进行相似性分析，推理重构新型号飞机驾驶舱操纵部件的布置。

5. 座椅及舒适性

王东勃针对我国主要远程运输机来自俄国，驾驶舱尺寸不适应中国人人体尺寸的问题，在 CATIA 软件平台上进行了运输机座椅与操纵杆的适应性人因工程学设计。但详细设计方法未见说明。

6. 综合设计

鞠峰以姿态舒适作为条件，通过飞行员上下肢运动链求解，计算了踏板与座椅位置关系、座椅与驾驶杆位置关系以及座椅与仪表板位置关系，最终形成了一种驾驶舱布局设计算法。王俊根据国家标准和飞机设计手册，详细设计了轻型飞机座舱眼位、座椅以及各操纵装置和仪表板的位置及外形尺寸，在 CATIA 软件中建模，并利用 DELMIA 软件中的人机工程模块进行了评价。Shi B 采用驾驶舱人机工效设计标准和准则在 CATIA 环境下进行了眼位、驾驶舱中央仪表板、遮光罩、中控台等布局设计，并进行了可视性和可达性的人机工效评估。

冯昊成等在其团队研发的开放式飞机总体设计系统（OpenCADs）中通过驾驶舱布置构型的参数化，建立了交互式驾驶舱快速设计环境，但该平台缺乏人机工效上的详细考虑。

7. 工效评价

相对于驾驶舱设计工作，国内学者在驾驶舱评价上的研究更为系统。评价方法上主要有指标体系评价、虚拟软件评价和现场评价等。评价对象上主要有综合评价、可达性、可视性、布局、显示系统和操纵舒适性等。研究上主要分为以下两类：

（1）指标体系评价。王黎静和李银霞探索了多级模糊评价法在飞机驾驶舱工效评价中的应用，但具体的工效评价指标体系未建立。其中，采用多级模糊评价法对驾驶舱的作业系统方案的工效学评价的5个方面，包括驾驶舱内显示装置的设计、驾驶舱内操纵器的设计、座椅的设计、驾驶舱作业空间的设计和驾驶舱作业环境设计等进行了模糊评价。李银霞从系统工程的角度，对飞机座舱工效多级模糊评价方法中评价因素集、因素权重值、模糊评价矩阵以及综合评价方法等加以确定。在此基础上，构造了模糊评价矩阵、因素权重值数据库流程图，为飞机座舱工效的总体评价及其数据库系统的建立奠定了基础。

李银霞还采用德尔菲法建立了飞机座舱工效学综合评价指标体系框架，应用基于"功能驱动"原理的 G1 法确定各指标权重系数。最后，对各指标的特征值进行量化处理，再用模糊加权平均算子作为综合评价的数学模型算出评价结果，李银霞又进一步采用改进的德尔菲法，聘请了飞过多种型号飞机的 23 名现役有经验飞行员作为专家咨询人员，分别建立了具有21 个指标的飞机驾驶舱人机几何适配性评价指标体系和6个指标的驾驶舱显示系统工效学评价指标体系。宋海靖在前人研究的基础上，采用一种能够实现征求和提炼专家群体意见的有效方法改进专家打分法，建立了民机驾驶舱人机工效环境综合评价框架，应用三标度层次分析法确定各指标权重系数，接着应用隶属函数法对各指标的特征值进行量化处理，最后用模糊评判数学模型求得评价指标的综合分支，算出评价结果。

康卫勇以飞行操纵绩效的主任务测量、NASA-TLX 列表的主观评价、眼动参数的生理测量三者为基础建立了飞机座舱视觉显示界面脑力负荷综合评价模型，采用 G1 法确定指标的权重系数，实现了视觉显示界面的评价。

（2）综合评价。综合评价一般是在工效评估软件或系统上针对驾驶舱进行全面的可视、可达和舒适性等多种评价。

王黎静等人建立了一个 3D 飞机驾驶舱人机工效评估系统用来进行视觉分析与评估、可达分析与评估以及工作姿态舒适评估。李银霞采用模糊评价的方法，开发了一套人机工效综合评估系统（SASCE）。该方法通过邀请航空专家、有经验的飞行员采用标准和准则进行驾驶舱人机工效综合评估。

苏润娥采用 JACK 软件对座椅、仪表板、遮光罩、方向舵踏板、操纵杆（盘）、中央控制台和顶部仪表板等的布局进行了评价，并提出了一些改进意见。评价项目主要有可视性、可达性和操纵舒适性。苏润娥还建立了民机驾驶舱可视性评价方法、可视舒适性评价模型和座椅工效评价方法，并进行二次开发在 JACK 软件中得以实现。最后对方向舵踏板、操纵杆（盘）和油门杆等关键操纵件进行舒适性评价。马智给出了运用 JACK 进行人机工效分析的具体思路，并阐述了战斗机驾驶舱多项工效分析，包括运动仿真、可达性、舒适性、力和力矩分析以及可视性的实现技术和技巧等。张晓燕在建立民机驾驶舱设计准则的基础上，提出了民机驾驶舱可达性、可视性评估方法体系，采用 CATIA 软件平台对某驾驶舱视野/视界、设备操纵可达性和可视性等进行了评价，并提出了改进意见。苏建民在 CATIA 平台采用自建的人体模型建立了一套飞机座舱人机交互设计平台，但主要还是用于评估，在平台上进行了飞行员视觉模拟和视界检查、可达性检查和操纵力分析。

8．虚拟设计

虚拟现实在人机工效研究的应用具有天然的优势，如可达、可视，以及在沉浸环境中虚拟观察 CAD 模型等。与航空相关的应用主要有飞机制造装配、虚拟交互、内饰评估、模拟训练和舱室工效评估等。中航工业第一飞机设计研究院在型号研制中尝试使用 VR 技术进行座舱布置设计、虚拟拆装和人机工效分析，取得了一定效果。航天医学工程研究所的周前祥通过总结国外主要是 NASA 在航天虚拟现实上的使用，提出虚拟现实在航天工效学的应用在于飞船座舱结构设计、飞船人工控制设计、仪表显示和座舱照明的工效学研究、报警系统设计和航天员工作负荷的评价等。上海飞机设计研究院提出了借助虚拟现实技术进行内饰设计和评审流程的具体方法。从最初的市场调研、方案评审，到虚拟展示样机，再到零件和装配设计，虚拟现实技术均可提供可视化的设计环境。周来等采用虚拟现实技术进行了飞行模拟训练。

（三）存在的主要问题

欧美的航空工业孕育并产生了大量先进、协调、配套的技术标准和设计规范，正是这些"软件"工程保证了它的产品在综合效能上步步上升。在总体水平上，对于飞机驾驶舱人机工效研究我国尚处于探索阶段，整个研究尚缺乏系统性，实际投入的应用也相对较少。其中，人机工效的评价研究相对比较成熟，先后出现过大量的评价方法，但飞机驾驶舱人机工效设计领域处于探索阶段。国内外驾驶舱人机工效设计研究领域虽然已取得了许多重要进展和研究成果，但仍然存在众多需要解决的问题。主要表现在以下几个方面：

（1）驾驶舱人机工效综合的协同设计。人机工效主要研究人、人机之间的交互特性，以及以此特性评价人机系统，但从以上的研究现状看，如何采用该特性进行人机系统设计的研究还较少。目前尚无法真实了解欧美国家尤其是波音、空客等飞机公司在飞机驾驶舱人机工效设计技术的实际状态。国内当前的飞机驾驶舱人机工效方法还主要是设计-评价-修改-评价-修改的模式，进行的是驾驶舱的设计和人机工效的评价，两者是分离的，主要是参考以往驾驶舱或者各种标准后设计驾驶舱，再进行人机工效评价，再修改，再评价的设计方法。以往的研究中也有计算机辅助人机工效的概念，为设计前期对设计方案进行仿真评价，减少设计返工和实物原型的制作，为缩短从设计到制造的周期和减少成本提供工具。但从目前驾驶舱人机工效设计的研究中看主要还是对设计结果和相关标准符合程度的评价为主，对直接参与产品设计过程的人机工程辅助方法的研究相对较少。

例如，在飞机驾驶舱人机工效概念设计阶段，多是采用二维人体模板法、参考已有型号法。后期多采用问卷调查、计算机辅助评价后改进设计。其中，计算机辅助评价缺乏人在环的评价，而问卷调查（主要有德尔菲法、层次分析法和模糊评价法等）的评价对象采用驾驶舱实物、拍摄的驾驶舱照片或仿真的驾驶舱图片，前者对于对比几种驾驶舱的优缺点很有用，后者缺乏真实性，而且这些评价方法在这几种条件下的使用对于前期设计阶段驾驶舱人机工效的提高不是非常有效。

因此，驾驶舱人机工效设计缺乏能够融合人机工效各学科设计知识的综合协同设计方法。另外，人机工效的设计和改进局限于飞行员的使用和专家经验，具有一定的主观性，还缺乏有效的设计技术和手段。

（2）驾驶舱人机工效设计中的量化评价。国外形成了许多驾驶舱人机工效设计准则和标准，如 SAE APP 标准等，国内已陆续制定了飞机驾驶舱方面的一些人机工效设计标准，军机领域的标准更多，在能形成适用于大型客机驾驶舱人机工效设计的一整套准则和标准方面尚有一定的差距，且已有的标准多借用国外的。不管国内还是国外，驾驶舱人机工效评价主要就是针对这些标准的要求进行符合性验证。在评价手段上主要由指标体系评价、虚拟软件评价和现场评价等，评价对象上主要有综合评价、可达性、可视性、布局、显示系统、操纵舒适性等。而评价方法主要是主观评价和虚拟评价。这些评价方法特别是评价指标体系的建立解决了驾驶舱人机工效评价什么的问题，但对于具体指标的评价或者是采用模糊评价之类的方法得到一个打分值，或者是采用描述性的语言表示，对于驾驶舱人机工效的改进设计缺乏直观的表达。因此，在驾驶舱人机工效设计领域对工效的量化评价有着强烈的需求。通过量化评价的数学模型，还有利于建立针对驾驶舱人机工效的优化设计。

（3）驾驶舱人机工效设计中的虚拟现实设计。以往真正有效的飞行员参与驾驶舱人机工效评估只能在飞机设计的后期得到，显然急需一种在飞机设计阶段设计师或者飞行员就能深度参与的人机工效设计方法，即人在环的驾驶舱工效设计方法，而虚拟现实技术为这一方法的实现提供了手段。但以往在人机工效的研究中，很多虚拟现实系统还存在几点问题，还无法满足人在环的飞机驾驶舱设计。

首先，虚拟环境与人机工效评估环境分离，虚拟环境与 CAD 建模环境分离。有些虚拟环境和人机工效评价工具虽然能够集成进行实时的评估，但仍然是两个独立的系统，仅仅是虚拟环境和人机工效评估软件的运行同步。很多应用都是在 CAD 软件中进行建模，再导入虚拟现实系统中，然后利用另外的人机工效工具进行评价，系统集成性不好。

其次，协调复杂、成本过高。前文所述虚拟现实系统中包括了各种硬件，如显示设备、产生沉浸感的设备、运动测量系统、力和力反馈设备以及其他一些特定的设备，各种软件主要有 CAD 建模软件、人机工效评估软件、动画仿真软件等。这些软硬件无一不花费巨大，且多种设备混合，使用复杂。

另外，国内虚拟现实（VR）技术无论是硬件还是软件的研发与国外都有一定的差距，且在国内飞机驾驶舱虚拟现实的应用上，更大的缺点是虚拟现实技术偏重产品演示，使用效果非常有限，或者仅仅是一种构想，其原因也是前面两点。

总体来看，欧美在驾驶舱人机工效设计方面积累了丰富的经验，在驾驶舱设计中充分考虑人的因素，并不断应用高新技术，发展水平日趋成熟，已经走向标准化、规范化道路。而与这些欧美发达国家相比，我国在驾驶舱设计领域相对起步较晚，经验缺乏，在驾驶舱人机工效方面的研究和应用相对较少，同时国内相关的规范和标准也较为缺乏，需要及时学习国外的成功经验和先进成果，加强对驾驶舱中的工效学应用开展深入研究。

复习思考题

1. 什么是人因工程学和航空人因工程学？它的研究目标是什么？
2. 简述人因工程学研究的三个重点领域。
3. 划分人因工程学研究的范畴通常有三种依据，根据这三种依据分别阐述人因工程学研究的范畴。
4. 简述航空人因工程学的学科性质及其相关学科。
5. 简述人因工程学的发展历史。
6. 阐述并分析飞机驾驶舱人因工程学的发展历程及其启示。

第二章 人因工程学研究方法

第一节 概 述

一、为什么要学习航空人因工程学研究方法

"工欲善其事必先利其器"，科学研究的内涵就是针对具体问题进行科学数据（观察）的采集，并对数据意义予以解释和说明的过程，在此过程中所要使用的研究方法及其设施设备可视为解决问题的"器"。在人因工程学中，需要说明什么好用，什么有危险，怎样能更好，常用速度、精确度和工作负荷来具体说明。以下案例说明了人因工程学研究方法的重要性：

（一）事件经过

美国的一位司机一边开车一边挂电话，结果撞了停车标志牌，还将一位议员的车撞了。该次事故是由于开车打电话引起的，这位议员便提出了一项在开车时禁止打电话的法案。但其他议员对此质疑：个案是否可以作为禁止打电话的依据？为了解决这项争议，便与一家人因工程学公司签订了研究协议，要求该公司出具驾车打电话会危及驾驶安全的证据。

（二）可能的研究方法

（1）查阅事故统计数据？结论不准确可靠，因为并不是所有出事司机都会诚实地报告他出事时打了手机。

（2）模拟实验：是否可以使用模拟驾驶器模拟特定情境来做出判断？如果准备采用此方法，那么是否可以通过计算机编程以完成双重任务条件下的"追踪任务"实验室实验？如果答案是肯定的，后续工作就需要完成实验设计、实施实验、收集数据和处理数据（结果与分析）、讨论结果、得出结论。

二、什么是人因工程学方法

人因工程学问题一般都会包含以下部分或全部属性：这些问题将对整个系统绩效产生负面影响，系统中人的行为表现未能达到预期，现有设计、评价和获取信息的方法未能有效捕获到问题。针对这些问题通常采用一系列的纯技术性干预措施，效果总不容乐观，因为人因工程学问题它既不专属于工程范围，也不专属于人类科学家的领域，它更多的是两者的交互，人因工程学方法也正是这两者的结合。

人因工程学在很大程度上讲是一门经验科学。人因工程学的核心研究方法是把与人类能力和行为有关的信息应用于作业者所使用的物品、设备、程序和环境的设计中，这些信息绝大部分是由实验和观察得来的。人因工程学家除了收集以经验为基础的信息并将它们应用于产品设计上以外，还收集经验数据来评估他们设计和其他人设计的"优良程度（Goodness）"。因此，经验数据及其研究，在系统的开发中扮演着双重角色：在前端作为设计的基础，在后端作为评估和改进设计的方法。

（一）人因工程学方法与设计

人因工程学在系统设计的早期阶段就介入比后期阶段的介入作用更加有效。因为在设计的后期，面对已经完成的整体系统、需要较多重新设计，往往会投入大量的时间、精力和成本。不幸的是，这也是一个普遍存在的问题。图 2-1 就说明了这一点，该图显示在整体努力方面，因在产品早期设计过程中对产品实体模型和原型进行修改成本相对较低，所以人因工程学在设计过程的早期阶段介入能使其价值最大化。

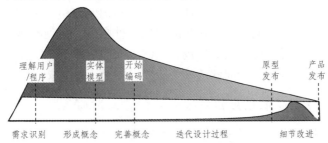

图 2-1　在产品早期设计过程中考虑人因工程学介入的优势

[引自 A.斯坦顿等著，罗晓利等译《人因工程学研究方法 ——工程与设计指南》（第 2 版），2017]

在人因工程学设计中会经常出现"分析原型"的概念。所谓的"分析原型"，是一种将人因工程学的独到见解应用于非物理系统的过程。图 2-2 呈现了不同的人因工程学方法适用于不同设计阶段的一个通用流程。首先用适合"分析原型"和对特定问题范围的限制条件进行建模的方法入手，以便揭示非预期行为出现的规律；然后进行人误、可用性和界面的评估分析等。每种方法的选择都应以适应设计生命周期特定阶段的需求为依据。例如，在设计的早期阶段，所选择的方法应该能够帮助设计者和工程师诊断所提出系统中涉及的重要人因工程学维度。在以后的阶段，所选方法应该能够反映现存系统的物理表现的事实，并能开始用户与系统的交互。

鉴于大多数人因工程学问题都出现在人与系统之间非预期的边界交互过程中，因此就需要通过渐进、迭代、"设计—测试—设计"的过程来实现设计者的意图。

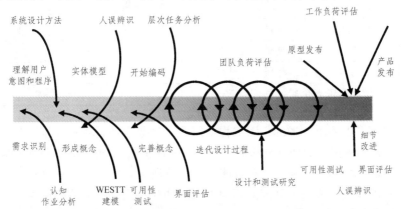

图 2-2　各阶段设计过程中的人因工程学方法应用

[引自 A.斯坦顿等著，罗晓利等译《人因工程学研究方法 ——工程与设计指南》（第 2 版），2017]

　　注：WESTT 即 Workload, Error, Situational Awareness, Time and Teamwork 的首字母组成的缩略语，一种用
　　　　于指挥与控制的分析原型系统，具体见 Robert J. Houghton, Chris Baber, Malcolm Cowton, 等 2008 年发
　　　　表的 *WESTT (workload, error, situational awareness, time and teamwork): an analytical prototyping system
　　　　for command and control*.

（二）人因工程学的整合

从图 2-1 和图 2-2 可以清晰地看出，这些应用于不同设计阶段的柔性方法表明人因工程学方法具有许多优势。国际标准 ISO13407 中的"以人为中心的系统设计"标准也预示着人因工程学的重要性。这一国际标准要求确保在设计和开发过程的任何阶段都要对系统的潜在用户予以足够重视。作为这一标准的支撑，出现了一个称为人因工程的整合（Human Factors Integration, HFI）的实践活动。HFI 是指提供设备研制中技术和人两方面的平衡发展，通过对系统进行规范、设计和评估来确保人类特征方面科学知识的应用（MoD，2000）。

人因工程的整合在特定行业领域中存在的形式多种多样。在英国国防部，人因工程整合的过程涉及 6 个领域：人力资源、人员选拔、训练、人因工程、系统安全和健康风险。人因工程整合关注整个系统设计的生命周期的 6 个阶段，从设计到制造、使用、维护和废弃处置。

（三）人因工程学方法的信度和效度

对工程师或设计师而言，人因工程学工作者很可能会成为既需要又排斥的对象，因为人们对该领域的认知相当模糊。而事实上，人因工程学方法确实能解决那些在工程师和设计师看来没有严谨定义或者不易辨识因果链的问题。

研究人员已经提出了一种二分法的工效学方法：分析法和评价法（安妮特，2002）。他们认为分析法要求有结构效度，这类方法可以帮助分析人员理解人机交互的作用机制；而评估法则要求有预测效度，这类方法可用于预测人机交互的参数。结构效度和参考标准的效度在人因工程学理论发展中具有重要作用。结构效度是指测量在多大程度上依据了某种理论，是否可以接受；预测效度是指能否有效地预测现有的或者未来的系统的表现；信度是指结果的可重复性，它们之间是有差异的，见表 2-1。

表 2-1　安妮特的工效学二分法方法

项目	分析法	评价法
主要目的	理解系统	测量参数
举例	任务分析、训练等需求分析	工作负荷、可用性、舒适性和疲劳等的测量
结构效度	基于认同度高的系统模型及其表现	与理论和参数的测量相一致
预测效度	提供问题的答案，如任务的结构	预测绩效/表现
信度	数据收集符合现有模型	独立样本结果一致

由此，也就产生了一个有趣的人因工程学问题：这些方法是否相互排斥？一些方法似乎有着双重作用（如差错识别的任务分析时，分析法和评价法均如此），表明他们应该满足彼此的标准。如 Baber（2005）认为这是有可能的，评价所采取的方式方法会影响评估所强调的目标。这意味着以什么方式选择处理问题的方法对如何使用这种方法会产生影响，或者换句话说这取决于站在科学家-实践者连续统一体中的哪一个位置去选择。乍看起来（特别是从科学家的角度）你会发现"实用主义"的方法似乎不可靠：假如我们为了满足情境的需要而零碎地选择方法，那我们就很难保证结果是有用、有效和可靠的。虽然某种方法可能同时满足三种效度，即构建效度（理论的效度），内容效度（表面效度）和预测效度（标准参照经验效度），但却很难确定这些效度究竟是因为方法本身还是如何使用这种方法产生的。简而言之，

解决的方案是在使用任何一种方法前就应该留心是否符合方法初始设计的精髓和内涵。

三、人因工程学研究方法的分类

（一）基础研究与应用研究

人因工程学的研究涉及多个学科，是多学科交叉的一门边缘性应用科学：从人脑的信息加工到理解人体物理和生理限度，人脑和身体如何与系统（航空器等）发生交互作用。从研究的层面来说可划分为基础研究和应用研究（序列的两端，相互促进，互为支持）：

1. 基础研究

基础研究是为了探索普遍规律，能够覆盖众多人、场合以及任务而进行的研究，其目的是发展理论、原理。

2. 应用研究

应用研究是针对具体的人群、任务、产品、系统或者环境而发展的理论和原理。

（二）描述性研究方法、实验研究方法以及评估研究方法

1. 描述性研究方法

描述性研究方法是探寻和通过一些特定属性来描述一个群体特征的方法，包括观测法、调查和问卷法、故障与事件/事故分析方法等。

（1）观测法：通过观测和记录特定场景下作业者任务行为的方法。在计划观测时，研究者需要确定需要观测的变量、观测以及记录每一个变量的方法，在何种情况下进行观测、观测的时间点等。

（2）调查法和问卷法：基础研究和应用研究都经常会采用调查法和问卷法来测量变量，属于主观方法的范畴，其关键问题是问卷的信度和效度，详细信息可查阅心理测量学书籍。

（3）故障和事件/事故分析方法：是评价产品安全性的方法，常使调查法和问卷法，比较复杂和需要高端设备的方法还有仿真和虚拟现实技术。

2. 实验研究方法

实验研究方法是探究自变量与因变量之间关系的方法。实验的目的在于考察在没有其他变量（无关变量或控制变量）影响的前提下，自变量对因变量的实质性影响。

3. 评估研究方法

评估研究方法与实验方法相似，其目的也是评估产品的效果。但评估研究中的"某产品"通常是一个系统。评估研究与描述性研究也相似，相似之处在于它们都是探寻描述系统或者产品使用者的执行效果和行为。总体来说，评估研究比实验研究更具有整体性和综合性。一个系统或者产品可以通过比较其目标来进行评估，本来想要的结果和本来不想要的结果都可以加以评估。评估是整个系统/产品设计过程中的重要组成部分，但也是最具挑战性的一类研究。

（三）A.斯坦顿等的人因工程学研究方法分类

A.斯坦顿等人在文献查阅和综述的基础上，建立了一个包含 11 类超过 300 种人因工程学方法和技术的数据库，见表 2-2。

表 2-2　人因工程学方法分类

方法类别	描述
数据收集技术	数据收集技术可用于收集与系统或者情境相关的具体数据。Stanton(2003)认为未来系统设计的出发点就是对现行系统或者类似系统的描述
任务分析技术	任务分析技术可用于描述所分析的特定任务和情境下的人的绩效；它根据人-机和人-人交互作用把任务和情境按要求分解成单独的任务步骤
认知任务分析技术	认知任务分析（CTA）技术可以用来描述任务绩效中无法观测到的认知方面；CTA 还可以用来描述系统操作员完成一个或者一系列任务的心理过程
图表编制技术	图表编制技术采用标准化符号以图表方式描述一个任务/过程，其输出有助于理解特定情境下的不同任务步骤，也可以突出显示每个步骤执行的时间以及所需要的系统界面技术
HEI/HRA 人误识别/人的可靠性分析技术	HEI 技术可以用来预测任何可能在人-机界面中发生的潜在人误。HRA 技术可以用来量化差错发生的概率
情境意识评估技术	情境意识（SA）指操作人员所处情境下具备的知识和经验。Endsley(1995)认为，SA 包括对相应目标的知觉，以及对任务和未来设计状态关系的理解。SA 评估技术可以用来测量处于复杂动态系统中操作人员的情境意识
心理负荷评估技术	心理负荷（MWL）指某个任务或系列任务所要求的心理资源所占操作人员心理资源的比例。目前，已有很多心理负荷评估技术，人因从业人员可以使用一系列心理负荷评估技术来估计与任务相关的心理负荷
团队绩效分析技术	团队绩效分析技术可以用来描述和分析特定任务或情境下的团队绩效。它可以评估团队绩效的不同方面，包括沟通、决策、意识、负荷和团队协作
界面分析技术	界面分析技术可以根据可用性、差错、用户满意度和布局几个方面来估计产品或系统的界面

第二节　数据收集方法

对现有操作系统可用性、差错分析和任务分析的评估，需要分别对系统中与任务绩效相关的具体数据进行收集、表征（represented）和分析。因此，数据收集的方法也是人因分析的基础。人因从业人员应用这些方法来收集与系统、活动、产品、系统活动属性、系统中的个体行为、任务步骤和顺序、系统采用的技术产品以及执行任务的全部人员（控制，显示和沟通技术等）等相关的具体信息。

描述性研究方法、实验研究方法是收集数据的主要方法，它们各有优点，也各有缺陷。描述性方法从总体上看显得主观性较强，但比较简便，并能够在自然和真实的环境中实施。描述性研究方法主要有：观察法、访谈法、问卷调查、产品分析、可用性度量、绩效分析等；实验研究方法分为实验室实验法和自然实验法，前者指在实验室严格控制条件的情况下开展实验研究，这样的研究结果比较客观，但不一定真实，因为实验条件/变量不容易控制，可能与真实的环境发生偏离；自然实验法是指在真实的作业环境和作业任务中开展的实验，其优点是兼顾了客观和自然的真实条件，但同样的是实验变量难以控制，实验成本更高，尤其像航空人因工程学的真实条件的实验成本会很高。在实际研究过程中，这两类方法经常交替使用或综合使用。

一、实验研究方法

本部分仅介绍最主要的实验方法基本知识。关于实验设计、选择实验设备和实验条件以及变量分析等信息，可进一步查阅工程心理学和实验心理学教科书获取。

（一）实验方法的步骤

实验研究方法应遵循以下 5 个步骤：

步骤 1：提出所要研究的问题和理论假设。研究者首先要假设一些变量之间的关系，然后提出一个实验设计以证明这一假设的因果关系是否确实存在。例如，我们可以假设，频繁变化的不固定轮班制作业（如飞行员和管制员等）会使作业者出现更多的错误（昼夜生物节律、疲劳和注意力难以集中等诱因），这就确立了变量的因果关系。

步骤 2：明确实验计划。包括实验的所有细节，必须明确什么是因变量，作业/任务是什么，被试需要完成什么任务，对任务的哪些方面进行测量等。譬如，前面提到的飞行员和管制员轮班问题，我们就需要明确昼夜轮班的具体做法，是每天轮班还是每周轮班或者是"上三休二"（上三天班，休息两天）、"上二休二"（上两天班休息两天）。同时也要明确实验中对哪些自变量进行变化/调控，每个自变量有多少个变化水平。

步骤 3：实验的实施或操作。确定被试和实验设备，准备实验的实施。如果研究者觉得还没有什么把握，在正式实验前可以先做一个小规模的预备实验，待所有问题都通过预备实验搞清楚了，就可以开始正式实验来采集数据。

步骤 4：分析数据。在实验中，对因变量（可能不止一个）进行测量并与每一个被试对应，然后采用一定的统计方法对收集到的数据进行处理和分析。

步骤 5：推导结论。研究者根据统计分析的结果推导出实验中有关变量之间的因果关系的结论。

（二）实验设计

对任何实验都有不同的数据采集设计方法，哪一种设计最好须依据具体的情景而定。不同的实验设计的主要区别如下：有几个自变量需要变化或者调控；每一个自变量有两个水平还是多个水平；从因变量看，几个条件下是用同一组被试还是用多组被试。以下是一些常见的实验设计方法：

1. 两组设计

两组设计主要考察一个自变量（因素）的两种条件（2 个水平）。经典的两组设计是把被试分为两组，一组作为控制组，不给任何处理（如开车时不准使用手机）；另一组作为实验组，给予某种程度的自变量变化（如开车时使用手机）。实验就是比较这两组之间的因变量的变化（开车绩效、安全与效率）。但在人因工程学实验中，常常需要比较不同实验条件下的作业绩效的差别，如使用旋钮式开关和按压式开关作业绩效的差异等，在这种情况下就没有必要设置控制组了。

2. 多组设计

有时，两组设计不足以满足检验假设的需要，就可能考虑将变量设置成若干个水平来考察自变量各水平对因变量的影响，如驾驶舱灯光照明对视觉认知的影响，灯光照明这个自变量就可以考虑多个水平/不同亮度对飞行员视觉认知这一因变量的影响。在这里,虽然只考察一个自变量对因变量的影响,但却是多个水平。如果把自变量亮度设置为 5 组考察 5 种不同亮度(水平),就会比设置 2 组考察 2 种亮度获得更多的信息。用这种设计可能会得到一个定量的模型或者定量的方程,以用来预测视觉认知绩效随亮度变化的改变。

3. 因素设计

在增加一个自变量变化水平的前提下,还可以通过扩展两组设计,在一个实验中检查多个自变量(因素)对因变量的影响。在人因工程学研究中,会经常涉及复杂系统,往往会探索两个变量之间的关系问题。譬如我们前面提到的管制员轮班问题,就需要探索不同倒班安排(因素 A)对不同年龄(年轻和年老,即因素 B)管制员的影响是否相同或者不同。

几个自变量分别由几个水平构成的多因素实验设计称为因素设计。在这里,因素这个术语表示各个自变量不同水平之间可能存在的组合和由此可能产生的条件,这些组合和条件将会对因变量产生什么样的影响将是实验中需要考察的。因素设计不仅仅是考察每一个自变量的影响,更为重要的是可以考察它们之间的交互作用。因为人的作业多数都是复杂的,人与机器的交互也是复杂的,因此在人因工程学研究中,无论是基础研究还是应用研究,因素设计都是最常用的。因素设计比 2×2(2 个变量,各 2 个水平)设计更为复杂。首先,在因素设计中每个变量可能不止 2 个水平。譬如,我们可以探索在两种不同的手机拨号方式(手动拨号和语音拨号)对驾驶绩效的影响,但同时还有一个控制条件(不使用手机),这就是 1 个变量有 3 个水平了。然后,可以用这个变量的 3 个水平再结合第二个变量的 2 个水平,即两种驾驶条件(城市道路和高速公路),这就形成了一个 3×2 的因素设计。另一种情况是,研究者可能同时要考察两个以上的自变量(因素)对驾驶绩效的影响。假定前述的 3×2 设计研究,但同时还要比较年老和年轻司机的绩效差异,这就增加了一个年龄变量(因素),从而形成了一个 2×3×2 的因素设计,这种具有 3 个自变量的设计称之为三因素设计。

增加自变量有 3 个好处:① 它使研究者可以在一个实验中考察相同的多个方面,效率高;② 使研究更接近实际运行中系统的复杂性,其结果也就更具有普遍意义;③ 研究者可以考察变量之间是否存在交互作用,也就是说可以考察一个变量对结果的影响是否要依赖于另一个变量的情况。示例中给出了一个简单 2×2 因素设计,由此可以帮助读者理解因素设计以及因素之间的交互作用。

一个简单因素设计示例[引自 C.D.威肯斯《人因工程学导论》(第 2 版)]

一个变量的 2 个水平和另一个变量的 2 个水平结合起来,这样的设计就叫作 2×2 因素设计。假定某研究者想评价使用手机对驾驶作业绩效(如安全性)的影响,他对第一个变量进行调控/变化,即考察使用手机和不使用手机对驾驶绩效的影响有何不同。他还考虑到使用手机对驾驶的影响可能仅仅存在交通繁忙的时候,因此他就可能增加一个交通量的自变量,而交通量也有 2 个水平/条件(大和小)。实验设计就成为如图 2-3 所示的,由 2 个自变量及其各 2 个水平,产生了 4 种条件,每一个条件使用一组被试。

假定我们做了这个实验研究,对图 2-3

驾驶条件	
小交通量	大交通量
小交通量驾驶时不使用手机	大交通量驾驶时不使用手机
小交通量驾驶时使用手机	大交通量驾驶时使用手机

行车中不使用手机
行车中使用手机

图 2-3　2×2 因素设计的 4 种实验条件

所示的 4 个组的每一个被试，以他们驾车偏离道路的次数作为因变量，就可以通过评价组均数（每个组的平均数）来看总体的模式。假定获得的数据如表 2-3 所示。

表 2-3　驾驶研究的假设数据：驾驶偏差的平均数

手机使用情况	交通量小	交通量大
不使用手机	2.1	2.1
使用手机	2.2	5.8

如果只看在不同交通量条件下使用手机的影响，也许会给人一个错觉：认为使用手机损害了驾驶行为。但如果仔细观察图 2-4，我们会发现使用手机只是在交通量大的情况下对驾驶绩效有影响。如图 2-4 所示的连接分组代表均数点的连线并不平行，说明这两个变量之间存在某种交互作用，也就是说使用手机对驾驶绩效的影响视路况而定。因素设计因为可以使我们能够评价变量之间的交互作用，所以它在基础研究和应用研究中都得到了广泛的应用。

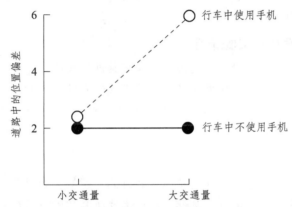

图 2-4　实际使用和驾驶条件的交互作用[引自 C.D.威肯斯《人因工程学导论》(第 2 版)]

4. 组间设计

在前面提到的多数事例中，自变量的不同水平是用不同的被试组，如我们让一组被试在交通拥挤的情况下边使用手机边开车，另一组被试在交通通畅的情况下边使用手机边开车，比较不同组的被试开车作业的绩效，这种设计称之为组间设计。在做组间设计时，实验的每一个条件（水平）使用一组不同于其他组的被试。

在做一个组间设计时，有多少个不同变量的结合水平，就要有多少组被试来一一对应。在让同一组被试执行不同实验条件可能产生某种问题时，最常用的就是组间设计。譬如，在实验中，如果让被试接受一种类型的训练（如某种模拟练习器），就不能再让他们接受另一种类型的训练，因为他们已经知道训练内容了，组间设计也可以回避顺序效应。

5. 组内设计

在很多实验中，可以让被试参与实验中的 4 种条件。比如，在一个关于驾驶的研究中，我们就可以比较同样的人在不同的条件下的作业绩效。因为实验的各种条件都是使用的同一组被试，所以这种设计被称为组内设计。如果同样的被试经历一个自变量的各个水平，这个变量就被称为被试内变量。如果一个实验设计中，所有的自变量都是组内变量，这样的设计便被称为组内设计。采用组内设计有很多好处，它具有反应更加敏感，更容易获得不同实验条件之间统计学上的显著差异等优点，同时也可以使用比较少的被试。

6. 混合设计

在因素设计中，每一个自变量既可设计为组内的，也可设计为组间的。如果使用了组内变量，也使用了组间变量，这种设计就称为混合设计。上面的例子中，如果一组被试在交通繁忙的道路上开车，测试他们使用手机和不使用手机对驾驶的影响，而另一组被试在交通通畅的条件下，也做同样的两种条件的测试，这就是一个混合设计。

7. 多因变量设计

以上讨论的几种不同的实验设计中，都只有一个因变量，即不同自变量的组合对某一个因变量的影响。但实际情况是非常复杂的，我们通常希望同时测量自变量对几个因变量的影响。譬如，我们可能希望测量使用手机这一自变量对驾驶的诸方面（因变量）的影响，如驾驶偏离道路的情况，在车前面出现汽车或者其他障碍物时踩下制动踏板的反应时间、在周边视野中发现目标的时间、速度、加速度等。

（三）选择实验设备和实验条件

在确定了各类变量和实验设计完成以后，接下来就是要确定让被试完成什么任务和在什么条件下完成这些任务。对于应用性研究，要尽可能使实验任务和实验环境与实际环境或高仿真度的环境条件下进行，以便使实验结果具有普遍意义，也意味着需要选择实验环境、被试、任务以及设备等。

1. 选择实验的被试

选择的被试应该能代表他们所在的总体或者群体。譬如，如果要研究飞行员的行为，就要选择从总体上能够代表飞行员的一个样本；如果要研究初始飞行员心理选拔系统，所建立的常模样本就应该是高中毕业生，这样才能代表飞行员候选者的总体。

2. 实验控制和混淆变量

在决定如何完成一项研究时，一个重要的环节是考虑所有可能影响到因变量的变量。无关变量/控制变量可能会干扰自变量和因变量之间的因果关系，必须对其进行控制，使它不产生干扰。例如，被试的同质性问题，在做组间设计时，非常重要的一点就是两组之间的不同只能是实验的处理，被试的年龄、性别、民族、受教育程度等都应该相同。

除了被试变量以外，其他一些变量也必须控制。比如，如果让用手机的被试驾驶一种汽车，而让不用手机的被试驾驶另一种汽车，这样的实验设计就很有问题。因为，按这样做实验，汽车的驾驶特性和汽车的大小都可能影响驾驶行为，对使用手机和不使用手机进行比较必须使用同一辆汽车（或者同一种汽车）。

在使用组内设计时，还有一个变量必须控制，即被试接受不同实验处理的顺序，处理不当可能会造成顺序效应，那就是被试在接受一连串不同的实验条件时，被测的因变量可能仅仅是因为顺序的变化而不是自变量变化而引起的因变量变化。例如，在一个实验中，让同一组被试使用5种不同的定速巡航装置，到了第5个的时候，被试已经疲劳了，就会表现出更多的失误和反应迟钝，这就是顺序效应造成的，而不是定速巡试装置不同造成的。与此相反的是，假定使用定速巡航装置对被试来说是一件新鲜事，被试可能会随着使用次数的增加带来练习效应，到了测试第 5 个的时候，被试会因为更加熟练而表现出操作绩效很好，这也是顺序效应造成的，而不是不同设备（自变量）带来的因变量的改变。这些组内设计的、因疲劳和练习带来的顺序效应都是潜在的混淆变量。

对于无关变量和混淆变量的控制方法可进一步查阅实验心理学相关书籍及资料。

3. 进行实验

在完成实验设计、确定被试样本以及其他准备工作之后，就可以实施实验和采集数据了。根据研究的性质，研究者也可能会做一个预备实验，预备实验的目的是检查控制的水平是否合适、确认被试是否已经对实验目的和过程明白无误、实验总体上是否顺利。在正式实验开始后，要确保采集数据的方法保持一致。

4. 数据分析

为了评价研究的问题和提出的假设，研究者通常要进行两类统计：描述性统计和推断性统计。

描述性统计，是指运用制表和分类，图形以及计算概括性数据来描述数据特征的各项活动。描述性统计分析要对调查总体所有变量的有关数据进行统计性描述，主要包括数据的频数分析、集中趋势分析、离散程度分析、分布以及一些基本的统计图形。① 数据的频数分析：在数据的预处理部分，利用频数分析和交叉频数分析可以检验异常值；② 数据的集中趋势分析：用来反映数据的一般水平，常用的指标有平均值、中位数和众数等；③ 数据的离散程度分析：主要是用来反映数据之间的差异程度，常用的指标有方差和标准差；④ 数据的分布：在统计分析中，通常要假设样本所属总体的分布属于正态分布，因此需要用偏度和峰度两个指标来检查样本数据是否符合正态分布；⑤ 绘制统计图：用图形的形式来表达数据，比用文字表达更清晰、更简明。在 SPSS 软件里，可以很容易地绘制各个变量的统计图形，包括条形图、饼图和折线图等。

推断性统计（inferential statistics），是研究如何利用样本数据来推断总体特征的统计方法。实验各个组可能有不同的算数平均数，但是这种不同也可能完全基于随机的水平，即使没有实验的操控，人在操作时也常常会有各种波动，两组被试在某个变量上的均数不同，但是却和实验调控没有关系的情况也是很常见的。推断性统计能有效地告诉我们差异是否因为随机的因素造成的，如果能够排除随机性的解释，就能推断出差异就是实验调控所产生的。对于两组的实验，推断性统计通常用 t 检验，对两组以上的实验，我们用方差分析（ANOVA）的方法来检验。

关于数据分析、描述性统计以及推断统计的进一步描述请查阅概率统计书籍及相关文献资料。

5. 获得结论与统计学意义

无论采用什么方法得出的结论都是有关数据的统计学显著性的叙述，这一概念是所有实验研究的核心。

研究者通常会做出这样的叙述："自变量对因变量具有显著影响"，或者"两平均值之间的差异是显著的"。其中显著这个术语是统计学显著性的简称。如果说某事物是统计学上显著的，就是指所观察到的影响或平均值间的差异，由于偶然性/随机性造成的概率是很小的。并且因为这种影响不可能偶然/随机发生，所以可以断定这一影响是由于自变量作用产生的。

偶然性/随机性导致影响的概率要多低，才能使我们断定这种偶然性是没有影响作用的呢？习惯上认为 0.05 或 0.01 为比较低的概率。实验者选取其中一个值，称为 alpha 水平（用 α 表示）。如果选定 α 水平为 0.05，那么研究者的意思是说，如果所得结果在 100 次中只有 5 次或少于 5 次是偶然/随机产生的，也就是说这一结果不可能是由于偶然性/随机性引起的，研究者可以说此结果在 0.05 水平下是显著的。通常研究者也会得出这样的结论：是自变量引起了这一结果。另一方面，如果此结果在 100 次中有超过 5 次是由偶然性/随机性造成的，那么研究者就可以下这样的结论：这一结果是由偶然性造成的，而不是由自变量造成的。

对数据进行统计分析可以得出结果是由于偶然性/随机性造成的概率。这一概率与 α 水平相比较，来确定此结果是否显著。需要牢记的是统计分析实际上没有告诉研究者结果是否是因为偶然性/随机性而产生的，而只是给出其概率，并没有人确切地知道是与否。

当看到"显著结果"或"结果未达到显著"时，需要记住几件事：① 虽然概率很低，但是显著的结果仍然可能只是由偶然性/随机性而产生的；② 非显著的自变量可能仍然会影响因变量，特别是在使用很小的样本数量时，这一情况是非常可能的；③ 统计学显著性与重要性无关；④ 从统计分析过程中，我们无法知道实验设计是否有缺陷，或者是否有未控制的无关变量混淆了结果。

单一研究通常不能论证结果的真实性。只有在多个研究中，当每个研究使用不同的研究方法和研究对象而得到相同的结论时，我们才会有信心地说，自变量确实影响因变量。然而遗憾的是，在大多数研究领域中，通常所获得的研究结果都是相互矛盾的，因而需要洞察力和创造力来解决这些矛盾。

综上所述，科学研究的目的是描述、理解和预测变量之间的关系。如前面提到的使用手机和驾驶作业的事例，就实验法而言，一个或多个自变量对因变量的影响，关键在于对无关变量的控制；越是应用性强的研究，变量控制越是困难。当对变量难以控制时，一般采用描述性方法来说明某些关系的存在；在数据收集到了以后还需要对数据的意义予以说明和解释。

二、描述性研究方法

前已述及，人因工程学的描述性研究方法主要有观察法、访谈法、问卷调查、产品分析、可用性度量、绩效分析等。

（一）访谈法

1. 背景、应用及分类

访谈是一种灵活的数据收集方法，也因此被广泛地运用于各个方面。它可以用于收集各种数据，如用户的感受和反应、工作分析、认知任务分析、可用性以及差错相关的数据。人因工作人员常用的访谈方式有三种：结构化访谈、半结构化访谈和非结构化访谈或者开放式访谈。典型的访谈方式一般是一对一的，访谈者用事先准备好的探索性问题来询问受访者以获取所需要的信息。访谈的方法有很多种，包括关键决策法（Critical Decision Method，CDM；Klein 和 Armstrong，2004）和应用认知任务分析技术（ACTA，Militello 和 Hutton，2000）。这两种方法都是基于认知任务分析方法的半结构式访谈，可以用来收集复杂环境下操作人员的决策信息。

（1）结构化访谈：在结构化访谈中，访谈者需要受访者回答一组预先定义好的问题，以获得与研究主题相关的具体信息。访谈内容（所提的问题和提问的顺序）都是事先确定好的，不允许访谈有其他的讨论内容。由于这种方法太过于刚性，所以在访谈方法中也是最不受欢迎的。只有在需要收集严格定义的数据类型，且不需要其他数据的相关信息时，才会采用结构化访谈法。

（2）半结构化访谈：在半结构化访谈中，有一部分访谈问题及其顺序是事前就定义好的。但在访谈中，访谈者可以根据所关注的内容进一步提问，这些问题可以超出原来的计划，因此半结构式访谈是一种较灵活的方法。在半结构式访谈中，访谈者经常可以发现一些与主题相关的新问题和信息。由于这种方法较为灵活，因此它是访谈法中最常用的一种方法。在德国宇航研究院的初始飞行员心理选拔系统中最后一个环节就是心理会谈，采用的访谈方式为半结构化访谈技术，即3个专家（1个飞行专家，2个心理学专家）针对前期测试结果拟定问题对候选者的个性特征进行半结构化访谈。

（3）非结构化访谈：在非结构化访谈中，问题和问题的结构都不会被事先定义，访谈者可以根据主题相关的方面自由提问。虽然这种方法灵活性最高，但应用的人却很少。因为这种方法的"非结构性"，容易造成与主题相关的关键信息被忽略或遗漏。

（4）焦点小组访谈法（focus group）：虽然大部分访谈都是一对一进行的，但焦点小组讨论却是能得到多人一致意见的有效方法。理想状况是，焦点小组访谈的对象通常由5个左右有相似背景的参与者组成，访谈者会通过介绍主题来引导和管理讨论的内容，而不用提特定的问题。提倡焦点小组访谈的代表有 Langford 和 McDonagh（2002）。

2. 访谈问题的类型

访谈通常是通过问题或者试探性提问来引出与分析主题相关的信息。访谈中可能提到的问题主要有三种类型：封闭式问题、开放式问题和探测性问题。以下是对这三种类型问题的简要描述：

（1）封闭式问题：封闭式问题用于收集特定信息，它的答案通常是对或者错。例如，"你认为×系统有用吗？"这类问题的设计就是为了收集"是"和"否"的信息，不要求受访者有详尽的回答。

（2）开放式问题：开放式问题所要收集的信息就不仅仅是"是"与"否"。它允许受访者以自己喜欢的方式来详尽的回答问题。例如，"你认为×系统的可用性怎么样？"参与者对答案的详细阐述，使得开放式的问题比封闭式问题能收集到更多的相关数据和信息。然而，开放式问题所收集到的数据需要花更多的时间去分析，所以封闭式问题往往比开放式问题更受欢迎。

（3）探测性问题：探测性问题主要用于补充前面封闭式或者开放性问题所收集的信息，它主要是针对受访者先前的回答提出来的，目的是收集更多相关的信息。例如，"为什么你认为×系统没什么用？"或者"当你在使用系统时出错，你有什么感受？"

Stanton 和 Young（1999）建议访谈者应该以特定的主题开始访谈，从而进一步收集与主题相关的信息。在确定一个主题的访谈已经完成以后，再重新开始另一个主题的访谈。他们建议访谈者用开放式的问题来提问，在参与者回答完之后，再提探索性的问题来进一步收集信息。然后，再采用封闭式的问题来收集与主题相关的信息。访谈时应该保持开放式问题，试探性问题，然后再封闭式问题这样的循环。类似访谈的典型代表是 Oppenheim（2000）。

3. 程序和建议（半结构化访谈）

对于构建和进行访谈，并没有什么规则，以下的步骤只是为了给人因工作者提供一个参考：

步骤 1：定义访谈的目标。

首先，在进行访谈设计之前，分析人员（analyst）就应该清晰地定义访谈的目标。如果没有清晰地定义出目标，访谈就会抓不住重点，收集到的数据也会显得不着边际。例如，在做关于驾驶舱设计引起人误的研究时，对民航飞行员进行访谈，访谈的目标就是要发现飞行员在驾驶舱里犯过什么错和容易犯什么错，在哪些界面容易犯错，执行什么任务的时候容易犯错。访谈有了清晰的目标，才能保证所提的问题与本次研究相关，才能收集到有效的数据。

步骤 2：编制问题。

访谈有了清晰的目标之后，就得开始编制访谈所需的问题。问题的确定则必须以已经定义好的整体目标为基础。在设计引起飞行员差错的案例中，相关问题的范例是"在以往的驾驶舱中，什么设计容易导致飞行员犯错？"接下来的探测性问题的范例是"为什么你认为自己犯了这样的错？"或者"当你犯错的时候正在执行什么任务？"在所有的问题设计完之后，就得考虑以什么顺序排列这些问题。问题的措辞要清楚简洁，避免使用缩略词或者易混淆的词汇。同时，也应该创建一份访谈记录单或者访谈数据收集单，收集数据/信息的清单应该包含访谈的问题，访谈对象个人信息（姓名、年龄、性别和种族等）和回答问题所需的空白。

步骤 3：试验性访谈。

完成了访谈问题和顺序的设计以后，分析人员需要对访谈程序进行试验，这样就可以发现潜在的问题和缺陷。访谈程序的试验可以在同事当中进行，也可以找真正的参与者/受访者进行。这一过程有助于形成最有效的访谈形式，并能够及早发现和消除数据收集程序中可能存在的问题。分析人员还需要清楚所要收集数据的类型，必要时可以根据数据类型适当修改访谈的内容。

步骤 4：试验后重新设计访谈内容。

在试验中发现问题以后，就需要重新设计访谈的内容，包括删除多余的问题，重新措辞，以及增加新的访谈问题。

步骤 5：选择合适的参与者/受访者。

完成访谈试验并做好访谈准备后，就需要选择恰当的访谈对象。一般情况下，访谈的对象就是从目标群体中找出的具有代表性的样本。例如，在驾驶舱人误研究的分析中，所选的参与者就应该是航空公司具有不同经验水平的飞行员。

步骤 6：进行访谈并做好记录。

根据 Stanton 和 Young（1999）的建议，访谈人员（interviewee）应该以开放式问题，探测性问题，封闭式问题这样的顺序和循环方式提问。提问应该在一个特定的主题完整结束后，再进入一个新的主题。进行访谈需要注意的事项包括，访谈人员要熟悉访谈的主题并且有信心，表达清晰，和访谈对象建立良好的关系。访谈的时候不要居高临下，不要误导、轻视、羞辱参与者，使其觉得难堪。避免使用太过专业的术语或者缩略语。建议使用音频或者视频录制工具记录访谈的过程。

步骤 7：转录数据（transcribe the data）。

在访谈结束以后，人因工作者接下来的工作应该是转录收集到的数据，重新回放访谈的原始记录，完整地转录访谈中访谈人员和受访者在访谈过程中的信息。这可能是一个非常耗时耗力的过程，需要分析者十分有耐心。可以考虑雇人来对收集的数据做文档处理。例如，从临时的机构或者专业的数据转录公司付费招募一个人进行为期 1~2 周的数据转录工作。使用专业软件（如 NCH 软件公司的快速转录软件，5.0.1 版本）和转录脚踏开关（transcription foot pedal，如 VEC 公司的 In-USB-2 无限转录脚踏开关）也可用于提高数据的转录速度。

步骤 8：数据收集。

在访谈的信息转录本完成以后，人因工作者就得接着分析记录本，寻找访谈所需的目标数据和信息，也叫"期望数据"。在收集到所有"期望数据"以后，人因工作者还要重新分析访谈来收集那些"非期望数据"，这些额外的数据是一开始计划目标时没有挖掘到的数据。

步骤 9：数据分析。

最后，研究人员使用适当的统计软件和图表来分析收集到的数据。分析所使用的格式取决于分析的目标，一般情况下需要把文字信息转化成便于做统计分析的数字形式。好的访谈常常需要有好的计划，这样后面的分析才能对收集到的数据有清晰的理解。也就是说，在几个小时的访谈过程中，很难通过手写来记录所有信息，所以从一开始就应该把访谈的过程录制下来，以便以后可以进行内容分析。例如，可以把录制的内容分成几个不同的方面，再确定访谈收集到的数据是否可以转换成数字形式。接着再看有哪些人、有几次提到过这方面的内容，这样就可以得到这方面内容发生的频率了。

另外，如果访谈材料的内容不容易转换成数字形式，那就很难做统计分析了。对于这种情况，常见的做法是从整个访谈材料中去找共有的主题和问题。如果可能的话就把它们分离出来，以访谈对象的原话呈现出来。这是呈现观点和理解的有效手段。如果用录像设备记录了访谈过程，也可以通过类似的方式把视频剪辑出来，用视频中访谈对象的原话来支持特定的主题。

4. 优点与缺点

（1）优点。

① 访谈可以广泛地用来收集各种主题的数据。

② 访谈的方式非常灵活，可以用于收集大量的数据。

③ 可以收集到潜在且非常有用的数据。

④ 访谈人员可以控制和引导访谈的过程。

⑤ 收集到的数据可以用于统计分析。

⑥ 结构性访谈收集的数据比较全面且连贯（Stanton 和 Young，1999）。

⑦ 访谈被广泛地应用于各种分析中。

⑧ 已经有很多具体的、结构化的人因访谈方法，如关键决策方法（Klein 和 Armstrong，2004）。

（2）缺点。

① 访谈的准备以及后续的数据分析都很耗时。

② 访谈技术的信度和效度都难以确定。

③ 访谈容易受访谈人员和参与者的影响。

④ 转录数据耗时耗力。

⑤ 访谈人员具备很好的访谈技能，才能很好地进行访谈。

⑥ 收集到的数据的质量取决于访谈人员的技能和参与者的质量。

5. 训练和使用需要的大致时间

Stanton 和 Young（1999）在对 12 种人因方法进行对比分析后，认为访谈法的训练是所有方法中最耗时的，因为访谈法是一个需要清晰理解分析者意图的精细化处理过程。一次常规访谈大概需要 10~60 min。Kirwan 和 Ainsworth（1992）建议访谈持续的时间应该为 20~40 min。虽然访谈的时间并不长，可是后面数据处理却是十分耗时的（数据转录、数据收集和数据分析）。

6. 信度和效度

尽管访谈法的信度和效度难以确定，Stanton 和 Young（1999）在对 12 种人因方法进行对比研究后，还是认为结构化访谈的信度和效度是这些方法中较差的。

7. 所需工具

访谈需要笔、纸和音频录制设备，如数码录音机。在数据的文档处理的时候需要一台带有 Microsoft Word 软件的计算机，在数据统计分析的时候需要类似 SPSS 的统计软件。

8. 访谈法使用流程（见图 2-5）

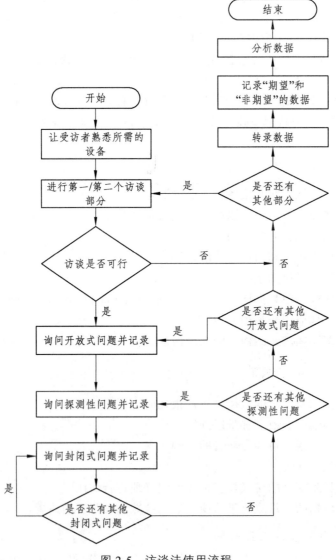

图 2-5　访谈法使用流程

（二）问卷调查法

1. 背景及应用

问卷调查是一种灵活且快速的数据收集方法，它可以从庞大的样本群体中快速地收集特定的数据。可以以不同的形式来收集许多与人因和设计问题相关的数据，包括可用性、用户满意度、差错、用户的意见和态度。更具体地说，可以应用于系统设计的过程，用来评价设计的理念和原型，调查用户的感受以及评估现有的系统设计。在评估系统的时候，也可以用问卷调查来评估系统的可用性和用户对系统的态度。人因调查问卷很多，包括系统可用性量表（SUS），用户界面满意度调查问卷（QUIS）和软件可用性量表（SUMI）。此外，特定研究需要的话还可以编制和设计特定的调查问卷。

2. 程序和建议

调查问卷的设计和施测并没有固定的规则，以下的程序只是为了给人因工作者在编制问卷的时候提供一些参考：

步骤1：定义研究目标。

第一步是要清晰地定义研究的目标，如问卷调查需要收集什么样的信息。在进行问卷设计之前，必须清晰地定义问卷的目标。建议分析人员不要纯粹地为描述目标而定义目标，还应进一步考虑更深层次的问题。例如，在设计系统和产品可用性信息问卷的时候，就应对已经遇到的不同可用性问题和预料可能会遇到的可用性问题有精确的描述。另外，系统使用所涉及的任务也要予以定义，而且还应该对不同人员的分类、假设的结果是什么、应该显示什么结果以及所使用的问题的类型（封闭式、多选的、开放式、等级和排序）等进行定义。在问卷编制和设计中，这个阶段经常被忽略，而收集到的数据往往也会反映出这样的问题（Wilsoon 和 Corlett，1995）。

步骤2：定义目标群体。

在定义完研究目标之后，研究人员就得确定所需的样本群体了，也就是说在哪些人群中施测。此外，要明确参与者群体具体是哪个区域或者范围内的人，如"控制室的操作人员"。同时，信息应该尽可能详尽，包括年龄组、不同工作种类（控制室监督人员、操作人员和管理人员等）和不同的组织。在这个阶段还需要定义样本的大小，这取决于研究的范围和数据分析可用的时间和资源。

步骤3：编制调查问卷。

问卷一般由4个部分组成：介绍、参与者信息、主体信息和结语。介绍部分包含的信息有：告诉参与者你是谁、问卷调查的目的是什么、收集到的信息主要用来做什么。在介绍部分要十分小心，避免带有偏见的信息。例如，在这个部分应这样描述问卷调查的目的："确定现有驾驶舱界面的可用性问题"，这就可以在问卷调查开始前给参与者一个引导。参与者部分主要包括年龄、性别、种族和经历。问卷的主体信息部分是最关键的部分，这部分的问题就是为了收集与研究目标相关的信息。问卷的问题种类可以很多，使用什么类型的问题取决于分析所需要的数据类型。主体信息部分使用的问题类型应该尽可能保持前后一致，如果前面部分的问题使用多选题，那么后面的问题也应该使用多选题。表2-4给出了不同类型问题的范例。问卷的每个问题都不要太长，且措辞要清晰明了，语言要精练。在编制问卷的时候就得考虑后续的数据分析，如果后面只有很少的时间用来分析数据，那就应该避免使用开放式的问题，因为开放式的问题需要大量的时间来整理和分析数据。如果时间有限，则应该使用封闭式问题，它所提供的数据较容易整理和分析。问卷题量的大小也很重要，如果问题太多的话，参与者可能不愿意来完成问卷；问卷题量太小又意义不大。问卷题量的大小取决于参与者的群体，一般建议问卷不要超过两页（Wilsoon 和 Corlett，1995）。

表 2-4　问卷设计中的问题类型

问题类型	问题举例	应用的时机
多选题	在这个系统中，大概有多少场合你遇到它出错？（0~5，6~10，11~15，16~20，超过20）	当需要参与者选择特定答案时
等级量表	我觉得系统太过复杂。 强烈同意（5），同意（4），不确定（3），不同意（2），强烈不同意（1）	当需要收集参与者意见相关的主观数据
配对联想（双极选择）	哪两个任务放到一起会增加你的心理负荷？（A 和 B）	当需要选出两个选项时
排序评级	请对设备的可用性做出评级（1 分是很不好用，10 分是特别好用）	需要做出排序评级的时候
开放式问题	你认为系统的可用性如何？	当需要收集参与者的主观意见，如需要参与者自己组织语言时
封闭式问题	在使用系统的时候，你遇到过以下哪个问题？（动作遗漏、动作出现在错误的界面、动作延迟、重复动作、动作太小、动作太大）	当需要参与者选择一个特定回答时
过滤性问题	在使用系统时，你是否遇到过问题？（是或者否，如果是请回答第 10 题；如果否请回答第 15 题）	需要确定参与者是否具备特定的知识背景；引导参与者跳过多余的问题

步骤 4：调查问卷的试测。

Wilsoon 和 Corlett（1995）建议在完成问卷的编制之后，应该进行调查问卷的试测。这是问卷设计过程中极其关键的一步，但由于种种原因，如时间和经费的限制，这个步骤常常会被人因研究人员忽略。在这个步骤，问卷评估的对象主要是它潜在的用户群体，该领域的专家和其他人因研究人员。通过这一步问卷中存在的问题能够被发现并剔除，包括问卷中存在的差错、多余的问题以及参与者难以理解或容易混淆的问题。Wilsoon 和 Corlett（1995）建议试测阶段可以分为以下 3 个阶段：

（1）个别评判（individual criticism）：问卷应提交给其他有过编制、施测和分析问卷经验的几个同事来评判，并鼓励他们对问卷提出批评意见。

（2）深度访谈：在个别评判完成，且根据评判后的建议完成修改以后，研究人员应该更进一步在目标群体中抽取小样本进行施测。然后，根据施测结果对其进行一次深度访谈。这能够使研究人员确保参与者可以完全理解问卷中的问题，并且能够收集到正确的数据。

（3）大样本的施测：完成第二步并重新设计问卷以后，接着便需要把问卷放到目标群体大样本中去做测试，一是确保是否能够收集到正确的数据；二是确保有足够的时间来分析数据；三是多余的问题也可以在这一步中被剔除；四是能够根据问卷回收情况预测问卷的回收率。

步骤 5：问卷的施测。

在问卷试测完成以后，接下来就是问卷的施测了。如何分发和回收问卷，取决于分析的目的和目标以及目标群体。例如，如果参与者能够在特定的时间和地点集中到一起的话，就可以由分析人员现场分发和回收问卷，这样可以保证问卷的完成。如果无法在特定的时间和地点集中参与者群体，可以通过邮寄的方式将问卷发放给参与者。这样虽然成本较低，不过问卷的回收率也不高，大概只有 10%。这就需要找出一些能够提高回收率的方法，如提供报酬，使用鼓励信，通过电话联系未答复的参与者或者给他们寄送较为简短版本的调查问卷。这些方法都曾经被用来提高问卷的回收率，不过大部分方法需要很大的额外成本。除此以外，随着互联网技术的发展，现在国内已有一些专门的问卷调查商用平台可供使用，如问卷星等，这为问卷调查的发放和数据收集提供了极大方便。

步骤 6：数据分析。

一旦足够数量的问卷被收回以后，就可以开始数据分析了。这可能会是一个比较漫长的过程，具体的时间取决于多种因素（例如，问题的数目，样本大小，需要的统计技术和数据整理）。问卷的数据通常利用计算机来处理和分析统计。

步骤 7：后续工作。

一旦数据得以充分分析并得到结论以后，需要把研究的结果反馈给参与者。反馈的内容包括感谢信和研究发现的总结。

3. 优点与缺点

（1）优点。

① 问卷调查是一种非常灵活的数据收集方式，可以从大样本目标人群中收集大量的数据。

② 如果问卷设计合理，后续数据分析会比较快捷。

③ 问卷设计完以后，不需要太多的物力。

④ 目前已有很多现成的人因学问卷（QUIS、SUMI、SUS 等），研究人员可以从中选择适合研究目标的问卷，这可以节省问卷设计耗费的时间，同时也可以和以往使用相同问卷所得的研究结果进行对比分析。

⑤ 问卷调查很容易对大量的参与者进行施测。

⑥ 娴熟的问卷设计者可以用问题来引导数据收集。

（2）缺点。

① 设计、试测、施测和分析问卷十分耗费时间。

② 问卷的信度和效度存在疑问。

③ 问卷的设计过程很困难，需要研究人员具备很好的技能。

④ 问卷的回收率低，对于邮寄的问卷，回收率差不多只有 10%。

⑤ 问卷中提供的备选项经常是匆忙做出的、模棱两可的选项。

⑥ 问卷容易出现不同的偏见。

⑦ 问卷的输出结果有限。

4. 问卷调查法使用流程（见图 2-6）

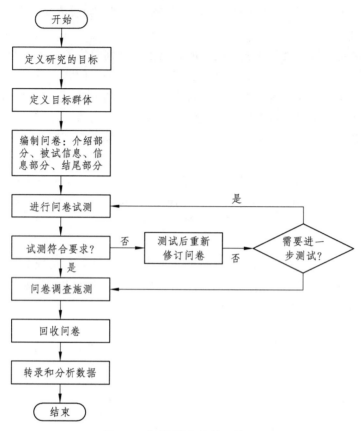

图 2-6　问卷调查法使用流程

5. 相关方法

对于人因研究人员来说，有很多可用的问卷方法，包括等级量表问卷、配对联想问卷、排序评级问卷。还有其他很多现成的问卷方法，如驾驶舱管理态度问卷（CMAQ）、软件可用性量表（SUMI）、用户界面满意度调查问卷（QUIS）和系统可用性量表（SUS）。

6. 训练和使用需要的大致时间

Wilson 和 Corlett（1995）认为问卷设计与其说是一门科学更像一门艺术。所谓熟能生巧，研究人员只有在经过无数次的问卷设计尝试之后，才能熟练掌握设计的过程（Openheim，2000）。类似的，虽然问卷施测的时间可能不需要花太长时间，但把问卷的设计和后续的数据处理以及分析时间考虑进去，问卷的实施时间就很长。

7. 信度和效度

问卷的信度和效度饱受质疑。问卷调查容易受各种社会偏见的影响，所以参与者常常不愿意配合研究人员来完成问卷。问卷调查收到的回答常常是匆忙完成的。Stanton 和 Young（1999）在对 12 个 HF 方法的对比研究后，认为问卷有着可接受的内在信度，而外在信度和效度却未达到可接受的水平。

8. 所需工具

问卷一般需要印到纸上，并且需要用笔和纸来完成问卷的作答。设计问卷的时候需要有计算机和类似 Microsoft Word 的文档处理工具。在分析问卷数据的时候，就需要 Excel 软件和类似 SPSS 的统计软件。

（三）观察法

1. 背景、分类及应用

观察法(观测研究)可以用来收集复杂系统中的数据和信息。观察法最简单的形式就是观察个体或者整个团体是如何进行与工作相关的活动的。观察法有多种不同的类型，如直接观察法、隐蔽观察法和参与观察法。观察法是一种很受欢迎的数据收集方法，因为它能够在真实的操作环境中去收集大量有用的数据。虽然观察法让人觉得只是观察操作人员如何工作，似乎是非常简单的技术应用，但事实证明却并非如此，观察法的规划和执行都需要十分细致的工作（Stanton，2003）。观察技术还需要借助其他技术，如视频和音频录制工具来完成。观察法的分析结果可以作为大部分人因技术，如任务分析，差错分析和图表技术的主要输入信息。

观察法主要用来收集与任务或者场景相关的身体动作和语言方面的信息，包括系统的任务、完成任务的人、任务本身（任务步骤和顺序）、可能出现的差错、人和人之间的沟通、执行任务中系统所采用的技术（控制，显示，沟通技术等）、系统环境和组织环境。观察法应用很广泛，一般作为研究的出发点。最常见的观察法是直接观察法，研究人员通过直接观察和记录任务过程及场景。而观察法也有多种形式，除了直接观察法，还包括参与观察法和远程观察法。Drury（1990）认为通过观察法可以收集 5 种不同类型的信息，它们是动作的顺序、动作的持续时间、动作的频率、各状态所花的时间和空间位移。还有身体动作、语言也可以通过观察来记录，尤其是场景中当事人之间的言语交流。观察法还可以用于各设计阶段中收集与现有设计及推荐的设计相关的信息。

2. 程序和建议

对于观察法来说，没有固定的应用程序。程序通常由分析的性质和范围所决定。典型的观察分析程序可以分为以下 3 个阶段：观察设计阶段、观察应用阶段和数据分析阶段。以下的程序为分析人员提供了直接观察法的一系列指导。

步骤 1：定义分析的目标。

观察分析的第一步是清晰地定义观察的目的和目标，包括确定要分析的产品和系统是什么，观察是在什么样的环境下进行，观察什么样的用户群体，观察什么场景和需要收集什么数据。在观察过程开始之前，就必须清晰定义以上提到的每一点。

步骤 2：定义场景。

定义完研究和分析的目的和目标之后，就得进一步定义和描述工作场景。例如，当观察分析控制室的操作时，就应该清晰的定义所需场景的类型。一般来说研究人员脑子里会有一个特定的场景类型，如分析的重点是紧急情境下操作人员之间的交流以及行为表现。观察团队还要把场景的性质清晰定义出来，建议可以将 HTA 方法应用到所分析的任务和场景中。

步骤 3：观察计划。

在定义好分析目标和场景类型之后，研究团队接着就得制订一个观察计划。研究团队应该考虑希望观察到什么，观察什么和即将观察什么的问题。根据观察的性质，首先得取得观察的许可。这可能得与相应的组织和机构协调，可能会是一个较为漫长的过程。必须明确观察所用的工具和观察的时长。此外，录音和录像设备如何安置也得考虑清楚。为了让观察过程比较顺利，一般要对分析的系统、环境和场景有一个演练，这可以让研究人员更熟悉分析任务中的活动、时间、布局和整个系统。

步骤4：观察试验。

在任何观察研究中，观察试验都很关键。这能够让研究团队评估数据收集还存在哪些问题，如噪声干扰或者录制设备存在的问题。通过试验也可以来检验数据信息的质量，还有就是观察者的出现对任务绩效的影响。如果试验过程中遇到了重大问题，那就得重新设计观察过程。重复步骤1到步骤4，直到能够收集到满足研究所需的数据信息。

步骤5：实施观察.

在完成观察的设计以后，研究团队就可以开始进行观察了。观察的同时使用视频和音频录制设备记录观察的整个过程，这样观察结束就能建立一个观察记录的转录本。另外，观察时间的长短取决于研究的范围、研究的需要和所研究的场景，在收集完所需要的数据和信息之后，就可以结束观察。

步骤6：数据分析。

观察过程结束后，就得着手分析和处理数据，一般从整理观察笔记和观察记录副本开始。这是一个非常耗时，但对研究来说很关键的阶段。研究团队还得根据研究的需要来分析以下数据：任务的频率（frequency of tasks）、言语交流和任务的顺序。分析可见的数据时，用户典型的动作还要编码成不同的分组，这个时候研究人员需要借助一个观察软件来完成。

步骤7：进一步分析。

在观察数据转录和编码完成以后，需要对数据进一步分析。根据研究的性质，还需要对数据进行不同的人因分析，如进行进一步的任务分析、差错分析和沟通分析。一般来说，观察数据常用来进行任务和场景的任务分析（例如，HTA）。

步骤8：结果反馈。

在对数据进行分析并得出结论以后，参与观察分析的参与者都应该得到结果反馈。反馈的形式一般是开会或者信件，这由研究团队决定。

3. 观察法使用流程（见图2-7）

4. 优点与缺点

（1）优点。

① 观察记录的数据是复杂系统中的真实活动和行为。

② 从观察研究中可收集到各种数据包括任务顺序、任务分析、差错数据，任务时间，言语交流和任务绩效。

③ 观察法可广泛地应用到不同领域。

④ 观察法可提供客观的信息。

⑤ 观察法能够记录详细的身体动作任务的绩效数据，包括社交和其他环境任务影响（Kirwan 和 Ainsworth，1992）。

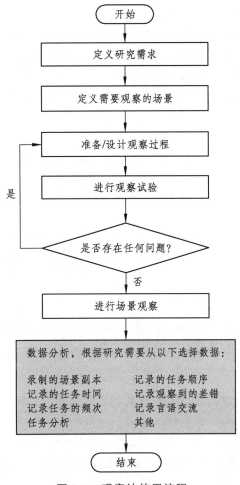

图 2-7　观察法使用流程

⑥ 观察法可以用来发现现有操作系统中存在的问题,并应用到新的系统和设备的设计中。

⑦ 可在真实的特定场景中进行观察。

⑧ 观察是其他 HF 研究的起点,观察法收集到的数据可以作为其他 HF 研究方法的基础,如人误识别技术(SHERPA)、任务分析(HTA)、沟通分析(Comms Usage Diagrams,通信传输图表)和图表技术(操作人员顺序图表)。

(2)缺点。

① 观察法可能会对任务绩效产生干扰。

② 观察的数据容易带有各种偏见。参与者知道自己在被观察,可能会表现出新的或者不同的行为和举动。例如,在观察控制室操作人员的时候,他们会严格按照程序上的要求来执行。然而,实际情况是在平时没有被观察的时候,他们的表现就完全不同了,他们可能会走捷径或者采取程序中没有的行动。这主要是由于操作人员不希望自己在任何情况下被观察到诸如忽视某项程序等违反规则的行为。

③ 观察法应用起来十分费时,尤其在做数据分析的时候。Kirwan 和 Ainsworth(1992)认为研究人员大概要花 8 倍于观察的时间来重新转录数据。

④ 观察法无法收集到任务认知方面的信息。口头报告分析更适合用来收集任务绩效认知

方面的信息。

⑤ 观察研究的准备和实施过程十分困难且需要很高的成本,要想得到某个组织的允许通常是极为困难的,可能得花很长时间去协调。观察法成本也很高,因为观察法要使用到昂贵的记录设备（数字视频相机,音频录制设备）。

⑥ 不易弄清楚差错产生的原因。观察过程可以记录到发生的差错,但为什么会发生差错却并不总是很清楚。

⑦ 研究人员对观察过程的实验控制是很有限的。

⑧ 在观察法研究的大部分案例中,多数情况下都需要有一个研究团队。要想找到具有足够经验的研究团队却很难。

5. 相关方法

观察方法有多种不同的技术,包括间接观察法、参与观察法和远程观察法。从观察法从收集到的数据常常作为其他一系列 HF 研究方法的基础。包括任务分析,认知任务分析,图表技术和人误识别技术。

6. 训练和使用需要的大致时间

虽然观察法的训练时间很短（Stanton 和 Young,1999）,可应用时间却很长。数据分析阶段需耗费很多时间,同样数据的转录阶段也非常耗时(Kirwan 和 Ainsworth,1992)。

7. 信度和效度

很多问题可能会对观察分析的信度和效度产生潜在影响。Baber 和 Stanton（1996）认为除非采取其他预防措施,否则就会出现因果关系、各种形式的偏见、结构效度、外在效度、内在效度等问题。虽然观察法具有很高的表面效度（Drury,1990）和生态学效度（Baber 和 Stanton,1996）,但研究人员或参与者的偏见却能反过来影响它的信度和效度。

8. 所需工具

在整个观察研究过程中,都需要有视频和音频录制设备。简单的观察研究可能只需要笔和纸,但在对复杂系统的观察研究中,就得借助于更高级的设备。例如,摄像和录音设备。为了进行数据分析,还要借助安装有观察软件的计算机。

第三节　选择研究方法应注意的问题

一、如何选择人因工程学方法

如上所述,人因工程学方法众多,在解决某一特定问题时应该选择哪种方法最适合呢?虽然许多人因工程学问题仅仅需要基本的人因工程学知识和相应的基本方法就可以解决,但有些问题却需要计划和准备高度复杂的成套方法。Stanton 和 Young（1999）设计了一个如图2-8 所示的过程模型来指导方法选择,标准形成和方法选择过程中可能会有几个反复。作为人因实践者来说,可能没有足够的时间进行尝试性的基础研究,但我们还是认为通过"思考-尝试"（thought-experiment）的方式来选择方法是有益无害的,它可以确定每一种方法可能产生的结果,决定是否将其纳入即将使用的成套方法之中。需要强调的是不能对单独一种方法过于依赖,但是在问题处理时简单的堆砌许多方法也不能保证能得到有用的结果,因此必须选择恰当的方法。

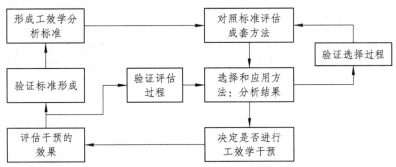

图 2-8　验证方法选择和工效学处理过程（Stanton 和 Young，1999）

如图 2-8 所示，初始方法选择是一个具有 3 个反馈环节的闭环过程。第一个反馈环节根据选择标准验证方法的选择；第二个反馈环节根据充足的工效学干预验证各种方法的是否恰当；第三个反馈环节根据充分的干预验证初始标准。在形成初始标准、选择方法和恰当的干预过程中都有可能存在差错，每一个环节都需要进行检查。可将上述过程划分为以下主要阶段：确定标准（识别评估的标准）、参照标准对比方法（对各种方法的适用性进行对比），方法的应用（应用各种方法）、执行工效学处理（选择并执行工效学程序）、评价工效学处理的效果（评价处理后产生的变化）。这个过程是极为有效和务实的第一步，有助于形成一组合适的方法。然而正如上述，人因工程学问题具有很大的不可预测性，系统中产生的问题也很复杂，方法的选择又有一定的灵活性。因此，接下来我们将着手探讨如何选择方法这一复杂的问题。

面对特别复杂和棘手的人因工程学问题，最根本的疑问在于"这个问题的本质是什么，我所选择的人因工程学方法能够解决问题吗？""人因工程学问题空间"的概念可以作为形成方法选择思维的一个有用策略（见图 2-9）。如果特定的问题能够被定义为随时间推移变化不大、各部分之间关联度小，同时充分理解了系统操纵原理，那么就应该选用适合这种"确定性"问题的方法。换句话说，"确定性方法"是适合于解决各要素之间关联度不大、可分解问题的方法，这样的问题在拆分后各个要素之和等于整体。另外一端的问题则是多个部分相互关联，具有高变化率和高不确定性。面对这类问题，那些从本质上更具"概率特性"的问题可能会促使你使用更符合系统思维和形成性评价的方法，它侧重于什么"可能"发生而非应该发生什么。表 2-5 描述了在真实世界中问题空间的两个极端范围（确定性与概率性问题）。可借鉴系统工程学来确定系统的各个方面，人因工程学方法越来越多的需要在系统的各个方面中操作。

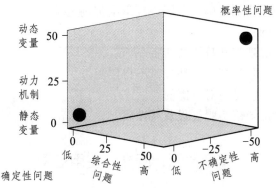

图 2-9　系统设计问题空间可用于形成问题-方法适合性的思维

表 2-5　与工效学问题空间相对的更为广泛的趋势（Boehm,2006）

确定性问题	概率性问题
注重于专业领域	日益增长的学科，专业知识和专门技术整合
专注于系统是什么（即需求和功能）	更加强调系统做什么（即终极价值，效果和性能）
不太复杂的系统日益增长的危险性和可靠性水平的提高	较复杂的系统日益增长的危险性和可靠性水平的提高
注重约束动态性和加强稳定性	注重对动态变化做出反应和适应
注重独立系统	更加强调协同能力
强调控制的复杂性	日益重视复杂系统及其子系统
经常专注于基于新技术的高端产品以取代过时装备	日益增加的趋势是全寿命性能、保留系统的整合和重用
增加计算能力、实体能力以及人工制品以显示复杂但可预见的行为	增加计算能力、实体能力以及人工制品以显示复杂的突发行为

二、选择研究方法的基本原则

Meister（1985）提出了人因工程学方法选择时须考虑的 8 个要素/原则：

（1）效果(effectiveness)：指该研究方法能够达成研究目的程度。

（2）方便(ease of use)：指该研究方法在特定运用上的简便性。

（3）成本(cost)：指该研究法在金钱、数据要求、设备、人力和时间上需耗费的代价。

（4）灵活性(flexibility)：指该研究方法能适用于不同场合和情况的程度。

（5）范围(range)：指该研究方法所能测量的现象、行为和事件的数目。

（6）效度(validity)：指该研究方法所获得的资料与真实情况的相似程度。

（7）可靠性/信度(reliability)：指该研究方法所获得的数据与历经时间迁移及多次应用之间的一致程度。

（8）客观(objectivity)：指该研究方法之运用结果是凭借程序与数据，不因研究者之不同而产生差异的程度。

三、选择人因工程学方法须考虑的伦理学准则

由于人因工程学的研究对象大多数情况下都是人类被试，在选择研究方法和实施研究时都必须遵守伦理学准则，诸如美国和中国心理学会都制定了使用人类被试的伦理学准则，以下四项准则是必须遵守的：

（1）保护被试免受心理的和身体的伤害。

（2）被试的行为是其隐私权的一部分，不得侵犯。

（3）被试参加研究必须是绝对自愿的。

（4）被试有权在事前知道实验过程及其性质。

本章案例：问卷法使用范例

Marshall 等人（2003）做了一项关于民航飞机驾驶舱设计引发差错的预测性调查研究。

开发了人误模板（Human Error Template，HET）技术，并用它来预测×机型在执行新奥尔良机场使用自动着陆系统落地的飞行任务时可能引发人误的潜在设计。为了验证可预测的差错，需要建立一个分析飞行任务中可能发生差错的数据库。他们应用系统性人误降低和预测（SHERPA：Embrey，1986）方法进行了初始研究，并在此基础上编制了一份调查问卷来预测在执行飞行任务中驾驶舱设计可能诱发的差错。问卷的基础是使用 SHERPA 方法识别差错，针对每个差错识别设置了一个问题。每个问题都用来询问参与者是否犯过该类差错或者见过其他人犯过该类差错。问卷总共包含 73 个问题。共向民航飞行员发出了 500 份问卷，回收了46 份（9.2%的回收率）（Marshall 等，2003），表 2-6 是该问卷的摘录。

表 2-6 飞行员差错问卷摘录

本问卷是为了收集您在进近着陆过程中曾经出现过或者所见到的别人犯过的差错。问卷中的大部分是基于使用飞行控制组件来执行大多数任务的假设。希望能够识别出由于驾驶舱设计而诱发的差错，我们称之为"设计诱发差错"。

职位：
总飞行小时：
该机型的飞行小时：

问卷根据执行的动作大致分成几个部分。为了能够收集到所需的数据，调查问卷可能会显得过于简单或重复性较大，但这有利于对应各个特定的设备和自动化模式把问题分解成不同的细小步骤。
有一些问题会显得发生的可能性很小，如果你读过之后觉得不可能就可以跳过。
在每句陈述旁边都有"我"和"其他人"的标签方框。如果这是您自己出现过的，就在"我"的标签方框打钩；如果是您见过或者知道其他人犯过同样的差错，那就在"其他人"的标签方框打钩。如果两者都有，就请在两个标签方框上打钩。

Q	差错	我	其他人
	没有检查减速板设置	☐	☐
	本来要检查减速板设置，却反而去检查其他任务	☐	☐
	检查了减速板的位置却误读了	☐	☐
	假设你之前检查杆位是正确的后来却发现杆位在错误的位置	☐	☐
	错误的时间设置减速板（过早或者过晚）	☐	☐
	需要的时候没有设置减速板	☐	☐
	要设置的减速板的时候反而移动了襟翼手柄	☐	☐

Q	差错	我	其他人
	准备要在飞行控制组件输入指示空速却发现是马赫数输入模式，反之亦然	☐	☐
	读错了主飞行显示上的速度	☐	☐
	需要检查空速的时候却没有检查	☐	☐
	一开始由于旋错了旋钮方向，造成在飞行控制单元/面板输入了错误的速度	☐	☐
	很难找到飞行控制单元的速度旋钮	☐	☐
	输入了正确的空速，却往相反的方向操作开关	☐	☐
	调整空速的时候却反而去调整了航向旋钮	☐	☐
	夜间飞行控制单元光线太差，不利于完成任务	☐	☐
	速度旋钮容易调整过大或者过小造成速度过快或者过慢	☐	☐
	本来要调空速却去调了其他旋钮	☐	☐
	输入了一个空速并予以确认，以后才发现不是期望的目标值	☐	☐

Q	差错	我	其他人
	应该检查飞机是否截获航向道/无线电信标（localiser）但当时却没有做	☐	☐
	错过了 ILS 的航向道/无线电信标信号	☐	☐
	错过截获航向道/无线电信标，重新截获的时候却转错了方向	☐	☐
	重新截获航向道的时候，调错了方向旋钮并激活	☐	☐
	要改变航向的时候却错误地去调速度旋钮	☐	☐
	调错了航向按钮的方向，但激活前发现了	☐	☐
	要摁按钮的时候却拉起按钮，反之亦然	☐	☐

Q	差错	我	其他人
	看错了 ILS 的下滑道信号	☐	☐
	没有监控下滑道信号，导致飞机没有截获下滑道	☐	☐

Q	差错	我	其他人
	要改变航向的时候却错误地去调速度旋钮	☐	☐
	调错了航向按钮方向，但激活前发现了	☐	☐
	旋钮调整过大或者过小	☐	☐
	在飞行控制组件上输入了航向，却没有在适当的时机激活（见 EQ NOTE1）	☐	☐

Q	差错	我	其他人
	读错了主飞行显示器上的高度	☐	☐
	保持了错误的高度	☐	☐
	在飞行控制组件上输入了错误的高度但在激活前发现了	☐	☐
	在飞行控制组件上输入了错误的高度并激活了	☐	☐
	在需要监控高度的时候却没有监控	☐	☐
	由于没有点击 100/1000 英尺的旋钮造成输入错误高度	☐	☐
	认为飞机是 FPA 模式下下降，却发现飞机是处于 V/S 模式，反之亦然	☐	☐
	输入了期望的高度，却把开关弄反了	☐	☐

如果您觉得还有哪些关键的设计诱发差错在问卷中没被提到，您可以将它补充到下面的空白处，如有必要可以续页。

如果您对问卷调查的结论感兴趣，请在下面填写您的地址或者 E-mail 地址。

很荣幸能够邀请您作为×机型飞行员的专家组成员。

感谢您为完成这份问卷付出的宝贵时间。

复习思考题

1. 简述航空人因工程学的定义，并阐述为什么要学习航空人因工程学？
2. 阐述人因工程学的分类。
3. 简述数据收集方法的分类及其优缺点。
4. 简述实验研究方法应遵循的步骤。
5. 什么是自变量、因变量和控制变量？简述实验设计的主要方法及其优缺点。
6. 简述数据分析的两种统计。
7. 描述性方法主要包括哪些？
8. 简述访谈法的分类及其使用步骤。
9. 简述问卷调查法的优缺点及其使用步骤。
10. 简述观察法的分类、使用步骤及其优缺点。
11. 为什么要进行任务分析？简述任务分析方法的分类。
12. 简述层次任务分析方法（HTA）的产生背景、应用范围、使用程序和它的优缺点。
13. 简述任务分解法产生的背景、使用步骤及其优缺点。
14. 简述表格任务分析法的产生背景及其使用步骤和优缺点。

第三章 设计和评估方法

第一节 设计与评估概述

一、案例分析

托马斯.爱迪生是一位伟大的发明家，但却不是一位成功的商人。他发明的留声机技术上比其竞争对手先进，但因为他在制造时却以技术为中心，没有考虑客户的需求，导致留声机的销售很失败。实际上，爱迪生发明的留声机具有很多优点，如易于使用、保存和运输，而他却忽视了这些优势，这是导致他失败的原因之一。尽管很多制造商经过多次的试验后，证实留声机的真正用途是播放音乐。爱迪生却仍然认为留声机可以促进无纸化办公，他认为有了留声机，信件只需口述录制成唱片就可以直接发送给收信者，不再需要手写。他一直没有了解客户的真正需求，认为大牌艺术家的音乐与不知名专业人士的音乐没有什么区别。但问题是大众想听的是著名艺术家的音乐，而不是不知名的。

爱迪生的故事说明设计者必须了解用户，用户永远是第一位的，也永远是正确的。设计者不了解用户的需求，而只注重技术的做法终究是要失败的。

二、人因工程设计的内涵

很多产品在设计时因为没有考虑人的因素，往往在技术上越来越精细的同时却变得越来越难用。甚至当设计人员试图考虑人的因素时，通常也是先完成产品的设计，然后把蓝本或原型提交给人因工程学专家让他们对产品进行改进。由于在产品设计时已经投入了大量的时间和资金，并且设计人员自认为他们的设计非常完美，即便人因工程学专家发现产品有不合理的地方，也很难让设计人员接受人因工程学专家提出的建议。设计人员往往会抵制修改。因此，在产品设计的后期引入人因工程学分析，实质上是把人因工程学专家和设计人员置于相互矛盾的位置。

人因工程学专家的目标是通过提高绩效、满意度和安全性使系统获得成功。为此，专家们除了进行基础和应用研究以外，还要把人因工程学原则、方法和数据应用于新产品或系统的设计。人因工程学设计包括以下几个方面：

（1）设计或辅助设计新产品或系统，尤其是界面。

（2）修改现有产品的设计，以解决人因工程学问题。

（3）从工效学的角度设计合理的环境，如工作台、工作模式和交互模式、复杂环境等。

（4）执行与安全相关的活动，如进行危险分析、设计告警标志和进行安全指导等。

（5）开发培训项目和制定支持性材料（如检查表单和指导手册）。

（6）把工效学原则应用于组织发展和变革中。

（7）将人因工程学方法和原则应用于产品设计的所有阶段。

（8）设计前分析。

（9）技术设计。

（10）最终测试和评估。

三、人因工程学投入的效益/成本分析

人因工程学的引入有时被称为额外的开支，许多人认为人因工程学研究的收益低于分析设计得到的收益。这时，就需要人因工程学专家证明在一个项目中人因学投入是值得的，并对"额外"开支的必要性做出明确说明。

（一）人因工程学投入与产出效益量化分析要素

效益与成本分析中，可以按货币的形式直接计算人因工程学工作的预期成本和估算潜在收益。Mayhew（1992）列出了 10 种可应用且能够量化估算的效益：增加销售、降低培训成本、降低客户支持成本、降低开发成本、降低维护成本、增加用户生产效率、减少用户的出错、提高服务质量、减少培训时间、降低用户的复训周期。

（二）人因工程学效益分析步骤

Mayhew（1992）列举了如表 3-1 所示的对假定软件原型进行可用性分析的成本分析。

表 3-1　开展一项软件可用性研究的成本预算

人因工程学任务	时间/h
确定任务参数	24
设计测试和材料选择	24
对 20 名被试进行测试	48
数据分析	48
准备和呈现结果报告	16
总的 HP（专业的人因工程学测试）小时数	160
	费用/\$
160HP 小时数×45/h	7 200
48 h（助理工作时）×20/h	960
48 h（摄像师工作时）×30/h	1 440
录像带费用	120
总费用支出	9 720

通常，由于对人员和材料的成本比较清楚，因此对人因工程学工作成本的计算相对容易，但对人因工程学工作效益的估算就比较困难。人因工程学工作的效益可以按照以下 3 个步骤来分析：

（1）没有人因工程学介入的情况下对一些相关变量进行初步估算。

（2）假设进行了中等程度成功的人因工程学分析，再对同样变量进行估算。

（3）二者之间的全部成本节约值即为估算出来的人因工程学投入的收益。

四、设计工作的资料来源

人因工程学专家通常根据多种信息资源来指导其设计工作，这些资源包括已发表的研究成果、数据汇编、人因学标准，以及比较全面的原则和指南，如图 3-1 所示。

（一）数据汇编

信息资源由多种方式和形式组成，其中一种是由精炼的分类数据库组成，它包括了人的能力方面的表格和公式等，如欧、美和中国人的人体测量学数据库，Boff 和 Lincoln（1988）发表的四卷本《工程数据汇编：人的知觉和作业》等。

（二）人因学设计标准

这些标准对一些具体的领域或主题进行了比较准确的建议。在第一章"飞机驾驶舱人因工程学设计的发展历程"主题中介绍了欧美国家和我国近年来在驾驶舱设计标准研究中所做的一些工作，更详细的内容可通过查阅相关资料获得。

（三）人因学原则和指南

现有的标准不能够解决所有的设计问题，在没有可用标准的情况下就需要查阅人因学原则和指南来指导设计。如本书后续章节将介绍的显示器和控制器设计原则就是设计人员在设计过程中需要参考的原则，它们是设计工作的重要资料。

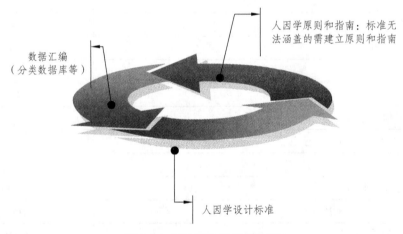

图 3-1 设计工作的资料来源

第二节 产品设计生命周期中的人因工程学

人因工程学的目标之一是通过计算成本和及时调整产品设计，使产品最终能够满足用户需要。许多人认为人因工程学主要是设计过程后期所进行的一次"产品评估"，这种说法很显然是错误的，设计的许多阶段都需要进行人因工程学分析，而且大多数是要在设计早期就进行。

一、系统设计模型所包含的阶段

系统设计模型描述了产品的分析、设计和生产步骤（Bailey，1996），一般包含以下几个阶段：

（1）设计前分析。

（2）产品设计。

（3）生产过程。

（4）现场测试与评估。

（5）产品的安装和运行。

（6）使用和维护。

（7）拆除/处理。

二、产品生命周期的人因工程学

应包括以下 6 个阶段：

（1）前端分析。

（2）迭代设计和测试。

（3）系统开发。

（4）使用和评估。

（5）系统运转和维护。

（6）系统处理。

三、前端分析

前端分析旨在了解用户群体、用户的需求以及用户对工作环境的要求，主要包括如下几种。

（一）用户分析

设计人员必须思考所要设计的产品是提供给什么样的用户群体使用，用户的偏好与需求如何。应该考虑用户和潜在用户的最主要特征：性别、年龄、受教育程度、人体测量学特征、培训水平等。Cooper（1990）的人物角色概念值得借鉴，即通过访谈和观察形成用户群的关键特征，如工作目标、环境、活动类型、已有经验、角色期待。

围绕用户进行设计，使之成为以用户为中心的设计。最重要的是要充分了解用户需求，让用户参与设计的所有阶段，这意味着人因工程学专家要研究用户的工作或者任务绩效、获知其需求和偏好、询问其建议和设计上的想法，并获得其对设计方案的反馈。人因工程学专家的目标在于发现可满足用户需求的系统设计，而不是设计一个需要用户去适应的系统。以用户为中心的设计是可用性测试的一部分，可用性测试常用于产品/系统设计中，主要有 4 种基本方法：

（1）聚焦用户和任务：对任务、需求和偏好的分析越早越好。

（2）经验测量：采用问卷、可用性研究（是否适合用户）和量化绩效数据对使用情况进行研究。

（3）迭代设计：使用原型对界面设计可以进行快速更改。

（4）参与设计：用户作为设计团队直接参加各个阶段的设计。

（二）环境分析

设计人员需要思考设备/产品适宜的环境是什么。环境分析指设备或系统适宜运行的环境，可以与用户分析、任务分析一起进行。民航的大多数设备的运行都有特殊的环境要求，如空管设备、飞行器以及机务维修环境的设计。

（三）功能和任务分析（动作和认知任务）

功能分析：对人/机器/环境系统的功能进行分析。一旦定义了产品的潜在用户群后，人因工程学专家需要对"系统"（人-机器系统、人-软件系统、人-设备-环境等）所能实现的基本功能进行分析。

任务分析：对用户需要完成的任务进行分析。任务分析是理解用户的最主要方法之一，有时也被称为活动分析，可根据系统的要求变更分析的水平，包含的基本信息有用户目标、产品功能、达成目标的主要任务、信息需求和结果等。

以下情景需要高度重视对认知任务的分析：

（1）复杂的决策、问题解决、判断和推理。

（2）执行任务需要大量的概念。

（3）高度依赖于情景特征中大量而复杂的规则结构。

任务分析应该包括以下4个环节：

（1）定义分析的目标和确定所需要的数据类型。

① 层级关系：系统任务包含的各子任务及其相互关系。

② 信息流：系统各角色（人-机、人-人）之间的信息流动。

③ 任务序列：任务的顺序和不同任务在时间上的关系。

④ 场景和环境条件：路径、地方、物理结构、工具及其位置、布局等。

（2）收集任务数据（见图3-2）。

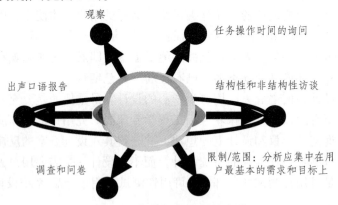

图3-2　收集任务数据的方法

① 出声口语报告：有即时性的（任务操作过程即时获得）、回顾性的（任务完成后通过回忆或录像回顾而获得）、预期性的（给用户一些假设的场景，让他们想象执行这些任务时出声思考）三种类型。

② 任务操作时的询问：与标准的口语报告相比，这种方法的优点在于可以提示用户频繁说出潜在目标和策略，缺点在于任务操作可能会受到干扰或中断。

③ 结构性和非结构性访谈：不仅要询问用户是如何进行操作活动的，还要询问用户的喜好和策略。分析者应关注并指出什么地方用户没有完成任务、出现错误、缺少理解以及情绪上的变化。

（3）总结任务数据。

一旦与任务相关的信息都收集到了，必须对这些信息加以归档和组织。通常，信息组织的形式有以下几种：

① 列表、概要图和矩阵：任务分析通常开始于一组任务列表，然后再把这些任务分解成子任务（活动类型、操作持续时间等）。如表 3-2 所示，"行"为任务类别、"列"为任务描述。

表 3-2　数字照相机使用过程的任务分析提纲

步骤 1　确定对某一感兴趣的物体的最佳拍摄视角	1. 选择需要拍摄的物体； 2. 改变相机位置以防遮挡； 3. 调整最佳的采光角度
步骤 2　相机准备	1. 移除镜头盖； 2. 打开开关； 3. 选择合适的拍摄模式
步骤 3　拍摄	1. 取景。 （1）选择合适的模式（例如广角、全景）； （2）调整相机的朝向； （3）缩放调整。 2. 对焦。 3. 按下快门

② 层级和网络图：两种具有代表性的方法 HTA（层次任务分析法）和 GOMS（目标、操作者、方法、选择规则的缩写）。它们的功能是将完成高级目标的一系列活动组织起来。需要注意的是，HTA 与 GOMS 方法均没有涉及认知加工或决策。

③ 流程图、时间序列和地图：流程图是任务分析的另一种常用的图示系统，如图 3-3 所

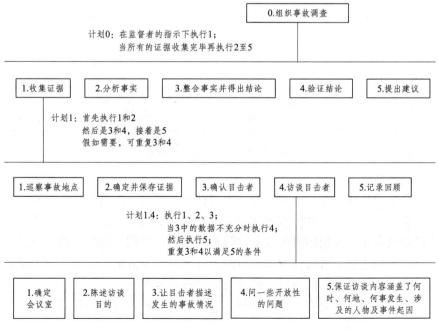

图 3-3　对于一项工业事故调查的层级式任务分析流程

示就是对于一项工业事故调查的层级或任务分析流程。流程图可以按时间顺序排列正常情况下的操作，也可以对备选路径的决策点进行描述。

上述方法各有优劣，如果任务是流水作业，使用概要图或流程图比较合适；如果任务存在较多的认知成分，选择活动的条件比较多，层级式（见图 3-4）的格式更为合适（如显示器/控制器设计）。

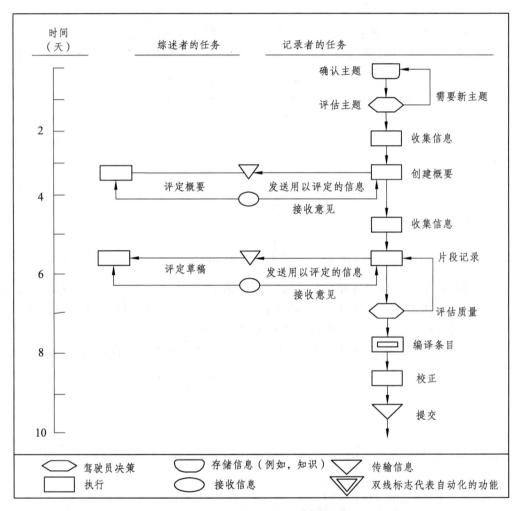

图 3-4　报告撰写的操作程序图解

（4）分析任务数据。

分析任务数据的目的在于检查流程图，发现任务是否冗余。简单的方法有，使用数据表格进行某个任务事件的平均数和标准差计算；或者用数据表格把任务进行归类，以区分需要特定技能的任务或者用户使用困难的任务；数据表格也可以用来同时呈现任务活动发生的频率和时长，以确定用于完成特定任务的总时间。计算机模拟方法：适用于复杂系统的任务数据分析，可结合任务数据对不同条件下的系统表现进行预测。

分析任务数据的方法主要有网络图分析、工作负荷分析、模拟与建模、安全分析、场景规格。

① 网络图分析。

矩阵处理可以检查网络中的信息流，图 3-5 中可以看出功能 2 是输出中枢，而功能 3 是接收中枢。通常，矩阵处理能确定相关功能组织起来的组串，常用于系统功能多，用图表过于复杂和难以解释的情况。

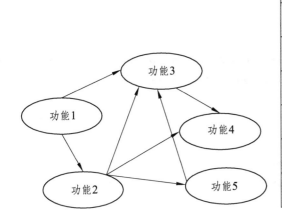

	G1	G2	G3	G4	G5	
G1		1	1			2
G2			1	1	1	1
G3				1		1
G4					1	1
G5			1			1
	0	1	3	2	2	

图 3-5 图解和矩阵表示的各种功能之间的信息流（G 表示功能）

② 工作负荷分析。

当产品或系统很复杂时，需要考察任务操作过程中用户的心理/脑力负荷是否会超载，在有详细信息的前提下也可以用任务分析的结果来对工作负荷进行分析。按照不同的分类依据可将工作负荷可分为体力负荷和心理/认知工作负荷、客观工作负荷与主观工作负荷。

顾名思义，身体工作负荷是以消耗体力为特征的工作负荷，心理负荷则是以消耗心理能量/脑力为特征的工作负荷；客观工作负荷是指可观察、记录和量化的工作负荷，主观工作负荷则是根据当事者的体验和陈述获得工作负荷信息。以管制员为例：a. 客观工作负荷是指管制员进行常规管制工作、解决冲突的通信和填写进程单等能够被观察员记录和计时的工作，与工作负荷直接相关的时间紧迫性是以可用时间与需要时间之比来进行定量描述；b. 主观工作负荷是指管制员监控雷达屏幕、对照进程单、思考计划等工作，这部分工作不便进行记录和计时，是管制员个人对 ATC 环境和工作要求进行的描述、个人感受或主观的认知理解。不同的管制员，由于训练、经验、技巧、疲劳等因素，对相同的客观负荷，他们的主观负荷体验可能不同，主观负荷随扇区内飞机数量的增加而增大。减少了客观负荷，不一定减少主观负荷。可见，管制员工作负荷分析的难点是对主观负荷的评估。

目前国际上比较成熟的工作负荷研究方法如下：

德国的 MBB(Messerschmitt Bökow-Blohm)方法：MBB 的思路是研究管制员的动作及时间，将管制员工作过程细分为通话、手工操作、思考三类，把所有过程的时间加以测定和汇总，计算出单位时间内的可指挥架次即为扇区容量。

英国的 DORA（Directorate of Operational Research and Analysis）方法：英国的运筹与分析理事会提出的 DORA 方法将不同操作过程分为不同难度等级，对不同扇区、不同操作分为不同难度等级，更注重具体情况具体分析。此外，DORA 方法认为必须为管制员留有一定的恢复时间，恢复时间对扇区的安全运行极为重要，平均工作负荷强度必须小于 80%。

日本的 MMBB(Modified MBB)方法：MMBB 方法综合了以上两种方法，对实际操作过程用 MBB 方法加以确定，而思考过程用 DORA 方法确定不同的难度系数。

工作负荷的其他分类还包括：主任务测量法（MBB、DORATASK）、主观评价法（SWAT 量表、NASA-TLX 指数法）、生理参数测量法（心率和脑电、瞳孔直径测量）、计算空中交通复杂度（交通复杂度、扇区复杂度）等。

四、迭代式设计和测试

在前端分析完成后，设计者对用户需求就有了大致的了解。接下来应对已了解的内容进行加工和处理，以便确定系统规格和进行初始的设计。当初始的原型形成后，设计人员或团队就要开始在细节方面描述产品的特征。

（一）该阶段应该关注的问题

（1）确认特性和功能是否符合用户的偏好和需求。
（2）在系统设计方面是否存在限制性条件。
（3）设计方案的人因工程学标准是什么。
（4）哪种设计方案最符合人的能力特征。

（二）该阶段的主要工作

（1）确定系统的规格。
（2）组织设计。
（3）原型设计。
（4）可用性测试。

（三）为系统规格提供输入

1. 系统规格
（1）系统支持的总体目标：应该是全局性的、能够反映用户目标。
（2）操作需求和特性：帮助用户实现目标。
（3）设计限制：如重量、速度、成本、使用环境等。

2. 为系统规格提供输入的常用方法
（1）结构的功能展开：制订系统规格过程中，人因工程学专家需要把系统特性和限制与用户特征、活动、环境条件，尤其是用户偏好或需求进行比较，以确保设计规格符合用户需求，同时去掉用户不需要的技术特性。常用方法有 QFD 法（Quality Function Deployment），采用"质性结构"（house of quality）分析工具，即使用决策矩阵把目标和系统特性联系起来，使设计人员能看到预先设定的特性满足用户的程度。该工具也对目标和系统特性之间存在的可能冲突进行分析。

图 3-6 表示的是设计数码相机时制定的一个简化的质性结构。行表示目标，列表示操作需求和系统特性。任务分析和用户偏好确定了每个需求的重要性和权重，其值在靠近目标的

那一列中给出。权重的大小通常是用数字表示目标的重要程度，9 是最重要的，3 表示重要程度比较低，1 表示重要程度最低。矩阵单元格中的等级数表示系统特性在多大程度上满足了目标。目标的权重以及目标和特性之间关系的等级一般都是用同样的 9/3/1 量表来确定的。特性的重要程度可以通过特性重要性乘以目标的权重之后求和得到。这种计算方法能将与实现用户目标密切相关的特性表示出来。通过这种分析就可以把以技术为中心的特性和以用户为中心的特性区分开来，使系统开发聚焦于对目标的支持上。

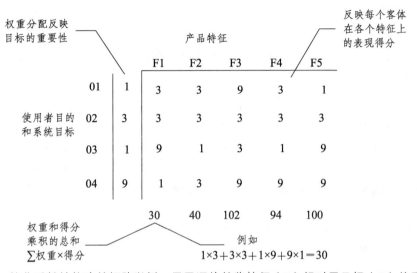

图 3-6　简化质性结构决策矩阵举例：用于评估某些特征（F）相对于目标（O）的重要性

（2）成本/收益分析：QFD 为了使系统特性更好地服务于目标，需要对系统潜在特性的相对重要性进行分析。潜在特性的重要性可以作为成本/收益分析的依据。成本/收益分析可以依据成本和收益的相对比例对不同的特性进行比较。成本和收益可以通过货币数量，或者通过 9/3/1 量表来衡量。对成本/收益分析进行量化最常用的方法是建立如图 3-6 所示的决策矩阵。特性或者变量列在矩阵左边的行中，不同设计方案列在靠上的列中。

（3）权衡分析（Tradeoff Analysis）：有时某个设计特性可以有多个实现方式，如显示屏的特性，人因工程学人员也许无法根据数据或者手册对不同方案进行比较和选择。这时，就可以通过小规模的研究确定哪种备选方案可以获得最佳效果（最快或最准确），这样的研究就称为权衡分析。分析时，既可以构建类似于 QFD 中的矩阵，也可以构建类似于"成本/收益"分析中的矩阵。这样的矩阵可以实现方式（矩阵中的列表示）和特性（矩阵中的行表示）的匹配程度，有时还需要场景描述这样的方法予以补充。

（4）人因工程学标准确定：人因学专家的重要任务之一是将人因学标准添加到系统需求列表中，该标准有时也被称为可用性需求（Usability Requirements），是对系统特征的描述，这些特征应该包括是否适合人的操作和是否安全。

（5）功能分配：是指人-机系统之间的任务和功能分配。人与机器在认知、判断与决策、操作等方面各有优势，也各有劣势，人因工程学设计人员的任务就是要将机器能够更好完成的任务分配给机器去完成，将人能够更好完成的任务分配给人去完成。

（6）支持性材料的开发：包括指南、安装说明、用户手册和培训程序等。

3. 组织设计

组织设计是一个动态的工作过程，包含了众多的工作内容。科学地进行组织设计，要根据组织设计的内在规律性有步骤地进行。

组织设计可能 3 种情况：

（1）新建的组织需要进行组织结构设计，包括：

① 职权的划分。

② 部门设计。

③ 层次设计。

（2）原有组织结构出现较大的问题或组织的目标发生变化时，原有组织结构需要进行重新评价和设计。

（3）组织结构需要进行局部的调整和完善。

4. 原型（prototypes）和模具（mock-up）设计

为了辅助界面和交互设计、可用性测试与其他人因学分析，在设计的早期阶段就需要设计产品模具。模具只是最终产品的很粗糙的近似体，通常可以用泡沫和纸板来制作。原型在外观和感觉上与最终产品都比较像，但不能实现全部功能。原型在设计的早期阶段用处很大，其优点包括：

（1）对前端分析收集到的信息进行验证。

（2）把设计思想具体化。

（3）提供交流沟通的媒介。

（4）支持启发式评估。

（5）提供用户反馈和使用的实物，支持可用性测试。

5. 启发式评估（Heuristic Evaluation）

启发式评估法就是使用一套简单、通用、有启发性的可用性原则进行的可用性评估。即几个评审人员根据一些通用的可用性原则和自己的经验来发现产品的可用性问题。有试验表明，每个评审人员平均可以发现 35%的可用性问题，而 5 个评审人员可以发现大约 75%的可用性问题。

对可用性工程来说，启发式评估意味着对界面的各个方面都要进行检查，以确定设计是否符合可用性标准。有的时候，系统有些方面与可用性没有直接的关系，如安全舒适等。在这种情况下，启发式评估是通过对产品的评价，进而判断产品的设计是否符合人因学指导原则和标准。通常，可以通过比较系统界面与规格和人因学标准来进行启发式评估。启发式评估（专家评审）是由 3～5 名以上的专家来对界面上的每一个因素予以检验，基本步骤如下：

（1）准备（项目负责人）。

① 选定和确定评估时使用的可用性准则（heuristics）。

② 选择评估团队，由 3～5 名可用性专家各自检查系统。

③ 计划地点、日期和每个可用性专家评定的时间。

④ 准备或收集材料，让评估员熟悉系统的目的和用户。材料应包括：受众分析、系统规格、用户任务、用例场景等，并把这些材料分发给评估员。

⑤ 设计评估和记录的策略。要明确是基于个人，还是基于小组来评估系统；是指派一个

共同的记录员还是每个人记录自己的。

（2）评估系统（评估人员）。

① 尝试并建立对系统范围的感知。

② 回顾所提供的材料，熟悉系统设计，了解用户完成任务时可能会执行的操作。

③ 发现并列出系统中所有违背准则的细节。列出所有记录的问题，包括可能重复的问题。必须清楚描述自己发现了什么、在哪里发现的。

（3）分析结果（评估团队）。

① 回顾每个评估员记录的每个问题，确保所有评估员都清晰理解了每个问题。

② 建立一个清楚的图表，把相似的问题分组。

③ 根据定义的准则评估并判定每个问题。

④ 根据对用户的影响，判定每组问题的严重程度（参考严重性评级部分）。

⑤ 确定解决问题的建议，确保每个建议都是基于评估的准则和设计原则。

（4）汇报结果（团队负责人）。

① 汇总评估团队会议的结果。每个问题应该有一个严重性级数，可用性观点的解释和修改建议。

② 用一个容易阅读和理解的格式，在报告中描述所有出处、目标、技术、过程以及发现的结果。可以根据评估准则（heuristics）来描述发现的问题。切记要记录系统或界面的正面特性。

③ 确保报告中包含了让项目团队负责人反馈的机制，以了解开发团队是如何使用这些信息的。

④ 报告应提交给团队的其他人复审，并由团队领导认可。

（5）汇报（团队负责人）。

① 若用户有要求，可安排时间和地点做口头报告。

② 聚焦于主要的可用性问题及其可能的解决方案。

③ 突出设计的正面特性。

④ 若需要，让项目团队负责人补充。

启发式评估的结果通过小组会议的形式转达到设计团队。在小组会议中，评价者和设计团队对发现的问题进行讨论和头脑风暴，以产生或修订设计方案。

关于问题严重性评级尺度

对存在问题等级的评定一般常用 5 分或者 3 分标尺/量表来进行，也可以建立自己的评价尺度以适应项目的需要。

（1）Five-point rating scale 5 分制量表。

① 轻微影响：不会影响系统的可用性，尽可能修正。

② 较轻微的影响：用户能轻易处理问题，属于较低优先级的修改。

③ 中等程度影响：用户在使用过程中遇到阻碍或问题，但能迅速适应，属于中等优先级的修改。

④ 严重影响：用户遇到困难，但能够找到解决方法，可强制在系统发布前修正。如果问题无法在发布前修正，应确保在帮助文本或训练手册中清楚地向用户表明解决方法

⑤ 灾难性影响：用户无法进行的工作，需强制修正。

（2）Three-point scale 3 分制量表。

① 轻微或较轻微的影响，造成较小的困难。

② 造成使用的一些问题或使用户受挫，但还能够解决。

③ 严重影响用户使用，用户会操作失败或遇到很大的困难。

6. 可用性测试

每个系统都必须进行可用性评估。可用性（usability）主要是指系统易于使用或"用户友好"的程度，它包括以下 5 个变量（Nielson，1993）。

（1）易学（learnability）——系统应当容易学习，这样用户在短时间内就可以使用。

（2）效率（efficiency）——系统的使用应当高效，当用户学会使用系统后，系统具有较高的生产力水平。

（3）易记性（memorability）——系统应当容易记忆，可以使用在停止使用一段时间后很快就能重新使用，而不需要一切从头学起。

（4）出错（errors）——系统应当具有低出错率，使用户在使用过程中少出错，在出错后能迅速恢复，而且系统必须能够防止灾难性错误的发生。

（5）满意度（satisfaction）——系统应当使用起来令人愉快，从而使用户在使用时主观上感到满意，喜欢使用系统。

五、最后测试与评估

实际上，人因工程学专家在系统设计阶段就要进行大量的评估。在产品开发完成以后，也要对产品进行最后的评估。对人因工程学测试和评估来说，设计人员关注影响人的操作、安全以及整个人-机系统性能等方面的问题，因此评估必须包括用户。通过评估，可以收集到可接受性、可用性、用户或人-机系统的绩效等方面的数据。

第三节　民用飞机设计流程、设计理念及设计原则

一、设计流程

飞机设计是一个非常复杂的过程，具有动态变化、非标准化等特点，并且很大程度上依赖于先前的经验，也就是说飞机设计过程从来都是一个继承和发展的过程。技术和知识的积累是飞机设计中不可或缺的要素。

目前广泛认可的民用飞机设计流程可简化为如图 3-7 所示，主要包括需求定义、概念设计、总体设计、详细设计、试飞取证以及交付运营等阶段。人为因素则贯穿飞机设计的整个过程，并且要在较早期的设计节点中介入，通过人为因素测试与评估手段，发现并消除方案中的不良因素，而且在飞机设计中这是一个不断迭代的过程，通过不断优化得到最终的方案。

详细的飞机细节设计过程和设计基本要素如图 3-8 和图 3-9 所示。

图 3-7　民用飞行设计流程

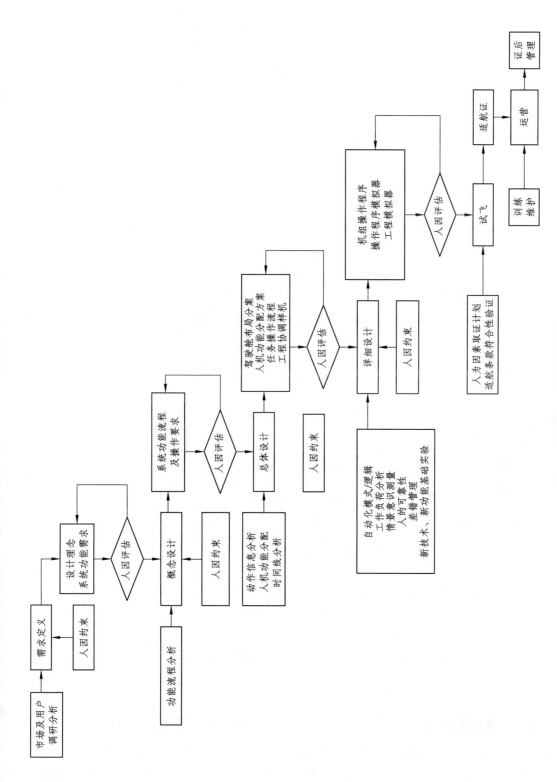

图 3-8 细化的飞机设计过程

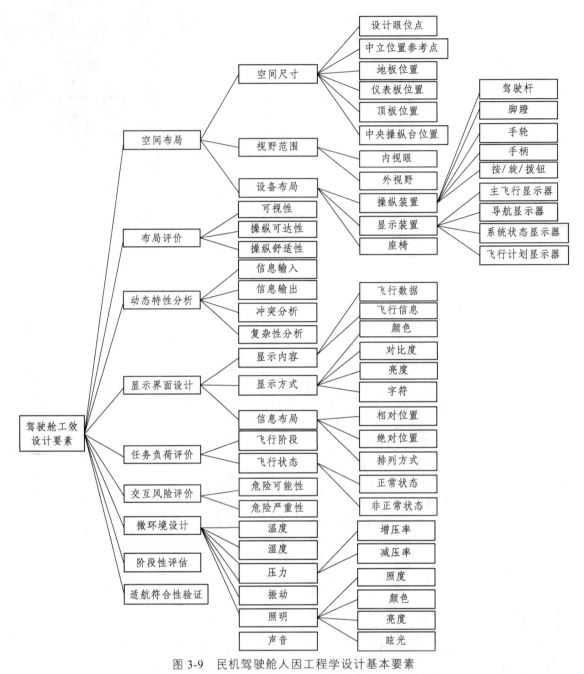

图 3-9　民机驾驶舱人因工程学设计基本要素

二、民用飞机设计不同阶段人因工程学关注的问题

（一）需求定义阶段

需求定义阶段主要通过市场调研，从航空运量、飞机市场需求量、市场竞争预期的运行环境、航空公司要求、法规要求等方面进行调研和分析，确定飞机的基本技术要求和主要性能指标。这一阶段通常被认为是设计前的准备工作，或称之为项目可行性论证阶段。该阶段需要做的主要工作包括：针对基本技术要求和主要性能指标对国内外同类机型的运营现状和

未来的发展趋势进行初步的竞争分析（竞争机型分析）；对研制总成本进行初步预测；对经济效益和社会效益进行分析估算；对研制周期进行初步预测和规划；对技术经济可行性进行初步分析。需要综合飞机研制过程中的设计、生产、市场、商务、材料、计划等专业团队进行综合全面评估，以确保项目能够顺利执行。需求定义阶段有关人为因素主要考虑的是驾驶舱机组人数和客舱乘坐舒适性等因素，进行设计理念的调研活动，并定义与人为因素相关的总体设计要求。这些内容将作为后续研制过程中开展人为因素各项工作的主要依据。目前被广泛接受的飞行器基本设计理念如下：

（1）以人为中心。

（2）以安全和高效为最高目标。

（3）优化人与系统或自动化之间的关系，达到优势互补，人机融合。

表3-3列出了空中客车与波音公司的驾驶舱设计理念的对比。

表3-3　波音与空中客车公司的驾驶舱设计理念对比

空中客车	波音
飞行员对飞行安全操作飞机最终负责。飞行员有足够的信息和方法，拥有最终权限并且能够执行该权限	飞行员具有飞机最终操作的权限
决定驾驶舱设计要素次序是安全、乘客舒适度、效率	机组任务重要性设计次序是安全、乘客舒适度、效率
驾驶舱设计应较适应各种水平和经验的飞行员	设计应考虑飞行员过去的训练和飞行经验
自动化是飞行员可用的补充，飞行员可依据情况确定什么时候使用和什么程度上使用这些辅助	自动化的作用是辅助而不是代替飞行员
人机界面设计应该考虑系统的特点以及人的能力和局限	在正常和非正常操作模式下均应考虑人的基本力量和局限，以及个体差异
采用的最新技术和功能取决于：有效提升安全性；明显的操作优势；满足飞行员需要	系统设计应该是容错的
驾驶舱设计的目标：简化机组操作任务，提高情景意识和飞机状态的感知	设计层次是操作简单、冗余、自动化
当遇到过载或过控制风险时，获取最终权限应该是简单自然的方式	

（二）概念设计阶段

概念设计是针对需求的最初始设计。该阶段主要采用的方法有任务剖面图法、功能流程图法、决策/动作分析法。其目的是对飞机的气动布局、性能、重量水平、航空电子、所需新技术、费用和市场前景等方面进行初步和方向性的探讨。概念设计阶段主要依据需求定义阶段确定的基本技术要求和主要性能指标，基于现有的技术条件和资源进行概念设计，通常与需求定义阶段有重叠。通过概念设计使技术要求制定得更为合理和具体化。概念设计中还要对技术要求中各项目的指标进行分析，适当降低那些对性能影响不大但可能降低技术风险和研发费用的技术要求，并有可能提出一套合理组合的设计要求。概念设计中往往采用经验或半经验的分析方法，因此设计师的经验和判断力非常重要。概念设计的人因工程学内容主要包括：

（1）飞机主要几何尺寸。

（2）飞机总体布局。

（3）飞机主要特征重量。

（4）动力装置及其特征参数的选择。

（5）主要技术措施或系统设备的选择。

（6）飞机的主要性能和使用特性。

（7）几何尺寸和技术手段的协调。

概念设计阶段要解决的问题是确定飞机系统通过哪些系统功能实现需求定义阶段所确定的参数指标。

概念设计阶段的人为因素关注的内容主要是对飞机概念设计的人因评估。通常通过对用户飞行员的主观调查获取飞机设计理念宏观需求信息，以及概念设计方案与设计理念的匹配程度。

（三）总体设计阶段

总体设计也称为初步设计，是对概念设计的延续和细化。在该阶段，从总体气动外形到各个子系统都要进行具体方案设计，主要包括：修改、补充和完善飞机的几何外形，输出完整的三面图和理论外形；完成气动布局设计并计算较为精确的气动性能以及操纵性和稳定性；完成详细的重量计算和重心定位；完成主要系统结构构型及载荷设计；全面布置驾驶舱、设备舱、客舱各种机载设备；完成全尺寸工程样机用于工程协调等。该阶段应该明确系统功能，完成系统功能分配，确定人机交互过程，并进行时间线分析，对机组操作的工作负荷进行初步评估；与人为因素相关的驾驶舱的布置及人机界面的确定主要是在这一阶段进行，因此总体设计阶段是人为因素工作重点，大量的分析、测试与评估工作都在这一设计阶段开展，并且要经过数次迭代，最终确定总体方案。

人为因素相关工作应在尽可能早的节点介入，如果能在物理原型之前解决更多的人为因素问题可以极大地降低设计成本。但是由于人为因素的研究对象是人与系统之间的关系，只有人在环的真实体验才能获得最有效的数据和结论，就如同 CFD 和风洞试验一样，各项工作都必须通过实物原型进行验证。

总体设计阶段设计工作全面展开，因此在此阶段涉及的内容较多，主要包括：

（1）人机功能分配。在确定操作需求之后，根据人和机器各自的特点和局限性进行人机功能分配，并评估分配方案的合理性。

（2）人机界面。在完成人机功能分配之后便可确定哪些操作由人执行，据此可破定人机交互界面，包括显示及控制界面。通过对人机界面评估确定其合理性。

（3）功能操作流程。通过对功能操作流程进行分析，确定操作过程中是否有冲突或操作要求是否超出人的能力。

（4）新技术与新功能。设计中采用的新技术、新功能必须通过相关试验说明其可用性以及对安全性或操作效率的改善。

（5）决策/动作分析。

（6）动作/信息分析。

（7）时间线，预定时间标准。

（8）可视性和可达性分析等。

（四）详细设计阶段

详细设计阶段也称为工程发展阶段，是对总体方案的具体设计实施。该阶段主要是系统部件的详细设计与测试。这是一种传统的"自下而上"的加工模式。详细设计阶段人为因素关注的内容集中在机组操作程序的测试与评估上，由于该阶段方案基本定型，因此人为因素的测试与评估是基于飞行任务的。

由于在详细设计阶段涉及比较具体的部件级设计工作，有关部件的人为因素设计与评估工作通常也在详细设计阶段开展，在完成各部件的工作后必须开展基于任务场景的集成测试与评估。该阶段的人因工程学任务是工作负荷、情景意识、人的可靠性与差错的评估，这些评价方法可参考内维尔.A.斯坦顿著，罗晓利等译《人因工程学研究方法 —— 设计与工程实用指南》。

（五）试飞取证阶段

试飞取证阶段主要按照适航的要求进行各种飞行试验，人为因素在该阶段的工作是验证机组工作负荷水平等人为因素相关特性是否符合适航的要求。

（六）交付运营阶段

交付运营阶段主要是进行飞机的航线运营，机组的训练以及飞机的维护，人为因素的考察要素主要集中在训练及维护中的人为因素。

飞机的最终用户是人（飞行机组），因此人的因素是设计过程中需要考虑的重要因素，并且要贯穿飞机全寿命周期。由于飞机是一个非常复杂的系统，而飞机的控制者（飞行机组）对飞机进行操纵的人机交互过程以及飞机的飞行环境都有诸多不可控因素，因此不可能在设计之初将所有人为因素全部考虑周全。如何在这种条件下通过有效方法设计出安全、舒适、高效的飞机是设计的最终目的，而如何通过人为因素的设计与评估使飞机系统在设计过程中充分考虑人的特性，使人在环的交互过程达到"人（机组）""机（飞机系统）"的和谐统一是人为因素要解决的问题，也是最终达到安全、高效、舒适目的的重要途径。在飞机设计过程中，人为因素需要伴随不同设计阶段开展各项工作，在不同阶段人为因素关注的问题不同，所采用的手段和方法也不同。

三、设计理念的测试与评价

（一）确定设计理念测试与评估的目标（安全、舒适、效率）

有缺陷的设计一旦安装到运行环境中，修改的代价是很大的。而由于功能分配、自动化程度或其他决策辅助设计造成的系统缺陷，如果要进行修改则代价会更大。理解机组的需求，并落实"以机组为中心"设计理念开展设计工作，对保证设计主体的正确性很有帮助。

（二）设计中常用的策略

设计中常用的策略包括：

（1）尽早评估：越早评价，费用越低。

（2）反复评估。

（3）以机组为中心的设计重点是要关注飞行员以及他们与驾驶舱的交互，而不是驾驶舱技术。

（4）测试评价：从适用性的角度和绩效的角度来说，应该重点关注和任务目标相关的测试。

（5）评价应该在不同仿真度的"系统的表现形式"上进行。

（6）评价应该在设定的飞行情境下进行。

（三）测试指标的构建

评价是指构建一个体系，并对其指标进行相应的测量，进而可以测定飞行员的或者机组/驾驶舱综合体的绩效。主要有以下3个指标：

（1）行为准确性。

（2）反应时间。

（3）主观指标：主观指标能够用来表明用户的喜好、系统以及系统界面的可接受性、通用性和便利性。

（四）评价平台的选择

评价平台是指用于评价的实验环境和设备。对系统的评价一般在计算机上或者纸上进行，包括调查问卷、图形和描述的概念模型；计算机模拟系统的功能和界面、运行环境、情景、机组等。

（五）测试、评价方法与工具

1. 测试方法与工具

（1）大部分使用计算机辅助人体测量和生理测量分析，来确定可达包线和其他物理性工效参数。

（2）功能和任务分析确定飞行机组和驾驶舱自动化的角色需求。

（3）工作量分析用来评价机组工作负荷的合适程度。

2. 分析方法

（1）人体测量/生物动力学分析。

（2）系统与机组注意力冲突分析。

（3）认知任务分析：实验获取的认知行为知识应用到设计中。

（4）认知排查：早期阶段评价，有结构程序的方法，用于分解用户任务。

（5）专家排查：对各个阶段进行检查。

（6）启发式评估：站在用户角度体验可用性。

（7）关键行为级模型分析：对任务细节完成时间进行测量，检验与设计时间线是否吻合。

（8）结构化访谈：以运行情景为线索构建访谈提纲。

（9）问卷调查：针对设计概念。

（10）功能和任务分析：操作过程的定义、分解和功能分配。

（11）综合平衡研究：多种方案中选择、平衡。

3．观测方法

（1）合作评价：设计者观察飞行员在样机中执行任务的情况，任务前后进行交流。

（2）直接观测：专家观察评判飞行员在样机中执行任务的（系统）情况。

（3）实验：设置特殊情景和控制实验条件，获取相关数据以识别系统特性。

（4）协议分析/出声思维：了解认知过程。

（5）"人工模拟系统行为"：设计人员模拟飞行员完成飞行任务，体验飞行员与系统的互动。

4．测试情景

测试情景应该包括正常的和非正常的飞行状况。

四、驾驶舱人因工程学设计原则

驾驶舱人的因素设计理念应该引导出包括关于下列内容的原则：

（1）飞行员/机组的职权。

（2）自动化。

（3）新技术/新功能的应用。

（4）人误。

（5）设计优先次序。

（6）机组任务简化。

（一）原则1：飞行员/机组的职权

1．飞行员/机组特性

图 3-10 所示的飞行员/机组是驾驶舱的决策中心，机组的决策能力受限于机组经验，机组注意力分配与控制能力、机组成员管理能力、机组动态问题求解能力和机组风险管理能力。

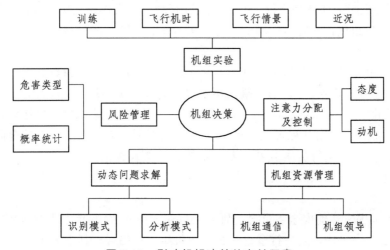

图 3-10 影响机组决策的有关因素

其次，在有关驾驶舱系统性能的设计过程中，应该充分考虑飞行员的地位和作用 —— 飞行员作为个体操作者、团体成员、指挥员和驾驶舱所有者，怎样的设计更符合以机组为中心的原则。根据上述分析，考虑飞行员/机组角色定位的设计原则如图 3-11 所示。

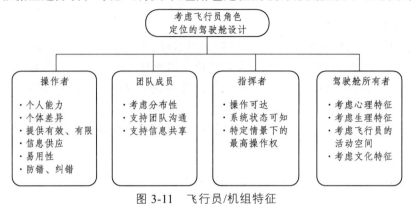

图 3-11　飞行员/机组特征

还应注意，驾驶舱的设计应有利于机组资源管理，使机组成员及时、有效地交流。现代运输飞行对飞行员在获取信息及进行决断方面的能力要求越来越高，飞行员实质上已变为管理者，因此机组能否有效、充分、合理的利用和管理机组资源，影响着飞行任务的完成情况。

2. 机组资源管理的内容

驾驶舱处境意识、注意力分配和抗干扰能力、驾驶舱交流、质询与反应、倾听以及劝告技能、工作负荷的管理和驾驶舱自动设备的合理使用、机组的协调与配合等。在设计中也应意识到飞行员在任务过程中不可避免的忽略部分信息，进而影响其判断，或者由于不可预测的原因而丧失某些能力。

3. 飞行员/机组的权限

飞行员/机组既然是驾驶舱管理的最终决策者，在驾驶舱设计中，就应始终保证飞行员/机组的核心地位。设计中应通过简洁的设计，使飞行员能通过简单的操作便可获得安全飞行的权限，同时设置过载保护。但是需明确以下原则：

（1）飞行员/机组的任务是飞行、通信和系统管理，拥有操作飞机的最高权限。

（2）飞行员/机组应该能随时访问所有与飞机状态、系统、和飞行进展相关的可用的信息，如案例 1。

案例 1：2009 年法航 447 航班空难中，由于没有油门的手感，只有显示器的输出（告知油门的大小），这种情况下，显示器的输出不足以引起飞行员的注意，也就无法让飞行员知道油门的状态。同时，显示系统也没有给予飞行员可以参考的空速信息，最终导致灾难发生。也就是说，驾驶舱的设计要能保证飞行员/机组在任何时候拥有对飞行状态的全面了解和飞行操纵的决策权，并且向飞行员/机组提供尽可能多的决策反馈信息。

（3）驾驶舱设计应确保两名机组成员在任何时候都具备同等的用以保证飞行安全基本权限和资源，如案例 2。

案例 2：美国国家运输安全委员会的研究人员在选择的 37 起重大飞行事故中，共认定机组成员错误 302 个，平均每起飞行事故超过 8 个机组成员错误；其中 81% 的飞机失事是机长在亲自驾驶飞机，做出错误决定促成飞机坠毁。在上述事故中，机长出现决定错误后，即使副驾驶发现机长的错误，也没有权限或者资源阻止机长的决定，造成了机长多于副驾驶操纵飞机时发生飞机坠毁事故的现象。

为了保证飞行安全，必要时飞行员/机组有权利超越系统的限制对系统进行操作。

（二）原则2：驾驶舱设计中的自动化

1. 自动化的概念及范畴

自动化是指基于人工传感器的各种环境变量的感知的机械化和集成，基于计算机的数据处理和决策，以及基于发动机或装置对环境施力的机械动作或以处理信息对人通信的信息动作。自动化的范畴如图3-12所示：

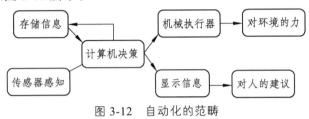

图3-12 自动化的范畴

2. 驾驶舱设计中自动化的原则

提高机组使用自动化系统的能力是发挥自动化功能提高航空安全的关键。对于飞行员而言，无论任何时候，人工操作飞机的意识和能力一定要得到绝对的保证。驾驶舱的设计应有助于减少或避免操纵人员和驾驶舱自动化系统的错误，具备预防、容忍、检测和改正机组或系统差错的能力，其设计需考虑以下原则：

（1）驾驶舱设计应有助于机组成员和自动化设备之间互动，是机组成员有能力即时掌握和调整任务状态，概念模型和当前任务目标等信息。

例如，应用"静暗驾驶舱"理念，如果指示灯都不亮则表明所有系统工作正常，使飞行员能够集中精力处理关键事件，空中客车公司在其飞机研发上就运用了这一理念；还可以设计"飞行员状态监控系统"，用于监视飞行员的心理、生理和行为，不仅能提醒飞行员集中注意力，还可进行人为危险分析，避免飞行员对飞机实施可能导致灾难性事故的行为。

（2）设计中尽量减少有多个操作人员或自动驾驶舱系统同时执行的功能或者任务的干预。

飞机驾驶舱中，一个潜在的不稳定因素是系统高度综合化的重叠以及飞行员传统责任的交叉，在无意中对机组的职责和标准操作程序产生破坏作用。以控制显示器（Control Display Unit，CDU）为例，通常标准操作程序规定一名飞行员或通过飞行管理（FMS）/自动驾驶仪控制飞机的飞行轨迹，另外一名飞行员负责检查单、监控、通信以及文书工作。但是在实际飞行过程中，CDU似乎对飞行员最具诱惑力，在使用CDU时，飞行员不能监控飞行仪表，也不能看驾驶舱外面。大多数飞行员都承认有过这样的经历，即两个人都低头输入复杂的航路变化信息，这彻底破坏了飞行员与自动化系统的相互作用。

（3）自动化系统只是飞行员执行飞行任务的辅助工具，单调、重复、或者特别困难的，可对其实施自动化，但需明确自动化不能全面替代飞行员的人工操作。

以B777型飞机为例，在自动计时自动油门飞行时遇到不稳定的天气现象出现严重颠簸，由于气流的急剧变化造成速度变化很大，自动驾驶不可以马上修正，自动油门也因单位时间内变化较大不可能较快做出反应调整马力，以致造成超速或失速等不安全因素。

（4）确保自动化系统的可靠性，具备过载保护能力，进行冗余设计。驾驶舱冗余设计应该保证系统始终都有可用的信息和控制资源。

（5）自动化系统的界面设计应该简洁。

（6）解决自动化系统失效时飞行员如何超越或解除自动化。

（三）原则3：**新技术/新功能的使用**

在驾驶舱设计中，设计者往往考虑的是系统功能和性能的实现，也即是高效率的原则，而对于安全和舒适的问题往往容易忽略。

例如，在1998年瑞士航空公司111号航班采用了为头等舱提供娱乐设施的新功能，但由于忽视安全性因素，最终导致229名乘客罹难。由此可见，采用新技术和新功能要受到以下条件的约束：

（1）明显有利于安全。

（2）明显的操作优势。

（3）确实能满足飞行员的某种需求。

（四）原则4：人误

1. 人误的概念

人误包括未达到操作者或者指令下达者的目的，以及因未能满足某一操作标准而发生的错误。例如，机长一直要求副驾驶在降落时及时下压操纵杆，这时副驾驶所犯的错误是没有照做，导致飞机在跑道中段着陆。

2. 人误的分类

关于人为什么会犯错，目前还没有广为接受的人误起因模型的权威理论，图3-13所示是人误分类方案的一种。

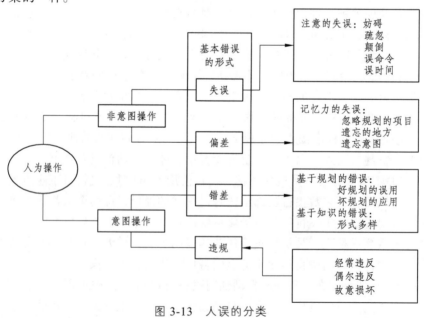

图 3-13 人误的分类

3. 防差错原则

驾驶舱设计时，针对人为错误的设计原则至少应包括：

（1）预先作用防止错误，其中又可分为：

① 设计中提供直接和清晰的反馈，如按下按钮，显示绿色表示接通。

② 系统有能力对计算机辅助系统的状态进行监控。

③ 考虑目标用户的文化概念，使驾驶舱能够满足特定区域或群体用户的一般需求，如空调出风口的设计。

④ 系统设计应具有包容性/容错性，在发生故障时仍能驾驶调整模式安全运行。

（2）限制虚假信息出现的机会（报警和警告）。

（3）考虑什么行为是可接受的、什么错误是可能的、什么是要去做的，充分发挥人的能力（解决问题，归纳推理）。

（4）设计应该有利于操作人员建立有用的符合事实的任务目标或者系统功能的概念模型。

（5）驾驶舱设计应该保证不能超越操作人员的基本局限（如记忆力，计算能力，注意力，决策偏差）。

（6）操作人员并发操作的功能和任务的冲突应尽可能的少。

（7）设计培训内容和方式，其包括：

① 利用航空心理学研究方法分析机组人员特征，通过培训使机组人员具有胜任其任务的心理模型。

② 利用模拟器加强机组人员的认知能力；

③ 容许机组思考发生错误的可能性和因果关系。

（五）原则5：优先设计次序

1. 驾驶舱优先设计次序

驾驶舱设计中考虑的优先次序是安全、舒适性和效率。驾驶舱设计中的最高目标是能够帮助机组安全、舒适和高效地实现任务目标。

驾驶舱优先设计次序的原则：

（1）系统设计以提高安全行为原则（见图3-14）。

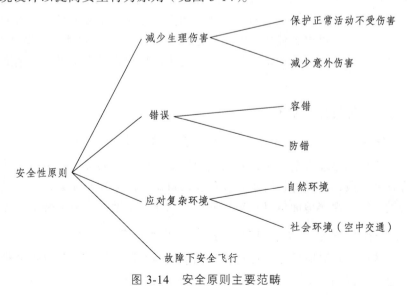

图3-14 安全原则主要范畴

（2）提高效率是基本要求。

从人机和谐界面的角度讲，高效的要求体现在：显示系统影响是飞行员最关心的信息，提供一个友好的显示界面，而且机组要能够迅速有效的控制整个系统。效率原则的主要范畴如图3-15所示。

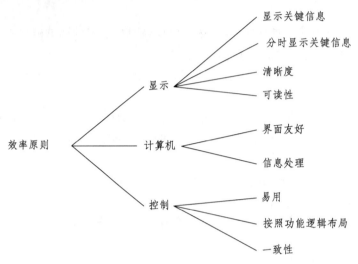

图3-15　效率原则的主要范畴

（3）舒适性不容忽视。

人机界面交流是否顺畅、驾驶舱环境是否舒适直接影响到机组的心理和生理状态，关乎飞行员能力的发挥，关乎飞行安全。在设计中，应从视觉、听觉、触觉、空间因素等方面提高驾驶舱的舒适性。

2．驾驶舱优先设计次序应当注意的问题

（1）驾驶舱系统的设计应首先保证系统信息和操作的完整性。确保信息未被随意修改或者修改后能够被迅速发现，保证飞行员/机组能够访问所有的、对决策有用的信息。

（2）系统设计关注的次序依次为简化、冗余和自动化。首先考虑简化机组的工作负荷，通过增进情景意识来简化机组的任务；其次为冗余设计，是飞行控制系统具备过载保护能力，增加可靠性，降低航空事故的发生率；最后为自动化，自动化是飞机飞行的辅助工具和飞机操作的有益补充。

（六）原则6：机组任务简化

1．机组任务的复杂程度由任务本身所需要的信息量和操作量决定

设计需注意用户的心理模型，考虑到人类记忆能力存在的局限性，利用新技术使操作简化。提供心理辅助手段，如计算机警示；改善反馈机制，增强控制能力，如飞机上的近地显示装置可以帮助飞行员观察地面信息；善于使用自动化，辅助飞行员减轻脑力和体力负荷。

2．机组任务简化的方式包括提供信息决策辅助和简化操作

所设计的系统应具备对原始数据进行处理和集成的功能，为飞行员/机组提供适当的完成任务所需的信息。所提供的信息除了能够正确的描述任务外，还应提供可供飞行员进行操作

的知识。如提供发动机动力不足信息时，应给出下一步该采取何种操作的提示信息。

3. 机组任务复杂程度上限

机组任务复杂程度的上限是在自动化系统完全失效的情况下，机组依然有足够的信息和操作支持来完成飞行任务。

驾驶舱设计中应解决好自动化系统失效时飞行员如何直接超越或制服自动化的技术的问题。在自动化系统无法提供任何辅助操作的情况下，机组依然能够通过自动化系统以外的方式获得足够飞行信息和人工操作支持，顺利完成飞行任务。

本章案例：机长离岗休息、皮托管冻住、两名副驾驶配合失误导致 A330 型飞机坠毁

2009 年，法航 AF447 空难事故是近年来发生的一起最神秘的空难事故，因为法航 AF447 航班所采用的空客 A330 型客机被称为是现代历史上最安全的机型，飞机上有非常先进的自动驾驶设备，而且飞机在失事前几分钟与控制中心几无联系，不知不觉就失踪坠毁。随着飞机黑匣子被找到并被破解，空难的原因也逐渐被挖掘出来，人为失误是很重要的原因之一。2012 年，事故调查组公布了最新调查结果：飞机失事跟 A330 型飞机驾驶舱的侧杆设计有直接的关系，该次事故导致 228 人罹难。

事故经过：

2009 年 6 月 1 日，一架由巴西里约热内卢飞往法国巴黎的 AF447 航班在大西洋上空坠落，机上 216 名乘客以及 12 名机组人员全部罹难。该次航班使用的是法国空中客车公司 A330-203 型客机，这是法国航空成立以来伤亡最惨重的空难，也是法国空中客车公司 A330 型客机投入营运后的首次空难。

该航班机长 58 岁，1988 年加入法国航空公司，有将近 11 000 h 的安全飞行经验。事故一出，全世界对灾难背后的原因高度关注。在黑匣子没有找到之前，法国航空公司对空难原因做出各种猜测：有天气原因、机械故障、炸弹袭击等。

事故原因：

据黑匣子记录显示，进入风暴区前，资深副驾驶进入驾驶舱，上左座，换机长出驾驶舱去休息。不久右座副驾驶注意到气象雷达设置不正确，重新调整后发现风暴的强度比预想要强得多而且很难避让。此时机外温度异常高，这表明空气对流程度极其剧烈，造成飞机爬升性能下降，不足以上升到更高的高度。

空速管（一种让气流通过来测量空速的输气管）遭遇暴风冻结，自动驾驶仪脱离。右座副驾驶接管了飞机的控制，并立即拉杆爬升（尽管爬升性能不足）。失速警报在右座拉杆不久就被触发，但两人都未做出任何回应。左座曾一度注意到速度变化，并提醒右座注意，右座答应下降，但事实上仍在拉杆爬升。

很快，一个空速管恢复了工作，机组开始得到正确的空速信息。左座多次要求下降，右座减小了拉杆力，飞机空速逐渐恢复，但仍在缓慢拉升。失速警报解除，但右座仍保持拉杆。

飞机完全恢复操控之后，右座再次增大拉杆，重新触发失速警报。尽管右座试图拉到正常的复飞姿态，但此时发动机、机翼效能已不足以继续爬升，飞机在达到最大高度后开始下

降。左座也对飞机的反应莫名其妙，因为他根本了解不到右座的操纵输入。左座重新接管飞机之后，仍然忽视了一直在响的失速警报，因为右座还在继续拉杆，而飞机此时已经失速，转为高速下坠。

空速管失效险情出现 1.5 min 后，机长回到驾驶舱。但因他离开驾驶舱后对驾驶舱的状况不明，情景意识低下，意识比较迷茫，也没有回到左座接管操控。飞机继续下坠，由于没有实际操控，机长不知道有人仍在拉杆，也没有想到去问这个低级问题，就更无法理解仪表的异常读数了。

就在飞机接近 10 000 ft（3 048 m）高度时，左座副驾驶试图接管操纵，做出推杆输入。但此时右座仍在拉杆，左座的结果只是抵消掉右座输入，飞机仍然处于机首上仰的姿态。右座终于说出了事情的真相："我们一直在拉杆！为什么还会这样？"机长立即指示：不行！不能爬升！"

左座指令下降并让右座放弃控制，右座照办后，左座终于压低机头，飞机开始增速，但仍在下坠中。飞机在离地面约 2 000 ft（610 m）左右时，近地警报响起，右座在无喊话的情况下再次拉杆。机长命令不能爬升，话音刚落，飞机便坠毁。

事后调查得知，由于右座情绪过于紧张导致"行为倒转"本能地做出拉杆爬升的动作。那么为什么直到他说出一直在拉杆时，左座和机长才发现这一致命的失误呢？法国空难事故调查组经过数月的研究后发现，之所以出现这样的情况，法国空中客车公司"自作聪明"的侧杆设计是首当其冲的"罪魁祸首"。

和法国空中客车公司其他飞机一样，控制 A330 型飞机的侧杆，类似于计算机游戏里的控制台。这些侧杆不像老式飞机那样通过操作杆和皮带轮与飞机控制台连接，而是靠计算机的控制依次向发动机和液压系统发送信号。这种所谓的遥控自动驾驶仪有着很大的优势：可以去除机械化连接减轻机身重量、节省燃油。细长的电子布线和计算机有多个备份，机载处理器减轻了飞行员的工作量，更好的是，他们可以编程弥补人因失误。

侧杆也很"聪明"，当一个命令发出，说左转 10°，飞行员可以让侧杆依照指令完美的保持 10°的转弯。据英国航空公司飞行员协会史蒂芬·金描述：这是一个"值得推崇且流行的设计。我知道大多数空中客车公司的飞行员都喜欢它，因为可靠的自动化技术可以让你处理各种情况，而且在飞行过程中不会感到那么疲劳。"

但事实上，这种设计的弊端就是，侧杆总是处在中立位置，飞行员不用拉动侧杆，只需通过计算机操控即可。这种状态对另外一方来说并不是一件好事，尤其在法航 447 空难中，这无疑是致命的。史蒂芬承认："想要一个飞行员即刻就明白另外一方将要对控制杆操作意图并不容易，除非他要很努力地去看对方的飞行控制台（即便看也未必看得清楚）。这跟老式飞机可以清楚地看到侧杆当前所处的位置是截然不同的，一方根本无法判断另一方正在做出什么样的操控。"

这就是为什么当 A330 型客机已经出现致命的空速显示失效时，右座仍在继续拉升，而左座对此毫不知情的原因。显然，左座还一直认为失事飞机正在水平飞行，甚至下降。右座恐慌的叫道："到底发生了什么？我不明白发生了什么。"尽管机长回到驾驶舱，但情况已经不可逆转，因为即便是经验丰富的机长也没搞清楚到底发生了什么。他们怎么也没想到，是这样一个看似"聪明"的飞机设计，最终让 228 人葬身大西洋。黑匣子录音显示，在飞机坠毁的最后一刻，右座绝望地喊出："天哪，我们要坠毁了，这怎么可能？"他的话无疑也是另外的 227 名遇难者最后的呼喊!

复习思考题

1. 为什么说设计者必须了解用户,用户永远是第一位的,也是永远正确的?

2. 为什么说人因工程学应该在产品设计的早期阶段就介入?

3. 人因工程学设计的内涵是什么?应该包含哪几个方面?

4. 为什么要进行人因工程学投入的效益/成本分析?分析时应包括哪些量化要素?

5. 举例说明人因工程学效益分析的步骤。

6. 简述人因工程学设计工作的资料来源。

7. 简述系统设计模型所包含的阶段。

8. 简述产品生命周期的人因工程学应包括哪 6 个阶段。

9. 阐述前端分析应包含的要素。

10. 举例说明人误分析的 4 个环节。

11. 简述收集任务数据的方法。

12. 简述总结任务数据的主要形式。

13. 简述迭代式设计阶段应关注的问题,该阶段的主要工作包括哪些?

14. 举例说明系统规格输入的常用方法。

15. 简述组织设计的 3 种情况。

16. 什么是原型和模具设计?原型设计在早期阶段的优点包括哪些?

17. 什么是启发式评估方法?简述其使用步骤和注意事项。

18. 简述可用性测试的 5 个变量。

19. 简述民机设计流程及其细节设计过程和要素。

20. 分析民机设计不同阶段人因工程学应关注的问题。

21. 对比分析波音和空中客车公司的驾驶舱设计理念。

22. 简述概念设计阶段人因工程学的主要内容。

23. 简述总体设计阶段人因工程学的主要内容。

24. 简述详细设计阶段人因工程学的主要内容。

25. 简述飞行器交付运营阶段人因工程学的主要内容。

26. 简述设计理念测试与评价的方法与工具。

27. 分析飞行员/机组职权原则的内涵。

28. 分析驾驶舱自动化原则的内涵。

29. 分析新技术/新功能应用原则的内涵。

30. 分析人误预防与减缓原则的内涵。

31. 分析设计优先次序原则的内涵。

32. 分析机组任务简化原则的内涵。

第四章　人体工效学与驾驶舱空间布局

第一节　人体测量与建模仿真技术

人体测量学是人因工程学的重要组成部分。为了使各种与人体尺寸有关的设计能够符合人的生理、心理特点，使人在使用时处于舒适的状态和适宜的环境之中，就必须在设计中充分考虑人体尺寸。人体数据在驾驶舱设计中的应用主要有驾驶舱总体设计，驾驶舱显控设施的设计和排布，客舱构型设计，机舱舱门和逃生通道的排布，机舱座椅、氧气面罩、救生滑梯等救生设施的设计，维修用接近口盖的设计等，这些人因设计无一不需要使用到大量人体数据。

一、人体测量的分类与测量方法

按人体测量的内容可分为形态参数测量、力学参数测量、生理参数测量、人体活动度测量等。目前，这些人体基础测量参数已被很好地整合进相关人因设计软件，可以根据设计的需要进行选用。

（一）形态尺寸参数测量

形态尺寸参数是指人体及各部位的几何尺寸，如人体长度、宽度、高度等。依据不同的需要，它有许多测量参数，常见的有身高、眼高、肩高、坐姿眼高、坐姿肩高、肩宽、臀宽、上肢长、下肢长、头围、胸围、臀围、前臂前伸长、上肢前伸长等参数。依据应用的不同，测量者还可以增减有关的测量参数。形态参数的测量方法相对简单，主要包括二维人体形态尺寸测量和三维人体尺寸参数测量。

二维人体形态尺寸测量是传统的人体尺寸测量，即使用马丁测量尺等适宜的仪器设备和方法，对人体的整体和局部不同典型姿态或者状态下的直线长度、曲线长度或者距离等参数进行测量。它的所有测量项目都可以用二维平面示意图进行标示，各项目之间的相对空间信息较少。这种方法简单直接，绝对误差小，但费时，尤其是在大样本测量时，这一弊端就更加明显。另外，这种方法是否可靠，在很大程度上与测量者的测量手段是否正确、技术是否熟练等有关。

三维人体尺寸参数测量是利用三维形态测量的仪器设备，通过接触或非接触的方式，对人体的三维外形形态进行三维数字化测量。测量的直接结果是人体表面的特征点或点云的三维坐标数据。这些数据可以直接作为三维造型设计的依据，也可以经过后期的数据处理提取出与传统二维人体尺寸测量相对应的直线长度、弧线（围线）长度、距离（高度）等具体项目的尺寸数据。目前，常用的是非接触主动式测量，它是指将光栅或额外的能量投射至被测体，借由光栅的变化或者能量的反射来计算得到三维空间信息。非接触式三位测量仪主要包括光栅三维测量仪（也称拍照式三维测量仪）和激光扫描仪。

目前，三维人体尺寸测量与二维人体尺寸测量尚不能相互替代，两种测量结果各有所长，相互补充，都是重要的工效学设计依据。

（二）力学参数测量

力学参数是指人体即各个体段的质量、质心、惯性矩和体积。通常将人体分为头颈段、躯干段、左右上臂段、左右前臂段、左右手段、左右大腿段、左右小腿段以及左右足段等 14 个体段来进行。

力学参数测量相对于形态参数测量要困难和复杂得多。在测量的内容上，整体的质量、质心、体积和惯性矩的测量相对容易，而各个体段的力学参数却比较复杂。早期使用尸体解剖法、重心板法、水浸法进行测量，其后采用物理数学模型法 γ 射线测量法、CT 法、立体摄影法等方法测量。

（三）人体活动度测量

人体活动度的测量包括关节活动性的测量和肢体最大可达域的测量。前者可以利用关节活动性测规直接在关节处测量关节的屈、伸、内收、外展和旋转等活动的角度。后者的测量与形态参数的测量相同。

（四）生理参数测量

生理参数测量主要包括人体触觉反应测定、人体疲劳测定等。这些测量一般在生理学研究中进行。

二、人体测量学术语及要求

（一）人体测量体位/姿势

进行人体测量时的基本姿势有两种：直立姿势（简称立姿）和坐姿。GB/T 5703—2010《用于技术设计的人体测量基础项目》中的定义如下：

（1）直立姿势：被测者挺胸直立，头部以眼耳平面定位，眼睛平视前方，肩部放松，上肢自然下垂，手伸直，手掌朝向体侧，手指轻贴大腿侧面，膝部自然伸直，左右足后跟并拢，前端分开，使两足大致呈 45°夹角，体重均匀分布于两足上。为确保直立姿势正确，被测者应使足后跟、臀部和后背与同一铅垂面相接触。

（2）坐姿：被测者挺胸坐在被调节到腓骨头高度的平面上，头部以眼耳平面定位，眼睛平视前方，左右大腿大致平行，膝部弯曲大致呈直角，足平放在地面上，手轻放在大腿上。为确保坐姿正确，被测者臀部、后背部应同时靠在同一铅垂面上。

（二）人体测量基准面

人体测量基准面的定位是由 3 个相互垂直的轴决定的，它们分别是：冠状轴（横轴）、矢状轴（纵轴）和垂直轴。通过这些轴的面作为测量的基准面，如图 4-1 所示。

（1）矢状面：通过垂直轴和矢状轴的平面及与其平行

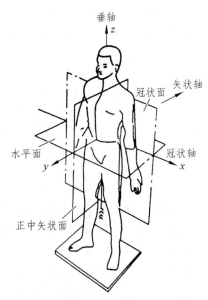

图 4-1 人体坐标系及测量基准面

81

的所有平面都称为矢状面。

（2）正中矢状面：在矢状面中，把通过人体正中线的矢状面称为正中矢状面。正中矢状面将人体分为左、右对称的两个部分。

（3）冠状面：通过垂直轴和冠状轴的平面及与其平行的所有平面都称为冠状面。冠状面将人体分为前、后两个部分。

（4）水平面：与矢状面及冠状面同时垂直的所有平面都称为水平面。水平面将人体分为上、下两个部分。

（三）人体测量方向

为了统一表达运动时人体各部分的空间位置和关节活动范围，解剖学规定了以下方位术语：

（1）上和下：靠近头顶的称为上，靠近足底的称为下。

（2）前和后：靠近腹面的称为前，靠近背面的称为后。

（3）内侧和外侧：靠近正中矢状面的称为内侧，远离正中矢状面的称为外侧。

（4）内与外：内和外是描述空腔器官相互位置关系的术语。接近内腔者为内，远离内腔者为外。

（5）近侧和远侧：近侧和远侧常用于描述四肢。距离肢体根部近的为近侧，远离肢体根部的为远侧。

（6）尺侧和桡侧：前臂的内侧称为尺侧，前臂的外侧称为桡侧。

（7）胫侧和腓侧：小腿的内侧称为胫侧，小腿的外侧称为腓侧。

（8）浅和深：以体表作为参考体，距离体表近者为浅，远离体表者为深。

（四）测　点

人体测量基准点是人体几何参数测量的参照点，分布于人体各特征部位，数量较多。GB/T 5703—2010《用于技术设计的人体测量基础项目》对人体测量各主要基准点做了严格定义，并给予命名和编号。该推荐性标准采用了 ISO、IEC 等国际国外组织的标准。

（五）人体测量尺寸

1. 静态人体测量尺寸

静态人体测量尺寸是指测量时被测者处于静止状态下。静态人体测量尺寸可以作为驾驶舱空间大小的设计依据。GB/T 5703—2010 中规定了人机工程学使用的有关人体测量参数的测点及测量项目，其中立姿有 40 项，坐姿有 22 项，手和足部 6 项以及体重 1 项。

2. 动态人体测量尺寸

动态人体测量尺寸是指人体功能尺寸，包括人在工作姿势下或某种操作活动状态下测量的尺寸。动态人体测量尺寸是在执行某种动作时的试题动态特征。在任何一种身体活动中，身体各部位的动作并不是独立的，而是协调一致的。例如，手臂可及的极限并非唯一由手臂长度决定，它还受肩部运动、躯干扭转、背部屈曲的影响。动态人体测量通常是对手、上肢、下肢、脚所伸及的范围以及各关节活动范围进行测量，如飞行员前臂手功能前伸长等。

三、人体测量数据的统计指标

在人体测量中，被测者通常是一个特定群体的较少数个体，其测量数据是离散的随机变量。因此，可根据概率论和数理统计理论对测量数据进行统计分析，从而获得所需群体尺寸的统计规律和特征参数，以便反映该群体的形态特征和差异程度。人体尺寸数据基本是呈正态分布的，常用算数平均值、标准差、百分位数以及相关系数等来描述人体尺寸的变化规律。

（一）平均值

平均值表示样本的测量数据集中地趋向某一个值，该值称为平均值。平均值是描述测量数据位置特征的值，可用来衡量一定条件下的测量水平或概括地表现测量数据的集中情况。对于有 n 个样本的测量值 x_1，x_2，$\cdots$，x_n，其均值为

$$\overline{x} = \frac{x_1 + x_2 + \cdots + x_n}{n} = \frac{1}{n}\sum_{i=1}^{n} x_i \tag{4-1}$$

（二）标准差

标准差表明一系列测量值的波动情况。标准差大，表明数据分散，远离平均值；标准差小，表明数据接近平均值。标准差可以衡量变量值的变异程度和离散程度，也可以概括地估计变量值的频数分布。对于均值为 $\overline{x}$ 的 n 个样本测量值 x_1，x_2，$\cdots$，x_n，其标准差 s_D 的一般计算式为

$$s_D = \sqrt{\frac{1}{n}\sum_{i=1}^{n}(x_i - \overline{x})^2} \tag{4-2}$$

（三）相关系数

对于人体测量尺寸而言，相关系数是衡量不同变量间相互关系密切程度的统计指标，其计算公式为

$$\gamma = \sum_{i=1}^{n}(x_i - \overline{x})(y_i - \overline{y}) / \sqrt{s_x^2 s_y^2} \tag{4-3}$$

（四）百分位数

百分位数表示设计的适应域。在人机环境系统工程学中常用的是第 5 百分位、第 50 百分位、第 90 百分位数。如身高尺寸，第 5 百分位数代表"矮身材"，即只有 5% 的人群的数值低于此下限值；第 50 百分位数代表"适中身材"，即分别有 50% 人群的数值高于或低于此值；第 95 百分位数代表"高身材"，即只有 5% 的人群数值高于此数值。

航空人员人体测量数据的应用通常以第 5 百分位至第 95 百分位作为不涉及生命安全部分的设计范围，对于涉及生命安全的部分，如逃生通道等部分设计等，则必须满足更大的百分位范围。根据不同情况和目的，可选用第 3 百分位至第 97 百分位、第 2 百分位至第 98 百分位以及第 1 百分位至第 99 百分位等不同的范围。

在人体测量资料中，常常给出的是第 5 百分位，第 50 百分位和 95 百分位数值。在设计中，当需要得到任一百分位 a 的数值 X_a 时，则可按式（4-4）进行计算：

$$x_a = \bar{x} \pm s_D K \tag{4-4}$$

式中　$\bar{x}$ ——平均值（mm）；

$\quad\quad s_D$ ——标准差（mm）；

$\quad\quad K$ ——百分比变换系数。设计中常用的百分比值与变换系数 K 的关系见表4-1。

当求 1%～50% 的百分位数时，式中取"–"；当求 50%～99% 的百分位数时，式中取"+"。

表4-1　百分位与变换系数 K

百分比/%	K	百分比/%	K	百分比/%	K
0.5	2.576	25	0.674	90	1.282
1.0	2.326	30	0.524	95	1.645
2.5	1.960	50	0.000	97.5	1.960
5	1.645	70	0.524	99.0	2.326
10	1.282	75	0.674	99.5	2.576
15	1.036	80	0842		
20	0.842	85	1.036		

四、飞行员人体模型的几何约束

从解剖学角度看，人体运动系统由骨、骨连接和骨骼肌组成。在神经系统的支配和其他系统的配合下，运动系统能使肢体在空间内移动位置，使各肢体间的相互位置发生变动。在运动过程中，骨骼起着杠杆的作用，关节是运动的枢纽，骨骼肌则是运动的动力器官。骨骼、关节和骨骼肌组成了一个复杂的生物运动机构。

人体能完成的各种动作的复杂性、多样性是机械无法比拟的，但直接对人体进行复杂的力学分析也非常困难。在分析人的运动时，应将人体系统简化为适当的计算模型。由于人体骨骼十分坚硬，在运动中可以不考虑变形而将其看作刚体，关节则可看成铰链，把骨骼肌作用按力学特性简化为各刚体之间的作用力和力矩，因此人体可以简化成一个铰链连接的刚体连杆系统。飞行员的几何约束包括人体测量尺寸、关节自由度数目及关节活动范围等反映人体生理特征的参数。

人体关节自由度数取决于人体关节的运动形式，其运动形式与关节面的形态有密切关系。根据关节运动轴的方位，关节运动有以下4种形式：

（1）屈伸运动：关节绕冠状轴所进行的运动称为屈伸运动。同一关节的两骨之间，角度减小为屈，角度增大为伸。

（2）内收外展：关节沿矢状轴所进行的运动称为内收外展，内收为关节转动时骨向正中面靠拢的运动；外展则为骨离开正中面的运动。

（3）旋转运动：骨围绕垂直轴或绕骨本身的纵轴的运动称为旋转运动。骨的前面转向内侧称为旋内，而骨的前面转向外侧称为旋外。

（4）环转运动：骨的近侧段在原点转动，远侧端做圆周运动称为环转运动，全骨形成一个圆锥形式的运动轨迹。环转运动实际上是屈、展、伸、收的依次连续运动。

人体各个关节的活动范围有一定的限度，表 4-2 是飞行员人体关节活动范围。

表 4-2 人体关节自由度及活动范围

人体关节	自由度		关节活动范围/（°）
肩关节	3	前屈/后伸	0～170/0～60
		内收/外展	0～18/0～80
		内旋/外旋	0～20/0～97
肘关节	2	屈/伸	0～140/0
		旋前/选后	0～80/0～80
腕关节	2	掌屈/背伸	0～80/0～70
		尺偏/桡偏	0～20/0～30
腰关节	3	前屈/后伸	0～90/0～30
		左/右侧屈	0～30/0～30
		左/右旋转	0～30/0～30
髋关节	3	屈/伸	0～113/0～18
		内收/外展	0～30/0～45
		内旋/外旋	0～45/0～45
膝关节	2	屈/伸	0/0～135
		内旋/外旋	0～35/0～43
踝关节	2	跖屈/背屈	0～38/0～50
		内翻/外翻	0～20/0～30

五、人体建模仿真技术及其在航空人因设计中的应用

可视化人机工程仿真技术可结合飞行员身体测量数据建造人体仿真模型，放入数字化仿真工作环境中进行可达性、舒适性评估，并能够对驾驶舱环境，如视野和光线等进行有效评估。对于不符合人因工程学原则的参数，可以直接在软件中进行修改，在缩短设计周期、节省设计成本的同时，视线最优的驾驶舱设计。人体测量技术是人体仿真工作的基础。

（一）工效虚拟人的概念

工效虚拟人是产品或系统用户群的特征人体的计算机模型，主要作为产品或系统用户的替身（Agent）或化生（Avatar），以进行适人性水平的工效学分析（如人的视域、可达域、作业程序等），满足工效设计要求。它重点强调在形状尺寸与行为等方面与操作者（人）的相似。工效虚拟人与通常的医学虚拟人是有区别的，这主要是因为应用背景不同，其突出的特点包括以下几个方面：

（1）工效虚拟人强调外观尺寸、关节活动等人体的几何形状、运动特点等与产品或系统用户真实人群的样本所对应指标的一致性，即在通常的工效学分析中强调"形似"。

（2）工效虚拟人对真实人体的内部器官、组织结构等方面的建模一般不做要求，但对肢

体各关节的运动特性则需要考虑。

（3）工效虚拟人是对真实人群样本的行为特性、疲劳表情、肢体动作等方面的真实建模，以实现与真人"神似"的目标，是工效虚拟人发展的最高阶段。

（4）工效虚拟人建模所用的数据源一般采用特征人群的百分位数据，常用的有 5%、50%、95%、99%等。

（二）人体建模仿真软件

目前已有大量人体建模软件可用于人机工效学人体模型的建立。从应用的角度来说，这些建模软件大体上可分为三类：

（1）BOEMAN、CATIA、CAPE、COMBIMAN、BUFORD、CREWCHIEF、MIDAS、MDHMS等，主要是为飞机制造业和航空航天领域开发的软件。

（2）SAMMIE、OSCAR、ANYBODY、ADAPS、JACK、DELMIA、SAFEWORK 等软件，主要面向一般机械系统和生产作业过程。

（3）CYBERMAN、RAMIS、MAN3D 等，是专门面向汽车设计而开发的系统。SAFEWORK以及 SAMMIE 也有在汽车业中应用的实例，JACK 等软件后续也增加了汽车驾驶室内的人机工效分析功能。

其中，SAMMIE 系统可提供简捷而有效的工效学分析手段和工作场所建模功能。设计人员和工程人员在此系统中能够生成三维的工作空间和装备模型，并且对于各种各样的人体模型做出人机评估，是当今畅销世界的商品化人体工效学分析 CAD 应用系统，此系统可以做的评估包括：适合程度、可达性、可视性、姿态的舒适程度和后视镜评估。SAMMIE 向用户提供各种的人体测量学和关节运动限制的人体模型控制数据。对于任何一组人体数据，不论是整体还是部分人体都能够由第 1 百分位至第 99 百分位的变化，而且用户可以直接指定四肢的力量。不同的数据库和百分位数值的选择之间是相互影响的，因此不需要对数据库进行操作。SAMMIE 的人体模型具有 23 个身体段和 21 个约束关节，可以覆盖人体的所有运动。

在计算机软件领域应用比较有代表性的是由法国 Dassault 公司推出的一款虚拟仿真软件DELMIA，它可以观察虚拟人在虚拟环境中的操作活动，以发现可能存在的设计缺陷并提出改进建议。

JACK 软件是由美国 NASA 等单位资助，宾夕法尼亚大学的人体建模和仿真中心 Balder教授牵头，于 1995 年研制开发，随后由西门子工业软件公司商业化运作。经过十几年的改进提高，该软件已经成为集三维仿真、虚拟人体建模、人机工效分析等主要功能于一体的高端仿真软件。JACK 软件提供了简捷美观的人体几何模型、方便直观的用户界面、完整的人体测量学数据库、有效的作业姿态控制和运动仿真以及任务环境下作业姿态和运动的操纵控制能力。

CATIA 是法国达索飞机公司开发的高档 CAD/CAM 软件。CATIA 软件以其强大的曲面设计功能而在飞机、汽车、轮船等设计领域享有很高的声誉。目前，达索公司推出了 CATIA V5版本，该版本能够运行于多种平台，特别是微机平台。这不仅使用户能够节省大量的硬件成本，而且其友好的用户界面，使用户更容易使用。现在的 CAD/CAM 软件更多地向智能化、支持数字化制造企业和产品的整个生命周期的方向发展。

第二节　驾驶舱布局的人因工程学要求

为了使与飞行员人体尺寸有关的各种驾驶舱设计对象能够符合人的生理特点，让飞行员在使用设备时处于舒适的状态和适宜的环境，操作效率最优化，并保证低人误率高安全性，就必须在设计时充分考虑飞行员的人体测量学参数。目前，国内对于飞行员几何特性的研究尚处于起步阶段，发布了两项关于飞行员人体测量数据的标准，分别是《中国男性飞行员人体尺寸》和《中国男性飞行员三维尺寸》，依据这两项标准可以建立初步的飞行员三位数字人体模型，完成驾驶舱布局与布置的设计与评估。

一、驾驶舱布局发展概述

传统的驾驶舱布局是使用"仪表"和"操作开关"向飞行机组传达和交互信息，其特点是由系统（仪表）提供原始数据给飞行机组，然后由飞行机组整合数据变成机组可用的关于飞机、环境和任务等有关信息，该信息获取的方式是机组基于手头的工作任务，由机组通过感觉器官等扫视仪表或感知飞机态势。在设计时反映在人机工效方面的内容包括：空间、灯光、外部环境（振动、噪声）、可达性、易达性等。

"玻璃"驾驶舱的布局特点是在传统基础上，使用了多功能显示器（Multi-Function Display，MFD）、控制显示器（Control Display Unit，CDU）以及更多的自动化功能。使机组可以获得比传统飞机超容量的海量信息，并且是深加工后的数据信息，客观上可以大大降低飞行机组的工作负荷。

飞机驾驶舱的演进总体上可以分为 4 个阶段：① 20 世纪 70 年代以前沿着从简单到复杂的道路发展，驾驶舱内的各类仪表和开关不断增多，且日趋饱和；② 70 年代末期开始，随着航空电子技术的不断发展，又开始由复杂趋向简明；③ 进入 90 年代，"玻璃"驾驶舱达到全盛时期，目前正在扩大战果；④ 21 世纪以后，驾驶舱开始向着工作站方式推进。

在飞机驾驶舱的演变历程中，驾驶舱设备也经历了从全机械仪表、手柄开关到较复杂的机电仪表、灯光音响信号和旋钮，再到机电设备与模拟电子设备的结合，以后发展为数字电子设备，并已向综合模块电子设备工作站方式发展。

飞机驾驶舱是飞行员工作的场所。对它进行结构和布局的人机工效学研究的目的是充分提高飞行员的工作效率，确保系统的安全可靠。其主要内容是针对飞行条件下人的特性和任务要求，对驾驶舱内的显示器、控制器、座椅等的位置、尺寸、色彩、亮度等按照一定原则进行设计，使之适合飞行员的工作特点和能力。飞机驾驶舱的特点之一就是空间狭小、仪器多、功能和安全性要求高，在非常有限的空间内布置众多仪表，既要从驾驶舱基本结构和尺寸方面考虑工效学问题，又要考虑人接收信息的特点和规律、飞行环境对飞行员能力的影响，以及极端环境（如应急救生）时对驾驶舱功能的要求。因此，必须从人-机-环境系统工程的高度研究驾驶舱人机系统的设计问题。

由于驾驶舱各种先进的显示和控制技术的应用，增加了飞行员的工作负荷，从而给驾驶舱人机系统的设计带来很大困难，主要表现在以下几个方面：

（1）显示器、控制器的数量大幅度增长。随着电子设备的增加，开关、旋钮之类的控制器也不断增加，采用综合或者组合仪表虽然减少了仪表数量，但却进一步增加了开关和旋钮。而且控制器数量的增长速度远远超过仪表数量的增长速度。大量控制器不但需要飞行员扫视、确认并进行正确操作，成为飞行员的主要工作负荷，而且也造成仪表板和操作台的拥挤。

（2）仪表的利用率低。机械显示仪表是利用机械指针和刻度等显示原件的相对位移显示信息，在仪表板上占据一定的空间位置，不管飞行员当时是否需要，始终都处于显示状态，因此仪表的利用率低。不仅如此，那些并不需要的仪表还会严重分散和干扰飞行员的注意力，增加产生人误的可能性。

（3）可利用的时间相对缩短。飞行员观察仪表、做出判断决策、采取操作动作每一步都需要一定的时间。在飞机速度较低时，飞行员还可以从容不迫地完成观察、决策、操作的整个过程，但飞机速度加快时，自然会感到时间紧迫。由于自动化系统的发展，飞行员面临的信息加工要求越来越高，而判断决策的容许时间却越来越短。

（4）自动化不仅带来人的因素问题，还有系统操作差错、虚警、隐蔽性错误、错误安全感、驾驶舱秩序混乱等问题。虽然自动化会减轻飞行员的体力负荷，但越过某一限度后，由于加重信息加工时的心理负荷反而会增加总体工作负荷，所以确定最佳自动化程度是必要的。另外，如何改进机载设备以提高人的信息采集和处理能力，减轻工作负荷等问题日趋迫切。采用新的信息和操纵控制技术，如电子综合显示器和多功能键盘等，使设备和传感器的信息数字化，然后由计算机综合处理再汇总传输，可减轻飞行员的工作负荷。这些都是飞机发展中出现的新的工效学问题。飞机驾驶舱人机工效的设计应以人为本，体现人的要求，也就是要设计安全、高效、舒适的驾驶舱。

二、设计眼位的设计要求

设计眼位在驾驶舱布局设计中有着非常重要的地位，本节分析相关标准得出其设计要求，然后从驾驶员角度出发，得出基于人机工效的设计眼位取值范围。

（一）确定设计眼位的依据

坐姿人体测量尺寸是眼位设计的主要依据之一。本书中的人体测量数据均采用 GJB 4856 —2003《中国男性飞行员人体尺寸》中运输机飞行员测量数据。

驾驶员舒适驾驶姿势是眼位设计的主要依据之一。当坐姿腰弧曲线正常时，椎间盘上受的压力均匀而轻微，几乎为推力作用于韧带，韧带不拉伸，腰部无不适感。但是，当人体处于前弯坐姿时，椎骨之间的间距发生改变，相邻两椎骨前端间隙缩小，后端间隙增大。椎间盘在间隙缩小的前端受推挤和摩擦，迫使它向韧带作用—推力从而引起腰部不适感，长期累积作用，可造成椎间盘病变。综合来看，从坐姿生理学角度，应保证腰弧曲线正常，从坐姿生物力学角度，应保证肢体免受异常力作用，故从驾驶员舒适驾驶姿势出发确定眼位是有必要的。由于现在国内还没有飞机驾驶员舒适驾驶姿势图，且飞机驾驶员舒适驾驶姿势与汽车驾驶员舒适驾驶姿势相似度较高，故本书中采用的是汽车驾驶员舒适驾驶姿势，如图 4-2 所示。

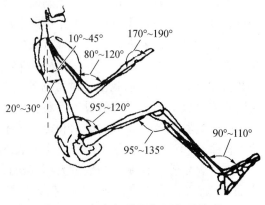

图 4-2　汽车驾驶员舒适驾驶姿势

将驾驶员驾驶姿势侧视图简化的数学模型如图 4-3 所示。其中，θ_1 表示躯干轴线与垂线的夹角，θ_2 表示躯干轴线与上臂轴线的夹角，θ_3 表示上臂轴线与前臂斜线的夹角，θ_4 表示上臂轴线与手中心轴线的夹角，θ_5 表示躯干轴线与大腿轴线的夹角，θ_6 表示大腿轴线与水平线的夹角，θ_7 表示大腿轴线与小腿轴线的夹角，θ_8 表示小腿轴线与踏平面的夹角，θ_9 表示踏平面与脚底板的夹角；踵点为 P_1，踝关节 P_2，膝关节 P_3，髋关节 P_4，腕关节 P_5，肘关节 P_6，肩关节 P_7，颈关节 P_8。

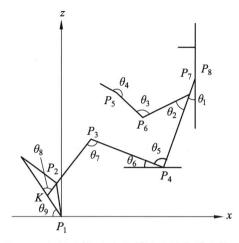

图 4-3　驾驶员驾驶姿势侧视图简化数学模型

（二）设计眼位的确定

从驾驶员舒适驾驶姿势和坐姿人体测量数据出发，得出设计眼位点的计算方法。

1. 设计眼位高 z_e

眼位高的基准"0"位是从飞机驾驶舱地板理论线加地板厚度（上表面）起计算。

设计眼位高的计算公式为

$$z_e = H_{50\%} p_e - H_{1g} \qquad\qquad (4\text{-}5)$$

式中　z_e——设计眼位高；

　　　$H_{50\%}$——第 50 百分位标准人身高；

　　　p_e——正坐眼位高与人体高的百分比数；

　　　H_{1g}——标准人体重统计值在 1g 飞行时的下沉量。

在本书中将设计眼位高分为两部分计算，即

设计眼位高度＝座椅参考点与驾驶舱
　　　地板之间的距离＋飞行员坐姿时
　　　的眼位与座椅参考点之间的距离

其中座椅参考点用 $H(x_h, y_h, z_h)$ 表示。在确定设计眼位高时，将驾驶员的人体模型简化成数学模型侧视图如图 4-4 所示。图中 H_1 指眼位到颈关节的水平距离，在人体测量数据中取最接近的眼突枕突距；H_2 指眼位到颈关节的垂直距离；H_3 指的是颈关节到髋关节的距离，在人体测量数据中为坐姿时颈椎点高；H_4 指髋关节到膝关节的距离即大腿长，由于以座椅中立位置参考点为参考，故在本研究中取人体测量数据中臀膝距；H_5 指膝关节到踝关节的距离，取小腿长；H_6 指足高；V_1 指座椅参考点与驾驶舱地板之间 z

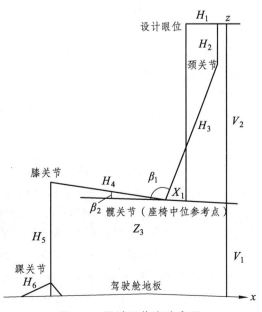

图 4-4　设计眼位高确定图

轴向距离；V_2 指飞行员坐姿时的眼位与座椅参考点之间 z 轴间距离；X_1 指设计眼位与座椅中位参考点的 x 轴向间距；β_1 指腰靠倾角；β_2 指大腿切角。在这里，腰靠倾角指座椅背切线与水平线之间的夹角，大腿切角指大腿切线与水平线的夹角。

GJB 4856—2003 中，确定设计眼位高所需要的相关人体测量数据见表 4-3。

表 4-3　确定设计眼位高所需人体测量数据　　　　　　单位：mm

百分位	项目					
	坐姿眼高	臀膝距	小腿	足高	坐姿颈椎点高	眼突枕突距
$P5$	775	531	337	75	648	178
$P50$	819	571	367	84	684	189
$P95$	858	611	399	92	723	202

注：P_5，P_{50}，P_{95} 表示第 5、第 50、第 95 百分位。

由图 4-2 知躯干轴线与大腿轴线的舒适夹角为 95°～120°；考虑到座椅要尽可能与坐姿工作的各种操作活动相适应，且尽可能使操作者在操作过程中保持身体舒适、稳定并能进行准确的控制和操作，腰靠倾角不得小于 95°、不得超过 115°，推荐值为 110°；在 GJIB35B—2008 中规定座椅背靠角应不小于 13°，GJ1B35A—93 中给出，大腿切角的范围为 5°～20°；汽车舒适驾驶姿势中指出大腿轴线与水平线的夹角范围为 2°～12°，故综合考虑，确定座椅腰靠倾角的夹角范围为 103°～115°，大腿切角的范围为 5°～12°。

通过图 4-4 可得，座椅参考点与驾驶舱地板之间 z 轴向距离 V_1，为

$$V_1=(H_3+H_4) - H_2 \times \sin\beta_2 \tag{4-6}$$

将表 4-3 中第 50 百分位运输机飞行员的臀膝距长度 571 mm，小腿长度 367 mm，足高 84 mm，大腿切角的范围 5°～12°代入式（4-6）中计算 V_1。当大腿切角为 5°时，得出 V_1 为 322 mm；当大腿切角为 12°时，得出 V_1 为 401 mm。在计算 V_1 时，应考虑实际情况中驾驶员着装与穿鞋所带来的影响时，故应在计算所得结果后，根据实际情况适当加上鞋跟高度与衣服的厚度。当不考虑驾驶员着装所带来的影响，座椅参考点与驾驶舱地板之间 z 轴向距离 V_1 的范围为 322～401 mm，HB 7064—94 中规定，座椅参考点与驾驶舱地板之间 z 轴向距离应不小于 310 mm，计算所得数据满足此要求。

通过图 4-4 可得，飞行员坐姿时的眼位与座椅参考点之间的 z 轴向距离 V_2 为

$$V_2=H_1+H_2 \times \sin(180 - \beta_1) \tag{4-7}$$

式中，H_1 即眼位到颈关节的垂直距离可通过坐姿眼高减去坐姿颈椎点高得出。将表 4-3 中第 50 百分位运输机飞行员的坐姿眼高 819 mm，坐姿颈椎点高 684 mm，座椅腰靠倾角的范围 103°～115°代入式（4-7）中计算 V_2。当座椅腰靠倾角为 103°时，得出 V_2 为 802 mm；当座椅腰靠倾角为 115°时，得出 V_2 为 755 mm。在计算 V_2 时，考虑到标准人体重统计值在 1g 飞行时的下沉量，在计算所得结果后适当的减去。当不考虑 1g 飞行时下沉量，飞行员坐姿时的眼位与座椅参考点之间 z 轴向距离 V，范围为 755～802 mm。

通过以上计算，当不考虑驾驶员着装和 1g 飞行时下沉量，得到第 50 百分位运输机飞行

员的设计眼位高的取值范围为 1 087 ~ 1 203 mm。当考虑到驾驶员着装和 1g 飞行时下沉量时，若在设计时给予约 ΔL 的余量空间，则得到设计眼位高的范围为 1 087+ΔL ~ 1 203+ΔL mm。

通过图 4-4，还可以计算出座椅中位参考点与设计眼位的 z 轴向相对间距 X_1 的大小，即

$$X_1=H_3 \times \cos(180° - \beta_1) - H_1 \tag{4-8}$$

将表 4-3 中第 50 百分位运输机飞行员的坐姿颈椎点高 684 mm，眼突枕突距 189 mm，腰靠倾角 β_1 的范围 103° ~ 115° 代入式（4-8）中，得到 X_1 的取值范围为 – 35 ~ 100 mm。

用同样的方法，将表 4-3 中第 5、第 95 百分位运输机飞行员的人体测量数据代入式（4-6）中，算出第 5、第 95 百分位座椅参考点与驾驶舱地板之间 z 轴向距离 V_1 的范围分别为 302 ~ 366 mm，364 ~ 438 mm；代入式（4-7）中，算出第 5 第 95 百分位飞行员坐姿时的眼位与座椅参考点之间 z 轴向距离 V_2 范围分别为 715 ~ 759 mm，791 ~ 840 mm。最后得出第 5、第 95 百分位运输机飞行员的眼位高的取值范围分别为 1 017 ~ 1 125 mm，1 155 ~ 1 278 mm，可以以此作为座椅垂直调节的依据。

2. 设计眼位横坐标 y_e

设计眼位横坐标 y_e 根据中国人中等身材在飞机坐标系中给出的定位尺寸 ± 533.4 mm（最大值），推荐尺寸范围为：± 507.5 ~ ± 533.4 mm。

3. 设计眼位纵坐标 x_e

在确定了设计眼位的高和横坐标后，就可以得到设计眼位水平参考线在机身曲面的投影及其坐标，根据飞机设计手册第 07 册 5.3.2 中的视界定义，如图 4-5 所示，规定设计眼位到风挡的水平距离范围为 500 ~ 600 mm，再根据已知的飞机机头模型，可以初步确定设计眼位的 x 坐标。

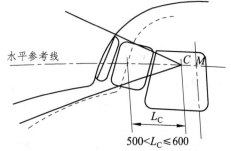

图 4-5　视界定义

三、驾驶舱视界设计要求

（一）外部视界

民用飞机对外部视界的保障遵循规则是 SAE 标准 AS580B，其具体有下述规定。驾驶舱风挡及其两侧透明区，必须提供足够的对外视野，使驾驶员在使用限制内安全地完成任何机动飞行，同时又不妨碍在同一眼位观察飞行仪表及其他关键设备和显示器。清晰视区使用"双目视野"从设计眼位做角度测量而得到的，所谓双目视野使用两眼所能看到的总区域。测量时，两眼间距离为 64 mm，设计眼位距转动中心轴为 84 mm。通过下述的基准来测量水平视角和垂直视角。

中心轴 —— 通过设计眼位后 84 mm 的点，垂直于水平面的直线。

垂直基准面 —— 设计眼位与中心轴构成的平面。

水平基准面 —— 通过设计眼位且垂直于中心轴的平面。

垂直基准面和水平基准面分别平行于飞行的对称面和水平面。

以设计眼位为基准而确定的驾驶舱视野的清晰区域为

（1）从垂直基准面左 40°、水平基准面前上方 35° 起，到垂直基准面右 20° 时，视角线性

递减到上 15°。

（2）垂直基准面左 30°到右 10°之间为水平，向前下方与水平基准面夹角为下 17°，从垂直基准面右 10°到右 20°时，前下方视角线性递减到下 10°。

（3）垂直基准面左 40°到左 80°之间为水平，且向前上方与水平基准面夹角为上 35°，从垂直基准面左 80°到左 120°时，前上方视角线性递减到上 15°。

（4）从垂直基准面左 30°到左 70°时，前下方视角由 17°线性递加到下 27°。

（5）垂直基准面左 70°到左 95°之间为水平，且向前下方视角为下 27°，从垂直基准面左 95°起，到左 120°时，前下视角由下 27°线性递减到下 15°（所有角度是以相对于各驾驶员眼位向前延伸线沿不变的水平线与总剖线间的夹角）所述区域如图 4-6 所示。

上述视界在设计中可认为是驾驶员的最小外部视界。这个视界是确保驾驶员完成一些任务要求的保证，如滑行、目标识别、地形回避、地形跟踪、防撞回避、着陆等。风挡玻璃的设计，应使观测范围大于上述区域。其中，驾驶员对零方位视界要求是根据飞机着陆环境所设计的 3°下滑到，要使驾驶员保证在视界内能看到着陆区域。

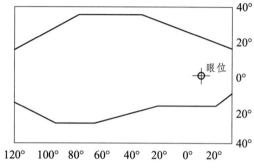

图 4-6　驾驶舱主驾驶左视界（副驾驶对称）

前视角计算（现代飞机设计）：

$$\alpha_{前视角}=\alpha_{进场攻角}+0.07v_{进场} \tag{4-9}$$

式中，v 的单位为节（kt）。

根据设计要求，取进场攻角 5°，进场最大速度 140 kt，前视角应为 14.8°视觉障碍是驾驶舱设计中需要考虑的问题。这里包括在水平视场中的任何视觉遮拦必须被控制。在驾驶员眼位水平线上，任何杆、柱的遮挡宽度不应超过 16′。即这些遮挡是可以用左、右眼的绕射视线克服的。另外，当驾驶员头部向左或向右偏移 63.5 mm（2.5 in），必须克服外侧视线内任何遮挡，而在左 20°至右 20°之间应无任何遮挡。

在地面，驾驶员头部活动的视野应包括飞机翼尖在内。如果需要，可采用打开侧风挡玻璃来达到本目标要求。

为保证降雨或结冰时使一部分风挡玻璃清晰，应当有除雨防冰装置。大雨设计状态为每小时 40.64 mm（1.6 in），要求雨刷在指示空速达 300 kn 时，能使最小视界区域的风挡玻璃上保持清晰。驾驶舱前风挡玻璃应设置电热防冰，侧向观察舱应设置电热防雾。对于直至 27 ℃ 露点的周围环境湿度条件，能对风挡玻璃和前观察窗提供连续防雾的加热系统。

在驾驶舱中，应设置提供驾驶员调控其眼位到达设计眼位的措施。

（二）内部视界

视区按对物体的辨认效果，即辨认的清晰程度和辨认速度，分为以下 4 个视区：中心视区、最佳视区、有效视区和最大视区，如图 4-7 ~ 图 4-9 和表 4-4、表 4-5 所示。

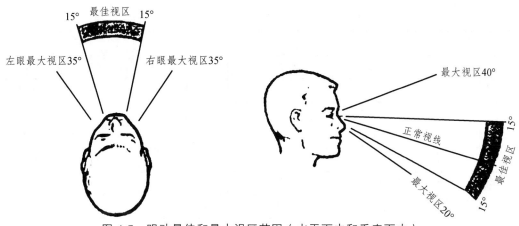

图 4-7 眼动最佳和最大视区范围（水平面内和垂直面内）

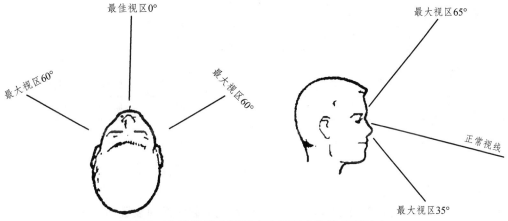

图 4-8 头转动最大范围（水平面内和垂直面内）

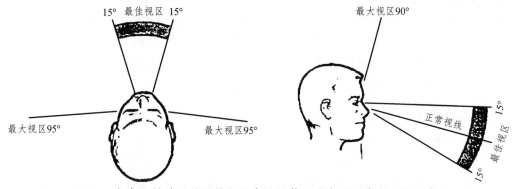

图 4-9 考虑眼转动后的最佳和最大视区范围（水平面内和垂直面内）

表 4-4 不同视区的空间范围即辨认效果

视区	范围		辨认效果
	铅锤方向	水平方向	
中心视区	1.5°～3°	1.5°～3°	辨认形体最清楚
最佳视区	上 15°，下 15°	30°	在短时间内能辨认形体
有效视区	上 30°，下 30°	70°	需集中精力，才能辨认清楚形体
最大视区	上 60°，下 60°	120°	可感到形体存在，但轮廓不清楚

表 4-5　SAE 部分动态尺寸数据

部位	项目	视角	舒适域/°
眼	左（－）右（＋）视野	俯视	[－45，+45]
	上（－）下（＋）视野	侧视	[－15，+30]
颈	与躯干夹角背侧（－）腹侧（＋）	侧视	[－30，+30]
	左（－）右（＋）摆动	前视	[－20，+20]
	左（－）右（＋）旋转	俯视	[－45，+45]
肩	后（－）伸（＋）前伸	侧视	[－15，+35]
	内（－）侧（＋）摆动	前视	[+0，+30]
	内（－）侧（＋）旋转	俯视	[－60，+40]
肘-前臂	弯曲（＋）	侧视	[+15，+100]
髋部	弯曲（＋）	侧视	[+60，+85]
	内（－）侧（＋）摆动	俯视	[－5，+15]
	内（－）侧（＋）旋转	前视	[－15，+15]
膝	弯曲（＋）	侧视	[+45，+85]
踝	内（－）外（＋）弯曲	侧视	[－5，+20]

在飞行员内视界评估时有一个不可忽略的因素即人的视锥评估，所谓视锥评估就是评估关键部件是否落在视锥之内。

视锥是一个指定的区域，该区域适宜安排以发光引起注意的装置和关键的显示器。视锥被定义为锥顶点位于驾驶员设计眼位的 30°圆锥。其轴线指向驾驶员极其关心的视觉扇形中心，对正、副驾驶员而言，该轴线分别指向正、副驾驶员各自的中心线的飞行仪表板之上部。

GJB 807A—2008 中定义了视锥的概念，视锥是一个 30°的圆锥，锥顶位于驾驶人员的设计眼位，锥的对称轴线是从设计眼位向正前方延伸到飞行仪表板顶部的直线。标准中规定主告警灯和主注意灯应位于视锥范围内。

（三）适航视界要求

1. 无降水情况

对于无降水情况，采用以下规定。

（1）驾驶舱的布局必须给驾驶员以足够宽阔、清晰和不失真的视界，使其能在飞机使用限制内安全地完成任何机动动作，包括滑行、起飞、进场和着陆。

（2）驾驶舱不得有影响（按第 25.1523 条规定的）最小飞行机组完成正常职责的眩光和反射，必须在无降水情况下通过昼和夜间飞行试验表明满足上述要求。

2. 降水情况

对于降水情况，采用以下规定

（1）飞机必须具有措施使风挡在降水过程中保持有一个清晰的部分，足以使两名驾驶员在飞机各种正常姿态下沿飞行航迹均有充分宽阔的视界。此措施必须设计成在下列情况中均有效，而无须机组成员不断关注：

① 大雨，速度直至 1.5VSR1，升力和阻力装置都收上。

② 第 25.1419 条规定的结冰条件下，如果要求按结冰条件下的飞行进行审定。

（2）主驾驶必须有：

① 当座舱不增压时，在降水情况（1）规定条件下能打开的窗户，提供该项所规定的视界，又能给予驾驶员足够的保护，防止风雨影响其观察能力。

② 在降水情况（1）规定条件下考虑遭到严重冰雹可能造成的损伤，保持清晰视界的其他手段。

3. 风挡和窗户内侧的起雾

飞机必须具有在其预定运行的所有内外环境条件（包括降水）下，防止风挡和窗户玻璃内侧在提供无降水情况规定视界的范围上起雾的措施。

4. 固定标记

在每一驾驶员位置处必须装有固定标记或其他导标，使驾驶员能把座椅定位于可获得外部视界和仪表扫视最佳组合的位置。如使用有照明的标记或导标，它们必须满足第 25.1381 条规定的要求。

四、驾驶舱总体布置设计要求

（一）驾驶舱总体布置要求

驾驶舱布置的原则是以标准人的设计眼位为中心，用以满足标准人的外视界为前提来设计风挡，用以满足标准人的内部视界为基本要求来设计驾驶员仪表板，控制板上的显示、指示、控制设备的布局，同时以标准人的可达性为依据（手足向前、向后、向上、向下、向侧向）来布置重要和非重要显示、控制、操纵设备、系统。另外，以人体测量数据统计值之相对于标准人（50 百分位测量统计值的人）的各类测量的算术差，以此作为驾驶员座椅的向上、向下、向前、向后、向侧向的调节量，以保证95%的统计尺寸的人的眼位都能调节到设计眼位上，并且其可达性也通过调节达到满足。

（二）驾驶舱操纵器件

（1）操纵装置中所有开关和操纵器件应设计成能防止错误的操纵。

（2）正常操作、异常操作和应急操作所需用的仪表和操作器件应安排在有关空勤组成员在身体不做很大的移动的情况下就能从他们预定的操作位置上使用。应给飞行机组成员以清晰的系统工作状态的信息。

（3）在任意机翼配平飞行状态下，俯仰和滚转主操纵器件的设计和位置，不应该妨碍前方仪表板上基本飞行仪表的视线。驾驶员在设计眼位能做全行程操作而不受腿或身体的干扰。

（4）正驾驶应能操作前轮转向机构。在副驾驶处应留有前轮转向机构的空间。

（5）备用系统的操作应与其相应的实用主系统操作尽可能相似。

（6）每个驾驶员的主操纵器件（操纵杆和方向舵脚蹬）及其各自的座椅应排列在同一条纵向座位线上。

1. 驾驶杆

用于俯仰和滚转操纵的中央驾驶杆手柄参考点的中立位置应位于座椅中立位置参考点上方 300～400 mm 处。驾驶杆运动最大范围尽可能在第一可达区内。驾驶杆的运动范围还要考虑人员装具的影响（见图 4-10）。

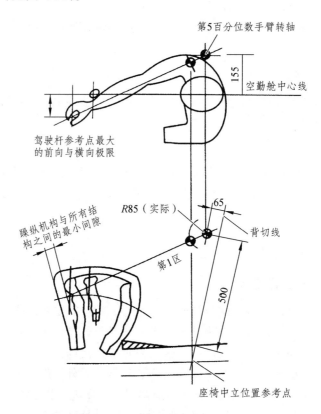

图 4-10　俯仰和滚转操纵机构

驾驶杆是一种需要用较大的力操纵的控制器。飞机的驾驶杆是控制杆的一种，必须满足控制杆的人机工程设计准则。控制杆的运动形式有前后推拉，左右推拉和圆锥运动。控制杆的长度应根据设定的位移量和操纵力决定。当操纵角度较大时，控制杆端部应设置球状手把。控制杆的操纵角以 30°～60°为宜，一般不超过 90°。控制杆的位移量随控制杆的运动方向不同而不同，当控制杆前后运动时，最大为 350 mm；控制杆左右运动时，最大为 950 mm。用手操纵时，控制杆的阻力一般为 9 N。驾驶杆的设计要满足人手的生理特点，选取适当的形状，并要合理布置驾驶杆上按钮的位置。

2. 油门杆

油门杆的最前位置应根据图 4-11 和第一可达区而定。最后位置应根据第 95 百分位数飞行员的手臂与后面结构之间的间隙来确定。

3. 航向操纵脚蹬

航向操纵装置由两个脚蹬组成，机轮差动刹车应由脚蹬来提供。航向操纵脚蹬的最前调节位置，应根据座椅调至最下位置时第 95 百分位数飞行员的腿长来确定。此时，航向操纵脚蹬应处于蹬在最前位置，若采用脚刹车还应处于满刹车位置；航向操纵脚蹬的最后调节位置应根据座椅调至最上位置时第 5 百分位数飞行员的腿长来确定，此时航向操纵脚蹬处于蹬在最前位置，若采用脚制动还应处于满制动位置（见图 4-12）。

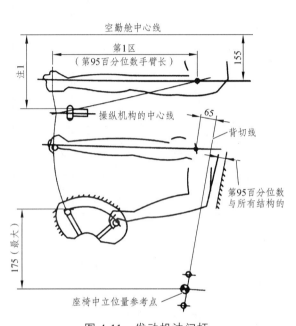

图 4-11　发动机油门杆

注：此尺寸应保证不影响弹射离机

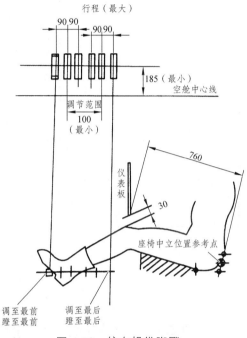

图 4-12　航向操纵脚蹬

人体脚的操纵力大小与腿部的膝关节角度有关。坐姿操作的情况下，当脚蹬用力小于 227 N 时，腿部的膝关节角度以 107° 为宜。当脚蹬用力大于 227 N 时，则以 130° 为宜（飞机方向舵的推荐许用力值为 272 N），用脚的前端进行操作时，脚蹬上的许用力不宜超过 60 N，用脚和腿同时进行操作时，脚蹬上的许用力可达 1 200 N，在只需要用不大的操纵力的情况下，脚蹬与座位的位置关系的有推荐的一些参考角度值：大腿切角 α 取 10°～15°，膝关节角 β 取 90°～150°，脚与胫骨间的夹角取 0°～120°。

脚蹬角度的大小是影响脚施力的重要因素。实验结果表明，当脚蹬与水平面成 15°～35°（图 4-3 的角度 θ_n）时，不论脚处于自然位置还是处于伸直位置，脚均可以使出最大的力。

脚蹬须有一定的操纵阻力，以便向操作者提供反馈信息，并防止脚蹬被无意动作。最大阻力应根据第 5 百分位操作者的用力能力设计。最小阻力的设计，必须考虑不操作时操作者的脚是否放在脚蹬上。若需要将脚放在脚蹬上，则脚蹬的初始阻力至少应能承受操作者的腿的重量。

脚蹬的外形尺寸，主要取决于工作空间和脚蹬间距，但必须保证脚与脚蹬有够的接触面积。保证操纵的可靠性，脚蹬的操纵位移应适量。位移量过小，不足以提供操作反馈信息；

位移量过大,则易于引起操作者的疲劳或影响操作活动。表4-6为美国推荐的脚蹬设计参数。

表4-6　脚踏板设计参数推荐值

名称		最小	最大
踏板大小/mm	长度	75	300
	宽度	25	90
踏板行程/mm	一般操作	13	65
	穿靴操作	25	65
	踝关节弯曲	25	65
	整体运动	25	180
阻力/N	脚不停在踏板上	18	90
	脚停在踏板上	45	90
	踝关节弯曲	—	45
	整腿运动	45	800
踏板间距/mm	单脚任意操作	100	150
	单脚顺序操作	50	100

4. 驾驶杆、油门杆和脚蹬三者之间的间隙

驾驶杆、油门杆和脚蹬在全部运动过程中,与所有结构之间的间隙应大于 10 mm。

5. 适航要求

(1)驾驶舱每个操纵器件的位置必须保证操作方便并防止混淆和误动。

(2)驾驶舱操纵器件的运动方向必须符合第 25.779 条的规定。凡可行处,其他操纵器件操作动作的直感必须与此种操作对飞机或对被操作部分的效果直感一致。用旋转运动调节大小的操纵器件,必须从断开位置顺时针起起,经过逐渐增大的行程达到全开位置。

(3)操纵器件相对于驾驶员座椅的位置和布局,必须使任何身高 158～190 cm 的(按第 25.1523 条规定的)最小飞行机组成员就座并系紧安全带和肩带(如果装有)时,每个操纵器件可无阻挡地做全行程运动,而不受驾驶舱结构或最小飞行机组成员衣着的干扰。

(4)各台发动机使用同样的动力装置操纵器件时,操纵器件的位置安排必须能防止混淆各自控制的发动机。

(5)襟翼和其他辅助升力装置的操纵器件必须设在操纵台的上部,油门杆之后,对准或右偏于操纵台中心线并在起落架操纵器件之后至少 254 mm。

(6)起落架操纵器件必须设在油门杆之前,并且必须使每个驾驶员在就座并系紧安全带和肩带(如果装有)后可以操作。

(7)操纵手柄必须设计成第 25.781 条规定的形状。此外,这些手柄必须是同色的,而且颜色与其他用途的操纵手柄和周围驾驶舱的颜色有鲜明的对比。

(8)如果要求有飞行工程师作为(按第 25.1523 条规定的)最小飞行机组成员,则飞机上必须设有飞行工程师工作位置,其部位和安排能使飞行机组成员有效地各司其职而互不干扰。

（三）驾驶舱显示装置

1. 显示要求

（1）需要立即判明读数的显示动态变化的那些显示器和信号器应有专门符号，从眼位测得它的视弧所对的角最小为 20′。

（2）除非能证明其他显示器和/或固定位置或字符提示能向驾驶员提供足够的信息，提供报警和动态信息的单一显示和告示应有专门的术语字符，且由使用他的驾驶员眼位处测得的最小视角为 15′。

（3）为专用控制/显示所用的固定术语字符，由使用他的驾驶员眼位处测得的最小视角为 12′。

（4）连续可用的固定的且只是在非常有用情况下才显示的重要意义的符号，在使用他的驾驶员眼位处测得的最小视角为 10′。

（5）采用 CRT 显示时，上述视角需要可减少 25%，但最小为 10′。

（6）当飞行员坐在自己的位置上，头部做正常运动时，提供该给飞行员的信息，如数字、字母、指针、刻度或符号应当是明显易读的。

（7）设计的子系统及其相应的显示和控制器，应使飞行员在其工作高峰期间需要付出的关注最少。

2. 布置要求

在进行仪表板的布置时，应注意以下几点：

（1）正常操作及应急操作所需要的仪表和操纵器件要合理布置，以便有关操作人员在身体不做很大移动的情况下，就能从其预定的操作位置上进行操作。对于起飞和着陆所需的仪表和操纵器件，在有关操作人员坐在其正常位置并系紧肩带时应是可以看到的和可操作的。

（2）仪表、开关和其他设施的安装板应设计成使机组成员在正常出入时对人体的可能伤害减至最少，同时也应使误操作的可能性降至最低。

（3）操纵器件和显示器无论在白天或夜晚工作时都应能容易地被识别，并能提供清晰而明确的信息及系统工作状态显示。

（4）当机组成员坐在正常位置上并作头部适当活动时，提供给机组的信息，如数字、字母、指针、刻度或符号，应当是明显而易读的。

3. 主仪表板

（1）水平和垂直情况信息、指令信息及辅助导航信息。

（2）对于任何飞行阶段都要使用的显示器和控制器在仪表板上所占的区域，驾驶员从设计眼位为中心，半径为 32 mm 的半球范围内的所有眼位上用双眼观察都应能看到。

（3）仪表板的倾斜角度应使视差达到最小，同时又应防止反射和眩光。

4. 驾驶员中央仪表板

（1）该区域应包括对飞机安全飞行至关重要的系统控制器和显示器，它们可包括动力装置、形态、飞行控制、系统监视/状态和告警系统显示器

（2）在任何飞行阶段每个驾驶员能够从其正常座位上操作仪表上的控制器。

（3）在任何飞行阶段中都要使用的显示器和控制器在仪表板上所占区域，两驾驶员各自从设计眼位当为中心，半径为 32 mm 的半球范围内部应能看到。

5. 飞行导引、通信、导航和显示选择控制板

（1）遮光罩上安装每个驾驶员完成常规操作而经常使用的控制板。

（2）如油门杆的运动不妨碍操作或观察，选择控制板可安装在中央操纵台前端、两旁或紧靠油门杆后面的位置。

（3）起飞，爬升、进场、着陆阶段所使用的控制板应位于一个 60°的视锥内，锥体中心线平行于飞机纵轴，顶点在驾驶员设计眼位。

（4）在满流的作用下，操作操纵台前部区域位置上的键盘不会受明显影响，因此，所有字母键盘的控制板应安装在这些区域。

6. 顶　板

两驾驶员之间的顶部，可用于安装不常用的控制器和显示器，板上所有控制器和显示器对两个驾驶员而言，应都能清晰可见和容易接近。着陆时，除雨控制是典型优先考虑项目。

7. 空间要求

驾驶舱内应留有一定空间，应留有供一名身高为 1 905 mm 空勤人员站立时的头部活动空间。

8. 适航要求

（1）正常操作、异常操作和应急操作所需用的仪表的定位和布置应该满足飞行机组成员在身体不做很大移动的情况下就能从他们预定的操作位置上使用。起飞和着陆操作所需的仪表的定位和布置应该满足飞行机组成员坐在其正常座椅位置并系紧肩带时应是可以看到的和可达到的。

（2）在驾驶舱所有可能的照明条件下，显示器应清晰可辨，并能提供清晰而明确的信息和/或状态显示。

（3）各系统及其相关显示器，应当使飞行机组成员在其工作高峰期间需要付出的关注减至最少。

（4）所有安装的仪表板应设计成由一人用标准工具就能容易地从正面装卸。

（5）仪表、开关和其他设施的安装板应设计成使飞行机组成员在正常出入时对人体的伤害或使不当的操作减至最少。

（6）飞行中不需要的状态和维护的指示器不得安装在驾驶员的主仪表板上。

（7）主驾驶位置处应能看到所有在正常飞行中需要的非双重的仪表和控制板。

（8）每位驾驶员在座椅位置应能看到下列信息：① 空速；② 高度；③ 爬升率；④ 防滑刹车；⑤ 倾斜和俯仰；⑥ 航向；⑦ 仪表板布置应符合仪表板布置通用准则规定的可视性、可达性、一致性、视角、按功能分组、控制-显示器组合、防止干扰、对应关系、防差错设计、标准化、图仪表板布置和安装应符合内部视界要求。

第三节　A380 型飞机驾驶舱整体空间布局人因工程学分析

一、A380 型飞机整体空间概述

A380 型被空中客车公司视为 21 世纪的"旗舰"产品，与最接近的竞争机型 B747 相比，

A380 的载客量多 35%，乘客的个人空间也更大。空中客车公司 A380 型飞机的诸多设计中均考虑了机场兼容性，只要跑道能运营 B747 飞机的机场均可接纳 A380 型飞机。A380 能与 45 m 宽的跑道和 23 m 宽的滑行道相兼容，20 个主机轮减少了对道面载荷的影响，使得机场只需进行最小的改进和最低限度的投资就能适用于这一超大容量机型的运营。

为了提高滑行的准确性和安全性，A380 型飞机的方向舵和机翼下安装有摄像机，使飞行员能清楚地了解飞机的位置，其涡流对后面飞机的影响与 B747 类似，不需要修改间隔标准。图 4-13 是 A380 型飞机与空客原最大机型 A340 系列和最小机型 A320 系列的大小对比。

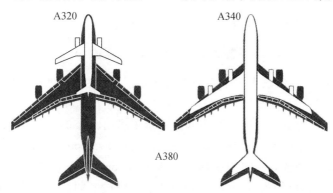

图 4-13　A380 与空客其他部分机型的大小对比

二、A380 型飞机驾驶舱作业空间的人因工程学设计分析

驾驶舱空间中的设备应当以确保机组成员可以监控和操作飞机为准则。空间布局上大多数的系统位于中央操纵台、前部面板（主仪表板和遮光板）和头顶板上。当今主流机型为双人制，前方设机长和副驾驶座椅，承担主要操纵、监控、通信等职责。因此所有的显示系统、控制系统、和操纵系统都主要集中在了驾驶舱的前部空间。在驾驶舱的后部还有充足的空间，可以装备额外的座椅提供给其他的必需机组乘员。根据 121 部相关规章条款的规定，驾驶舱需设置观察员座椅，以便供局方实施航路监察时使用。该座椅的位置和设备要求由局方决定。一般第一观察员座椅位于中央操纵台之后，便于观察正副驾驶的操作。第二观察员座椅主要提供给间隙或初始改装的飞行员使用。

（一）A380 型飞机运营通用性好

A380 运营通用性好，减少了飞行员机型改装所需时间，有利于知识经验的正迁移。

从驾驶舱的初步设计来看，A380 型飞机驾驶舱秉承了空客系列飞机通用性的设计传统，它虽然采用了新设计，但同时保持了运营通用性的优点。A380 型飞机具备与空中客车公司其他电传操纵系统飞机相同的驾驶舱布局、程序和操作特性，从而减少了飞行员从一种空中客车飞机转换到另一种空中客车飞机所需的培训时间。

（二）A380 型飞机驾驶舱提供了较大的作业活动空间

A380 型飞机拥有几乎是最大的民用航空飞机驾驶舱空间，至壁板最宽处达 4.2 m，最窄处也有 2.2 m，前后距离长达 3.1 m，使驾驶舱的设备空间布局可更加合理，如图 4-14 所示。

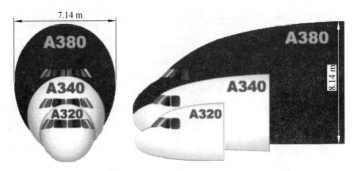

图 4-14　A380 与空客其他部分机型机头大小对比

（三）A380 型飞机驾驶舱设备按以人为中心的原则分布

A380 型飞机驾驶舱设备以人为中心的原则分布，可达性好，使机长和副驾驶可以高效监控和操作飞机。

田钢（2013）以驾驶员座位中心线为起点测量了多组 A380 型飞机驾驶舱布局数据，各个测量数据都以厘米为单位保留到整数位。中央操纵台宽 52 cm，腿部空间宽度也为 52 cm，由此可以算得驾驶员纵轴到中央仪表板纵轴距离为 52 cm，驾驶员纵轴到侧杆纵轴水平距离约为 32 cm，到手轮纵轴也约为 52 cm。由此可见，驾驶员纵轴左右各 52 cm 的范围内布置操纵系统，均位于坐姿范围的最大作业范围内，且绝大多数位于正常作业范围内（见图 4-15）。

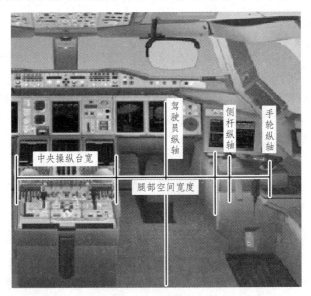

图 4-15　A380 型飞机整体作业空间布局图

（四）驾驶舱的空间设计充分考虑维护需求

驾驶舱的空间设计上，充分考虑了维护的特殊需求以方便维护人员的维护作业。

A380 型飞机电气设备众多，部分经常使用的重要跳开关、继电器被设计在后顶板上方，可目视查找直接使用；绝大部分的跳开关、继电器被设计成可通过计算机遥控作动闭合或断开的跳开关，被安装在驾驶舱地板下的宽大电子舱和后部客舱中的二楼电子舱内，并且均设计有地板入口和楼梯、门可达，仅在计算机故障时才需要使用。

驾驶舱后部右边 2 个座椅中间的壁板上还设计有可折叠收放的第三乘员/维护操纵台，提供给观察员或者随机机务人员使用，可以巧妙的折叠收放，平时收起时契入壁板，不影响任何空间使用，并提供灯光照明和储物空间，把额外成员的氧气面罩也综合在下部壁板空间内。当维护操作工作台放下时，可以当成小桌板来使用，小桌板同时也是一部机载维护终端（OMT），机载维护终端与整个飞机电子网络相连接，可以实时的监控飞机各个系统的参数和工作状态，并可以通过维护系统，来遥控操作各系统的断路保护器、跳开关等。与 A330 等机型相比，机务不必再和飞行员共有控制显示组件和计算机，不必再下到拥挤狭小的电子设备舱中去操作跳开关继电器，而是在操作工作台上通过键盘操作就可以实现完成所有大量的基础维护工作。

三、A380 飞机驾驶舱的座椅设计

（一）座椅设计充分考虑驾驶舱整体布局，座位安排科学高效

A380 型飞机的后部空间设计有 3 个座椅（见图 4-16），根据航空公司运行需要来选择安装数量，一般最少保留 2 个座椅。在设计这些座椅时，供机组第三观察员或检查员使用的中间座椅最为重要，因要考虑其任务性质，要求坐在这个座位上的成员能清晰地看见所有的前部主仪表。后部左右两侧设计的 2 个机组座椅，也遵循视线可见性、操纵可达性原则，但因不参与主要操作，视线上仅需保证乘坐人员较轻松看到至少一名机组的主飞行仪表板数据，从而完成报务等工作，因两侧空间受机头形状所限，没有中间座椅那样充分，而工作任务性质一般以报务为主，所以设计时无须考虑太多操纵功能。

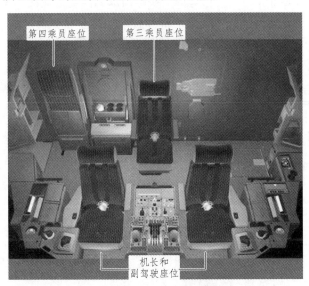

图 4-16　A380 型飞机驾驶舱座椅空间布局

（二）采用可调节式座椅，满足可调节性的需要

由于飞行员的人体尺寸具有个体差异，同一个人的尺寸也会随各种因素变化，如着装的厚度等，因此应使座椅具有可调节性。A380 型飞机驾驶舱座椅被设计成滑动可调节式座椅，不单是前后可以调节，而且座椅高度、椅背高低、倾斜度、腰部支撑前后距离、扶手面板高

度、坡度（前面驾驶座座椅的扶手倾角、扶手长度）等都可以进行调节。

座椅位于一个固定在地板上的基座上，整个座椅上部整体都在基座的轨道上通过电动机驱动或者手动作动。座椅上的电动调节装置安放在左右座椅垫内侧的侧壁凹槽里，通过小电动机和 3 个控制钮来控制各个方向位移，另在座椅下部还有机械备份控制装置，供没有电源时操作。实际测量座椅上下最大可调位移为 18 cm，最低位时座椅上表面距地面高度 42 cm；座椅最大前后可调位移为 22 cm，座椅在最前位时，座椅前侧边缘距离前仪表面板铅垂地面基准点距离为 30 cm，最后位时 52 cm；座椅在调节到最后位时，可以分别横向向外侧，左或右调节，最大可调位移为 22 cm，座椅在最外侧位时，座椅内侧边缘距离中央操纵台面板边缘为 30 cm，座椅外侧边缘距离外侧机身壁板 56 cm，这意味着飞行员正常进出座椅的地板通道宽度最大达到 30 cm，而这个数据满足美国军方飞行员人体数据库中 95% 飞行员的腿厚度数据 16.5 cm。也意味着座椅侧面放置飞行包等物品的空间宽达 28 cm。当座椅在最内侧位时，为飞行员坐姿正常操作位置，座椅内侧边缘距离中央仪表面板边缘为 8 cm，外侧边缘距离外侧机身壁板 34 cm。

可调节腰部靠背垫：通过侧面的 2 个调节手轮，飞行员能够实现腰部靠垫部分向前调整 20°，和整个背部靠垫的上下位移 15 cm，以便在坐姿姿态下减轻飞行员腰部受力负荷；可调节头枕尺寸：宽度 36 cm，高度 18 cm，面积 648 cm²，整个头枕可前后可进行 20° 的倾斜调节；座椅的扶手也可调节，内侧扶手可折叠收放，平时从水平放置状态可绕根部向上收起，并竖直存放在背垫内侧部，长度也可前后由套筒式滑盖调节。外侧靠近驾驶侧杆的扶手，也可收放调节，但调节余度和面积更大，更为方便放置前臂进行操作，设计宽大，前部最窄处 12 cm，后部最宽处 16 cm，前部下面有调节滚轮可调节扶手前部的高度，侧面的调节滚轮可调节扶手后部的高度，从而实现放置前臂时，飞行员肘部和腕部均不会悬空无着力，避免影响操纵。

A380 型飞机在前风挡中央位置安装有一红一白 2 个固定小球，用以帮助飞行员按照空客标准调节坐高，按调节小球对应所调的标准眼高位置距离地面 120 cm，其铅垂地面位置距离前仪表板铅垂地面基准位置 70 cm。在此位置，扶手前缘和后缘距离操纵侧杆距离为 20 ~ 40 cm，扶手前缘和后缘距离滑行手轮为 30 ~ 50 cm。

（五）座椅尺寸符合人体生物力学原理，考虑了飞行员舒适性坐姿需要

图 4-17 所示是 A380 型飞机驾驶位座椅的一些基本尺寸和数据：

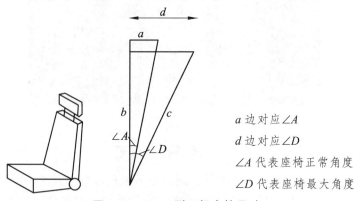

a 边对应 ∠A

d 边对应 ∠D

∠A 代表座椅正常角度

∠D 代表座椅最大角度

图 4-17　A380 型飞机座椅尺寸

其中，座椅坐垫尺寸为 44 cm × 44 cm，面积为 1 936 cm²；

靠背尺寸：上边宽 40 cm，下边宽 44 cm，长 58 cm，面积为 2 436 cm²；

头枕尺寸：宽 36 cm，高 18 cm，面积为 648 cm²；

座椅倾斜度：

因为 $a≈12$ cm，$c≈58$ cm，$d≈29$ cm；

正常情况下座椅倾斜度为 $∠A$，则 $∠A$ 可以通过反三角函数求得，$∠A≈12°$；

最大偏转角度为 $∠D$，用反三角函数求得 $∠D=30°$；

则座椅正常坐姿角度为 90°+12°=102°，座椅最大向后倾斜为 90°+30°=120°。

在正常的坐姿范围内，该座椅的设计符合人体生物力学，压力适当地分布于各椎间盘上。

脚蹬尺寸：28 cm × 13 cm，最大可调节前后位移为 26 cm，两脚蹬间设计有巡航踏脚平台，尺寸为 24 cm × 15 cm。经测量，该设计可以保持上体与大腿夹角在 90° ~ 115°，为飞行员提供舒适的坐姿，有效减轻驾驶员的疲劳程度。在脚蹬最前位时距离前面板的铅垂地面点距离为 46 cm，在脚蹬最后位时 26 cm，两脚蹬中心间距为 30 cm。

前仪表板下缘距离地面高度 50 cm，前仪表板下方地面和座椅基座的地面有一个高度差 8 cm，从前往后形成一个约 10°的缓下坡，脚蹬下方前地板上还安装有挡板，防止掉落物品时，滚动进入地板前部脚蹬操纵部分。

另外，座椅套选用了优质带毛羔羊皮为面料，以利于良好的保温、隔热、柔软和耐磨性和座椅摩擦附着性，来保证飞行员长时间乘坐舒适性，充分考虑人因学的设计，以便驾驶员高效率的工作。

四、A380 型飞机驾驶舱显控装置视域设计

A380 型飞机主要的显控装置视域可见度好，均位于正常视线内。在空客驾驶舱风挡隔框上，安装有一个座椅高度调节参考装置，其中有一红一白 2 个小球，近端小红球挡住远端小白球时，为眼高合适高度。田钢（2013）以驾驶员座位取刚好扶手前缘和驾驶杆操纵台后缘对齐的位置为起点，眼高于主显示器上沿高度 $a≈20$ cm，测量了多组距离数据。所有显示器屏幕安装有一定的倾斜角，屏幕几乎和视线垂直，纵向视野如图 4-18 所示。

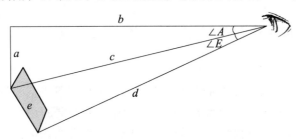

图 4-18　A380 型飞机显控装置纵向视野

经驾驶舱实际多次测量并取得平均值，$a≈20$ cm，$b≈77$ cm，$c≈80$ cm，$d≈80$ cm，$e≈21$ cm。△abc 为直角三角形，可由勾股定理检验测量数值：

$a^2 + b^2 = c^2$，将测量值代入，等式左边 400+5 929=6 329，等式右边 6 400，等式基本成立。

则由反三角函数可求得 $∠A$，过程如下：

$\sin A=a/c=20/80=0.25$，$\arcsin 0.25\approx 14°$，$\angle A\approx 14°$

实际测量中：$c\approx d$，$\angle E$ 可由余弦定理求得：

$\cos E=(c^2+d^2-e^2)/2cd$，$\cos E=0.9655$，$\arccos 0.9655\approx 15°$，$\angle E\approx 15°$

由以上角度则可得出，显控装置布置在水平视线下 0°～30°，而对于纵向视区，视水平线以下 10°以内为最佳视区，视水平线向上 10°和向下 30°的范围内为良好视区。所以纵向视域可见度好。且视线与屏幕几乎垂直，可以尽可能地减少屏幕反光对飞行安全造成的影响。

A380 型飞机的横向视野如图 4-19 所示。

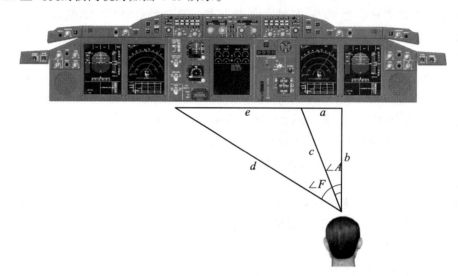

图 4-19　A380 显控装置横向视野

根据图 4-29，实际多次测量取平均值 $a\approx 18$ cm，$b\approx 77$ cm，$e\approx 52$ cm。

利用勾股定理可分别求出 $c\approx 79$ cm，$d\approx 104$ cm；利用反三角函数则可分别求出$\angle A\approx 13°$，$\angle F\approx 42°$。

由此可以分析出，主要仪表位于飞行员的正前方，最佳直视范围大约为左右各 13°，正常注意力大约在左右各 42°的范围内，符合人因工程设计中的视域要求。

五、A380 型飞机驾驶舱空间设计的可用性调查及改进建议

（一）调查结果

田钢（2013）采用 Likert 五点量表方法编制了 A380 型飞机空间设计可用性调查问卷，以 55 名 A380 型飞机机长和副驾驶为被试，对驾驶舱空间布局的易学性、易记性、使用效率、防差错、满意度、可达性、可视性、一致性、布局合理性等指标进行调查。调查结果显示：① 易学性均值大于 4.7，表明 A380 型飞机在驾驶舱空间布局设计上充分考虑了人学习能力特点，飞行员对驾驶舱整体感观具有容易理解、容易操作、自明性高的特点；② 易记性均值大于 4.5，表明 A380 型飞机在驾驶舱空间布局设计上充分考虑了人的记忆能力特点，飞行员对驾驶舱整体上具有容易理解、容易记忆的特点；③ 使用效率均值大于 4.37，表明 A380 型飞机在驾驶舱空间布局设计上充分考虑了使用效率的特点；④ 防差错均值大于 4.26，表明 A380 型飞机在驾驶舱空间人因学设计上充分考虑了防止人出错的特点；⑤ 可达性、可视性、

空间一致性等满意度指标均值大于 4.34，表明 A380 型飞机在驾驶舱空间人因学设计上充分考虑了人的舒适性、方便性等特点，空间设计及布局分合理。

（二）A380 型飞机驾驶舱空间人因工程设计的改善建议

通过调查结果的分析和进一步访谈，田钢（2013）提出了以下改善建议：

（1）机组头部上方空间，由于安装了较大的水平显示器组件后（Head Up Display，HUD），驾驶员上方的空间显得过于狭小，增加了飞行员进出驾驶员座位时，头部碰撞的风险。尤其对部分高个飞行员群体，在就座飞行时容易触碰头部，影响操作。建议减小组件尺寸，或者更换安装位置、方式。另 HUD 的显示屏可以考虑从现在的上顶板从上往下的收放式，改为从前方遮光板从下往上的收放式。

（2）驾驶员侧方的空间设计上，无法让驾驶员在驾驶位通过风挡侧窗观察到飞机翼尖位置，而机外滑行视频辅助系统也无法进行有效翼尖观察，对飞机在拥挤区域滑行时，无法进行有效的目视观测来保持与障碍物安全间距。截止到 2013 年，已经发生多起翼尖剐擦不安全事件。建议增强机外翼尖滑行辅助系统功能，或者改变侧方空间观测角度设计。

（3）驾驶舱内的储物空间较多，但部分的可用性需要改善。比如，侧方存放水杯的托板，杯托尺寸太小，仅能存放小的饮料罐，大一点的茶杯无法放入。左后方的观察员座位空间，没有设计相关的杯托和小桌板，若安装座椅后，会有一些不便。部分位于侧方存放文件的空间，由于储物格中已经放置了一部移动计算机，所以放置和取用航线手册等较厚书本时并不方便。建议适当增加空间大小或者改变位置。

（4）侧方的机载信息系统显示器（OIS）是在 A380 型飞机上首次使用，也是空客少纸驾驶舱概念（LESS PAPER COCKPIT）的典型设计体现，但在空间位置布局上，显得稍偏了一些，飞行员需要侧向移动头部观察，一旦使用时，视线就必须要从前方的主仪表板上脱离。建议能将其位置调整到前方，而将部分使用频率低的灯光调整到面板调整到侧方。

在大小尺寸上，也在使用终端仪表图功能时，让人感觉图和字体显示太小，需要多次放大调整。在使用控制上，用的是收放式小桌板上的触摸屏鼠标，每次使用，都需要取出小桌板，在起飞、降落期间需要使用时并不方便。建议结合键盘和光标控制组件（KCCU）的鼠标功能进行整合，在未来也可以使用触摸屏等技术，设计类似苹果 IPAD 的指控方式，进行 OIS 的控制，让飞行员体会科技给飞行带来的便捷与乐趣。

本章案例 1：基于 JACK 软件的人机工效分析应用举例

JACK 软件的工效学分析工具具有视域、受力和扭矩分析、舒适度分析、姿态预测、可及范围、疲劳和恢复、手动操作局限分析、新陈代谢能量消耗、举升分析、姿态分析、预定义的时间评估、快速上肢评估、静态受力预测等功能。

以驾驶舱工效仿真分析为例，从可视性、操纵装置可达性和舒适性开展研究。

在系统的运行过程中，显示部件承担着将机器信息反馈给操作者的任务，是人机系统中使用最广泛的装置。对显示部件的要求就是使操作人员观察认读迅速、准确、不易疲劳。

依据显示面板设计的工效学原理：显示面板的空间位置应使操作者不必转动头部和眼睛，更不需要移动身体位置就能看清显示面板，即在头部和眼睛的自然转动范围内。显示面板离人眼的最佳距离为 710 mm 左右；显示面板的中心与眼中心的连线与显示面板的夹角应在 90°±10°，视线与面板上边缘连线与水平面的夹角应该小于或等于 10°，下边缘的视线与水平视线的夹角小于 45°，显示面板与竖直方向的夹角应该小于 15° ~ 30°。显示面板上的仪表排列还应该符合视觉运动规律，使最常用、最重要的仪表尽可能排在视野中心范围内。

JACK 软件中应用【Vision Analysis】工具分析处于最优驾驶姿势时，95%的数字人模型的可视域。视锥模型所遮盖的区域表示为人的最佳视觉范围，这一区域为显示装置布置的适宜区域。仿真结果可用于进行相关设计评估和改进（见图 4-20）

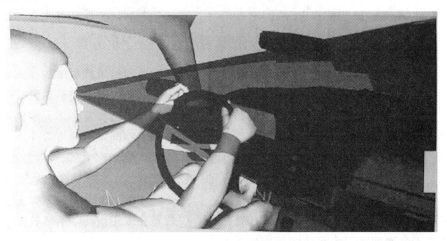

图 4-20　JACK 软件在驾驶舱可视性设计中的应用

利用 JACK 软件进行可达性分析：对操纵装置而言，需要通过虚拟人的手或脚完成操纵，如按钮、拨钮、操纵盘、操纵杆、脚蹬等。操纵装置的布置位置，既要依据作业者工作姿态的基本尺寸，也要考虑到人员的四肢活动范围。常用的操纵部件也应尽可能布置在最佳操纵区域。

在 JACK 软件中，可以应用【Reach Zones】分析工具生成一个特定数字模型最大可触及范围，最终可以得出双肩和腰部运动联合驱动的最大可达区域，可以由此验证驾驶舱的空间布局及控制装置设计的合理性（见图 4-21）。

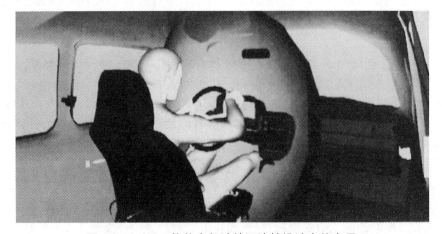

图 4-21　JACK 软件在驾驶舱可达性设计中的应用

常用的用于驾驶舱人因设计的人机界面分析工具如表 4-7 所示。

表 4-7　驾驶舱人机界面分析工具

分析工具	分析内容	所需仿真
可达性分析	操作元件是否便于接近，肢体的包络线和伸及范围	拜访虚拟人的操作姿势，调整虚拟人的方位。仿真人机交互过程
可视性分析	显示装置、报警装置、开关按键等是否在人的合适视域范围内	将虚拟人摆在察看位置上，调整视角，生成视锥
工作空间分析	人头部距顶盖是否有足够的空间？肢体的活动裕量、肢体包络线和伸及范围、头部包络线、膝部包络线、手足伸及界面	将虚拟人摆在操作位置上，检查活动区域是否与周围物体发生干涉，扫描运动轨迹
人体关节转角分析	踩制动器踏板时，脚关节是否合适？通过获取虚拟人的相应关节角度，输入到隶属度函数计算得出分析结论	摆放虚拟人在特定场景下的姿势，仿真人机交互过程，从而获取相应的关节角度
人体姿势分析	人以某种姿势进行操作时是否舒适？利用人体姿势舒适性分析方法进行	摆放虚拟人的姿势
人员受力分析	操作中推拉、踩踏及转动时人的体力限度。以某种姿势负载时，是否超出规定。通过对虚拟人进行肩背受力分析和手工作业极限分析，分析人的操作是否存在问题	对动作进行仿真，摆放虚拟人姿势
人体疲劳分析	人员完成一系列的操作过程是否产生疲劳	本质上不需要仿真操作过程，只需要给出系列的操作过程的信息描述

本章案例 2：基于 CATIA 软件的人机工效分析应用举例

CATIA 软件是由 Dassault Aviation 公司开发的基于计算机辅助设计和分析的一体集成化软件，作为计算机辅助产品设计的重要技术手段，CATIA 被广泛运用于航空航天、汽车制造、机械制造、电子电器等工业领域。作为目前世界主流设计软件 CATIA 有着区别于其竞争对手的显著特点。源于航空航天工业的 CATIA，凭借其先进的设计技术、可靠的设计精度、高效的设计特性被航天航空工业完全认可而极力推广使用。CATIA 虚拟原型机的开发包括波音 737/777、阵风战斗机、GlobalExpress 公务机以及 Darkstar 无人驾驶侦察机。

CATIA 人机工程模块中包含美国、加拿大、法国、日本和韩国的人体数据，但这些数据与中国人体模型数据存在差异。张炜等（2015）以国军标 GJB 4856—2003《中国男性飞行员人体尺寸》中飞行员基础项目和推荐项目为基准，建立符合中国飞行员人体测量数据的人体模型。

通过对 GJB 4856—2003《中国男性飞行员人体尺寸》中飞行员基础项目和推荐项目数据的分析和归纳，提取了在 CATIA 中进行人体建模所需要的 103 个数据的大部分数据的均值和标准差，CATIA 数据项见表 4-8 所示。

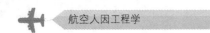
表 4-8　CATIA 人体建模参数数据

项目	CATIA 相应测量项	平均值/cm	标准差	GJB 名称	GJB 项目代号
us2	Abdominal Extension Depth, Sitting	22.02	2.82	腹厚	2.79
us3	Acromial Height, Standing	140.23	4.73	肩高	2.15
us4	Acromial Height, Sitting	61.38	2.35	坐姿肩高	3.4
us5	Acromial-Radial Length	31.91	1.58	上臂长	2.90
us6	Ankle Circumference	22.21	1.22	踝上围	2.162
us7	Axilla Height	130.80	4.55	腋窝前点高	2.18
us8	Axillary Arm Circumference	31.61	2.46	腋窝部位上臂围	2.147
us9	Ball of Foot Circumference	25.38	1.06	足围	4.48
us10	Ball of Foot Length	19.07	0.77	足后跟胫趾骨距	4.41
us11	Biacromial Breadth	38.79	1.91	肩宽	2.52
us12	Biceps Circumference, Flexed	32.11	2.52	上臂最大围	2.149
us13	Bideltoid Breadth	44.71	2.11	最大肩宽	2.51
us14	Bimalleolar Breadth	7.30	0.47	内外踝间宽	4.44
us15	Bispinous Breadth	24.45	2.09	髂骨上棘点间宽	2.66
us24	Buttock Circumference	94.66	5.31	臀围	2.144
us25	Buttock Depth	22.64	2.04	臀厚	2.80
us26	Buttock Height	84.68	3.92	臀峰点高	2.27
us27	Buttock-Knee Length	57.04	2.43	臀膝距	3.22
us28	Buttock-popliteal Length	46.45	2.17	坐深	3.23
us29	Calf Circumference	37.64	2.46	腿肚围	2.161
us30	Calf Height	34.19	2.07	腿肚高	2.42
us31	Cervicale Height, Stand	147.39	4.74	颈椎高	2.11
us33	Chest Breadth	30.91	1.98	胸宽	2.61
us34	Chest Circumference	94.27	6.29	胸围 I	2.139
us35	Chest Circumference at Scye	97.30	5.79	胸上围	2.137
us37	Chest Depth	21.22	1.97	胸矢状径	2.76
us38	Chest Height, Stand	123.50	4.45	乳头高	2.20
us39	Crotch Height, Standing	79.27	3.63	会阴高	2.10
us48	Elbow Circumference, Standing	25.97	1.46	肘围 I	2.151
us50	Eye Height, Standing	82.37	2.40	坐姿眼高 I	3.2

续表

项目	CATIA 相应测量项	平均值/cm	标准差	GJB 名称	GJB 项目代号
us51	Foot Breadth, Horizontal	9.93	0.42	足宽	4.43
us52	Foot Length	25.48	0.98	足长	4.39
us53	Forearm Circumference, Flexed	26.97	1.63	前臂围	2.153
us55	Forearm-Hand Length	45.74	1.69	前臂加手前伸长	3.15
us58	Hand Breadth	8.59	0.38	手宽	4.10
us59	Hand Circumference	20.67	0.91	掌围 I(四指)	4.24
us60	Hand Length	18.53	0.76	手长	4.1
us61	Head Breadth	15.82	0.60	头最大宽	1.2
us63	Head Length	18.78	0.65	头最大长	1.1
us64	Heel Ankle Circumference	33.10	1.38	足后跟围	4.50
us65	Heel Breadth	6.28	0.34	足后跟宽	4.45
us66	Hip Breadth, Standing	33.23	1.63	臀宽	2.67
us67	Hip Breadth, Sitting	34.85	1.84	坐姿臀宽	3.29
us68	Iliocristale Height	101.01	3.89	髂脊高	2.24
us69	Interpupillary Breadth	6.21	0.34	瞳孔间距	1.16
us70	Interdcyel	39.61	2.87	背横弧长	3.32
us72	Knee Circumference, Standing	37.01	2.04	膝围	2.160
us73	Knee Height, Midpatella	46.35	2.00	膝高	2.38
us74	Knee Height, Sitting	50.84	2.14	坐姿膝高	3.12
us75	Lateral Femoral Epicondyle Height	44.06	2.00	胫骨点高	2.39
us76	Lateral Malleous Height	5.42	0.49	外踝高	2.44
us77	Lower Thigh Circumference	40.39	3.07	大腿最小围	2.159
us81	NeckCircumference	37.42	2.10	颈围	2.135
us82	Neck Circumference, Base	45.75	2.35	颈根围	2.134
us83	Neck Height, Lateral	145.76	4.79	颈跟高	2.12
us87	Popliteal Height	42.21	1.89	小腿加足高	3.13
us88	Radiale-Stylion Length	23.73	1.30	前臂长	2.91
us89	Scye Circumference	43.05	2.86	上臂根围	2.146
us92	Shoulder-Elbow Length	35.02	1.63	肩峰肘距	3.14
us93	Shoulder Length	13.57	1.31	斜肩长	2.102
us94	Sitting Height	93.188	2.70	坐高	3.1

续表

项目	CATIA 相应测量项	平均值/cm	标准差	GJB 名称	GJB 项目代号
us98	Sleeve Outseam	55.64	2.34	全臂长	2.89
us99	Span	172.99	5.99	两臂展开宽	2.45
us100	Stadu	172.03	5.22	身高	2.1
us104	Thigh Circumference	55.89	4.07	大腿围	2.157
us105	Thigh Clearance	15.41	1.32	坐姿大腿厚	3.11
us106	Thumb Breadth	2.10	0.13	拇指指关节宽	4.12
us107	Thumbtip Reach	74.07	3.17	上肢功能前伸长	3.19
us108	Trochanterion Height	85.70	3.54	大转子高	2.26
us113	Waist Breadth	28.68	2.61	腰节宽	2.63
us115	Waist Circumference	85.05	8.93	腰围	2.142
us116	Waist Depth	21.84	2.97	腰厚	2.78
us120	Waist Height, Omphalion	100.36	4.05	脐点高	2.8
us125	Weight	7.16	0.99	体重	5.1
us127	Wrist Circumference	16.84	0.78	腕关节围	2.155
us131	Wrist-Thumbtip Length	10.94	1.41	拇指腕间距	4.3
us212	Bigonial Breadth	11.84	0.93	上下颌间宽	1.36
us215	Bitragion Breadth Headboard	14.61	0.52	两耳屏间宽	1.35
us216	Bizigomatic Breadth Headboard	13.19	0.75	面宽	1.12
us233	Ectoorbitale to Top of Head	11.35	1.02	眼顶高	1.5
us240	Infraorbitale to Back Head	18.98	0.78	眼突枕突距	1.39
us243	Menton to Top of Head	23.31	1.09	头全高	1.3
us246	Pronasale to Back of Head	22.00	0.84	鼻尖枕突距	1.37
us254	Tragion to Back of Head	10.60	0.85	耳屏枕突距	1.38
us255	Tragion to Top of Head	13.43	0.59	头耳高	1.4

在 CATIA 软件中，人体模型文件是一种文本文件，以 SWS（Safe Work Statistic）作为扩展名，可以通过 Windows 环境下的记事本等编辑生成。人体模型文件 SWS 由多个数据段构成，每一数据段必须以一个关键字开头并且以一个关键字结尾。一个段的结尾关键字是下一个段的开头关键字，文件最后以关键字 END 结束。关键字必须区分大小写，注释以"!"开头。

人体模型文件最多可以包含四个字段，每个段开头一般用到以下四个关键字：

MEAN_STDEV M ()

MEAN_STDEV F ()

CORR M ()

CORR F (|)

所有的段都是可以选择的，MEAN_STDEV 段必须出现在 CORR 之前，一个关键字在同一个人体模型文件中不能出现两次以上。

在 MEAN_STDEV 段中，用户可以提供反映研究人群的每一个人体数据测量变量的统计参数（平均数和均方差），每个条目必须有一行，并且每个条目必须如以下方式描述一个变量。

<variable><mean><stdev>

其中，<variable>是变量的引用代码，指可变的参数，<mean>是指变量的平均值，<stdev>是指定义的变量的均方差值。

在 CORR 段中，用于可以提供任意两个变量之间的相互关联的数值，两个变量之间的相关性被定义在 – 1.0 ~ 1.0 的一个实数。它表示了两个变量直接按的相关依赖性，相关绝对值越高，变量间的彼此依赖性就越高。

在定义相关性的时候，每个栏目必须有一行，并且每个栏目必须描述一对变量间的一个相关性，必须以如下方式描述相关性。

<variable1><variable2><correlation>

其中，<variable1>是第一个变量的引用代码，也即第一个变量的参考数；<variable2>是第二个变量的引用代码，也即第二个变量的参考数；<correlation>是把两个变量联系到一起的相关性数值，变量 1 必须不同于变量 2，因为根据定义一个变量和它自己的关联性为 1.0，且变量 1 的引用代码必须比变量 2 的引用代码小。在人体模型文件中所有的长度值用厘米作单位，所有的质量用千克作单位。

由于 GJB 4856—2003 只有中国男性飞行员的人体尺寸，因此张炜等人（2015）只编写了中国男性飞行员的人体模型文件。将上述所编写的人体模型文件添加到 CATIA 中，就可以创建一个新的人体模型。所建立的人体模型如图 4-22 和图 4-23 所示。

图 4-22　CATIA 中建立的 50%百分位时的飞行员人体模型

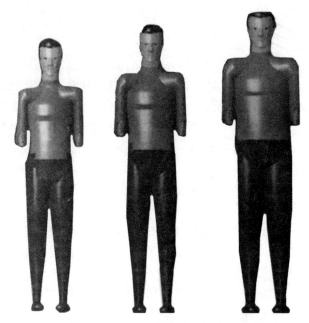

图 4-23　CATIA 中建立的飞行员人体模型（依次为 5，50，95 百分位）

驾驶舱的人机工效分析中主要是坐姿作业，与此相关的驾驶舱设计中关键的人体测量学数据有 24 项，这 24 项关键测量项与驾驶舱人机工效设计之间的关系，以及 GJB 4856—2003 中运输机飞行员人体测量学数据值见表 4-9。

表 4-9　24 项与驾驶舱人机工效设计相关的人体测量学关键项目

序号	描述	测量项定义	驾驶舱人机工效设计项目
1	身高	高度	决定地板到机舱顶部的最小空间
2	坐姿高度	从座椅表面到头顶的距离	设置座椅到机舱顶部的最小空间
3	坐姿眼高	从座椅表面到眼睛所在平面的高度	设置陈列和窗户的视野线
4	肩部高度	坐姿肩部的高度	优化控制点的参考点
5	坐姿肘高	坐姿肘部的高度	设置键盘和其他控制器的高度
6	大腿厚度	从座椅表面到大腿最高点之间的高度	设置座椅表面到设备下面之间的最小空间
7	座椅高度	从大腿平面到地板上脚平面	必须调整到适应大小的范围
8	膝部高度	从地板表面到膝盖顶部	设置设备下面的最小空间
9	胃部深度	从参考平面到腹部前面	设置大腿平面以上设备空间
10	臀膝长	从参考平面到膝盖前部	设置膝盖高度障碍物的空间
11	竖直功能范围	最大的抓握高度	设置最大控制器高度

续表

序号	描述	测量项定义	驾驶舱人机工效设计项目
12	肘功能范围	上臂竖直前臂水平时最大抓握距离	设置在上臂竖直前臂水平情况下控制器的最大抓握前置点
13	向前功能范围	从肩膀背面的最大抓握距离	设置控制器的最大前置范围
14	手长	从手腕到中指指尖	设置手套大小范围
15	手宽	手掌横向最大宽度	设置手柄、握杆和孔隙的大小
16	脚长	从脚后跟背面到最长脚趾的趾尖	设置脚踏板的最小尺寸
17	脚宽	脚最大横向水平宽度	设置脚踏板的最小尺寸
18	头宽	耳朵之间的最大宽度	设置头部的最小横向空间
19	瞳孔	瞳孔之间的距离	设置双眼用装置的尺寸
20	头高	下巴到头顶之间的距离	设置安全帽的尺寸
21	头长	从额头到脑后的最大距离	设置安全帽尺寸
22	肩宽	肩部的最大横向距离	设置最小的工作横向空间
23	臀宽	坐时臀部横向最大距离	设置座椅宽度。对于大腿将比这一元素多 70 mm 的最小横向空间
24	体重	以 kg 计的不穿衣服质量	影响支撑结构的设计

复习思考题

1. 简述人体测量的分类及其测量方法。

2. 人体测量的基准面包括哪些?

3. 简述人体测量的方向。

4. 简述人体测量数据的统计指标。

5. 举例说明百分位统计指标在飞行器设计中的应用。

6. 根据关节运动轴的方位,关节运动的形式有哪 4 种?

7. 举例说明人体建模仿真技术在航空人因设计中的应用。

8. 可用于建立人机工效学人体模型的人体建模软件主要有哪三类?请举例说明。

9. 简述驾驶舱布局的发展历程。

10. 简述确定设计眼位的依据。

11. 如何确定设计眼位？

12. 简述驾驶舱视界设计的要求。

13. 简述驾驶舱适航视界要求。

14. 简述驾驶舱总体布置要求。

15. 简述驾驶舱操纵器件布置的设计要求。

16. 简述驾驶舱显示装置布置的设计要求。

第五章　飞机驾驶舱认知工效学

一般情况下，驾驶舱-飞行员-飞行环境这样的综合系统是通过飞行员的操纵和监控来实施控制的，即便是自动驾驶过程也离不开飞行员的监控。飞行员驾驶飞机在复杂的环境下完成起降、巡航、特情处理等飞行任务，在这个过程中，飞行员需要知觉各种信息，综合处理各种信息并做出相应的决策。飞行员执行任务的性质决定了其独特的认知和操纵特性，主要表现在以下几个方面：

（1）任务中涉及的专业知识广泛、复杂。

（2）任务过程中面对的信息量大，要求能够快速地从大量信息中提取出有效信息。

（3）操纵动作需要准确确认，确认后要求动作准确到位。

（4）零差错机会（要求"无差错认知和操纵"）。

（5）外界环境瞬息万变。

（6）操作过程程序化。

由上可知，对飞行员在执行任务过程中的各种认知与操纵特性进行研究，才能真正为驾驶舱工效学设计提供指导。

第一节　人的信息加工过程

人的信息加工过程也就是认知过程，是人的心理的智力部分。民机驾驶舱的空间布局与布置、显示与控制装置等的设计都必须符合人的认知特点才能够保证飞行安全，提高效率和舒适性。

人的信息加工过程通常用信息加工模型来进行概括和描述。图 5-1 是美国心理学家

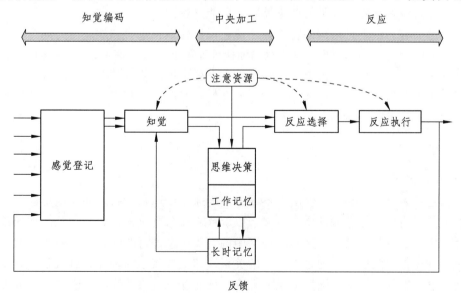

图 5-1　人的信息加工阶段模型（引自：威肯斯、霍兰兹，2003）

C.D.Wickens 于 2003 年提出的人类信息加工模型，它描述了一个接收信息、处理信息以及对信息做出反应的过程，这一过程是人工智能比较容易实现的部分。但人的另一部分，即非智力因素（如情绪、人格/个性、意志等）则对智力具有调节作用（促进或者阻碍/干扰），这一部分是人工智能很难实现的。以下仅对认知过程及其可能发生的差错，以及它们与驾驶舱设计的关系进行简要介绍。

一、人的信息加工过程及其对驾驶舱设计的意义

如图 5-1 所示，人的认知过程包括三个部分：知觉编码、中枢/中央加工以及反应。信息加工始于对内外刺激的感知，首先是对刺激进行短暂的感觉登记/感觉储存/感觉记忆，接下来是对这些短暂储存的信息进行译码和赋予意义（知觉编码），记忆伴随着感觉、知觉和决策等多个认知加工环节，中枢/中央加工包括判断与决策、记忆（工作记忆与长时记忆）及反应选择，反应执行就是对判断与决策做出的选择予以实施的过程。如果驾驶舱（显示、操纵、告警系统）设计不良，未能充分考虑人的信息加工各个阶段的特点，可以说在信息加工的任一阶段都有可能引发差错。

（一）感觉登记与感觉错误

感觉登记或感觉记忆，是人的信息加工的第一阶段。它储存输入感觉器官的刺激信息，但保持时间很短，假若不对输入感觉的信息做进一步处理，就会快速衰退直至完全消失（如视觉后像）。感觉记忆的内容人是意识不到的。各种感觉系统都有对输入信息的短暂记忆，视觉记忆保持的时间不足 1 s，听觉记忆约能保持 2 s。

人类有一个庞大的接收信息的系统。在这个系统中，不同的感觉器官觉察特定形式和特定能量的信息，它们对不同的信息具有特异的选择性。并且，人与人之间在感受性上存在着个体差异，即便是同一个人在不同的时间内，其感受性也会有所不同。对于同一个人来说，由于在不同的时间和环境中，各种因素（如疲劳、药物、情绪状态等）都会使一个人的感受性发生变化。这便意味着，人类的感觉器官不可能觉察到所有重要的信息。一个典型的事例是人类的前庭器官，由于它结构的特殊性，使它只能感知到重力和加速度力的合力，而不能感知组成合力的分力大小和方向，只能感知加速度而不能感知匀速运动。正是由于这一原因，飞行员和乘客在匀速飞行的客机上的感觉与坐在办公室里的感觉没有多大的区别。对于人类的视觉器官来说，迅速的明、暗环境交替，也会使它经历一个明适应和暗适应的过程，使人的视力在这段时间里受到限制。

（二）知 觉

1. 知觉与知觉错误

一旦信息被人所觉察到，它便沿着不同的神经通路传递到大脑，并在这里进行加工。因此，我们一般把对感觉信息的性质、意义予以解释、命名的过程称之为知觉。在知觉时，人把感觉登记中的信息与以前储存在长时记忆中的有关信息进行匹配，从而赋予刺激一定的意义。知觉过程中做出的这种匹配是多对一的关系，即把许多不同特性的刺激归入同一范畴。

人类的这种解释活动也是滋生错误的土壤。21 世纪初，格式塔心理学派在对人类知觉进行了大量研究的基础上，提出了知觉的格式塔定律。这些定律揭示出了事物要素的结构或组

织分布影响着人们知觉事物的方式，将知觉对象与背景进行分离则是人类知觉的基础。这意味着人类对知觉对象的解释，往往取决于情境。脱离情境的解释，就易于使人出错。

人类的知觉除与特定的情境有关外，还与知觉者的经验和习惯有关，经验和习惯对人类来说，既可以是一笔宝贵的财富，但在某些情况下却有可能使人误入歧途。从积极的方面来说，丰富的经验可以熟练操作，减轻工作负荷。从消极的方面来看，在条件已经发生了变化，过去经验和习惯已不适合当前的情境时，如果操作者仍按旧的经验和习惯的行为方式去应付，就有可能导致错误。譬如，飞行员在原来的飞机上形成了适合这种飞机的操作程序，但随着机型的变化，仪表和控制器也随之发生了变化，而飞行员却仍按原有的知觉习惯和相应的动作去操纵飞机，这当然就会发生错误了（CHIRP Feedback NOS 6&7），这种现象被称为飞行员行为倒转，它有可能导致机毁人亡的后果（Rolfe，1972）。有两种情境特别容易使飞行员发生行为倒转：第一，当飞行员对特定任务的注意涣散时；第二，飞行员处于应激情境中时。行为倒转的一个重要特征是原来形成的经验或行为习惯许久没有自动出现了，而飞行员对这种潜伏在表面现象下的危险又没有清楚地意识到，他们不知道原有的习惯虽然在表面上消失，但在特定的情境中仍会出现。

与知觉错误相关联的另一种心理现象是人类的期望。在某些情况下飞行员的知觉是在模棱两可或信息量不足的条件下形成的。此时，飞行员便可能会在不知不觉的状态下填补他们自认为缺少的信息，或按自认为合理的方式去解释模棱两可的信息。正如霍金斯所指出的那样：我们通常是听见我们想听到的声音，看见我们想看见的事物。期望效应在民用航空中所诱发的事故已有很多，特纳利夫岛事故就是一个很好的例子。譬如，在某次飞行事故中飞行员在偏航后发现能见度与 ATC 报告的气象条件不吻合，此时他对这一信息便有两种可能的解释，一是 ATC 预报错误，二是自己偏离航线。但该飞行员却由于受期望效应的影响，把责任推给 ATC，继续往前飞行，期望飞行一段后天气会好转，然而等待他的却是迎面一座无法飞越的大山。

2. 知觉加工类型

人类的知觉具有三种加工类型：

（1）自下而上的特征分析：亦称"数据驱动加工"。知觉从分析刺激或事件的原始特征开始，如某个信号的强度等特征。

（2）自上而上的加工：亦称"概念驱动加工"。与"自下而上加工"相对，是指人在知觉过程中运用已有知识和经验对知觉信息进行加工的一种方式。它以过去经验为基础，对当前刺激或事件进行的推理或者猜测过程。这种推理/猜测基于人们对事件的经验或者期望，出现的频率和呈现背景等，如起落架锁止装置信号灯分别用"绿灯"和"红灯"来表示锁止是否成功和失败。

（3）整合：人们在进行知觉加工时，常将他们比较熟悉的特征以成组的方式整合在一起，从而使知觉过程更快，更加自动化。

自下而上加工和自上而下加工存在着交互影响。当刺激或事件不能以一种清晰的视觉或听觉形式呈现（如照明较差或对比不明显时），它们仍能以一种弱化的方式被知觉到。这种弱化可以看成一种较差的自下而上的加工。这时，自上而下的加工可以通过期望的形式对这些弱化的信息进行背景的补充，得以支持我们做出正确的判断。

3. 知觉的人因工程学规则

（1）最大化自下而上的加工：使用熟悉的知觉表征最大化，突出刺激/信息的强度。

（2）最大化自上而下的加工：尽可能利用用户经验。在自下而上的加工很差时，或者当整合信息缺失时，这可以提供最好的猜测机会。在设计过程中应该做到：

① 避免混淆：将区别性特征最大化，如起落架手柄和襟翼手柄的设计，在形状上就应该有足够大的区别。

② 使用短小的词汇：提高猜测，或以更有区别性的特征创造新词汇，如告警语音的设计和陆空通话英语的易混淆词汇的发音设计。

③ 创造背景：支持信息更好的被知觉到，尽可能地加大背景与信号之间的区别，使信号能够从背景中凸显出来。

④ 挖掘冗余信息：冗余信息是指除去传输消息时所需最少限度信息外，出现在信息源、编码、信号、信道或系统中的其他信息，或称多余信息。挖掘冗余信息类似于创造背景，但冗余信息是相关内容以不同方式直接重复。

遵循知觉特点和规律开展设计时应注意以下事项：

（1）在测试符号或图标的可用性时，在测试中要使用在实际情境中要应用的背景知识。

（2）在碰到未预料到的事件或自下而上加工很差的时候，要警惕能造成知觉错误的"陷阱"，此时应提供特殊的突出线索来支持对该类事件的知觉。

（3）冗余信息和背景信息的一个缺点是，在支持自上而下加工的同时，也增加了知觉信息的长度，减少了信息传递的"效率"。因而，设计者需要仔细分析知觉错误的后果和环境因素/压力因素降低自下而上加工的程度之间的平衡关系。

（三）记　忆

一旦某个知觉的对象被归入一定范畴后，个体需要决定对它做出什么行动。在有些情况下，人们也可能决定不对当前的刺激做反应，而是把关于外界刺激的信息存入记忆。这时还可能需要做出第二个决定，即把输入的信息是存入操作/动作记忆暂时保持一下，还是把它存入长时记忆较永久地储存起来。因此，记忆的存储方式主要有工作记忆和长时记忆两种。

1. 工作记忆（Working Memory，WM）

（1）工作记忆的概念和模型。

工作记忆是指一个相对短暂的，存储少量有限信息的记忆存储方式，这些信息可通过复述或其他认知转化后"起作用"。它是一个临时性的存储器，在我们使用它或直到使用它时，信息（言语或空间的）均处于激活状态。

工作记忆模型有三种成分：

① 中央执行成分：控制注意系统并协调两个存储子系统的信息。

② 视空间模板：以模拟的、空间的形式（视觉图像等）保持正在使用的信息。这些图像包含经过编码的感知觉信息和从长期记忆里提取的信息。

③ 语音环：存储以声音的形式存在的言语信息。通过发声的或默读的方式，说出词汇或发出声音，以使这些语音信息保持激活状态或"复述"状态。

言语形式和空间形式的材料在工作记忆里保持信息的能力受到4个方面的限制：

① 保持激活状态的信息容量。

② 保持激活状态的时长。

③ 与其他因素或正进行的信息加工的相似度。

④ 维持材料的激活状态所需的注意量。

（2）工作记忆的限制。

工作记忆会受到以下 4 个因素的影响：

① 容量。

工作记忆的容量大约为 7±2 个组块，每一个组块是工作记忆中的一个存储单元，通过物理特性和认知特性将组块内所有项目结合在一起。这一过程基于过去经验各单元间连接的熟悉性，类似于知觉过程的整合。

② 时间。

a. 工作记忆中信息的强度会随着时间的延长而消退，除非这些信息被不断地激活或使用（保持性复述）。

b. 工作记忆中包含的组块越多，保持性复述所花费的时间就越长，超过项目能被激活的时间点时，会导致其消退的可能性增大。

③ 混淆和相似性对工作记忆的影响。

a. 工作记忆中不同项目的各种表征在重新激活之前开始消退时，区别性细节消失的可能性会变大，此时记忆的错误就容易发生。

b. 相似性强的材料更容易使消退的速度加快，尤其当此材料需以特定的顺序被回忆时。

c. 项目的重复也会导致混淆。例如，数字串 8553 很可能被错误回忆为 8533。

④ 注意和相似性。

a. 工作记忆更多取决于可提供的有限注意资源，如果此类资源完全分给了另一个同时进行的任务，信息的复述就会停止，消退也会更加迅速。

b. 根据工作记忆模型可知，视空间模板更易受到空间任务的干扰，如指向任务或跟踪；语音环更易受到其他语言的或以语言为主的任务的干扰。

（3）工作记忆限制的人因工程学意义。

如前所述，人因工程学设计人员在设计时需遵循以下工作记忆限制的规律（见图 5-2）：

① 最小化工作记忆的负荷：操作者在完成任务过程中，必须使在工作记忆中的时间和字母数字项目的个数维持在一个最小数量上，避免使用较长的任意数字或数字组合的编码。

② 提供视觉反馈：无论何时使用合成语音来传递语言信息，都应能与信息的视觉信息（打印文字）相互配合，以便使这些信息能被工作记忆再次"复述"到。

③ 利用组块：创建组块时应该考虑以下几个因素：物理组块大小（最好的组块大小包含3~4 个数字或字母）、有意义的序列（存储在长时记忆的整体表征）、字母先于数字、保持数字与字母分离。

④ 把混淆最小化：把项目间的物理区别转化成用来保持的材料，可以减少工作记忆中混淆的可能。采用的方法可以是删除项目中一些会产生混淆的共同元素，也可以采用空间的分离。

⑤ 减少编码中不必要的 0：如 002385 中的 0 是出于未来编码可能百倍增加的预期而使用的，但这占用了工作记忆中过多的空间。

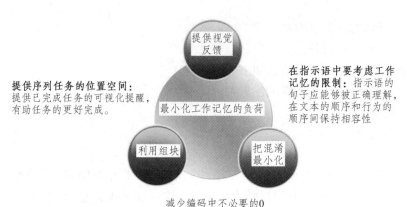

图 5-2　工作记忆的人因工程学意义

2. 长时记忆

是指存储在工作记忆里的不再处于激活状态，并在将来一个时间段里可以提取的信息。是信息的相对静态的存储器，信息只有在需要提取时才被激活。长时记忆主要分为两种：语义记忆（记忆普通知识）和事件记忆（记忆具体事件）。

（1）长时记忆的基本机制。

① 强度：记忆项目的强度取决于它的使用频率和最近的使用情况。以飞行员为例，在日常训练中加入紧急事件处理程序的训练内容将会有助于他们在特定情景下对该程序更好的回忆。

② 关联性：长时记忆中每一个要提取的项目都可能与其他项目有联系或关联在一起。如果这种联系不经常重复的话，随着时间的进程这种联系强度就会减弱。长时记忆中的信息可以被认为是与其他项目形成的联系的丰富性和数量的函数，从而容易进行存储和提取。如果只是简单重复项目，而非积极寻求意义间的联系，这种记忆在本质上属于远记忆，依靠频率和最近的时间形成就很易遗忘。建立项目间的意义连接的心理加工就是学习中的工作记忆的作用。

③ 遗忘：项目强度和联系性强度的衰退是以指数曲线的形式进行的，人们在记忆早期几天经历的遗忘下降速度最快，此时就会发生记忆的失败。艾宾浩斯遗忘曲线可以很好地描述以往的规律。

（2）长时记忆中的信息组织——语义记忆。

长时记忆中的信息以联网的方式储存，在这个网络中，每一信息都与其他相关信息联系在一起。设计者在设计时应注意构建一个与用户语义网络的组织形式兼容或适合的数据库结构。这样，网络上接近的项目，在语义网络中拥有了一个节点，在信息的数据库表征上也就联系在一起了。

（3）长时记忆对设计的意义。

① 鼓励经常使用信息来增加其总体和最近的使用频率。

② 鼓励对需要回忆的信息进行积极的口语化或信息再组织。

③ 标准化：使用环境和设备的标准化（控制器、显示器、符号和操作等），形成强大而简单的心理图式和心理模型。

④ 使用记忆帮助：面对不经常操作或很重要的任务时，可以将任务操作的关键信息形成

一个简单的程序系列，用以帮助个体记忆，如飞行检查单的采用。

⑤ 仔细设计需要记住的信息：建立信息间语义上的联系、采用具体而非抽象的词汇、区别性的概念、良好的信息整合、其他信息的支持、较少的技术术语。

⑥ 支持用户形成正确的心理模型：应用 Norman 提出的可视化概念。

（四）判断与决策

1．判断与决策的定义及其分类

（1）飞行员判断与决策的定义。

按 Jensen 等人的观点（1989），飞行员判断（Pilot Judgement，PJ）是指飞行员在做出决策的过程中所进行的一切心理过程，包括觉察信息、评估信息，产生变式（可选方案）、鉴别变式，执行决定及评价执行等环节。在美、英等国的文献中，常把判断与决策视为同义语，并未做出明确的区别。但从人类信息加工的流程看，判断与决策的含义应该是有区别的。判断是决策的前提，决策则是以判断为基础并导向行动的中介环节。从这一意义上说，飞行员的决策是指在判断的基础上从众多的可选方案中选择唯一方案并导向行动的过程。

决策是信息处理的核心，是人们权衡各种候选方案并从中选取一种行动方案的复杂过程。飞行员获取的大量信息来自视、听、触及前庭觉通道。每一种感觉通道都有可能输入错误的信息，从而使飞行员做出错误的判断和决策。另一方面，即便各种感觉通道输入的信息是正确的，在分析、加工和处理信息的过程中，大脑也可能会因使用错误的或质量低劣的过去经验使飞行员的判断和决策失误。

根据已有研究，可以提炼出决策任务具有以下几个性质：

① 一个人必须从大量的选项中选择一项。

② 有大量的同该选项有关的可用信息。

③ 时间限度相对较长（一般超过 1 s）。

④ 选择与不确定性相关联，并且不清楚哪个是最好的选择。

决策的过程应该包括：

① 收集和知觉与决策有关的信息和线索。

② 考虑与决策有关的现在和将来的状态，产生和选择与线索有关的假设或情景评估。

③ 根据推断的状态、不同结果的成本和效果，计划和选择选项。

（2）飞行员判断的分类。

根据飞行员判断过程中对信息加工的水平，可将飞行员判断分为知觉性判断、认知性判断和直觉判断 3 类。

① 知觉性判断（Perceptual Judgement）：是以知觉为基础的判断。它不需要飞行员进行复杂的思维，信息加工的水平相对较低，对飞行员完成简单的知觉性任务和操纵任务具有非常重要的作用。飞行员经常以知觉和经验为基础做出一些简单的判断。例如，对于距离、间隔余度、高度、接近率以及速度的判断，熟练的飞行员便常常以视知觉的经验为基础。这类判断易于习得，且具有相对的稳定性，不需要飞行员进行复杂的思维便能很快地做出，似乎具有半自动化的性质。

② 认知性判断（Cognitive Judgment）：是基于思维，尤其是逻辑思维基础上的判断。与知觉性判断相比，其主要特点是：a. 获得的信息更不可靠；b. 飞行员需要更多的时间去思考；

c. 通常具有两种以上的可能性或可选方案；d. 每一种方案的风险系数很难确定；e. 最后的决策更容易受人的因素（如应激、疲劳、经济压力、个人功利心等）的影响。

知觉性判断与认知性判断可视为认知复杂性连续统一体维度中的两个端点，其关系如图5-3 所示：

知觉性判断 ⟶ 认知性判断 ⟶ 增加认知的复杂程度

图 5-3　知觉性判断与认知性判断的关系

当飞行员仅接受过很少的训练或者飞行经验很少时，许多决定对他们来说都是属于认知性的，即需要大量的思索后才能做出决策。以后，随着经验的积累，这些最初是认知性的决策便逐渐转化为知觉性判断。一般而言，随着飞行小时和经验的积累，很多老飞行员对许多问题的判断都是属于知觉性的。

③ 直觉判断（Intuition Judgement）：是指飞行员在飞行中不依赖三段式的逻辑推理方式和步骤，直接导向问题解决的特殊思维方式。这一概念最初源于哲学，以后美国学者西蒙（Simom）和纽维尔（Newell）等人于 20 世纪 70 年代将此引入认知心理学领域，并用认知心理学的观点给予解释。自此以后，许多学者用实验方法对西蒙等人的解释进行了验证。自 1989 年以来，Clain 和 Mosier 等人在进行广泛调查和模拟机实验的基础上，认为成熟的航线飞行员，尤其是经验丰富的机长的判断形式主要以直觉判断为主。其主要表现是，在飞行过程中，成熟的航线飞行员的判断主要侧重于对异常信息的觉察，一旦觉察到异常情况，便能迅速，甚至自动地提取已有的知识经验，使当前的问题得到解决。这便意味着这类飞行员的判断已经省略了导向决策和行动的中介环节，其思维具有高度压缩的性质。这便是 Mosier 等人（1994）所提出的所谓"专家系统模式"概念。从表面上看，它类似于前面提到的知觉性判断，但从思维的性质上看，它显得更为高级。可以认为，直觉判断是飞行员在知觉性判断和认知性判断的基础上建立起来的更为高级的思维形式。其特点如下：

a. 迅速性。由于省略或跨过了思维的许多中介环节，从而提高了判断和决策的速度。

b. 预见性。直觉思维高度发展的飞行员往往具有比其他人更高的洞察力，能够从常人不能发现的或被忽略的现象中预见即将到来的异常情况。Secrest（1993）等人在"临近阈限刺激对提高飞行员情境意识的作用"实验中已间接证实了这一点。

c. 潜意识性。由于成熟飞行员的思维操作已非常熟练，达到了自动化的程度，意识的控制相对减弱，因而一旦刺激出现便能自动地给予一个应答性反应，表现出潜意识的性质。甚至自己利用直觉判断已经解决了问题，但有时却无法准确地解释当时自己为什么要这样去做，只有通过反复的内省才能回忆起当时的判断过程。

d. 或然性。是指直觉判断的结果有时是正确的，而有时却是错误的，从准确性来说它不及逻辑思维形式的认知性判断。其正确率与错误率的高低，主要取决于已有的知识经验和直觉思维发展的水平。因此，从安全的角度考虑，即便是一个经验丰富的飞行员，在利用直觉判断时，也应该采取审慎的态度。

Mosier 等人（1994）的研究表明：成熟机长的判断模式是，利用直觉觉察到异常情况，并迅速在头脑中勾画出解决问题的最佳方案，然后回过头来审视自己的判断过程和方案的安全系数，最后才执行自己的决策。可见，谨慎是克服直觉判断或然性的最佳途径。

2. 决策模型

从飞行员判断和决策的定义中，我们已经知道飞行员的判断与决策是一个过程，需要一系列相互关联的步骤才能完成。基于这一考虑，研究者们已提出了许多种飞行员决策模型，试图确定能够代表飞行员总体的判断决策过程及相应的心理品质，进而对这些品质进行有针对性的训练，为飞行器设计提供依据。然而，由于飞行情境错综复杂、不同的年龄、不同技术等级以及不同机型飞行员的决策过程不尽相同，因而在提出模型和验证模型的过程中，困难重重，有的甚至以失败而告终（Clain，1989；Mosier，1994）。在经过了长期研究以后，飞行员的决策过程总体上可归纳为理性模型和自然模型两个大类。

（1）飞行员决策的理性模型。

该模型认为，飞行员的决策包括警觉、发现问题、诊断问题、产生可选方案、风险分析、背景问题、决策、行动等 8 个步骤，可简称"飞行员决策八步模型"。

① 警觉：这是飞行员决策过程的首要因素。飞行员必须在飞行过程中时时刻刻搜寻和预料可能影响飞行安全的问题。对潜在的问题保持良好警觉状态是一个优秀飞行员做出准确而及时决策的前提。

② 发现问题：这一阶段是飞行员捕捉到危及飞行安全的动态信息，它需要飞行员具备较强的好奇心和知觉技能，也与飞行员的注意力是否集中在飞行问题上有关。

③ 诊断问题：在此阶段飞行员运用已有知识和经验，试图鉴别出问题的性质。它需要一定的信息加工能力、知识、记忆以及解决问题的能力。

④ 产生可选方案：在此阶段，飞行员针对问题的性质产生一系列可行的解决或避免问题的方案。这一阶段需要飞行员的思维富有创造性，通过发散性思维将可选的方案在头脑中勾画出来。丰富的专业知识和经验在此阶段也是必不可少的。

⑤ 风险分析：在此阶段，飞行员对每一种可选方案进行风险分析，确定它们的风险大小，为决策做好准备。在这一阶段需要飞行员具有较强的计算能力和对后果的预料能力。

⑥ 背景问题：从本质上说，这一阶段并不是飞行员决策过程中的独立环节。它仅仅像一个背景存在于飞行员决策的整个过程中。即便如此，它对飞行员的决策却非常重要。主要原因是：背景问题通常包含影响飞行员认知性决策的一系列因素，如功利心、自我形象、处罚、隐约出现的压力、疾病以及疲劳等。要处理这类压力，需要飞行员具有坚韧性意志品质和自制力。

⑦ 决策：在此阶段，飞行员在诸多的可选方案中选择出唯一的方案，定下决心并准备行动。这一阶段需要飞行员具有果断的意志品质。

⑧ 行动：在此阶段，飞行员开始执行决策，如移动杆、舵或油门手柄等。这一步需要飞行员具备较强的手-眼协调能力和处理人际关系的能力。

以上 8 个步骤不但分析了飞行员决策的过程，而且还指出了每一步骤飞行员所必须具备的能力品质。这些品质包括观察能力、知觉能力、好奇心、信息加工能力、知识、解决问题的能力、创造力、心理承受力、自律性、领导才能和社交技能等。

飞行员决策的理性八步模型较为详细，但在内容上有重复且难于记忆，因此 Benner 等人于 1975 年提出了飞行员决策的两部模型，即智力部分的 DECIDE 模型和影响决策过程的 5 种危险态度 2 个部分，鉴于本教材的性质和篇幅限制，以下仅介绍 DECIDE 模型。两部模型目前已逐渐发展成为分析飞行员决策过程及其影响因素的工具，在美、英、加、澳等国的飞行训练中已将这一模型思想用于训练飞行员的决策技能。

（2）飞行员决策的 DECIDE 模型。

该模型是两部模型中的智能部分，是指飞行员觉察、识别、诊断问题，确定可用方案并进行风险评估等过程，该部分属于纯理性的推理活动。DECIDE 的含义如下。

D ——Detect：觉察，是指飞行员觉察异常情况的过程。它与飞行员的注意警觉性和搜寻能力有关，与飞行经验和知识密不可分。

E ——Estimate：估计，是指飞行员对觉察到的异常情况进行分析和评价，确定它的来源和对飞行的危害。

C ——Choose：选择，飞行员在众多的可选方案中选择出一项最佳的解决问题的方案。

I ——Identify：鉴别，飞行员对选择的方案和即将实施的行动进行风险分析，确定这一方案是否能有效地改变异常情况，确保飞行安全。

D ——Do：执行，飞行员执行最佳方案，机组成员相互监视完成。

E ——Evaluate：评价，飞行员对实施行动的效果进行监视，并做出评价。

（3）基于启发式和偏差的决策信息加工模型。

对于该模型的具体描述详见图 5-4。在这里，启发式即决策的经验法则；偏差则是指系统错误。根据这个模型，决策有以下过程：

① 信息的接受和重组。

在这一阶段，接收和应用线索上的启发和偏差有以下几个方面：

a. 只注意有限数量的信息。

b. 线索先前效应和锚定：所谓锚定效应（Anchoring effect）是指当人们需要对某个事件做定量估测时，会将某些特定数值作为起始值，起始值像锚一样制约着估测值。在做决策的时候，会不自觉地给予最初获得的信息过多的重视。

c. 对后继线索的忽视。

d. 线索突出。

e. 对于不可信线索的过分重视。

② 形成和选择假设。

在工作记忆中进行加工的线索是有限的，决策者从长时记忆中提取一个或更多的线索，从而产生假设。有很多的启发式和偏差影响这个过程：

a. 产生有限的假设。

b. 可接近性的启发式。

c. 代表性启发式。

d. 过度自信。

e. 认知狭窄。

f. 证实偏差。

③ 产生计划和选择行动。

选择一个行动也容易有各种各样的启发式或偏差：

a. 提取少量的行动。

b. 行动采用可能的启发式。

c. 可能结果的可接近性。

d. 表达结构偏差。

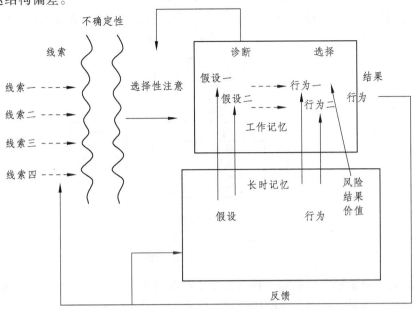

图 5-4　决策的信息加工模型

（4）自然（主义）决策理论与再认/启动决策（RPD）模型。

1989 年，在美国军方研究机构召开的一次学术会议上提出了自然决策的研究框架。随后 Klein 等人编辑出版了专门的著作，标志着这一理论的产生。自然决策理论（naturalistic decision-making theory）的产生背景主要是因为原有的决策理论脱离了实际决策过程，不能有效解释具有时间压力、目标模糊等复杂条件下的决策过程，忽视了决策者技能对决策的影响。自然主义决策理论抛弃了对规范化理论的追求，注重决策实际过程的客观描述。真实世界的决策具有以下特征：高风险、信息不充足、目标不明确、程序不清楚、情境依赖、动态条件、团队合作、专业技能。针对这些特征，自然决策理论主要研究那些不确定环境下的、时间紧迫的真实决策过程。认知心理学的发展也为其提供了研究方法。心理学关于认知图式（schema）的研究表明，人们在决策和认知时往往采用一些简捷的方法，以降低认知成本，这与自然决策理论模型是相互呼应的。

Lipshitz 等人总结了自然决策理论的 4 个基本特点：过程导向、情景-行动匹配决策规则、情境依赖的非规范模型、实证基础上的处方。过程导向是指研究者关注决策过程，决策者如何搜索、解释信息，如何运用决策规则；情景-行动匹配（situation-action matching）规则强调，熟练的决策者更多地运用匹配而不是选择（choice）的决策规则；情境依赖的含义很容易理解，自然主义决策突出专家的经验和知识，而这些技能只是针对特定的领域和情境的。实证基础上的处方，意味着不应该为了追求模型的规范性优化而牺牲模型的解释效力，构建决策模型的目标是改进可行的决策过程。

自然决策理论已经产生了很多模型来解释不同任务和情境下的决策过程。其中提出较早、影响力较大的是 Klein 等人提出的再认/启动模型（Recognition- Primed Decision Model，RPD），Klein 的研究团队采用现场研究方法，对消防员进行访谈。最初的目的是研究有经验的指挥者如何应对时间压力和不确定性。结果发现，这些经验丰富的消防队员在面临紧急情况时，并非努力发现多种备择方案再从中选择最优的，而是通过信息加工产生一个方案，并对此方案进行评价和付诸行动。通过进一步的研究，Klein 等人提出了 RPD 模型，其主要内容可以用图 5-5 表示。

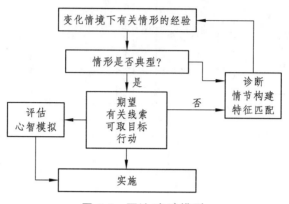

图 5-5　再认/启动模型

　　首先，决策者对情形进行识别，看是否熟悉或者属于典型情况。情形识别使得决策者能够确定哪些决策目标是合理的，有哪些线索与之相关，是可以期望的结果，以及哪些行动可以发挥作用，进而实施行动，而不是进一步细化。当情形复杂、不熟悉时，决策者通过情节构建（story building）在头脑中形成事件情形和初始方案，并运用心智模拟（mind simulation）预测决策方案的实施结果，从而得到评价结果。如果可行，决策会立即被实施，而不是再产生更多的方案并进行择优比较。

　　RPD 模型的重点在于环境条件识别和重现。Orasanuand Fisher（1997）通过对飞行团队的研究验证了这一点。研究表明，如果条件满足，决策者就可以做出行动指示。通过紧密监控环境、重视那些体现优秀飞行团队的特征事件，经验丰富的决策者构建可行决策的特征库，从而能够在时间压力下迅速做出合理可行的决策。研究证明 RPD 模型不仅仅适用于军事、航空等特定领域的决策，对于那些时间紧迫、不确定情况下的管理决策也有很大的借鉴意义。当决策问题过于复杂或陌生，决策者的相关经验、技能无法应用 RPD 模型来解决问题时，人们重新回到问题解决策略，例如类比法。

　　RPD 模型有三个关键的假设：

　　① 专家能利用他们的经验迅速形成一个模糊的观点。

　　② 时间压力不会降低专家的绩效，因为专家可以应用快速的模式匹配，几乎类似知觉再认。

　　③ 有经验的决策者懂得如何避免过去的经验误导自己的反应。

　　飞行员的自然决策是一种基于知识、经验、性格和认知倾向性等因素的决策，在短时间内飞行员直接导向问题解决的一种决策模式。在这种方式的决策中，飞行员并未像理性决策那样详细的去对问题进行分析、对方案进行比较和优选最终方案，而是一种快速获得问题解决方案的决策模式。

　　自然决策模式具有以下的特点：

　　① 寻求满意方案。在理性决策的模型中，认为飞行员选择的方案是所有方案中的最佳方

案；但若飞行员使用的是自然决策，他会在找到令自己满意的方案以后就停止对于方案的搜索，而非一直找到最佳的方案为止。

② 整体性。理性决策过程认为飞行员会把握影响决策的所有因素，并仔细权衡这些因素对决策的影响；但在实际飞行中飞行员往往是将决策的目标、对象和影响因素作为一个整体因素来考虑，而不是排除其他因素只考虑单一因素的影响。

③ 参考点原则。理性决策认为飞行员能够准确地预测出每一个方案在不同的客观条件下所能产生的所有结果；但在实际中飞行员仅仅是根据已有的知识与经验对方案进行评估，而不能超越自己的经验与知识对方案进行评估。

④ 逐一排除。理性决策认为飞行员会找到问题解决的所有方案，并将所有方案放在同一基准线上进行比较，然后直接选择出最优的方案。而实际飞行中，飞行员往往是将方案进行一一比较，选择出两个方案中比较好的方案，然后再将较好的方案与新方案比较，如此反复最终选择出自己满意的方案。

⑤ 创新性。自然决策还有一个很重要的特点就是具有创新性。通过自然决策产生的方案常常具有打破常规、突破创新的特点。该特点若能善加利用将产生很多好的问题解决方案。

⑥ 时效性。飞行员当时所处的环境与情况，将有利于他根据自然模式做出适合当前情况的决策；如果脱离了当前的情形，其决策也可能截然不同。

自然决策形成的基础主要有以下几个方面：

① 经验。如果飞行员在以往的飞行经历中处理过类似或者完全相同的情况，在下一次遇到相似情况时，飞行员很可能直接套用上次所采用的方案来解决当前的问题。如此可以大幅度地提高飞行员在飞行中的决策效率，但所付出的代价是可能没有察觉到两次不同情境中差异，进而采取了与当前情境不适宜的措施。

② 价值观。如果一个飞行员是更注重安全的，那么他在选择方案时可能会不自觉地去选择那些安全系数更高的方案。一个飞行员的价值观影响将会在飞行员做出决策的整个过程中有所体现，最终影响飞行员的方案选择与行动。

③ 潜意识。飞行员在进行方案选择时，有时会出现选择了一个方案却不能清楚地说出该方案决策过程的情况，这就充分体现了自然直观决策模式的潜意识性。往往是飞行员利用阈下加工帮助其做出决策，因此只能通过飞行员反复而深刻的内省过程才能明白选择该方案的原因与理由。

④ 认知。自然直观决策方式并不代表没有飞行员认知过程的参与，飞行员的技能、知识和训练水平都会最终体现在飞行员的直观决策中。

⑤ 情绪。飞行员的情绪也将最终影响飞行员的决策，一个处于激动情绪中的飞行员其方案的最终可能选择更偏向于激进与冒险的方案；而一个情绪平静的飞行员的方案选择可能更倾向于安全。

3. 飞行员决策过程中的主要问题及改善决策的措施

决策阶段是人的错误产生的重要阶段。譬如，在对刺激做出应答性行为之前，决策者往往要对许多因素予以权衡。在权衡过程中就有可能过分地或不恰当地排除掉较多的相关因素。

（1）虚无假设和错误推论。

在决策阶段，导致人类错误的一个非常重要的诱因是虚无假设和错误推论。这类错误已经诱发了不计其数的飞行事故。虚无假设最危险的特点是当事者一旦陷入便常常很难纠正。往往是采取虚无假设或错误推论容易，放弃它却异常困难。根据大量飞行事故的分析，以下几种情境易使飞行员产生虚无假设：

第一，当一个人的期望过高时，常发生于某人在长时间经历某一特定事件或情境后。

第二，当飞行员的注意力转向其他方面时。

第三，当飞行员处于防御心理状态时，处于这种状态的人都希望听到好消息，不愿听到对他们不利的消息，其潜意识目的是避免焦虑和回避问题。在这种状态下，当事者有可能在无意识中选择符合自己需要的信息，或者在无意识中修改输入的信息以便满足自己的需要。

第四，当飞行员的注意力高度集中后的一段时间里。这是人类在竭尽全力维持注意力集中后所发生的一般反应。此时，飞行员以松懈的态度取代了精神紧张，认为紧张、困难的飞行已经过去。但真实的情况却不一定如此，转危为安的情境有时是飞行员错误假设出来的。

第五，当飞行员的动作记忆出现问题时，也有可能产生虚无假设和错误推论。譬如，当飞行员已经采取一个动作，如按错了一个开关，接着又去按正确的开关，此时他就有可能产生错误假设。坚信他已按对了开关，而不考虑自己曾经按错了开关。

（2）飞行员的决策陷阱。

① 定势/固着。

定势/固着（Mind set）是指一种心理上的"定向趋势"，常见于飞行员对某件事情已经有固定的看法或者期望，甚至是相应的操作模式，在环境不变的条件下，定势使人能够应用已掌握的方法迅速解决问题，而在情境发生变化时，它则会妨碍人采用新的方法。例如，某机场新修跑道，将原有跑道变更为滑行道，飞行员会下意识地试图使用原先的跑道，即便是事先已经了解了相关的航行通告，落错跑道的可能性也依然存在。

② "锚定"效应。

锚定效应（Anchoring effect）是指飞行员固着于一开始获得的目标或印象，影响和削弱判断力，从而忽视其他可能选择。在"锚定"效应中，飞行员第一个接收到的信息或数据就像沉入海底的锚一样，把飞行员的思维牢牢的束缚在了最初的数据与信息附近，所以该陷阱也被命名为"沉锚"陷阱。飞行员的判断过程，应该是随环境的变化而变化，是一种动态过程，如果发生了"沉锚"陷阱，就有可能使飞行员做出与当前情况和问题不相符合的判断。

③ "有利证据"陷阱。

在飞行员日常飞行中常常有这样的情况：当自己带着倾向性去收集信息时，收集到的信息会基本都是支持自己最初的想法的；或者当自己做了一个决定以后再去审视这个决定时，会有越来越多的证据支持该决定，这就是"有利证据"陷阱，也被称为"证实偏见（Confirmation bias）"。"有利证据"陷阱会诱使飞行员寻找那些支持自己意见的证据，避开同自己意见相矛盾的信息。

④ "过度自信"陷阱。

人们在判断过程中普遍存在的另一个现象就是过度自信（Over confident），当飞行员面临着时间与安全的压力，在工作中又存在诸多的分心因素的干扰时，这样的倾向性就可能会表露出来，进而对自己与机组的能力、容错的空间和可利用的时间与资源存在着过度高估的现象。

⑤ 投机心态。

投机心态（Speculative mentality）是指当天气或设备条件低于最低要求或标准时，飞行员往往基于侥幸心理或不想接受失败而放弃较为谨慎的方案，转而寻求更为冒险和激进的行为。

（3）决策的改善。

决策通常是一个反复的过程，决策者往往根据他们的经历、任务情境、认知能力和可能的决策辅助来调整他们的决策。改善决策的措施包括：

① 任务的重新设计：决策中的错误表现意味着研究者需要重新设计任务。

② 研制决策支持系统：在设计决策支持系统时，应遵循"认知弥补"和"认知工具"两个原则。有的情况下，还需要设计特殊的交互系统以扩展用户的认知决策能力，从而改善用户的决策。

③ 对飞行员进行训练：训练飞行员克服启发式/偏差。

（五）执 行

在做出决策后，一定的行为便会被激发或者被抑制。在决策的指导下，使人的肌肉运动指向操作控制或使当前的动作受到抑制，这又是人类错误的另一个发源地。在日常生活中，我们常常可以观察到"答非所问""口是心非"的现象。而在飞行中也有可能出现决策与行动分离的情况，即想的与实际做的并不吻合。如果飞行员疲劳、控制器的设计不良或者新飞机型与原飞机型的控制器相似，但移动方向却不同时，操纵错误就可能出现。

（六）反 馈

人借助感觉器官获得关于自己活动结果的信息，这样就组成了反馈回路。通过反馈，人们对自己的活动进行自我调节。虽然在绝大部分时间里，视觉反馈起主要作用，但对于某些活动，由听觉、触觉、动觉等感觉系统提供的反馈也很重要。例如，飞行员在操纵操纵杆时，就需要依靠来自手的动觉反馈以调节和控制所执行的动作。

在"闭环"系统中，控制者对系统的整个反应过程都保持高度的控制。例如，飞行员-飞机系统便可视为一个闭环系统。在这个系统中，飞行员操纵控制器使飞机运动，然后观察飞行仪表或者风挡以检验操纵的效果，看是否达到了预期的目的。如果没有，便进一步操纵控制器，使飞机的运动逐渐接近自己的要求。这就形成了飞行员－控制器－显示器飞行员的闭合回路。

从图5-6中可知，在闭环系统中，基本的原理是要进行"反馈"，反馈具有随时感知自身活动状况、不断比较任务要求与系统实际工作状态之间的差异，并进行调整的能力。请注意图5-7中的信息传递过程：首先是信息从飞行控制器（杆舵）流向飞机（方向舵、副翼和升降舵），然后是从飞机流向飞行显示器，飞行员从显示器获得飞机的状态的信息。与此同时，信息还会不断地在飞行员与显示器、飞行员与控制器之间传递，因为飞行员必须恰当地调整显示器以便获得准确的信息，必须不断地感知操纵控制器时由控制器提供的反馈信息（如力度、杆力）等。基于以上的信息，飞行员便可不断地改善对信息的输入。从而使飞机的运动达到所需要的状态。因此，我们可以说，在闭环系统中，准确而敏感的信息反馈是使系统高效、安全运转的前提。就飞行员-飞机系统来说，则主要取决于构成该系统的两个要素的质量

的好坏，即飞行员的基本素质和技能的高低、操纵器与显示器设计的优劣。

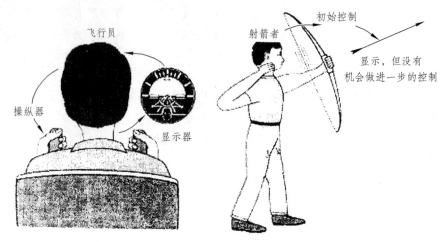

图 5-6 "开环"与"闭环"系统示例

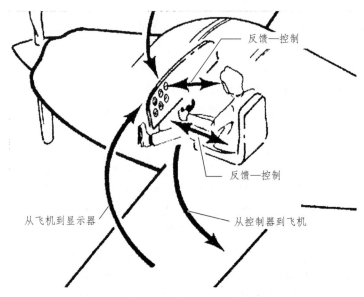

图 5-7 飞行员-飞机系统模式

（七）注　意

感觉登记之后的各阶段的信息加工几乎都离不开注意。注意的重要功能在于把各种有关的信息区分开来，使人能够稳定地集中于所要加工的信息。人用于执行任务的注意资源量是有限的，假如有些阶段的信息加工占用了比较多的资源量，那么其他阶段能分配到的就比较少，它们处理信息的效率就会因此而降低，但通过学习和练习能够提高注意的分配能力。

从输入信息到加工信息直至对信息的提取和输出，注意都始终伴随着人类的认知过程。它犹如一种背景，对信息起着选择和分配意识的作用。虽然人类感觉信息的通道非常多，但注意却具有单通道的性质。虽然来自进近灯、高度表、空速表以及 ATC 的信息可以被飞行员感知到，但这都是注意单通道在不同的输入之间分时工作的结果。这种瓶颈口式的结构是整个信息加工系统的一道屏障（Broadbent，1958；Poulton，1971）。造成这种现象的主要的原因便在于人类注意容量的有限性。按认知心理学的观点，这种有限性来源于人类智源的有限性和资源的有限性，如果同一时间里输入了太多的信息，人的思维就可能处于混沌状态（Kohneman，1973）。注意容量的局限性是导致飞行员注意分配和转移困难的原因。

注意的单通道性质决定了一些信息正在被加工的时候，其他信息便会被暂时搁置在一边，进入极易流失的工作记忆/短时记忆里，以便等待单通道的开放。在对当前的信息加工完毕，单通道开放时，工作/短时记忆里的信息才会被提取出来，沿着特定的通路迅速传输到加工单元里。许多因素都可能影响这种工作/短时记忆储存和提取的效率，这个过程也是人类错误的重要来源。着陆过程中忘放起落架的现象就有可能是飞行员准备放起落架，但被其他事件干扰所造成的。

注意的基本特性是选择与集中。选择性注意（selective attention）是人类注意特征之一。人不可能同时注意所有呈现的刺激，总是有选择地注意某一刺激而忽视同时呈现的其他刺激。根据认知学习理论，选择性注意所指向的对象是受个体原有认知结构影响的。注意的选择主要受以下 3 种因素的影响：

（1）突显：一种自下而上加工的过程，类似于注意捕获。设计者可以选择突出的刺激维度，应用信号和警告来标示重要的事件。例如，突然的启动，不同一般的听觉刺激、触觉刺激等。相反，即使一件事情很重要，若没有特点可能也不会被人们注意到，如"变化盲视"或"注意盲视"。

（2）期望和价值：可以看作是分配注意使自上而下的或知识驱动，即我们注意去看的是环境中我们想看到的信息。看的次数或注意这些刺激的次数也会根据所看信息价值的大小或错过这一事件所付出的代价大小而改变。

（3）努力：如果事情需要付出大量努力的话，选择性注意可能会被抑制。我们倾向于选择扫视较短距离而非较长距离的环境，如我们常会在不转头的情况下去选择性地注意信息资源。理解努力在抑制注意转移过程中的作用，对于设计整合性的显示器或配置工作空间的布局非常重要。

二、人与机器各自的优势：驾驶舱功能分配设计的基础

（一）人与机器收集信息的特点

由表 5-2 可知，人类在对视听信息的解释能力上，尤其是在辨别细微变化或者识别噪声背景下的信息时，比机器具有优势。而另一方面，机器在处理超出人类感知范围的声波和光波的能力上则比人类优越。从设计的角度来说，这便意味着，如果飞机上没有装备专门觉察其他飞机的电子设备（如近地警告系统，GPWS），那么规避其他飞机的任务就得交给飞行员负责。事实上，现行的空中交通管制间隔系统或体系也同样使用了这一设计原理。例如，在驾驶舱中，飞行员必须持续不断地监视空域。在地面，空中交通管制员则必须借助于计算机辅助的雷达屏幕来觉察目标。当然，如果安装有电子接近警告系统，如 TCAS 和 GPWS，计算机将在防止飞机空中相撞或接近障碍物中起到日益重要的作用。

收集信息的第二部分是觉察信息，即预期微小事件变化的能力，如觉察飞行期间实际燃油消耗是否高于预定值的能力。如表 5-1 所示，人类在这方面的能力不及机器，特别是当飞行员长时间地监视信息后，由于注意容量的有限性和对枯燥乏味的监视信息任务的厌倦，就

有可能使其遗漏重要信息。而另一方面，机器则是非常优秀的性能监视者，它只要不发生故障，便可永无止境地"集中注意力"，对飞行信息进行监视。

表 5-1　人与机器在收集信息方面的特点

序号	能　力	人	机器
1	觉察视听信息中的细微变化的能力	★	
2	在众多的背景噪声中觉察特定目标的能力，如觉察城市上空的飞机灯光	★	
3	觉察非常短或非常长的声波，如 X 射线和无线电波的能力		★
4	在复杂的"图式"中识别微小变化的能力，如识别图形或者辨音	★	
5	监测和预料能力，如监测实际的燃油消耗是否高于预定值		★
6	对异常或者意外事件的感觉能力	★	

最后，在对异常和意外情况的感知上，人类比机器优越。这正是在现代驾驶舱中保留飞行员的重要原因之一。虽然，计算机比人类能够更准确和有效地控制飞机，但这是在一切正常、没有意外情况发生的前提下。因此，可以说，人类比计算机能够更容易地觉察意外的情况，也能够对这些情况进行合理的处理。

以上所述的监视和预测能力以及对意外情况的感知能力产生了驾驶舱设计中的基本问题。现代飞机，尤其是大型、复杂的运输机的设计趋势是大多数的操纵交由机载计算机和自动驾驶仪去完成，留给飞行员的任务则主要是监视所有系统的功能是否正常。这便与我们已经讨论过的人的能力特点发生了矛盾，即人类并不擅长从事长时间的监视任务，而计算机却能够。并且，即使某人在经历了数小时的监视任务后发现了问题，他也会因为找不到所有系统工作的"感觉"而难以接替对飞机的操纵。因此，美国学者 Trollip（1991）等人认为：一个好的驾驶舱设计应该是让飞行员进行常规性的飞行，让计算机实施监视功能。这样，飞行员便会始终位于闭环系统之中，准确地知道所有系统的状态。如果飞行员的注意力和绩效水平下降，计算机也能够迅速地提醒飞行员注意，使他做出必要地修正。当然，这仅仅是 Trollip 博士基于人-机信息加工特点提出的一项建议，当前和未来的发展趋势则是座舱自动化水平会越来越高，目前已提出了运输机无人驾驶的概念，并在一些国家完成了单人制驾驶舱（1 名飞行员与机器人配合）试飞。

（二）人与机器加工信息的特点

在飞行员收集到信息之后，他便需要对这些信息进行加工和处理。表 5-1 列出了与加工信息有关的因素，同时也指出了在执行特定任务时人与机器的相对能力。

从表 5-2 可知，人与机器在加工信息能力上的差异主要在于加工的复杂程度上。机器能比人更快地记住特定的信息，能够更快地提取信息，比人也更擅长于计算，能利用已有的法则/算法产生措施。与之相反，人类则更擅长于记忆原理和原则，记忆细节的能力和识记的速度以及准确性却不如机器。虽然在计算能力上人类也不如机器，但人类却更擅长于推理，能够训练自己的判断能力，使自己的注意力分配到不同的任务上去。

表 5-2　人与机器加工信息的特点

序号	能力	人	机器
1	长时间储存概括化信息（如原理和策略）的能力	★	
2	长时间储存细节信息（速度或者性能数据）的能力		★
3	归纳推理能力	★	
4	做出主观评价或估计的能力	★	
5	在负荷过载时权衡任务的轻重缓急，并进行优化排序的能力	★	
6	演绎推理能力		★
7	快速而准确地提取信息的能力		★
8	对多位数进行计算的能力		★

（三）人与机器的决策特点

人的信息加工的第三个阶段是决策。在许多方面，它类似于信息的加工阶段。但对问题的判断和选择处置方案却是该阶段的特点。从表 5-3 中读者将会发现：人类的决策能力是机器所无法媲美的。这意味着，当有不确定性的情境出现时，飞行员应该起决策者的作用。机器虽然能在法则和条件都是已知的情况下做出高质量的决策，但在不确定的情况下其决策能力就不及人类。而且，人类能够对不同的决定做出评价并根据评价做出最后的选择，这是机器所无法做到的。

表 5-3　人与机器的决策特点

序号	能力	人	机器
1	归纳推理能力	★	
2	做出主观评价和估计的能力	★	
3	在负荷过载时，按任务的轻重缓急进行优化排序的能力	★	
4	设计策略以解决新问题的能力	★	

（四）人与机器的行为特点

在做出决策之后，紧接着便是根据已经做出的决策实施行动。表 5-4 列出了人与机器在实施行动时的差异，说明了在操作方面机器的能力优于人类。这便产生了设计中的另一个基本问题。如果机器（如计算机）比人类能更好地操纵飞机，而人类又需要处于闭环系统中以便在机器出现故障不能操纵飞机时接替操纵，那么设计者应怎样设计任务分配才能兼顾人与机器的特点，发挥它们的优势呢？有人认为：解决这一两难问题的途径是"半自动化"。目前，大多数商用运输机设计者之所以选择让计算机执行大多数操纵任务，而将飞行员置于闭环系统之外的方案，其部分的原因便是基于计算机比飞行员会飞得更为经济和更为平稳。但这种方案的潜在危险则是在设备出现故障或失效时，飞行员有可能不能迅速地判明原因，不能迅速地接替操纵和扭转危机。

表 5-4　人与机器的行为特点

序号	能力	人	机器
1	对特定信号做出快速持久反应的能力		★
2	执行重复性活动的可靠性		★
3	长时间保持良好技能的能力		★
4	同时执行几种活动的能力		★
5	在大负荷条件下保持有效操作的能力		★
6	在分心因素存在的条件下保持有效操作的能力		★

第二节　显示器的设计与评价

一、显示器设计不良的案例

某发电厂的操作员像往常一样静静地监控着工厂的运转情况。突然，警报声响起，表明有的地方运转异常。他抬头向警报显示板的顶部看去，有几个警报灯在闪烁，有的呈红色，有的呈琥珀色。这种像"圣诞树"一样闪烁的显示方式提供的信息极其有限，因此他又看了看排列混乱的蒸汽计及带状记录纸，以便了解发电厂各项指标的连续变化情况。他发现，有的指标似乎超过了正常范围，但这些指标并不一致，而警报灯分散在显示区域的上面，因此很难看出哪些警报灯与可能的异常指标有关。不得已，他只好求助于操作手册，前面的几页清晰地列出了发电厂的流程图，但并不是紧急事件警报信号的信息。这迫使他不得不翻到后面去查找与紧急事件警报信号有关的页面，找到这一页面后又发现没有处置程序的信息，这又迫使他不得不翻到另一页去了解要遵循的程序。他快速地浏览了 5 页毫无关联的信息，想尽快查清到底发生了什么问题，但最终他只能失望的关掉整座发电厂，给公司带来了巨大的损失。

二、显示器的相关概念

显示器：采用多种通道来传递各种任务中不同形式的信息，以便帮助人们理解和进一步加工信息的人造设备。

一个完整的人机系统包括机器系统、人和显示器三部分（见图 5-7）。在机器系统中会有一些有效信息，同时操作者也有自己的感觉和对系统如何起作用、系统运行情况以及系统中人的意识，而显示器是它们的中介。

显示器可依据"人类用户特点"进行分类，这一点也决定了显示器和显示任务的最佳匹配方式。

三、设计显示器的原则

所谓"原则"，就是采用一定的框架把信息组织起来，以便帮助设计人员和用户增强记忆。显示器设计的原则可归纳为 4 大类，共计 13 条（见图 5-8）。其中，与知觉相关的原则 5 条，与心理模型相关的原则 2 条，与注意相关的原则 3 条，与记忆相关的原则 3 条。

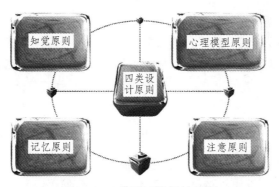

图 5-8　四类显示器设计原则

（一）知觉原则

关于人类知觉及其特点参见本章第一节，显示器设计应遵循的 5 条原则如图 5-9 所示，包括 P1 增强显示器易读性和易听性原则、P2 避免绝对判断局限性原则、P3 自上而下加工原则、P4 冗余增益原则、P5 可辨别性原则。

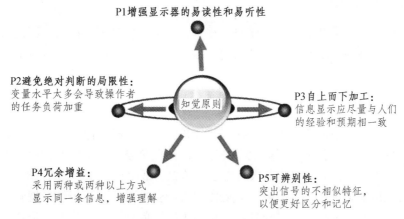

图 5-9　显示器设计的知觉原则

（二）心理模型原则

显示方式与用户基于已有经验建立的心理模型相一致时，会有利于用户进行操作。心理模型原则包括：

P6 形如其表原则：显示器的外表应与它要反映的内容相一致。若显示器包含多个部分，部分的装配方式应与其表征的环境中的装配或操作者对环境的表征相一致。

P7 运动一致的原则：动态信息通常需要多动态的显示设计，需要注意的是，其运动的空间模式和方向都应当与用户的心理模型相一致。

（三）注意原则

复杂的多项显示需要三种注意的参与：选择性注意（挑选完成任务的信息）、集中注意（避免临近信息的干扰）、分配注意（对两类信息进行平行加工）。注意原则包括：

P8 将访问信息的消耗降到最低：采用小显示器，以便迅速扫描到所有信息。但这种方法有降低显示信息可辨别性的危险。

P9 接近相容原则：需要进行信息的心理整合时，空间上的接近就是有益的；需要集中注意某一个元素时，这种接近就不利了，应采取"低显示接近"的方式分开元素的显示。

P10 多资源原则：如需同时对多种信息进行加工，可以将呈现信息的方式区分开来，否则，容易造成混乱。

（四）记忆原则

记忆原则包括：

P11 利用视觉信息降低记忆负荷：① 尽可能采用视觉显示；② 需要进行比较的信息要同时显示而非相继显示；③ 如有必要，需采用"预测辅助"的设计方法。

P12 预测辅助原则：① 预测 —— 考虑目前及未来可能具备的条件，运用心理模型推知未来。② 显示器显示的信息应该具有指示功能，以便为作业/操纵提供有效的支持。

P13 一致性原则：使用户在当前使用的各个显示器之间，及前后使用的不同显示器之间保持一致性。

四、听觉告警显示

听觉告警作为一项关键设计的主要原因在于：听觉系统是全方位的，因此听觉警报相对于视觉警报具有更好的适用性。在驾驶舱内，除听觉告警显示以外，还有视觉和触觉告警显示。

（一）案例分析

一名飞行员正在平稳地驾驶着一架喷气式飞机，突然这种平静被发动机停转的警报声打断了，操纵杆也卡住了，各种警报灯也都亮起来。这完全是飞行员没有预料到的。在一段时间内，他恐惧到了极点，手忙脚乱地操纵着这些装置，试图让这些听觉/视觉冲击停下来，而不是采取正确的措施来排除飞机故障。如此吵闹的听觉冲击，如此闪烁的视觉冲击，让飞行员根本无法与他的同伴进行交流，使他们无法考虑实际问题，一心想着如何去掉这些刺耳的声音。

该案例的启示是，在设计告警信号时要避免过弱和过强两个极端的刺激。

（二）告警信号设计的理论基础

1. 信号检测论

在绝大多数系统中，信息的加工过程开始于对特定环境事件的检测。在很多情况下，环境事件显而易见，可以肯定地做出快速检测。这时，信息加工问题就剩下确认和判断了。但是，有些情况下，检测具有不确定性，或者存在着潜藏的操作瓶颈，其原因是检测的环境事件是接近知觉阈限的刺激。

信号检测论理论（Green & Swets，1966）假设在检测任务中存在以下两种信息加工过程：① 涉及信号是否呈现的感觉加工；② 主要考虑感觉加工的结果是否表明了信号的存在的决策加工。首先，在检测过程中会出现"有"（我检测到了信号）和"没有"（我没有检测到信号）；其次，任何系统信号都不可能做到百分之百可靠，其中难免会存在虚假告警的情况。那么，机组对告警信号的感知可能存在以下 4 种情况：① 告警仪表信号正常，飞行员收到了告警信息（击中）；② 告警仪表正常，飞行员看错或没有及时更新情景意识（漏报）；③ 告警仪表存在误差，飞行员误以为飞机低于高度（误报）；④ 告警仪表存在误差，飞行员参照其他仪表排除了该信息。这 4 种情况如图 5-10 所示。

两种情形和两种反应类型构成了 2×2 的矩阵，其中包括了击中、漏报、误报（虚报）和正确拒斥 4 类相互关联的事件。显然，没有发生漏报或误报是正确的反应。在信号检测任务中若信号的强度并不大或者噪声很高掩盖了信号时，漏报或误报的情况就会发生。例如，当飞行员观察有噪声的雷达屏幕时，有些地方云和雨反射造成的刺激强度随机波动会使信号强度出现一个额外的增加，而刺激信号额外增加表示有飞机在该位置出现。

	刺激	
	信号	噪声
有	击中（H）	误报（FA）
无	漏报（M）	正确拒斥（CR）

（反应）

图 5-10 信号检测轮的四种输出

在驾驶舱中，飞行员需要对各种警告进行监控（长时间地进行信号检验），这属于一种警戒任务。在这种警戒任务中，信号往往是间歇出现，不可预测，而且数量较少的。

2. 敏感性丧失：疲劳和维持需求理论（fatigue and sustained demand theory）

警戒任务有时也被称为维持注意任务（Parasuraman，1979），研究者认为，警戒任务在工作之上附加了一个持续的负荷（例如，在持续的任务中，不得不回忆目标信号看起来或听起来像什么），这将要求加工资源的持续供应。心理工作负荷的评估显示，警戒任务的工作负荷通常较高。这种心理需要或许和要求眼睛连续保持睁着的状态一样疲劳，最终疲劳会导致敏感性的丧失。有研究表明，出现以下情况就会要求有更多的加工资源，这将会产生更严重的疲劳感，从而导致更低的警戒水平。这些情况包括：目标很难检测、目标出现的时间和地点不确定、事件率很高、观察者不得不回忆目标看起来或听起来像什么、目标不熟悉等。此外，还有证据表明，连续任务有更多的资源限制（Matthews，Davies & Holly，1993）。也可以预期：在上述这些情况下，长时间持续任务有更多的资源要求，从而导致更大的敏感性衰退。飞机上的警告只在特定情境下才会触发，长时间没有增强对某一警告的记忆，一旦该警告触发后很可能回忆不起该警告的含义或不清楚英文语音提示的要表达的意思，造成对信号的误报或漏报。

3. 标准转换：期望理论（criterion shifts：expectancy theory）

在很多警戒情况中，警戒的衰退不是因为敏感性衰退造成的，而是因为反应偏向造成的。操作者对目标出现的期望程度会影响其反应标准。当信号出现的概率低时，操作者对信号的期望比较低，这将会增加漏报的可能。

4. 唤醒理论（arousal theory）

当标准保持不变时，在一个长时间的低概率事件环境中，脑部神经元的触发频率会随之降低。这种唤醒水平的降低可能和警戒任务中影响敏感性的维持注意需求有关。也就是说在长时间的巡航过程中，尤其是自动驾驶代替人在操控飞机时，飞行员的唤醒水平可能就会降低，这将影响其对飞机的监控效果。

（三）告警信号的设计标准

告警信号的设计应该遵循以下 5 个标准：

（1）告警信号必须能够在噪声背景下被听到。

（2）告警信号不应该高于听觉的危险水平（不宜过高）。

（3）理想状态下，警报不应该过度刺耳或者突兀。

（4）警报不应该破坏对别的信号的理解，也不应该破坏机组的正常交流（尤其是紧急情况下）。

（5）警报必须是包含一定信息的，听者必须知道紧急情况的性质，发生了什么，该怎么做。机载空中防撞系统（Traffic Collision Avoidance System，TCAS）和近地警告系统（Ground Proximity Warning System，GPWS）就设计有这样的功能。

要避免告警信号的虚报，应按照以下 5 个逻辑步骤来开展工作：

（1）必须选定警报敏感性标准数值，不断调整使其只允许较低的虚报水平，同时又不至于导致漏报率增加。

（2）使用更好的决策算法以改进警报的敏感性，譬如早期的 GPWS 就存在虚报率较高的问题，导致一些机组直接抑制和拒绝该信号的提醒，以后通过持续改进从而使虚报率和漏报率都大幅度降低，达到了一个很高的可靠性水平。

（3）必须对使用者进行训练，让他们权衡漏报和虚报之间的代价。

（4）设计者必须尽可能多地提供使用者引发警报标准的"原始数据"，至少提供适合的工具供使用者确认警报的正确性。

（5）Sorkin 等人提出了一种逻辑性的方法（见图 5-11），可以称为警报系统的分级或可能性评定，而不仅仅是提供单一水平的警报。

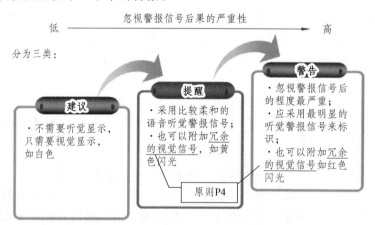

图 5-11　Sorkin 等人提出的警报分级逻辑

五、标志设计应遵循的原则

使用标志的目的是清楚表明物体的特性或功能，一般采用图标+文字的形式。设计标志应遵循的原则如下：

（1）可视性和易读性（原则 P1）。

（2）可辨别性（原则 P5）：区分不同标志的特征应清晰可见，显著突出。

（3）可理解性（原则 P2）：尽可能不要单独使用图标或缩写语，将图标和文字结合起来。当空间狭小时（按键等），需要用文字或数字来表示。

（4）位置相近性（原则 P9）：标志的物理位置应靠近其所代表的物体，遵循"接近相容原则"。

六、多项显示

多项显示的重点是要确定各显示器的布局。多项显示布局的原则如下：

（1）常用显示器处于主要视觉区域内（原则 P8）：在驾驶舱内，最常用的高度表设置在中间靠上位置，靠近挡风玻璃。

（2）显示相关性或使用的顺序（原则 P9）：应将关系密切的显示器和经常先后使用的显示器设置在一起。

（3）一致性（原则 P6、P7）：显示器的布局方式应该一致，同类显示器应设置在同一空间位置，以便用户在机型改装过程中能够产生正迁移，在同一位置能够找到相应的显示信息。

（4）结构分组（原则 P9）：采用一种结构良好的"分类"显示设计方式，可以帮助用户轻松找到所需的信息群。

（5）刺激-反应相容性原则：显示器应靠近与之相关的控制器。

（6）避免混淆/混乱（原则 P2、P9）：配对使用的显示器之间的距离应小于相互之间没有关系的显示器之间的距离。

七、驾驶舱显示器设计的一般要求

人的工作效率与其接收信息的速度和准确性有着密切的关系。在飞行中，飞行员失误的原因虽然是多方面的，但如果重要的信息不致被误解，或者只需要略加解释或者直接以所需要的反应形式呈现给飞行员的话，飞行员的失误就将得以避免。

（一）设计原则

（1）容易看到。

（2）显示器的位置应按逻辑关系进行排列。

（3）显示器的布局应该标准化。

（4）信号的显示应是可靠的和不易发生故障的。

（二）应考虑的一些问题

飞行员从外界获得的信息中，80%以上来自视觉。因此，在感觉器官中视觉占主要地位。

（1）视觉的生理学局限：人的视野范围在水平方向左右离中心线约 94°，上下离视中心线分别约 50°、70°，这样的视野就决定了显示器可以安装的面积（见图 5-12 和图 5-13）。

（2）飞行员的视野区：第一视野，只用眼球转动就能扫视的区域；第二视野，只转动头部所能扫视的区域；第三视野，头部和眼一起转动所能看清的区域（见图 5-14）。由于整个视野各处的视敏度并不是一样的，故又必须考虑到眼睛的转动能力。观察微小细节，如仪表盘上的指针转动的能力，只限于视野中非常小的一部分。同样，能看到颜色的也只有一小部分视网膜。这些限制意味着仪器的布局必须合理。

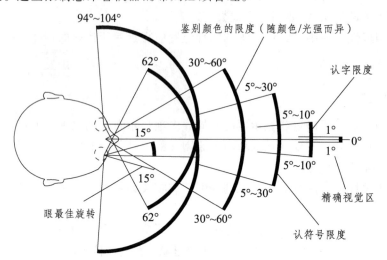

图 5-12　人眼的各种视觉范围/水平视野

注：本图的视角表示各种视觉能力的限度。在所标视角上注明了视觉所能有效进行的工作。

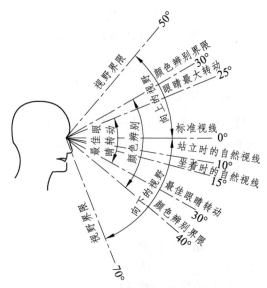

图 5-13　垂直视野

（3）人眼生理学限度的另一个问题是，为适应观察近物和远物的要求，眼睛的聚焦点需要不断地进行调整。而调节焦点又需要一定的时间，并且眼睛的调节能力随年龄的增长而下降。这两点对以下两种情况很重要：第一，应把仪表板安装在离眼的适当距离内，以便使飞行员观察时调节眼睛的焦距不至于太费劲。一般而言，眼睛与仪表板之间的最佳距离是72 cm，仪表板的布局应尽可能与视线垂直。第二，要考虑到眼睛的调节力，从近处向远处调节焦距需要费一定时间，这就会对视觉反应时起延迟作用。在目视飞行中，飞行员约有一半时间花在驾驶舱外到驾驶舱内的眼睛位置变换，即阅读仪表后需要向外观察，然后将视线由外移向仪表板上。正是由于这一原因，电子光学显示器（如平视显示器）的采用被认为是有利的，这种显示器能够把显示内容附加到飞行员所见到的外景上面。

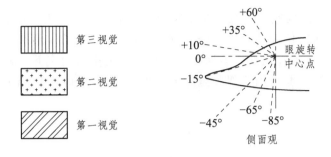

第三视觉

第二视觉

第一视觉

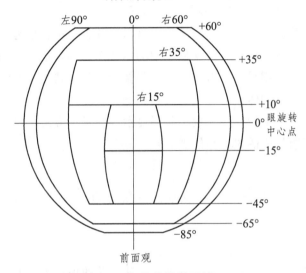

飞行员的视觉区

图 5-14 飞行员的视觉区域

注：第一视野是只用眼球转动所能扫视的区域；第二视野是只转动头部所能扫视的区域；第三视野是头部和眼一起转动所能看清的区域。

（4）显示器设计的标准化：早期，在一些飞机上，各种飞行仪表凌乱地布满了驾驶舱，各种机型之间，甚至同一种类不同型号飞机之间的仪表分布都不是按同一标准进行排列的，这就给改机型的飞行员带来了极大的困难。解决这一问题的途径之一便是使驾驶舱的仪表分布标准化。第二次世界大战后，著名的航空心理学家费茨（P.Fitts）在经过了大量研究后提出了驾驶舱仪表布局的"基本 T 分布"原则，使驾驶舱仪表排列的标准化成为现实。现在，几乎所有的驾驶舱仪表都是按照这一法则来进行分布的。如图 5-15 所示，"基本 T 分布"位于飞行员的正前方，其目的便是将最重要的仪表安置在最显眼、最易被飞行员觉察到的位置上。在"T"分布中，姿态仪位于最中心的位置，原因是该仪表是飞行员观察频率最高的仪表，是低能见度条件下真实天地线的替代物，它能迅速而形象地为飞行员提供飞机的俯仰和坡度信息。事实上，姿态仪也是驾驶舱中同时具有

图 5-15 驾驶舱"基本 T 分布"

两种功能的唯一仪表，因而它是驾驶舱中最重要的仪表。其他仪表，如左侧的空速表，右侧的高度表、下方的航向仪表则紧邻着姿态仪，构成了一个"T"形状。其他的两个次重要仪表，即坡度位标器和垂直速度指示器则分别排列于姿态仪的左下方和右下方。可以说，费茨是第一个将人的因素原理用于驾驶舱的人，他提出的"基本 T 分布"原则已经使飞行员们受益匪浅。

八、平视显示

平视显示是指将显示信息叠加都主要视觉区域上，又称 HUD（Head-up Displays，Weintraub &Ensing，1992）。其优势与缺陷如下：

（1）优势：所采取的影像叠加设计方式可以让驾驶员很轻松地同时注意到远处的场景和近处的仪表；通过投影，可以将平视显示中的示意图叠加在远处的场景上，使两部分内容都可以被同时注意到；采用平行影像技术，将影像投射到眼睛上，使影像看起来是一个可以在视觉范围内不断变化的物体，减轻了视觉负担。

（2）缺陷：不同的影像靠得太近，使得显示界面过于混乱；显示的影像在不断变化的背景下难以识别，视野远处的关键物体被遮蔽。

第三节　操纵器/控制器的设计与评价

一、案例分析

黄昏时，一名驾驶员开着新租的车进入高速公路的坡道入口处，并伸手去按"车前灯"的按钮。突然，一股水柱冒出，喷向挡风玻璃，遮挡了他的视线（错按了"雨刷"的控制按钮，清洗液模糊了他的视线）。他慌忙伸手去纠正这个错误，另一只手却因此而没有控制好转向盘，汽车偏离了坡道。他又赶紧往回打转向盘，但却打过了头，车子就像荡秋千一样在坡道上晃来晃去，经过短暂的惊险时刻后，他终于将汽车停了下来，心却还在怦怦跳。他责怪自己没有在行程开始前记住各个控制器的位置。他伸手去打开车前灯，这次成功了。很幸运，这次他只是犯了一个没有造成车祸的"小"错。

如前所述，人类信息加工模型可以分解为"知道事件的状态、知道如何做、执行操作"三部分。本节将要介绍的控制就属于"执行操作"的部分。根据前面的内容，控制主要涉及反应的选择和执行（信息加工模型的最后两个阶段）以及反馈环路，主要内容包括：① 介绍与反应选择相关的原则；② 讨论与反应执行有关的问题，反应控制受控制器的特性的影响，也与需要执行的任务紧密相关。

二、控制器的分类

（一）控制器的类型

表 5-5 列出了是控制器的主要类型，多数类型控制器在驾驶舱内都可以看到。

表 5-5 控制器的类型

基本类型	动作类别	举例	说明
旋转控制器	旋转	曲柄、手轮、旋钮、钥匙等	控制器可以做 360° 以下旋转
近似平移控制器	摆动	开关杆、调节杆、拨动式开关、脚踏板等	控制器受力后，围绕旋转点或轴摆动，或者倾倒到一个或数个其他位置。通过反向调节可返回起始位置
平移控制器	按压	按钮、按键、键盘等	控制器受力后，在一个方向上运动。在施加的力被解除之前，停留在被压的位置上。通过反弹力可回到起始位置
平移控制器	滑动	手闸、指拨滑块等	控制器受力后，在一个方向上运动，并停留在运动后的位置上，只有在相同方向上继续向前推或者改变力的方向，才可使控制器做返回运动
平移控制器	牵拉	拉环、拉手、拉钮等	控制器受力后，在一个方向上运动。回弹力可使其返回起始位置，或者用手使其在相反方向上运动

（二）控制器的编码分类

1. 形状编码

（1）控制器的形状应尽可能反映控制器的功能，即有意义或形状上的联系，使操作者由控制器的形状联想到该控制器的用途。

图 5-16 所示是美国空军飞机所使用的控制器形状编码，如起落架控制器形状与其功能相联系，在紧急情况下，可很大程度上减少因错误使用控制器而造成的飞行事故。

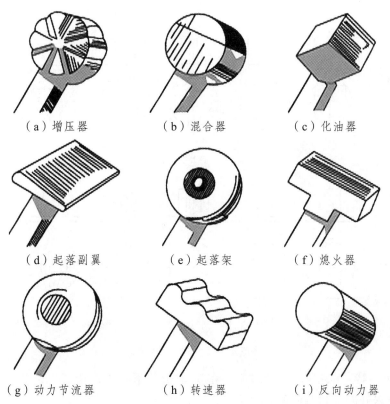

（a）增压器　　　　　（b）混合器　　　　　（c）化油器

（d）起落副翼　　　　（e）起落架　　　　　（f）熄火器

（g）动力节流器　　　（h）转速器　　　　　（i）反向动力器

图 5-16 美国空军飞机所使用的控制器的形状编码

（2）控制器的形状应有最大限度的差异，使操作者在无视觉指导下，仅凭触觉也能分辨不同的控制器，编码所选用的各种形状不宜过分复杂。

詹金斯（Jenkins）1974年通过实验，得出两组每组各8个凭触觉即可辨认的手柄形状，如图5-17所示。

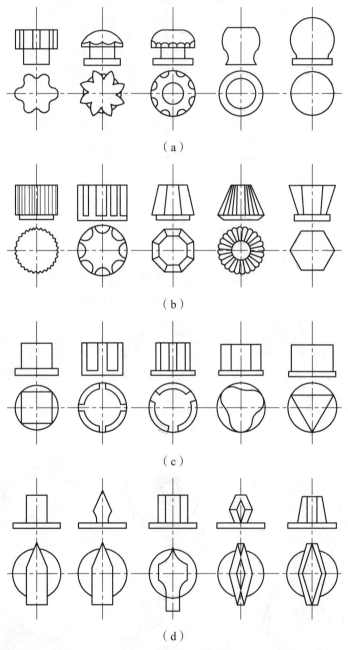

（a）

（b）

（c）

（d）

图 5-17　旋钮的形状编码

图5-18为亨特（D.P.Hunt）通过实验在31种旋钮形状中筛选出的3类16种适合于不同情况、识别效果好的形状编码旋钮。其中：

A 类[见图 5-18（a）]适用于做 360°以上的连续转动或频繁转动，旋钮偏转的角度位置不同有重要的信息意义。

B 类[见图 5-18（b）]适用于旋转调节范围不超过或极少超过 360°的情况下，旋钮偏转的角度位置可提供重要信息。

C 类[见图 5-18（c）]旋转调节范围不宜超过 360°，旋钮的偏转位置可提供重要信息，例如用以指示刻度或状态。

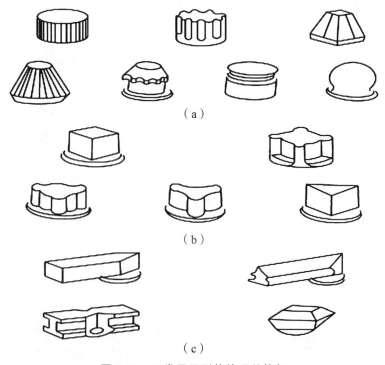

图 5-18　三类用于形状编码的旋钮

2. 表面纹理编码

控制器的表面纹理可以通过触觉辨认，因此用不同的表面纹理对控制器进行编码。布瑞德内（Bradley）对光滑的、带槽纹的和压花纹的 3 类 9 种不同表面纹理的旋钮进行了实验研究。研究结果表明，人在无视觉指导下，3 类旋钮之间不会发生混淆，但在 3 种带槽纹的旋钮之间、3 种压花纹的旋钮之间则有不同程度的混淆。因此，研究者认为，光滑的、带槽纹的和压花纹的 3 类表面纹理可用作控制器的纹理编码。

3. 大小编码

大小编码是通过控制器的尺寸大小不同来分辨控制器。因此，通常在尺寸上分为大、中、小三挡，超过三种就不容易辨识。

控制器大小之间的尺寸级差必须达到触觉的识别阈限。布瑞德内通过实验研究发现，旋钮直径相差达 1/2 in（约 12.5 mm），厚度相差达 3/8 in（约 9.5 mm）时，人即可通过触觉非常准确地加以分辨。他建议使用三类表面质地（光滑的、有凹槽的和有凸隆的）、三种直径——3/4 in、$1\frac{1}{4}$ in、$1\frac{3}{4}$ in（约 19 mm、31.8 mm 和 44.5 mm）和两种厚度——3/8 in、3/4 in

（约 9.5 mm、19 mm）结合，设计 18 种可供触觉分辨的旋钮。

控制器的大小编码不如形状编码那么有效，并且需要占用较大的空间，大小编码最好与形状编码组合使用。

4. 位置编码

位置编码是根据控制器在面板或控制台上的位置不同来分辨控制器。它们的位置可通过视觉或动觉辨认。为了减少使用时的搜寻时间，应该使操作者在没有视觉辅助的情况下能准确操纵控制器。位置编码应遵循以下原则：

（1）控制器位置分布可按其功能组合排列。

（2）同一控制器放在相同位置上，各区之间用位置、形状、颜色、表示等加以区分。

（3）重要的控制器放在人的肢体最佳活动范围内。

5. 颜色编码

将不同功能的控制器，涂以不同的颜色，以示彼此之间的区别，称为颜色编码。颜色编码分为两种形式：其一是对一个控制器用一种颜色相互区分，这适合控制器比较少的产品；其二是把功能相近或功能上有一定联系的控制器放置某一颜色区域内，作为控制器使用功能的区分，这种情况适合于控制器较多的产品。

由于颜色只能凭借视觉分辨，因此使用颜色编码方式时，控制器必须安装在操作者视线可以达到的位置上，而且应有良好的环境照明条件。

用作代码的颜色应具有标准意义，如紧急关闭控制器采用红色。颜色编码最好与其他编码方式如形状编码、大小编码等结合使用，以提高控制器的可分辨性。

6. 标记编码

在不同控制器的上方或旁边，标注不同的文字或图形符号，通过这些文字或符号标示控制器的使用功能，即为标记编码。它是一种简单而又应用很普遍的编码方式，采用这种编码方式，需要有良好的照明条件，同时还需要占有一定的控制面板。采用标记编码时应注意：

（1）标记要简明、通用、尽可能不使用抽象符号。

（2）标记应清晰、可读。

（3）标记位置应有规则性，并在操纵时标记在一定范围内，尽量把标记放在控制器上方。

（4）应有良好的周围照明条件允许可使用局部照明或者采用自发光标记。

以下是对于驾驶舱标记设计的指南和建议：

（1）对数据段应该做唯一性的标记，要么用测量单位，要么用一个描述性标记。但现在驾驶舱内，不带测量单位的某些基本"T"形布局仪表已被用户和公众所接受。

（2）标记应该与设置在驾驶舱其他各处的相关标记协调一致。

（3）当某项操作或指示发生在多个位置时，如飞行管理系统多个页面上的"返回"操作，在其所有发生场合的标识应该一致。

标识设置的位置应该达到以下目的：

（1）标识与其他相关目标之间的空间关系清楚明了。

（2）显示控制器件的标识在其标识的控制器件上或附近。

（3）显示控制器件的标识不被相关控制器件遮挡。

（4）标识的取向有利于可读性，如标识持续竖直取向或者对准某个相关的符号（如跑道或航路）。

（5）在多功能显示器上，应该有一个标识来指示现行的功能，除非其功能是显而易见的。当该功能不再有效或不再显示时，其标识应该消除。

7. 声音编码

在操纵不同的控制器时，给予不同的声音，由声音来区别不同控制器，在使用中予以区分。声音编码也不能单独使用，同样需要与其他编码方式结合使用。

三、控制器的外形结构设计

（一）控制器的大小

控制器的大小与其使用目的和使用方法有密切关系。控制器的尺寸设计不仅应当与操纵控制器的身体部位尺寸相适应，而且还必须最大限度地适合人的使用。

（二）控制器操作者操作方式

对于手动控制器，不同的操作方式要求不同的控制器尺寸，而操作方式则取决于手的哪一部分操纵控制器。

图 5-19 所示的手操纵控制器的 6 种方式。用手指指尖推压的按钮，操纵力是通过手指施加于控制器的，其直径至少应与手指指尖等宽（约 10 mm）。

需要用手握住进行操纵的手柄，其直径过小，容易引起肌肉过度紧张；直径过大，则手难于握牢。实验结果表明，手柄直径为 50 mm 时，手和手柄的接触面积以及握力的发挥都是最理想的。

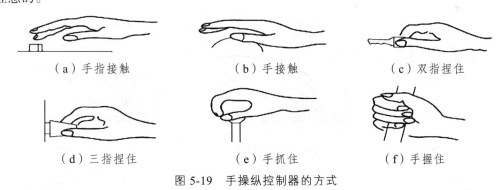

（a）手指接触　　　　（b）手接触　　　　（c）双指捏住

（d）三指捏住　　　　（e）手抓住　　　　（f）手握住

图 5-19　手操纵控制器的方式

（三）手动控制器的形状特点与设计

手动控制器的形状设计应考虑手的生理特点。指球肌、大鱼际肌和小鱼际肌是手掌上肌肉最丰富的部位，而掌心是肌肉最少的部位，指骨间肌则是布满神经末梢的部位，如图 5-20（a）所示。

手柄形状应使手柄被握住的部位与掌心和指骨间肌之间留有空隙，以改善掌心和指骨间肌集中受力状态，保证手掌血液循环良好，神经不受过强压迫。据此，图 5-20（b）中的 I、Ⅱ、Ⅲ三种形状的手柄，适用于持续用力时间较长的操作；Ⅳ、Ⅴ、Ⅵ三种手柄形状适用于

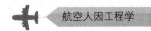

瞬间操作或施力不大时的操作。

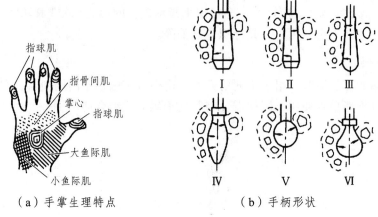

（a）手掌生理特点　　　　　　　（b）手柄形状

图 5-20　手柄形状设计与手掌生理特点

（四）控制器的形状设计

控制器的形状设计，应使操纵控制器的过程中，手腕与前臂尽可能在纵向形成一条直线，保持手腕的挺直状态，避免手腕弯曲。

对于使用手指指尖按压的控制器，其按压面的形状应呈凹形，而使用手掌按压的控制器，其按压面的形状则应呈凸形，使之适合于指尖和手掌的操作。

控制器的形状影响抓握和操纵控制器的姿势，别扭的姿势容易引起肌肉疲劳或增加操作难度。因此，控制器形状应该有利于控制器舒适、方便和灵活地操纵。有关控制器的详细尺寸如图 5-21 及表 5-6 所示。

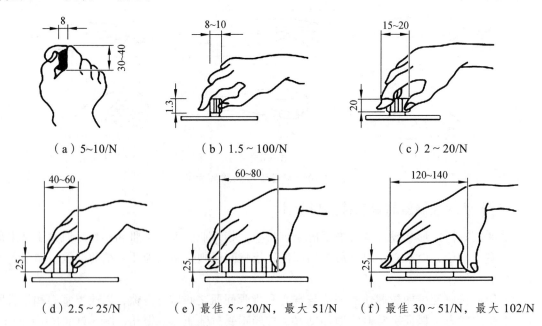

（a）5~10/N　　　　（b）1.5~100/N　　　　（c）2~20/N

（d）2.5~25/N　　（e）最佳 5~20/N，最大 51/N　　（f）最佳 30~51/N，最大 102/N

图 5-21　旋钮的操纵力和适宜尺寸（单位：mm）

表 5-6　转轮、手柄的适宜安装位置和尺寸

安装高度 /mm	安装位置 /（°）	转轮或手柄	操纵扭矩/（N·m）		
			0	4.5	10
			放置旋转半径/mm		
480	0	转轮	38～76	102～203	127～203
	0	手柄	64～114	114	114～191
610	0	转轮	38～76	127	203
910	0	转轮	38～102	127～203	203
	侧向	转轮	38～76	127	127
	0	手柄	38～114	114～191	114～191
990	90	转轮	38～127	127～203	203
	90	手柄	64～114	114～191	114～191
1 006	−45	转轮	38～76	76～203	127～203
	−45	手柄	64～191	114～191	114～191
1 020	−45	转轮	38～76	76～203	127～203
	−45	手柄	64～191	114～191	114～191
1 070	45	转轮	38～114	127	127～203
	45	手柄	64～114	64～114	114
1 220	0	手轮	38～76	102～203	127～203
	0	手柄	63～102	122	102～190

四、影响反应选择的因素

反应或者行动选择的难度与速度受诸多因素的影响，如图 5-22 所示。

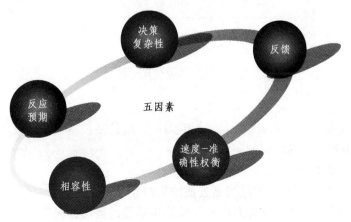

图 5-22　影响反应选择的因素

（一）决策复杂性

选择某种行为的速度与当前情境下可能选择的行为的数量密切相关，这就是行为选择中的复杂性。

工程心理学家常用反应时（RT）的希克-海曼定律来说明反应选择时间与决策复杂性的关系（见图 5-23）。此定律并不是说能让用户做出更简单的决策的系统就是好的系统，当用户需要传递的信息量恒定时，需要少量复杂决策的效率要高于做出大量简单的决策，这就是决策的复杂性优势效应。

希克-海曼定律所表达的反应时与信息量的这种线性关系说明人类以固定的速率对信息进行加工。

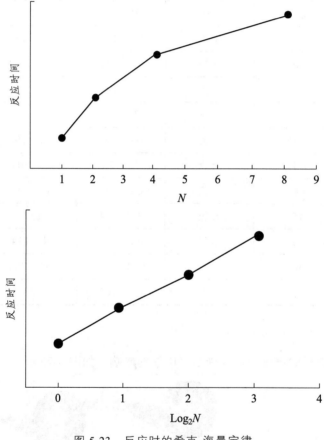

图 5-23　反应时的希克-海曼定律

（二）相容性

（1）刺激-反应相容性（或者显示-控制相容性），指的是控制器的位置和运动与相应的刺激（或显示）的位置和运动之间的预期关系。

（2）两条与相容性的子原则如下：

① 位置相容：控制器的位置应当靠近被控制的显示器。

② 运动相容：控制器的运动方向应当与反馈指示器的运动方向以及系统本身的运动方向一致。

（三）速度-准确性权衡

设计者会认为那些导致反应选择时间增加的因素（复杂决策、突发事件或不相容）将导致错误率的上升。

（四）反　馈

控制与反馈之间存在着密不可分的关系，反馈能告诉用户系统对控制输入做出了何种反应。反馈的形式有动觉/触觉、听觉、视觉。最终的优化目的就是反馈与控制接近同步。

一个控制器给用户的反馈或者说"感觉"，有很大一部分取决于控制器上的各种阻力或者给人产生的动觉，控制器上的阻力主要有两种形式：一是控制器的位移量；二是施加在控制器上的力。控制器的操作者通过自身的动觉（肌肉和肌腱的牵拉或者收缩）来感知位移量和施加的力。因此，位移和力就构成了控制器反馈的来源。

如主飞操纵系统的副翼、升降舵和方向舵，要求必须有操纵感觉。现代运输机的液压助力机械式主操纵系统一般为无回力式的，即舵面的气动载荷全部由助力器承受，不能反转回操纵机构，因此飞行员操纵多面偏转时，不能获得真实的力的知觉。为了给飞行员提供适当的操纵感觉力，以防止操纵过量或者动作粗猛，在这类主操纵系统中装有操纵力感觉装置，提供模拟感力。设计时需要提供合适的杆力和杆位移的感觉，其中杆力尤为重要。脚蹬力和脚蹬位移也是如此。

五、飞机操纵器设计应遵循的一些普遍原则

为使飞行员能够尽快地熟悉所飞机型，目前在一定程度上已采用了一些标准化设计。适用于所有飞机操纵器设计的一些普遍原则：

（1）操纵器应该设置在飞行员肢体能够达到的范围内，并能够毫无阻碍地完成整个移动范围，而且还不必使用过大的能力。

（2）操纵器的设计应尽可能标准化，以便飞行员能够在改装机型相同的位置找到它，其功能也应该是一样的。

（3）功能不同的操纵器应有足够大的区别，以避免飞行员在操纵时误用操纵器。

（4）操纵器的设计应该具有逻辑性，尤其是某些操纵器需要同时使用或者相继使用时，更应该注意这一问题。

（5）操纵器的设计应具有可靠性、防误性或者错误操作保护。

六、防止操纵差错的设计要求

在长期的工程实践中，人们总结出了10种典型的操纵器件防差错方法：

（1）位置与方向：操纵器的位置、空间和方向应使得机组在操纵器件的正常移动程序中不太可能意外地碰撞或移动它们。

（2）物理保护：在操纵器件的设计中可以设置物理保护，以防止出现意外的触发，如设置凹槽、隔板、翻盖以及保护罩等（见图5-24和图5-25）。

图 5-24　襟翼收放手柄的销钉和刻度盘卡槽（在位置 1 和位置 15 设计有限动卡槽）

图 5-25　带保护罩的操控拨钮

（3）滑脱阻力：针对操纵器件进行的物理设计和所用材料可以降低手指及手掌滑脱的可能性，如按钮可以设计成带凹面、有织纹或者粗糙的上表面。

（4）手部稳定：提供手部支撑物、扶手或者其他物理结构，以便当飞行员操作控制器时能够以此作为一个稳定点。

（5）逻辑保护：基于软件的内部逻辑，当驱动某项控制被认为不合适时，则给予软件或者软件相关的控制可能失效。

（6）复杂的运动：控制器件的操作方法可以被设计成需要复杂的运动来驱动，如旋转手柄可被设计成仅当其被拉起时才能够转向。

（7）触觉提示：不同的操纵器件表面可以有不同的形状和织纹，以此支持飞行员在黑暗中或在"免视"环境下识别不同的操纵器件。

（8）锁定/连锁操纵器件：锁定机械、连锁装置或对相关操纵器件的有限操作，都可以防止误操作。

（9）顺序运动：操纵器件可以设计成带有锁紧、止动或者其他机械装置，以此防止其直接跳过某项运动顺序。

（10）运动阻力：操纵器件可以设计成带有阻力（如摩擦、弹性、惯性），使操作者需要有意识的动作才能驱动。

防差错设计示例：

某机型起落架选择手柄有两个位置：① 为手柄；② 为告警红色箭头（见图 5-26）。起落架手柄位置向作动装置提供动作信号。当操纵手柄置于"UP"位置，或手柄置于"DOWN"位置且空速低于 280 kt，则依次作动：所有起落架舱门打开，起落架运动到新选择的位置，然后所有起落架舱门关闭。当操纵手柄置于

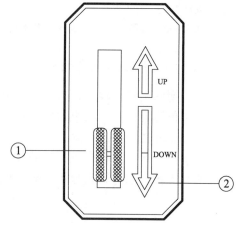

图 5-26　起落架选择手柄

"DOWN"位置时，设计了内锁机构将手柄锁定在"DOWN"位，防止起落架不安全收起。

以上示例采用了以下防差错方法：

（1）逻辑保护：当手柄置于"DOWN"位置时，系统还需确认飞机空速低于 280 kt，起落架才会放下。这样可以避免大速度条件下飞行员误操作放下起落架。

（2）锁定/连锁操纵器件：当操纵手柄在"DOWN"位置时，设计了内锁机构将手柄锁定在"DOWN"位，以防止机组误操作收起起落架。

通过以上两种防差错方法的使用，可以有效地避免机组在操纵起落架收放过程中的误操作。

本章案例 1：空客 A380 型飞机驾驶舱显示器的人因工程学设计

一、A380 型飞机显示系统介绍

空客 A380 型飞机显示系统（见图 5-27）主要包括：

（1）控制和显示系统（CDS）。带有 8 个显示组件（DU），每名飞行员可使用一个键盘和游标控制组件（KCCU）与显示在 DU 上的系统进行交互。CDS 使用以下功能向机组显示信息：① 电子飞行仪表系统（EFIS），② 飞机电子中央监控（ECAM），③ 多功能显示（MFD）。

（2）平视显示器（HUD）。通过收集主飞行显示信息向机组提供引导，在外部参数上覆盖信号显示信息，HUD 在飞行员的主要前方视线范围内，机载信息系统（OIS）提供进入到飞行运行手册和功能的手段（如性能计算模块），机长和副驾驶都具备一个 OIS 终端和一个 OIS 键盘。

（3）时钟。独立于其他系统而工作，并向所有需要时间参考的飞机系统提供时间数据。

（4）备用飞行和导航仪表显示。即综合备用仪表系统（ISIS），可在丧失 PFD 或 ND 时提供信息。

如图 5-27 所示，空客 A380 型飞机飞行仪表显示器系统共配备有 8 个阴极射线管（CRT）显示，2 个并排放在每一名飞行员的前面，另外 2 个垂直排列在中间的仪表板。这些多功能显示器意味着，如果其中有 1 个显示器失效，其信息可以被转移到任何其他 7 个显示器。设计目的是展现一个"综合"所有数据的输入，而不是迫使飞行员去分析、比较来自多个数据源的信息。这增加了飞行员的情景意识能力，从而得以更安全，更高效的飞行。

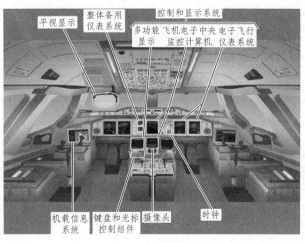

图 5-27　A380 型飞机显示系统

二、A380 型飞机驾驶舱显示系统设计的人因工程学分析

（一）多通道信息显示

研究表明：多通道人机交流方式明显优于单通道人机交流方式，其内在机制主要与多通道用户界面的通道互补性有关。所谓通道互补性（complementary）是指由于多通道用户界面中不同交互通道之间存在特异性，即不同通道适合执行不同特点的交互任务，因而在人机交互过程中，各交互通道操作之间可以相互补充。空客 A380 机型飞机打破以往只使用简单的 MCDU 键盘完成飞机与人的交流的格局，新增添了 KCCU 设备、鼠标、多功能键盘、OIS 系统和便携式计算机一样的大键盘、鼠标、多功能显示处理器 MFD、机场导航设备和预选跑道长度以及语音警告设备等。这种方式的人机交流通道不但使用户界面在总体效率上显著的提高，而且具有更广泛的任务适应性；用户界面优越性的内在机制与多通道人机交互的通道互补性使得 A380 机型的显示系统得以唤醒飞行员信息加工的多个通道，有效地提升其对信息的注意、理解，从而大大减小了在飞行过程中由于人的因素而忽视重要信息的可能性。

（二）信息可读性强

空客 A380 型飞机超大的 8 块显示屏幕具有较高的清晰度，可自动感光微调对比度、亮度、饱和度等，为该机型提供了优秀的显示保障。它新增了 VD 显示、PFD 下部的飞机形态显示、SD 下部可供飞行员与空中交通管制联络的 ATC MAIL BOX、机场平面导航显示、OIS 系统大量多功能数据显示和高性能显示器 HUD 等，为飞行员提供了更直接、更便利的通道去了解想得到的信息。与 A330 机型相比，其雷达显示亮度上改进了原 A330 型飞机设计存在的人为调节过暗难以发现雷雨天气和误入雷雨区的缺陷，在亮度上改为了保证最低亮度使飞行员能够更好地发现雷雨。

（三）综合数据的显示

两部强大的 MFD 综合信息显示设备替代了之前的 MCDU 显示计算系统，增加了许多飞行员想要增加的信息。譬如，FMS 页面（FMS）具有了更多航路信息的计划页面，更易操作准备的性能页面，更为直观易懂的燃油页面，更加方便、裕度更大的第二计划页面；ATC 通信页面（ATCCOM）上增加了许多空中交通管制需要得到的信息汇报内容，同时也增加了很多自动发送信息的功能；监控页面（SURV）上汇集了 A380 型飞机上所有监控设备的综合页面，其中"一键还原"的功能可为飞行员节省不少精力和时间；FCU 备用（FCU BKUP）功能页面是提高安全飞行裕度的重要页面，新增的 FCU 备份页面可以保证飞机在失去正常 FCU 飞行操纵控制器后，仍然可以使用这个页面来操纵飞机。再也不必像原来那样需要花费飞行员大量精力去人工操作飞机，增加各个飞行阶段的工作负荷。

（四）无纸化驾驶舱和程序提醒功能设计

A380 型飞机驾驶舱废除了所有纸质检查单后，电子检查单功能中增添了"延时程序"和"自动重复"的功能，当飞机达到某一阶段时，该"延时程序"或"自动重复"自动地弹出以提示机组应优先完成此程序。这样，机组可以分配更多的精力投入到安全飞行中，提升了安全裕度。

（五）显示系统的美学设计

人机交互领域把美学特征的范围限制在仪表显示器的物理外观和飞行员感知使用仪表显示器的界面上，认为对交互式产品及仪表显示器的审美判断是对感官体验是否愉悦的评价。

A380 机型飞机仪表显示系统的尺寸大小、显示器位置的布局、新的 VD 显示的出现、屏幕亮度、对比度、清晰度等一系列的改变，使 A380 型飞机上的仪表显示系统更具美感。田钢（2013）采用问卷调查法对南方航空公司的 80 位 A380 型飞机飞行员进行调查后发现，98%的飞行员认为该机型具有较高的美感，比以往飞机上的显示系统更加方便、实用，在长时间的飞行时间内能够减轻疲劳感。

（六）A380 型飞机驾驶舱显示系统生态学界面设计

飞机驾驶舱显示系统具有高度的复杂性，这不仅使错误觉察与纠正更加困难，而且非常微小的错误可能会导致潜在的灾难性后果。因此，驾驶舱显示系统必须帮助飞行员在面对不熟悉事件时进行多层次的分析思考，减少错误的决策和操作的可能性。A380 机型上新型的电子检查单、ECAM 警告程序和 OIS 机载信息终端等设备采用抽象层级的方式组织界面信息，飞行员能以飞行目标为导向，对机载显示系统进行不同抽象层级的观察。

三、基于 A380 型飞机显示系统存在的工效学问题及其改进建议

田钢等（2013）采用问卷调查和专家访谈方法，对 A380 型飞机驾驶舱显示系统的可用性进行了研究，在此基础上提出了改进建议。

（一）关于 MFD 和 ND

（1）MFD 显示与警告系统关联的建议：希望在出现 ECAM 警告信息的同时在 MFD 显示器上也能像 EWD 和 SD 显示一样，自动弹出受影响的相关系统、性能等信息页面的链接功能，这样会更加人性化，便于更好地提示飞行员。

（2）MFD 的字体与草稿行设置：MFD 作为 A380 型飞机新型多功能显示器的重要组成部分，是一个全面的综合信息显示平台，多数飞行员都有快捷、方便的感受和体验。但年龄偏大的飞行员使用时，却发现 MFD 显示的字体偏小，在长时间的飞行或环境亮度有限的情况下，阅读起来比较困难。建议该显示器的字体和符号可以设计得大一些。

有飞行员反映，在比较繁忙的机场和地区时，常常会有较长的管制信息和指令要求飞行员执行，如果正巧机组忙于其他程序或者检查单项目时，就需要一个可以利用键盘迅速记录管制员指令和重要信息的 MFD 位置，即俗称的"草稿行"。在 A330 和 A320 系列的飞机上是有这项功能的，许多飞行员认为"草稿行"这一功能应该保留。

另外，在 MFD 的 F-PLN 页面，没有飞行计划的总页数的显示；F-PLN 页面在长航线飞行时，建议可以增加交接点提醒信息或者国界线显示信息功能；在 MFD 中输入巡航风时，输入完成后无法自动跳转到下一个数据输入框。

（3）ND 上也建议增加各个管制区边界和频率的提示设置，应该像杰普逊公司的 JEPPESN FD 航图软件一样能有类似的航图边界、频率提示；ND 上的显示信息量大时，各种显示会重叠，产生阅读障碍。

（二）OIS 显示穿云图等信息的工效学问题

先进、环保的 A380 型飞机驾驶理念给整个飞行界带来了新的驾驶观念。无纸化的革新改变符合世界环保思路，作为飞行员来说也是一个全新的体验。OIS 系统的航路图显示、各个机场 JEPPESEN 穿云图显示、航空气象卫星彩图显示和降水量彩图等电子化显示方式，都为机组的驾驶环境带来了很大的变化。

有飞行员反映（田钢，2013），在使用 A380 型飞机的 OIS 系统时，在关键的起飞落地阶段，机组需要使用的穿云图或者关键进近图等，因屏幕太小，无法在一个屏幕上显示全部，飞行员需要复制几张同样的航图，每次在显示器上显示一张航图不同的部位，通过切换使用，才能显示完整的航图内容。这会给飞行员的使用带来不便，并且增加了工作量，在关键的飞行阶段可能使飞行员注意力分散，干扰机组的其他工作。飞行员建议：OIS 显示器设计的尺寸应再大一点，从而达到更舒适的穿云图大小和字体大小的显示比例，更方便飞行员使用。

（三）侧杆与 OIS 显示器位置的工效学问题

人体力学等方面的研究为飞行员的驾驶舱座椅高度、倾斜角度、侧杆的位置等方面做了最优化的设计。但是在 A380 型飞机驾驶舱侧杆与 OIS 显示器配合使用时，飞行员发现侧杆的位置会遮盖 OIS 显示器上的部分信息，使得飞行员要改变坐姿才能看见被遮掩位置的信息。建议将 OIS 显示器的位置进行适当调整，使飞行员使用起来更加舒适。

（四）滑行摄像辅助系统的工效学问题

（1）无法观测的重要盲区：A380 型飞机是迄今为止世界上最大的民航运输机，可以用"空中巨无霸"来形容，其翼展 80 m，机身长度 73 m，这也给机场地面运行时带来不少风险。新的滑行摄像辅助系统给飞行员带来很大帮助的同时，也存在一些不足。飞行员在使用过程中发现，无法观察到机翼两侧翼尖与障碍物的相对位置，使得机组在较窄的滑行道上无法准确判断滑行的安全性，需要机场引导部门给予引导帮助才能更改完成。同样，在推车将其后推时，驾驶舱内的飞行员无法观察到飞机后方是否安全，是否有干净的区域用于飞行器向后移动。

建议对该滑行摄像辅助系统的摄像范围加以改进，给飞行员提供一个更宽广的视野，以便管控体积大的飞行器带来的安全风险。

（2）冰霜雨雪对摄像显示的影响：A380 型飞机暂时还没有在极端寒冷的机场和环境下运行，但已经出现滑行摄像辅助系统的摄像头在外界环境中附着冰霜、雨雪、泥水、雾气等物，从而导致驾驶舱显示器模糊或者被遮挡无法使用的情况。建议增强该摄像辅助滑行装置的自动加温和清洁等功能。

本章案例 2：空客 A380 型飞机控制器设计的人因工程学原理

一、A380 型飞机主要操作控制器布局介绍

A380 型飞机驾驶舱内的电门、开关、手柄数量较多、功能不一，使用也非常频繁。根据控制器空间布局，主要分为头顶板、主仪表板、遮光板、中央操纵台、侧操纵台等几部分，如图 5-28 所示。

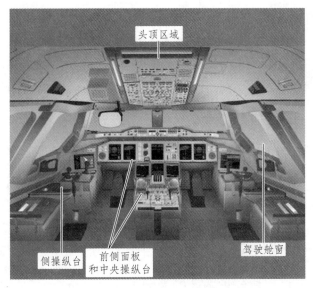

图 5-28 A380 型飞机主要控制器分布图

（1）头顶板：整个头顶板可分为左、中、右三个区域，包括飞机系统控制区、各功能控制区、跳开关面板等。

左边部分由上至下依次为跳开关面板（左侧）、ELT 面板、APU 火警面板、ADIRS 面板、飞行操纵计算机（左侧）、燃油应急操作面板、舱音记录、地面控制与紧急撤离面板、紧急电源面板、旅客娱乐系统、机组与旅客氧气面板、客舱呼唤铃面板、雨刷控制面板（左侧）。

右边部分由上至下依次为跳开关面板（右侧）、舱音记录器面板、RMP3、飞行操纵计算机（右侧）、货仓空调面板、货舱冒烟面板、通风面板、发动机人工启动与备用模式控制面板、雨刷控制面板（右侧）。

中间部分由上至下依次为机务维护面板、发动机火警面板、液压面板、燃油面板、电器面板、空调/引气面板，倒数第二排为防冰面板、发动机启动面板、客舱压力人工控制面板与水上迫降开关，最后一排为外部灯光面板、APU 启动面板、内部灯光面板、标牌指示灯面板

（2）主仪表板：主仪表板分为左右对称布局部分和中间部分，包括 PFD、ND、E/WD、SD、OIT、备用仪表、起落架控制等。

对称布局部分（仅描述左侧），由左至右依次为侧操作台灯光调节、OIT 切换、PFD/ND/MFD/OIT 显示器开关与亮度调节面板（包括显示器切换与重构型按钮）、PFD、ND。

中间部分由左至右依次为显示源切换面板、备用 PFD/ND 和重力放轮控制器、E/WD、起落架收放操作与锁定指示、自动刹车面板与防滞开关、三相压力指示器与计时器。

（3）遮光板：遮光板同样采用左右对称布局，包括 AFS 控制面板、EFIS 控制面板、HUD 控制面板等。

对称布局部分（仅描述左侧）由左至右依次为扬声器音量控制、ATC 信息提示灯、自动着陆警告灯、HUD 控制区、主警告/主注意灯、计时按钮与侧杆输入与优先指示灯、EFIS。

AFS 控制面板由左至右依次为速度旋钮（上方有空速/马赫数切换按钮）、航向航迹旋钮（上方有真磁航向切换按钮，下方有航道预位按键）、飞行指引仪/自动驾驶/自动油门（上方有航向/航迹切换按钮）、高度选择旋钮（上方有米制显示按钮，下方高度保持按键）、下降率

/下降角旋钮（下方有进近预位按键）

（4）中央操纵台：包括 MFD 控制区、无线电管理面板、推力控制区、襟缝翼、减速板/扰流板、停留刹车等。

中央操纵台上半部分同样采用左右对称布局，分为左中右三块，左边与右边部分相同，由上至下依次为 MFD、KCCU、RMP；中间部分由上至下依次为 SD、油门杆与反推、发动机主电门、ECAM 控制面板。

中央操纵台下半部分也分为左中右三块，左边部分由上至下依次为扰流板手柄、驾驶舱灯光调节面板、停留刹车面板；右边部分由上至下依次为襟缝翼手柄、ACMS 触发按钮和 DFDR 事件记录按钮、驾驶舱门控制器、打印机；中间部分由上至下依次为气象雷达与 TCAS 控制面板，人工俯仰配平、人工方向舵配平。

（5）侧操纵台：包括侧杆、转弯手轮、机组氧气面罩、OIS 便携式计算机等。

（6）其他：脚踏板小桌板及其内置键盘。

二、A380 型飞机操作控制器设计的人因工程学分析

飞机驾驶舱内的操纵器分为两类：一类是尺寸较大的操纵器，另一类是尺寸较小的操纵器。

（一）A380 型飞机大尺寸操作控制器设计的人因学分析

尺寸较大的操纵器有操作盘、操纵杆、舵蹬、襟翼和起落架手柄、油门杆或手柄等。运动方向主要有前、后、左、右运动或旋转，通常以手或脚操纵。

（1）A380 型飞机最主要的大尺寸操纵控制器侧杆、油门杆、侧杆、手轮和脚蹬等，都采用了标准化的人因学设计。这种标准化设计便于飞行员在改装机型后能在相同的位置找到该操纵器，且同一系列机型的操纵器的功能也一致，均和空客飞机 20 世纪 90 年代后延续的理念相一致，采用了更先进的电传操纵系统。常用控制器的位置、功能均和空客系列的其他飞机类似，便于飞行员机型改装，减少培训时间，有利于飞行员知识经验的正迁移。

（2）A380 型飞机大尺寸控制器大小、长短和移动范围、布局位置等，均根据操作者的身体部位、活动范围和人体尺寸来确定，便于把握和移动，使操纵飞机更加省力，减少肌肉疲劳。主要从油门杆、侧杆和手轮、脚蹬的设计等体现：

油门杆：最窄处两个凹槽位置约为 8 cm，最宽处两个断开按钮位置约为 13 cm，油门杆设计的最窄凹槽位置宽度约与一个成年人的手掌宽度相当，五指微微分开便可抓牢四个油门杆，而拇指和小指张开则可轻易地触及油门杆侧方设计的脱开按钮。

侧杆和手轮：侧杆微微向驾驶员一侧倾斜，符合人体生理特征，手腕向内部翻转要比手腕向外部反转程度大。手轮操纵方式也与其他机型形同，但位置做了细微的调整，水平向后挪了 2 cm 左右的位置，更适于飞行员的操纵。

脚蹬：尺寸为 28 cm × 13 cm，比人的脚底稍大，最大可调节前后位移为 26 cm，脚蹬踏板是使用左右踏板前后往复式控制，在脚蹬踏板上部的刹车控制部分，设计一个前缘防护挡板，防止飞行员脚掌放置位置错误，以免造成误踩刹车。在脚蹬中间的机体上，安装有一个旋转摇把，进行前后位置调节。

（3）A380 型飞机大尺寸操纵器的设计具有很高的逻辑性。操纵器的操作运动与被控对象有正确的互动协调关系，与飞行员的自然行为倾向一致。

A380 型飞机的油门杆和反推控制杆靠近排列，防止操作过当引发危险；起落架手柄头部由两个圆饼形状组成，表面有纹路，形似飞机的一组轮胎，可以联想到飞机的起落，增强了飞行员的情景意识。起落架右侧有向上和向下箭头表示方向，向下箭头下部红色灯光提供相应的非正常指示，部分控制器与显示器就近安装，便于调节，如图 5-29 所示。

（4）为了防止飞行员意外驱动控制器，A380 型飞机对于关键大尺寸控制器采用一定措施，避免控制器的偶发启动，为飞行员的错误操作提供挽回的余地，保证飞行安全。

襟缝翼手柄：如图 5-30 所示，手柄有两层扁平的片状结构，上层微向上拱起，形状像机翼翼型，下层为锁定装置，移动手柄前必须向上捏起该装置，否则手柄锁定，无法移动（当出现襟缝翼卡阻故障时，可以用较强的力直接扳动手柄来操控保护装置，启动机械备份收放襟缝翼）。手柄在 1 挡位和 3 挡位有机械止动器，防止过量操作。

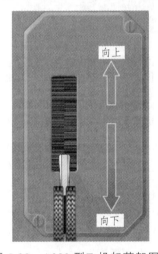

图 5-29　A380 型飞机起落架图示

图 5-30　A380 型飞机襟缝翼手柄装置的设计

起落架手柄更是通过软件程序进行锁定，在高空、大速度情况下，即使飞行员想操纵起落架手柄，也无法放下起落架，因为软件程序已经锁定放出装置。

（5）A380 型飞机大尺寸控制器设计采用动作经济原则，选用多功能的设计，尽量减少或避免不必要的操作，以保证系统工作效率，缩短反应时间，保证飞行安全。

A380 型飞机大尺寸控制器的设计，可节省空间，并减少手的运动。A380 型飞机采用 HOTAS（Hands on Throttle and Stick）设计，飞行员手不离杆就能实现系统间的开关和功能的转换（见图 5-31），手部动作幅度很小即可控制飞机的俯仰与横滚、无线电通话、自动驾驶和侧杆接管控制等。

油门杆设计的最窄凹槽位置宽度约与一个成年人的手掌宽度相当，五指微微分开便可抓牢四个油门杆，而拇指和小指张开则可轻易地触及油门杆侧方设计的脱开按钮。

（二）A380 型飞机小尺寸操作控制器设计的人因学分析

A380 型飞机除了上述大尺寸控制器外，其余大部分都是尺寸较小的操纵器，主要有气压调定旋钮、无线电旋钮、仪表板灯光调节钮、开关等遍布在驾驶舱中各处面板上。

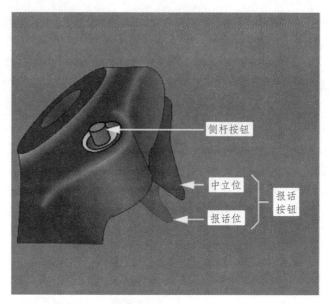

图 5-31　A380 侧杆的设计

（1）A380 型飞机驾驶舱小尺寸操纵控制器布局人因设计遵循功能分区原则，并根据其重要性、使用频率等优先排列。

A380 型飞机小尺寸操作控制器主要分为头顶板、主仪表板、遮光板、中央操纵台、侧操纵台等几个部分，在使用顺序上有前后关系的操纵器排放在相邻位置。具有相同功能的控制器或者所有与某一子系统相联系的控制器，在位置上构成一个功能整体，也成组排列。同类设备上功能相似的控制器放在了控制面板相对同一的位置上。另外，按照控制器的重要性和使用频率，分别布置在最好（反应最快、用力最方便、辨别率最高）和较好、较次的位置上。比如上顶板上，就布局有燃油、液压、电器、灯光、应急设备、氧气等多个面板，每个面板上都有标注，集中有相关系统的电门、开关，非常方便飞行员的操作。

（2）A380 型飞机小尺寸功能不同的操纵器采用相应的编码方式进行设计。

A380 型飞机小尺寸控制器数量较多、功能不一，使用也非常频繁。有关研究表明操纵器混淆是飞行员出现操作失误最普遍的原因，为了使飞行员能够迅速、正确地使用，在设计上根据功能的不同对控制器进行编码。编码方式主要有形状、位置、大小、颜色编码等。A380 型飞机小尺寸控制器在选择编码方式时主要考虑以下条件：飞行员使用控制器的任务要求、飞行员辨认控制器的速度和准确性、需要采用编码方式的控制器数目、可用的控制板空间、照明条件、影响飞行员感知觉辨认能力的因素等。

譬如，大多数正方形按钮主要位于头顶板、少量分布于其他处；大多数长方形按钮分布于 ECAM 控制面板、EFIS 控制面板；多种规格旋钮锯，如齿旋钮、花瓣形锯齿旋钮、特殊锯齿旋钮等，如图 5-32 所示，方式控制面板上临近的 4 个旋钮，距离相近，形状与功能各异；拨动开关则主要用于各处灯光的开关和状态转换，手柄部分主要有三种形状，扁形、圆柱形、粗圆柱形。比较特殊的是着陆灯，手柄采用长条形状，其上镶有 3 个透明的凸点等。

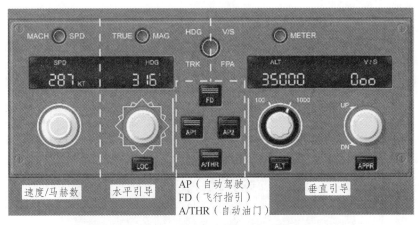

图 5-32 方式控制面板上控制旋钮

（3）为了防止飞行员意外操纵控制器，A380 型飞机对于关键小尺寸控制器也采用一定保护措施，避免控制器的偶发启动，为飞行员的错误操作提供挽回的余地，保证飞行安全。A380 型飞机小尺寸控制器在设计时主要采取以下保护措施来防止偶发启动：

① 将控制器安装在陷入控制板的凹槽内。

② 在控制器上加保护罩。

③ 将控制器安装在不易被碰撞的位置。

④ 操作者必须连续做两种操作运动，才能使控制器被启动。

⑤ 适当增大控制器的操作阻力。

⑥ 排列控制器要保持充分的间距，以免引起偶发启动。

以下通过几个示例来进行说明。

停留刹车：如图 5-33 所示，操作时需要向上提起手柄再进行旋转，否则无法转动。

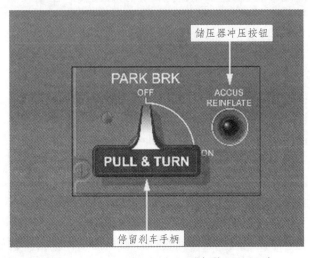

图 5-33 A380 型飞机停留刹车装置的设计

起落架重力放出装置：如图 5-34 所示，整个起落架重力放出装置带有保护盖，其上有黄黑相间的斜条纹。

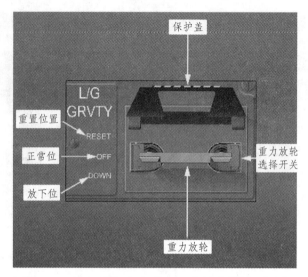

图 5-34　A380 型飞机起落架重力放出装置的设计

俯仰配平拨动滑块：如图 5-35 所示，该控制器可配平水平安定面的位置，两个滑块用弹性装置定在中立位，使用时需要同时拨动两个滑块才能移动。

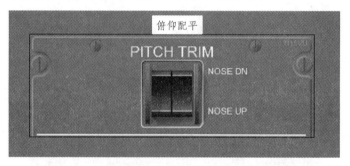

图 5-35　A380 型飞机俯仰配平拨动滑块装置的设计

三、A380 型飞机操作控制器人因工程设计的建议

田钢（2013）在可用性问卷调查和对改型飞机飞行员的访谈基础上，提出了 A380 机型存在的不足和改进建议。

（1）个别按钮位置设计上可根据其重要性和使用频率、性质改进。譬如，前方主仪表板的 PFD、ND 灯光调节等按钮，不太重要，可以考虑设计在侧方；后顶板的发动机 FADEC 地面电源接通按钮，设计太靠后，在驾驶座位上，无法轻易操作，飞行员调整到正常眼高位置时，可达性较差；地面语音记录电源的按钮，设计在紧急撤离按钮附近，建议改至与语音记录器一起，到后顶板，更符合心理模型的按逻辑分类原则。

（2）设计燃油系统整体控制电门，尽可能减小机组的工作负荷。譬如，该机型燃油系统一共有 20 个电动泵，每个对应一个按钮式电门，每个起飞落地循环，每个电门都需要开关最少一次，动作太多，建议设计一个整体控制电门，进行正常情况下整体开关的控制，若有故障时，再进行单个控制。

（3）小桌板键盘，作为字母键盘，目前使用最普遍的是 QWERTY 键盘，而该类键盘的缺点主要是操作时双手负荷不平衡，很多常用词都只用左手输入，另外无名指和小指的负荷也较重，易造成疲劳。这些都影响到键盘的操作效率。可以考虑使用"DVORAK"键盘或"MALT"键盘。KCCU 的键盘同理。小桌板键盘使用频率很高，操作结果也很重要，但其设计在可收放存储的小桌板上，每次使用均需要一个人两手操作，取用和输入都不方便，建议和 KCCU 的鼠标键盘功能整合。

（4）关于数字键盘的横向单排排列也不合理，输入不同数字时手的位移较大，最好设计成井字格数字键盘，并在中间的按键上附加触觉标记，这样不用低头观察键盘也能以手指识别数字分部（与某些计算机键盘数字键区域的设计相同）。

（5）值得一提的是 KCCU 的光标球和拨动滚轮，光标球的速度与准确性权衡较好，而操作拨动滚轮时，手指只需稍加移动，较好地满足了动作最少的设计原则。遗憾的是不能用于进行机载信息系统（OIS）的输入控制，建议增强其控制功能，减少对小桌板键盘和触摸屏光标的使用。

（6）RMP 面板集合了按钮与旋钮，与空客其他机型的设计有很大区别。例如 VHF、HF、TEL 的排列方式，A380 型飞机采用纵向排列，空客其他机型采用横向排列，而通过调查问卷得出结果表明，横向排列更得人心。另外，RMP 设计上存在一个缺点，即右座无线电调谐面板的 VHF3 控制旋钮被襟缝翼手柄遮挡，主要供后面中间观察员使用的第三部无线电调谐面板设计在头顶板，每次调谐需要抬头，大幅调整身体位置调节，使用不符合可达性原则。建议移到中央操纵台上后方位置。

（7）襟翼手柄和起落架收放手柄利用形如其表的原则，将外观设计分别成机翼形状和轮子形状，同时襟翼手柄还具有保护装置防止意外触及。缺点是其位置位于右座 RMP 上方，对 RMP 的第三部 VHF 频率调节有遮挡影响，建议适当后调其面板位置。

（8）总的来说，侧杆、转弯手轮、脚踏板和油门杆满足了人体舒适范围和控制器的可达性原则。但需要指出一个小缺点，人工操作 4 发油门时，调节精确性需进一步提高，不容易齐平，无法做到精确的同步控制。相比其他同类 4 台发动机机型，有些采用了锁定挡杆设计，可以考虑借鉴。

复习思考题

1. 飞行员独特的认知与操纵特性主要表现在哪几个方面？

2. 简述人的信息加工过程及其对驾驶舱设计的意义。

3. 人类知觉加工的形式主要哪三种？

4. 知觉的人因工程学规则是什么？对产品设计有何意义？

5. 简述眼动的类型及其对设计的人因工程学意义。

6. 什么是视觉搜索？有哪些特点？影响视觉搜索的因素有哪些？其人因工程学意义是什么？

7. 如何使用信号检测论方法研究视觉检测/确认？

8. 简述记忆的类型及其在设计中的人因工程学意义。

9. 有哪些判断与决策模型/理论？简述其在设计中的人因工程学意义。

10. 简述反馈在飞行员判断与决策中的意义。

11. 注意的选择性主要受哪三种因素的影响？

12. 阐述人与机器在收集信息、加工信息、决策、行为等方面各自的优点和缺点及其在人因工程学设计中意义。

13. 举例说明显示器设计的 13 条原则。

14. 简述告警信号的设计标准。

15. 简述标志设计应遵循的原则。

16. 简述多项显示布局的原则。

17. 什么是"T"分布？

18. 简述平视显示的优点与缺点。

19. 简述控制器的主要类型。

20. 简述控制器分类。

21. 控制器的外形设计包括哪些？

22. 简述影响反应选择的因素。

23. 简述操纵器设计应遵循的普遍原则。

24. 简述 10 种典型的操纵器件防差错方法。

第六章　与航空人因设计相关的适航审定条款

适航是指航空器能在预期的环境中安全飞行（包括起飞和着陆）的固有品质，这种品质可以通过系统的设计和制造获得，并通过合适的维修而持续保持。适航管理是政府适航管理部门代表公众，依据相关适航法规和管理文件对航空器的设计、制造、使用和维修等环节进行系统的审查和监督，以确保航空器达到适航规章要求的安全性水平。

民用航空器的适航管理是以保障民用航空器的安全性为目标的技术管理，是政府适航管理部门在指定各种最低安全标准的基础上，对民用航空器的设计、制造、使用和维修等环节进行科学统一的审查、鉴定、监督和管理。

为了规范地进行适航管理，各国政府和适航管理当局都建立了相应的适航法规体系，包括一套完整的适航法规、程序和文件。我国与适航相关的法规体系包括以下几个层次：民航法、行政法规、民航规章、规范性文件。民航法属于国家法律，是制定民航法规、规章的依据；行政法规根据宪法和法律制定，是对某一方面行政工作的规定，具有法律效力；民航规章是涉及民用航空活动、具有法律效力的专业性管理规定或标准；规范性文件包括管理程序（Aviation Procedure，AP）、咨询通告（AadvisoryCircular，AC）、管理文件（Management Document，MD）、工作手册（Work Manual，WM）等，是具体的职能部门（如适航审定部门）颁布的关于民航规章的具体实施办法、管理程序、规章条文的相关政策或解释，规范性文件不具备强制法律效力。

美国在适航方面的法规体系比较成熟、完备，美国联邦航空局（FAA）一直是国际适航标准和程序制定方面的领军者。FAA 依据联邦航空法，构建了包括适航审定法规文件和用于指导具体工作的政策指南性文件的完整适航法规体系。其适航法规文件包括联邦航空条例（FAR）、特殊联邦航空条例（SFAR）、技术标准规定（TSO）等，政策指南性文件包括咨询通告（AC），指令（order），通知（notices）、政策（policy）、备忘录（memo）、手册（handbook）和指南（manual）等。

设计与适航关系密切，两者相互依存、相互促进。适航审定条款是在已有事故/不安全事件经验教训和已有科学研究的基础上凝练出来的，是航空器设计的重要依据。人因工程对于航空安全具有重要影响，这在飞机制造商、适航当局以及相关机构中已达成共识。在飞机设计与取证评审过程中，对人因设计的要求越来越高，而相关适航条款与依据也在不断地更新完善之中。本章主要介绍与驾驶舱人的因素直接相关的条款，这些条款主要取自 CCAR25 部和 FAR25 部（揭裕文，朱亮等，2017）。

第一节　CCAR25 部中与驾驶舱人因直接相关的适航条款及其解析

一、CCAR25.143 操纵性和机动性总则

（一）条款原文

（a）在下述过程中，飞机必须可以安全地操纵并可以安全地进行机动：

（1）起飞。

（2）爬升。

（3）平飞。

（4）下降。

（5）着陆。

（b）必须能从一种飞行状态平稳地过渡到任何其他飞行状态，而不需要特殊的驾驶技巧、机敏或体力，并且在任何可能的使用条件下都没有超过飞机限制载荷系数的危险，这些使用条件包括：

（1）临界发动机突然失效。

（2）对于三发或三发以上的飞机，当飞机处于航路、进场或着陆形态，临界发动机停车并已配平时，第二台临界发动机突然失效。

（3）形态改变，包括打开或收起减速装置。

（c）在附录 C2 中规定的飞行各阶段的临界结冰条件下，必须表明飞机在下列条件下有足够的安全操纵性能和机动能力，并且临界发动机不工作且其螺旋桨（如果适用）处于最小阻力位置。

（1）起飞最小 V_2。

（2）在进场和复飞过程中；和

（3）进场和着陆过程中。

（d）在本条（a）～（c）所需的试验中，对于常规盘式操纵，表 6-1 规定了所允许民用飞机驾驶舱人为因素适航验证导论的最大操纵力。

表 6-1　常规盘式操作所允许的最大操纵力

施加在驾驶盘或方向舵脚蹬上的力	俯仰/（kg；lb）	滚转/（kg；lb）	偏航/（kg；lb）
短时作用（双手）	333（34；75）	222（23；50）	
短时作用（单手）	222（23；50）	111（11；25）	
短时作用			667（68；150）
持久作用	44（5；10）	22（2；5）	89（9；20）

（e）当演示本条（d）所规定短时操纵力限制的符合性时，必须遵循经批准的操作程序或常规的操纵方法（包括在前一个定常飞行状态尽可能地接近配平，但起飞时飞机必须按经批准的操纵程序配平）。

（f）当演示本条（d）所规定持久操纵力限制的符合性时，飞机必须配平，或尽可能地接近配平。

（g）在恒定空速或马赫数（直至 Vrc/Mc）机动飞行时，杆力和杆力梯度相对于机动载荷系数必须处于满意的限制条件之内。飞机机动飞行时，杆力必须不得有过度的驾驶员体力要求，也不得太低以致使飞机可能轻易无意地进入超应力状态。随载荷系数变化出现的梯度变化必须不得引起保持飞机操纵的过度困难，以及局部梯度不得太低导致过度操纵的危险。

（h）前重心情况下恒速协调转弯时的机动性（表 6-2），不得出现失速警告或其他可能干扰正常机动的特性：

表 6-2　前重心情况下恒速协调转弯时的机动性

形态	速度	协调转弯中的激动飞行坡度角/（°）	推力功率设置
起飞	V_2	30	不对称 WAT 限制
起飞	（V_2+XX）	40	全发工作爬升
航路	VFTO	40	不对称 WAT 限制
着陆	VREF	40	对于 −3°航迹角的对称

注：① 使得推力或功率设置产生在该飞行条件下第 25，121 条规定的最小爬升梯度的重量、高度和温度的组合（WAT）。

② 全发工作最初爬升中的批准空速。

③ 在临界发动机失效以及机组没有采取措施调整其余发动机推力或功率的情况下，该推力或功率设置可能导致为在 V2 时起飞条件规定的推力或功率，或者被用于全发工作初始爬升程序的较小的推力或功率设置。

（i）演示结冰条件下第 25.143 条的符合性时：

（1）必须用附录 C 中规定的特定飞行阶段最临界的冰积聚演示可操纵性。

（2）必须表明，在推杆使飞机低头到过载为零或由升降舵或飞控系统的其他设计特点限制所能产生的最小过载系数的全过程中需要一定的推杆力。必须表明能够用不超过 23 kg（501b）的拉力即可迅速从该机动中恢复过来；和

（3）除非杆力的变化是逐渐的和易于控制的，并且不需要特别的技巧、机敏或力量，随着侧滑角不断增加驾驶员通过俯仰操纵保持速度时杆力必须是稳定增加的，不出现杆力反逆现象。

要求：

（j）在结冰条件下飞行时，在防冰系统已开启并执行其预定功能之前，采用以下要求：

（1）如果该防冰系统的开启取决于驾驶员看到参考表面上规定的冰积聚（并不是刚刚开始结冰），则第 25.143 条的要求适用于附录 C 第 11 部分（e）所定义的冰积聚。

（2）如果用其他方式启动防冰系统，则必须用附录 C 第 11 部分（e）所定义的冰积聚在飞行中演示；

（Ⅰ）在直至 1.5 g 过载系数的拉起机动中飞机是可操纵的；和

（Ⅱ）在直至 0.5 g 过载系数的推杆机动中不出现俯仰操纵力反逆。

（二）条款解析

25.143（a）款

"安全地"是指没有危险倾向，例如，飞机不会出现飞行员不能预期的响应，没有飞行员诱发振荡（PIO）、超出体力和能力的限制、不可控制的飞行姿态等。

25.143（b）款

"飞机限制载荷系数"由 CCAR 25.301，CCAR 25.303，CCAR 25.305 规定，限制载荷不会使飞机结构产生有害的永久变形，非永久变形不会妨碍安全运行。

25.143（d）款

"短时操纵力"是指飞机形态变化后保持飞机预期的飞行轨迹以及从一种飞行状态过渡到另一种飞行状态，或在故障后恢复操纵所产生的初始稳定的操纵力；"持久操纵力"是指在正常和故障情况下产生的、不易配平或消除的那些操纵力。短时操纵力是指不超过 2 min 的力，但不包括飞机形态变化、飞行状态或在故障后恢复操纵时产生的瞬态力峰值。持久作用的最大操纵力指作用时间超过 10 min 的力，对于短于 10 min 的力，允许在"短时"力和"持久"力之间合理内插。

25.143（g）款

"杆力梯度"也称每 1g 杆力，是每一过载点上杆力（通常指纵向杆力）对过载的导数。

本条（a）款中还隐含了对驾驶员诱发振荡（PIO）的要求。驾驶员诱发振荡是一种闭环操纵品质现象，体现在闭环（驾驶员操纵飞机）机动飞行中飞机和驾驶员反常的相互作用而导致的不期望的飞机运动、振荡、发散振荡和不可控制的运动。机动飞行中，飞行员对与操纵面运动相耦合的驾驶舱操纵器件的操纵以及飞机的动态响应形成这种闭环或反馈系统。PIO 经常会在"高增益"的情况下出现，此时飞行员试图要准确和迅速地完成一种特定任务。

（三）符合性验证方法

通常适航管理当局可接受的符合性验证方法包括但不限于表 6-3 所列。

表 6-3　符合性验证方法

条款	符合性验证方法
25.143（a）	设计说明，飞行试验
25.143（b）	设计说明，飞行试验
25.143（c）	设计说明，飞行试验
25.143（d）	飞行试验
25.143（e）	飞行试验
25.143（f）	设计说明，飞行试验
25.143（g）	飞行试验
25.143（h）	设计说明，飞行试验
25.143（i）	设计说明，飞行试验
25.143（j）	飞行试验

目前可接受符合性方法的指导性材料为 AC25-7A 运输类飞机飞行试验指南。

二、CCAR 25.671 控制系统总则

（一）条款原文

（a）每个操纵器件和操纵系统对应其功能必须操作简便、平稳和确切。

（b）飞行操纵系统的每一元件必须在设计上采取措施，或在元件上制出明显可辨的永久

性标记，使由于装配不当而导致系统功能不正常的概率减至最小。

（c）必须用分析、试验或两者兼用来表明，在正常飞行包线内发生飞行操纵系统和操纵面（包括配平、升力、阻力和感觉系统）的下列任何一种故障或卡阻后，不要特殊的驾驶技巧或体力，飞机仍能继续安全飞行和着陆；可能出现的功能不正常必须对操纵系统的工作只产生微小的影响，而且必须是驾驶员易于采取对策的：

（1）除卡阻以外的任何单个故障（例如，机械元件的脱开或损坏，作动筒、操纵阀套和阀门一类液压组件的结构损坏）。

（2）除卡阻以外未表明是极不可能的故障的任意组合（例如，双重电气系统或液压系统的故障，或任何单个损坏与任一可能的液压或电气故障的组合）。

（3）在起飞、爬升、巡航、正常转弯、下降和着陆过程中正常使用的操纵位置上的任何卡阻，除非这种卡阻被表明是极不可能的或是能够缓解的。若飞行操纵器件滑移到不利位置和随后发生卡阻不是极不可能，则须考虑这种滑移和卡阻。

（d）飞机必须设计成在所有发动机都失效的情况下仍可操纵。如果表明分析方法是可靠的，则可以通过分析来表明满足本要求。

（二）条款解析

25.671（a）款

本款是对飞行操纵系统的总的定性要求，即要求操纵系统操作简便、平稳、确切。简便一般是指操纵系统的操纵器件应满足 25.779（a）款的要求，保证驾驶员手、脚的操作动作与人的运动本能反应相一致；平稳一般是指系统无突变、无紧涩感觉、无卡阻、无自振，杆力梯度合适，驾驶员感觉舒适；确切一般是指飞机能正确执行驾驶员指令并且能从一种飞行状态按指令平稳地过渡到任何其他飞行状态。

25.671（b）款

本款是确保正确装配、防止误安装的要求。操纵系统的每一元件或组件必须在设计上采取措施，特别是对称元件、相似元件、有相同臂值或臂值相近的那些摇臂，必要时采用明显可辨的永久性标记，以防止在生产或维修中发生误装配。

25.671（c）款

"卡阻"定义为某个操纵舵面、飞行员操纵器件或组件停滞在某个位置的失效或事件。

"故障/失效"定义为某个事件的发生，会影响某组件、部件或元件的运行，使其无法完成预定功能（包括功能丧失和功能不正常）。注意：差错可能导致失效，但不能被认为是失效。

本款要求必须用分析、试验或两者兼用来表明，在下述故障情况下，飞机仍能继续安全飞行和着陆。

操纵系统和操纵面在正常飞行包线内可能出现的故障：

（1）单个故障（不包括卡阻），如机械元件的脱开或损坏，或作动筒、操纵阀套和阀门一类液压组件的结构破坏。任何单个故障（不包括卡阻）不能引起灾难性后果，不管其概率如何。

（2）故障的组合（不包括卡阻），如双重液压系统的失效，任何单个故障同电气或液压系统可能出现的故障的组合。还应考虑到单个故障引起的相继失效及对其他系统的影响。

（3）卡阻，在起飞、爬升、巡航、正常转弯、下降和着陆过程中正常使用的操纵位置上的任何卡阻，如飞行操纵器件滑移到不利位置和随后发生卡阻不是极不可能的，则考虑这种滑移和卡阻；来自货物、旅客、松散的物体和水蒸气结冰等因素造成的卡阻也应考虑。

针对卡阻，服役机群经验数据表明：操纵面卡阻的总故障率大约为每飞行小时 10^{-7} ～ 10^{-6}。考虑到该统计数据，对于条款中规定的每一飞行阶段，不考虑其他故障，正常使用位置的合理定义是发生在 1000 次随机操作飞行中的操纵面偏转范围内（从中立位到最大的偏转位置）。

由于一般不能或很难证明某个舵面卡阻或操纵器件卡阻是极不可能的，因此需要考虑在飞行过程中正常使用位置的任何卡阻。FAA 颁布的政策 PS-ANM10-1995-0020 对操纵面"正常使用位置"的卡阻给出了指导建议。

由于大部分的卡阻缓解装置需要另一飞行员的动作，或者需要通过拉杆来启动冗余系统，这都需要恢复时间，因此，在即将着陆的极短暴露时间内发生的卡阻，考虑到恢复时间的问题，可能在飞行员未克服卡阻之前已经导致了事故的发生或已经着陆，如果申请人表明在该极短的暴露时间段内发生卡阻是极不可能的，则一般可以被接受。

25.671（d）款

本款要求飞机必须设计成在所有发动机都失效的情况下，飞机仍可操纵。全部发动机发生故障后，对于爬升、巡航、下滑、进场和待机状态，飞机仍应是可操纵的，并且有能力从合理的进场速度拉平到接地时的着陆状态。

当飞机全发停车时，对飞机的操纵分为以下 3 种情况：

（1）对于机械操纵系统，系统的功能与发动机无关，因此全发停车时，飞机仍是可操纵的。

（2）对于具有带动力的操纵系统且有手动转换的飞机，若动力源是由发动机带动的液压泵、冷气泵或发电电源，则在全发停车时，动力操纵系统全部失效。此时对飞机的操纵采用手工操控，即脱开动力操纵，改为机械操纵。

（3）对于具有带动力的操纵系统且没有手动转换的飞机，利用备用动力源，此动力源相对发动机是独立的。

若飞机具有带动力的操纵系统，且动力源是由发动机带动的，则设计上必须采取措施，即使发动机全部停车，飞机仍可操纵。为此，必须将飞机设计成：

（1）有冗余动力源，如冲压空气涡轮、备用电源等。

（2）有动力源脱开装置。

（3）有与备用动力源接通的装置。

（4）可以手工操控。

对于如 B-737，DC-9 及通勤类带液压助力的机械操纵系统的飞机，全发停车时，恢复手动操纵，自动切断液压助力并显示，改为纯手工机械操纵；对于大型运输机，一般采用冲压空气涡轮（RAT）作为冗余动力源。

（三）符合性验证方法

（1）CS-25AMC25.671（a）提出：对于完成必要功能的操纵系统的设计必须满足，当选定运动到某一位置时，无须等待最初选定运动的完成，就能选定另一不同的位置，并且操纵系统应到达最后选定位置而无须进一步的关注。系统随后的运动和满足选择顺序要求所花的时间不应影响飞机的适航性。

对 25.671（a）款的符合性一般可通过说明性文件、计算/分析、试验室试验、地面试验和飞行试验来表明。通过对控制率的计算，保证操纵平稳和确切。通过飞行试验，试飞员给出整体的评估意见。

（2）CS-25AMC25.671（b）提出：操纵系统中，对于若不正确安装就会危害飞机的系统，应在设计上采取措施，使得在所有可能的分解点，装配该系统的元件在机械上不可能引起下述后果。

① 超出限制的动作/不协调的动作。

② 装配可能使操纵意图相反。

③ 两个系统之间出现非有意地操纵交连。

仅在特殊的情况下允许操纵系统为满足以上要求而采用独特的标记。

对 25.671（b）款的符合性一般可通过说明性文件和机上检查来表明。由于考虑到标记标牌受光线、时间长易老化等环境影响，以及需要维护人员刻意注意等限制，一般应鼓励尽可能采用设计策略，在设计上采取措施来防止误装配，不提倡仅采用标记标牌的方法防止误装配。申请人在设计阶段应采取足够的预防措施，维修手册应详细列出有关防止误装配、误连接等的程序。

（3）对 25.671（c）款的符合性一般可通过安全性分析、试验室试验、机上地面试验、飞行试验和模拟器试验来表明。安全性分析推荐按 AMC25.1309 进行。

（4）对 25.671（d）款的符合性一般可通过说明性文件、安全性分析、飞行试验和模拟器试验来表明。

三、CCAR 25.771 驾驶舱

（一）条款原文

（a）驾驶舱及其设备必须能使（按第 25.1523 条规定的）最小飞行机组在执行职责时不致过分专注或疲劳。

（b）第 25.779（a）条所列的主操纵器件（不包括钢索和操纵拉杆）的设置必须根据螺旋桨的位置，使（按第 25.1523 条规定的）最小飞行机组成员和操纵器件的任何部分都不在任一内侧螺旋桨通过其桨毂中心与螺旋桨旋转平面前和后成 5°夹角的锥面之间的区域内。

（c）如果备有供第二驾驶员使用的设施，则必须能从任一驾驶座上以同等的安全性操纵飞机。

（d）驾驶舱的构造必须做到在雨或雪中飞行时，不会出现可能使机组人员分心或损害结构的渗漏。

（e）驾驶舱设备的振动和噪声特性不得影响飞机的安全运行。

（二）条款解析

25.771（a）款

"不过分专注"指的是飞机的仪表或者设备的设计分布，如果驾驶员对于某些仪表设备分配

了过多的注意力，会减弱对于飞机的情景意识，在某些情况下对飞机的安全运行有潜在的威胁。

25.771（b）款

"第 25.79（a）条所列的主操纵器件"包括副翼、升降舵和方向舵操纵器件。本款要求很明确，即针对螺旋桨飞机，除钢索和操纵拉杆外，副翼、升降舵和方向舵操纵器件的位置，必须根据螺旋桨的位置进行布置，使 25.1523 条规定的最小飞行机组成员和操纵器件的任何部分（除钢索和操纵拉杆外）都不在任一内侧螺旋桨通过其桨毂中心与螺旋桨旋转平面前和后成 5°夹角的锥面之间的区域内。

25.771（c）款

本款对存在第二驾驶员使用的设施的驾驶舱操纵系统安排提出要求，要求必须能从任一驾驶座上以同等的安全性操纵飞机，即当任一驾驶员不能按要求操作飞机时，另一驾驶员能够从任一驾驶座上安全地操纵飞机。这实际上对双驾驶员操纵的飞机，设置与安全操纵飞机相关的驾驶舱设施（如操纵器件等）提出了双套的要求。

此外，对于与安全相关的关键设施，如果设计可同时供正副驾驶员使用的单个设施，如某些机型上设计有起落架应急收放按钮，其布置应满足正副驾驶都可达，且操作安全。

25.771（d）款

本款对雨水或雪渗漏进入驾驶舱提出了要求。飞机在雨或雪中飞行时，如果雨水或雪渗漏进入驾驶舱达到可能使机组人员分心或损害结构的程度，则对飞机的安全飞行有不利的影响，因此要求驾驶舱的构造应具有防止可能使机组人员分心或损害结构的雨水或雪的渗漏。

（三）符合性验证方法

通常适航管理当局可接受的符合性验证方法包括但不限于：简述、飞行试验、模拟器试验、设备鉴定等。

25.771（a）款

需要进行机组工作负荷分析。工作负荷包括身体和精神上的负荷。工作负荷的大小对任务的绩效是有影响的。如果超出可接受的范围，则工作无法继续。但是，过低的工作负荷则会造成无聊厌倦，注意力不集中的情况。以往的研究表明，操作人员在中等工作负荷时最可靠，而持续稳定的工作负荷很重要。

25.771（b）款

一般可以提供图纸和论证报告，以说明 25.1523 条规定的最小飞行机组成员和操纵器件的任何部分（除钢索和操纵拉杆外）都不在任一内侧螺旋桨通过其桨毂中心与螺旋桨旋转平面前和后成 5°夹角的锥面之间的区域内。

25.771（c）款

一般可通过驾驶舱设计说明、布置图、机上检查和飞行试验进行评估，以表明对该条款的符合性。针对该条款，驾驶舱设计说明应至少说明供第二驾驶员使用的设施的物理特征、功能及与第一驾驶员使用的设施之间的关系和差异；布置图应至少展示供第一驾驶员和第二驾驶员使用的设施的驾驶舱布局；机上检查应至少包括对双套操纵系统的检查，以及与安全相关的单个关键设施的布置正副驾驶员都必须可达的检查；飞行试验应验证装有供第二驾驶员使用的设施时，驾驶员从任一驾驶座上都可同等安全地操纵飞机。

25.771（d）款

本条款的符合性验证主要采用符合性说明和试验的方法。

（1）符合性说明：用驾驶舱的设计图纸来说明驾驶舱的构造特点，采取了什么措施防雨或雪的渗漏。

（2）试验：采用地面淋雨试验，来验证驾驶舱防雨或雪的渗漏能力。

四、CCAR25.773 驾驶舱视界

（一）条款原文

（a）无降水情况。

对于无降水情况，采用下列规定：

（1）驾驶舱的布局必须给驾驶员以足够宽阔、清晰和不失真的视界，使其能在飞机使用限制内安全地完成任何机动动作，包括滑行、起飞、进场和着陆。

（2）驾驶舱不得有影响（按第25.1523条规定的）最小飞行机组完成正常职责的眩光和反射，必须在无降水情况下通过昼和夜间飞行试验表明满足上述要求。

（b）降水情况。

对于降水情况，采用下列规定：

（1）飞机必须具有措施使风挡在降水过程中保持有一个清晰的部分，足以使两名驾驶员在飞机各种正常姿态下沿飞行航迹均有充分宽阔的视界。此措施必须设计成在下列情况中均有效，而无须机组成员不断关注。

（i）大雨，速度直至 $1.5\,V_{SR1}$，升力和阻力装置都收上。

（ii）第25.1419条规定的结冰条件下，如果要求按结冰条件下的飞行进行审定。

（2）正驾驶员必须有：

（i）当座舱不增压时，在本条（b）（1）规定条件下能打开的窗户，提供该项所规定的视界，又能给予驾驶员足够的保护，防止风雨影响其观察能力。

（ii）在本条（b）（1）规定条件下考虑遭到严重冰雹可能造成的损伤，保持清晰视界的其他手段。

（c）风挡和窗户内侧的起雾。

飞机必须具有在其预定运行的所有内外环境条件（包括降水）下，防止风挡和窗户玻璃内侧在提供本条（a）规定的视界的范围上起雾的措施。

（d）在每一驾驶员位置必须装有固定标记或其他导标，使驾驶员能把座椅定位于可获得外部视界和仪表扫视最佳组合的位置。如使用有照明的标记或导标，它们必须满足第25.1381条规定的要求。

（二）条款解析

25.773（a）款

"足够宽阔、清晰的视界"（角度从设计眼位量起）是指：

（1）从垂直基准面向左 40°处，向前上方与水平基准面夹角 35°，在向右 20°处按线性关系减小到 15°。

（2）从垂直基准面向左 30°到向右 10°，向前下方与水平基准面夹角 17°，在向右 20°处按线性关系减小到 10°。

（3）从垂直基准面向左 40°到向左 80°，向前上方与水平基准面夹角 35°，在向左 120°处按线性关系减小到 15°。

（4）从垂直基准面向左 30°处，向前下方与水平基准面夹角 170°，在向左 70°处按线性关系增加到 27°。

（5）从垂直基准面向左 70°到向左 95°，向前下方与水平基准面夹角 270°，在向左 120°处按线性关系减小到 15°。

视界关系如图 6-1 所示。图中定义的视界范围仅适用于左驾驶员，对于右驾驶员，图中的左右尺寸相反。

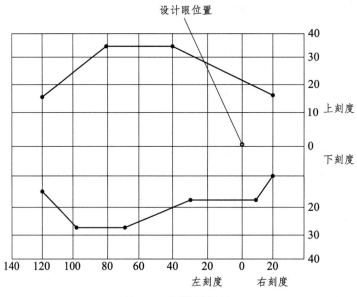

图 6-1　驾驶舱视界

25.773（c）款

本款说明由于玻璃起雾比干玻璃的能见度降低很多，特别是雨天影响更大，所以必须有防止风挡和窗户玻璃起雾的措施。可以采取对风挡和窗户玻璃加温的方法进行除雾，加温的措施包括电加温和干燥热空气加温。目前，大部分民航飞机采用的是透明导电薄膜加温玻璃，表面可加热到超过可能的露点温度，达到防止起雾的目的。

"本条（a）规定的视界的范围"指的是"足够宽阔、清晰和不失真的视界"的范围具体要求应参见（a）款的解析，或参考 AC25-773-1 的相关解释。"预定运行的所有内外环境条件（包括降水）"，需要制造商根据飞机的运行条件，如结冰环境、雨水环境等，对预定运行的所有外环境条件进行定义；根据相关规章，如 25.831（g）款，设计规范等要求及环控系统的性能指标，对预定运行的驾驶舱所有内环境条件进行定义，与起雾密切相关的内环境条件主要是温度和湿度。

25.773（d）款

本款要求必须有调节措施，以便使不同身高的驾驶员都能获得外部视界同仪表扫视最佳组合的位置，并必须有标记或导标。驾驶舱的布局是以人体数据为依据的，一般应满足从158～190 cm身高的驾驶员。为了使身高在这个范围内的驾驶员都能获得最佳的内外组合视界，就要求驾驶员座椅具有调节装置，并具有固定标记和其他标识，以便不同身高的驾驶员很快找到适合他们的位置并加以固定。当采用灯光照明标记时，要符合25.1381条要求。"最佳组合位置"是使飞行员可以找到最有利的合适位置以获得外部视界与仪表扫视的平衡，因此设计上需设计有固定的标记或标识，使得飞行员在调整座位时可以判断调整到哪个位置是最佳位。例如，A380型飞机在两扇风挡的中间垂直梁上安有固定的3个小球以便飞行员在调整座位时可以找到最佳的理论参考眼位。

（三）符合性验证方法

25.773（a）款和 25.773（b）款的符合性验证：进行地面试验，在真实和模拟阵雨条件下，检查风挡雨刷和驾驶员视界；进行无降水和降水条件下的飞行试验，验证驾驶员视界。

25.773（c）款一般可通过说明除雾措施及其有效性和飞行试验来表明对该条的符合性，一般可通过合格测试确认设备与预定功能相适应。

25.773（d）款一般可通过说明性文件和机上检查来表明对该条的符合性。说明性文件至少说明驾驶员座椅设计有调节装置，以及为获得最佳组合视野所采取措施的设计原则，在驾驶舱的安装位置和布局；机上检查主要是为确认该设计措施，如固定标记或导标的设计，是否能切实指导驾驶员找到外部视界和内部仪表扫描的最佳组合视野的座椅位置。

五、CCAR25.777 驾驶舱操纵器件

（一）条款原文

（a）驾驶舱每个操纵器件的位置必须保证操作方便并防止混淆和误动。

（b）驾驶舱操纵器件的运动方向必须符合第25.779条的规定。凡可行处，其他操纵器件操作动作的直感必须与此种操作对飞机或对被操作部分的效果直感一致。用旋转运动调节大小的操纵器件，必须从断开位置顺时针转起，经过逐渐增大的行程达到全开位置。

（c）操纵器件相对于驾驶员座椅的位置和布局，必须使任何身高 158 cm（5 ft 2 in）至190 cm（6 f 3 in）的（按第 25.1523 条规定的）最小飞行机组成员就座并系紧安全带和肩带（如果装有）时，每个操纵器件可无阻挡地作全行程运动，而不受驾驶舱结构或最小飞行机组成员衣着的干扰。

（d）各台发动机使用同样的动力装置操纵器件时，操纵器件的位置安排必须能防止混淆各自控制的发动机。

（e）襟翼和其他辅助升力装置的操纵器件必须设在操纵台的上部，油门杆之后，对准或右偏于操纵台中心线并在起落架操纵器件之后至少 254 mm（10 in）。

（f）起落架操纵器件必须设在油门杆之前，并且必须使每个驾驶员在就座并系紧安全带和肩带（如果装有）后可以操作。

（g）操纵手柄必须设计成第25.781条规定的形状。此外，这些手柄必须是同色的，而且

颜色与其他用途的操纵手柄和周围驾驶舱的颜色有鲜明的对比。

（h）如要求有飞行工程师作为（按第 25.1523 条规定的）最小飞行机组成员，则飞机上必须设有飞行工程师工作位置，其部位和安排能使飞行机组成员有效地各司其职而互不干扰。

（二）条款解析

25.777（a）款

本款说明驾驶舱操纵器件布局的总要求，应保证操作方便、防止混淆和误动作。发动机操纵器件、襟翼和其他辅助升力装置的操纵器件及起落架操纵器件，应满足本条（d）、（e）、（f）款的布置要求；操纵手柄的设计应满足本条（g）款要求；可设计有止动块、卡槽和制动件，防止误操作；设计的操纵器件，无论在白天或夜晚工作时，都应容易识别并能提供清晰的状态显示。

如果在起飞、加速、停止、中断着陆和着陆期间是由一个驾驶员来操作操纵器件，而这些操作动作的顺序的安排又要求驾驶员在上述机动飞行期间改换握持操纵杆的手，则这些顺序不能要求过快换手，以免使飞机的操纵性受到不利的影响。

25.777（b）款

本款说明驾驶舱操纵器件的运动方向。操纵器件的运动方向必须符合 25.779 条要求。凡可行之处，其他操纵器件也应具有运动的直感，如配平操纵器件等。用旋转手柄调节运动大小的操纵器件，必须是从断开位置顺时针逐渐加大到全开位置。

25.777（c）款

本款指出发动机操纵器件、襟翼和其他辅助升力装置的操纵器件及起落架操纵器件可以无阻挡地做全行程移动。无阻挡做全程运动是指在滑行、起飞、落地各种姿态下，能够正常开关各按键或调整各手柄到各个设定位置。

25.777（d）款

本款说明动力装置操纵器件的布置要求。

25.777（e）款

本款说明襟翼和其他辅助升力装置的操纵器件的布置要求。除非证明更小的距离是合适的，否则位于起落架操纵器件之后的距离不应小于 254 mm。

25.777（f）款

本款说明起落架操纵器件的布置要求。

25.777（g）款

本款说明操纵手柄的设计要求。驾驶舱操纵手柄应当符合第 25.781 条规定的形状（但无须按其精确大小和特定比例），如果设计中采取其他形状，必须经适航管理当局批准。

25.777（h）款

本款说明如要求有飞行工程师作为最小飞行机组成员，则飞机上必须设有飞行工程师工作位置。

（三）符合性验证方法

25.777（c）款

验证方法是进行地面和飞行试验评估，主要考虑飞机操控中的人为因素和操纵系统之间的交互影响，飞机驾驶舱或者模拟舱初步调查，包括熟悉驾驶舱时，应穿着较厚的飞行服装、靴子，就座时需要系好肩带和安全带。审查过程中，按系统分类或驾驶舱方位顺序，将其设计逻辑合理性进行系统性的评价；执行相应的检查单，观察运行中对驾驶舱操纵部件的可达性与方便性。如果控制手柄有误操作的可能性，则要看是否加上保护装置。在任何时候对飞机和飞机系统能有足够的操作能力，以象征安全有效的飞机运行。评审人员应满足目标操作人员数据库中所能代表的百分数（percenile），常用的方法是进行人体丈量后利用 Gaussian 分布（Gaussian distribution）得到相应评审人员在此分布中的百分位数，以便了解驾驶舱评审人员在相应目标数据库中的代表性，需要考虑的其他因素还有体重、坐高、手臂可达距离、大腿长度、腿长等。

评审过程中，观察、记录飞机在与其运行任务相关的范畴内，控制组件是否能完成任务，系统的显示信息是否足够，机组环境是否适宜。收集以上数据和事实后，进行评估和讨论，包括背景分析和法规的要求，决定是否需要可能的实际飞行测试，最后提出建议、提交结论报告。应尽量在飞机设计的早期阶段进行驾驶舱审查。

其他条款

申请人一般需提供主飞控系统操纵件描述文件、次飞控系统操纵件描述文件、座舱控制件相关数据单（CDS），驾驶舱图纸以及驾驶舱操纵器件的试飞验证大纲和试验结论；应表明各驾驶舱操纵器件的布局，包括任何要求设有飞行工程师的位置布局，可提供方便的操纵并且防止混淆和误动。一般可通过引用图纸和技术条件，说明驾驶舱操纵器件的布局、运动方向等对条款的符合性，由适航管理当局进行机上检查并认可，并且通过飞行试验，由试飞员对驾驶舱操纵器件的使用，对驾驶舱操纵器件是否方便操作，是否容易混淆和误动给出评定。

六、CCAR 25.785 座椅、卧铺、安全带

（一）条款原文

（a）对每一位 2 周岁以上的乘员都必须提供一个座椅（或卧铺，对必须卧床者）。

（b）指定供人在起飞和着陆时占用的每一位置处的座椅、卧铺、安全带、肩带以及附近的飞机部分，必须设计成使正确使用这些设施的人在应急着陆中不会因第 25.561 条和第 25.562 条中规定的惯性力而受到严重伤害。

（c）座椅和卧铺必须经批准。

（d）与通过飞机中心线的垂直平面成夹角大于 18° 的座椅上的乘员必须用安全带和承托臂、肩、头和背脊的缓冲靠垫来保护头部免受伤害，或用安全带和肩带防止头部触及任何致伤物体。任何其他座椅上的乘员必须用安全带以及根据座椅形式、位置和面向的角度采用以下一种或几种措施来保护头部免受伤害：

（1）防止头部触及任何致伤物体的肩带。

（2）去除头部能撞到的半径范围内的任何致伤物体。

（3）承托臂、肩、头和背脊的缓冲靠垫。

（e）卧铺必须设计成前部具有带包垫的端板、帆布隔挡或等效设施，它们可承受按第25.561条规定的乘员向前惯性力。卧铺不得有在应急情况下可能使睡卧者严重受伤的棱角和突出部。

（f）每个座椅、卧铺及其支承结构，每根安全带或肩带及其锚固接头，必须按体重 77 kg（170 lb）的使用者设计，按每种有关的飞行和地面载荷情况（包括第25.561条规定的应急着陆情况）考虑最大载荷系数、惯性力以及乘员、座椅、安全带和肩带之间的反作用力。此外，还必须符合下列规定：

（1）进行座椅、卧铺及其支承结构的结构分析和试验时，可以假定向前、侧向、向下、向上和向后的临界载荷（按规定的飞行、地面和应急着陆情况确定）分别作用，或者当各特定方向所要求的强度得到证实时，也可采用选定的载荷组合。卧铺安全带不必承受向前的载荷系数。

（2）每个驾驶员座椅的设计必须考虑第25.395条规定的驾驶员作用力引起的反作用力。

（3）在确定每个座椅与机体结构，或每根安全带或肩带与座椅或机体结构的连接强度时，第25.561条规定的惯性力必须乘以系数1.33而不是第25.625条规定的接头系数。

（g）驾驶舱工作位置的每个座椅必须设有带单点脱扣装置的安全带和肩带组合式约束系统，使驾驶舱内的乘员就座并系紧安全带或肩带后能执行该乘员在驾驶舱内所有必要的职责。必须有措施在每个组合式约束系统不使用时将其固定，以免妨碍对飞机的操作和在应急情况下的迅速撤离。

（h）按中国民用航空局有关营运规定要求在客舱内设置的、在起飞和着陆时指定供空中服务员使用的座椅必须满足下列要求：

（1）必须靠近所要求的与地板齐平的应急出口，但如果设置在其他位置能提高旅客应急撤离效率时，则也是可以接受的，每个 A 型或 1 型应急出口旁边必须有一个空中服务员座椅。而且在所要求的与地板齐平的应急出口之间，必须根据可行情况均匀设置其他空中服务员座椅。

（2）在不影响接近所要求的与地板齐平应急出口的条件下，空中服务员座椅应尽量设置在能直接观察到其所负责客舱区域的位置。

（3）布置在当其不使用时不会妨碍通道或出口使用的位置。

（4）必须布置在能使其乘员被从服务区，储藏间或服务设备掉出的物体撞伤的概率最小的位置。

（5）面向前或面向后，并装有用于承托臂、肩、头和背脊的缓冲靠垫。

（6）装有单点脱扣装置的安全带和肩带组合式约束系统。必须有措施在每个组合式约束系统不工作时将其固定，以免妨碍应急情况下的迅速撤离。

（i）每根安全带必须装有金属对金属的锁紧装置。

（j）如果椅背上没有牢固的扶手处，则沿每条过道必须装有把手或扶杆，使乘员在中等颠簸气流情况下使用过道时能够稳住。

（k）在正常飞行中可能伤害机内坐着或走动的人员的每个凸出物都必须包垫。

（l）必须表明由中国民用航空局有关营运规定要求的每个向前观察员座椅适用于进行必要的航路检查。

（二）条款解析

25.785（b）款

本款规定座椅、卧铺以及乘员约束装置（如安全带、肩带等）应具有足够的强度、刚度和吸能特性，以便在应急着陆时，保证乘员能安全地约束在位置上，不会因座椅及其约束装置的原因受到严重伤害，或影响及时撤离。

25.785（c）款

本款要求座椅和卧铺必须经适航管理当局批准，其含义是指设备具有符合适航标准的合格证明文件：座椅和卧铺及其约束装置一般都有 TSO 标准，如动态座椅的 TSO-C127，卧铺的 TSO-C39、安全带的 TSO-C22、肩带的 TSO-C114 等，在装机前这些设备的性能应满足 TSO 规定的最低性能标准，经适航管理当局批准，取得 TSOA。

25.785（d）款

本款中"与通过飞机中心线的垂直平面成夹角大于 18°的座椅"通常是指与前后朝向的座椅相区别的侧向座椅，目前 CCAR25.562 关于应急着陆乘员的损伤判据不适用于侧向座椅。

25.785（f）款

本款主要阐述座椅及其支承结构必须满足强度要求，包括考核部位载荷的选取，接头系数的考虑。相关资料表明，驾驶员座椅设计在考虑 25.395 条规定的驾驶员作用力引起的反作用力时，通常此反作用力可认为是作用在座椅背和座椅底部交汇处以上 203 mm，向后 2 002 N 的载荷。

25.785（h）款

本款规定了空中服务员的座椅位置和要求。机上服务员座椅具有与一般座椅不同的特殊要求，既要保证空中服务员的安全，又要满足能使空中服务员完成自己职责所必需的条件，其位置又不能妨碍乘员的通行。根据 AC25.785-1A：

（1）空中服务员的座椅应充分靠近出口，以便能使机上服务员及时到达所要求的与地板齐平的应急出口处，执行紧急任务。一般可接受的距离是每个座椅离相关出口的向前或向后的纵向距离不大于 3 排座椅的间距。

（2）当机上服务员坐在其座椅上并系好安全带和肩带时，其视力能直接看到需要他或她去为之服务的那些旅客。

（3）肩带和安全带不使用时应有将其收藏的方法，在快速解开安全带后，在应急情况下不妨碍快速离机。

25.785（I）款

本款所指的"航路检查"，可查阅中国民航的运行规章的相关规定，或者参考 FAA Order 8000.75B 有关航空安全检查员的航路检查程序的规定，其中包括检查活动的内容。

（三）符合性验证方法

25.785（b）款

一般通过客舱和驾驶舱的布局来说明驾驶员和其他乘员受到的保护措施，并用试验或座椅的合格证明文件表明座椅的强度和动态吸能性能满足要求。应当注意的是，根据 AC25-17A，仅用 25.562（b）款要求的试验来符合 25.785（b）款和损伤判据有一定的局限。因为试验本身限制在某些条件下，这些条件不能完全反映乘员可能遭受的所有状况，所以简单用 25.562 条的动态试验不能充分表明对 25.785（b）款的符合性，尽管潜在的伤害物体在头部碰撞包线之外，物体仍需要加包垫并进行圆润化处理。

25.785（c）款

座椅和卧铺一般先取得 TSOA，提供合格证明文件，再进行装机批准。

25.785（d）款

根据 AMC25.785（d），用说明性文件、设备的合格证明或试验、通过机上地面检查确认座椅设计和客舱驾驶舱布局已考虑了：

（1）避免在座椅或旅客服务设施各部分上出现锐边或凸出物，因为这不仅对座椅上的乘员，而且特别是对坐在椅背后面的乘员形成一种伤害源。在靠近坐在椅背后边并系紧安全带的乘员的头部移动圆弧范围内，所有旅客服务设施和椅背区域应当平滑并具有大的圆角。

（2）乘员头部最外点的移动圆弧半径当取 710 mm，这一尺寸考虑了身材高的乘员和安全带的拉伸。椅背和底部交汇点朝前上方并与底部成 35°角，距交汇点 460 mm 的一点作为移动圆弧的圆心。

（3）如果椅背的顶部处于头部移动圆弧范围内，则当用至少 12.5 mm 厚的牢固衬垫垫于顶部，衬垫的圆角半径至少 25 mm。

（4）处于由本款第（2）条规定区域内的任何其他大体上水平的构件也应加一衬垫，或者在布置上能使头部躲过它们，而不会直接撞上。上述区域垂直构件顶部，应当至少像水平构件一样加以保护，在头部运动区域不应有构件。

25.785（e）款

一般卧铺应在靠近乘员骨盆处附带安装安全带，当卧铺安装脚部向前，用袋子包裹双腿可克服 9 g 向前的过载；当卧铺安装头部向前，用肩部的皮带可克服 9 g 向前的过载；卧铺侧向安装，用侧向挡板或腿部和胸部的两条安全带可克服 9 g 向前的过载。

25.785（f）款

本款一般通过分析计算和静力试验来校核座椅及其约束和支撑结构在规定的受载情况下有足够的强度。一般来说，为了吸收冲击能量，座椅的椅腿可以在应急着陆冲击载荷作用下通过变形来吸收能量，避免乘员受到大的冲击过载，但是座椅与支撑结构、座椅约束系统与座椅的连接部位必须有足够的强度，承受 25.561 条规定的静载，同时在承受应急着陆冲击时不应损坏或变形到妨碍乘员快速撤离的程度。

25.785（g）款

一般通过机上地面检查，通过驾驶舱机组的评定来说明机组座椅满足要求。

25.785（h）款

一般通过客舱布局说明和机上地面检查表明客舱机组座椅布置及其约束系统满足规章要求。

25.785（j）款

如果过道没有把手或扶杆，椅背可能会作为扶手，使乘员在中等颠簸气流情况下使用过道时能够稳住。而大部分座椅都有折弯功能，这就要求椅背有足够的折弯强度，至少能承受在椅背顶部中间施加的 110 N 水平方向的力。如果座椅间距超过 1.65 m（65 in），就不能使用椅背作为扶手，在这种情况下需要安装辅助装置作为扶手。

25.783（k）款

客舱布局时，在细节上要考虑凸出物的加垫保护，并经过机上地面检查确认。

七、CCAR 25.1141 动力装置的操纵器件总则

（一）条款原文

动力装置操纵器件的位置、排列和设计，必须符合第 25.777 条至第 25.781 条的规定，并按第 25.155 的要求做标记。此外，还必须满足下列要求。

（a）操纵器件的位置必须保证不会由于人员进出驾驶舱或在驾驶舱内正常活动而使其误动。

（b）柔性操纵器件必须经过批准，或必须表明适合于特定用途。

（c）操纵器件必须具有足够的强度和刚度，能承受工作载荷而不失效和没有过度的变形。

（d）操纵器件必须能保持在任何给定的位置而不需飞行机组成员经常注意，并且不会由于操纵载荷或振动而滑移。

（e）位于指定火区内要求在着火情况下能够工作的每个动力装置操纵器件，必须至少是耐火的。

（f）位于驾驶舱内的动力装置阀门操纵器件必须具有下列措施：

（1）飞行机组可以选择阀门的每个预定位置或者功能；和

（2）向飞行机组指示下列情况。

（ⅰ）阀门的所选位置或功能；和

（ⅱ）阀门没有处于预定选择的位置或功能。

（二）条款解析

动力装置的操纵器件包括发动机操纵器件、辅助动力装置的操纵器件、螺旋桨操纵器件、反推力和低于飞行状态的桨距调定操纵器件、应急放油操纵器件以及操纵所必需的零组件等。对于每台允许随意同时或单独工作的动力装置，可按其操纵器件的功能加以分组。每个操纵器件的位置安排必须保证操作方便并防止混淆和误动。操纵手柄必须设计成 25.781 条规定的形状。每个操纵器件应有其功能操纵位置的清楚标记。动力装置操纵器件的布置、排列和设计的具体要求详见 25.777 条到 25.781 条和 25.1555 条的规定。

25.1141（a）款

动力装置操纵器件的设计和布置应能防止其位置意外地被移动，其防护措施一般设有卡锁、挡块，其次还有限动槽等结构形式，保证操纵器件的位置不会因人员进出驾驶舱或在驾驶舱内正常活动而使其误动。

25.1141（b）款

动力装置操纵用的柔性操纵器件，如钢索、钢索接头、松紧螺套和滑轮等，必须符合经适航管理部门批准的技术要求或必须表明适合特殊用途。滑轮的结构形式和尺寸必须与配用的钢索适应。

25.1141（c）款

动力装置操纵器件应设计成在最大工作载荷下有足够的强度和刚度，以防因操纵力过大在工作中受损或变形等。

25.1141（d）款

操纵器件的任一给定位置，要有操纵系统的制动装置保证，以避免操纵载荷或振动发生滑移，同时减轻驾驶员的操作负担。

25.1141（f）款

对燃油阀门和动力作动的阀门，如进气风门、反推力转换套筒等，无论其位置是否与预定位置一致，由于其直接影响到飞机安全，应提供适当的信号指示其位置。

（三）符合性验证方法

为了符合本条款、建议的符合性验证方法如下。

设计说明：通过动力装置操纵器件的原理和技术说明，说明其设计能实现正常的功能并且符合条款要求。

分析、计算：通过提供有关动力装置操纵器件的分析和计算，来表明其设计符合条款要求。

试验室试验：通过试验室试验，验证动力装置操纵器件设计符合条款的要求。

试飞：通过飞行试验，验证动力装置操纵器件设计符合条款的要求。

航空器检查：通过航空器检查，验证动力装置操纵器件设计符合条款的要求。

八、CCAR 25.1301 设备功能和安装

（一）条款原文

（a）所安装的每项设备必须符合下列要求：

（1）其种类和设计与预定功能相适应。

（2）用标牌标明其名称、功能或使用限制，或这些要素的适用的组合。

（3）按对该设备规定的限制进行安装。

（4）在安装后功能正常。

（b）电气线路互联系统（EWIS）必须符合本部 H 分部的要求。

（二）条款解析

25.1301（a）（1）款

"种类和设计与预定功能相适应"实际上是要求机上所有安装的设备必须经过批准，并且这类批准的依据必须是设备的功能、设计和相应的类别。

25.1301（a）（2）款

装于机上的各设备和组件上应有标牌，标牌上应标有下述内容，或这些内容适用的组合：

（1）正确反映其功能的设备名称。

（2）与设计图纸一致的设备型号（部件号）。

（3）适用的环境条件类别（使用限制）。

（4）制造商。

（5）设备合格审定依据（如 TSO 号）。

（6）设备序号。

设备安装后，其标牌应清晰可见，以便于日常维护工作。

在配有相应的机上构型管理系统的情况下，可以接受不易丢失的电子介质保存此类标签。

为区别各个导管的功能而做标记时，所作标记应当使维护人员发生混淆的可能性减至最小，仅仅采用颜色标记是不可接受的。如果能采用字母和/或数字符号标记并配有相应的参照标准图样，且能避免符号与功能之间的任何联系，那么这种标记方法就可以接受。1987 年颁布的 ISO12 标准中的方法可以作为一种可接受的标记方法。

25.1301（a）（3）款

设计批准时可能根据设计的某些技术因素提出了安装限制要求，如安装位置的要求、温度和环境的要求等。这类要求通常来自两类假设备设计过程中假定的运行环境，并且根据这类假定的运行环境所进行的环境实验。

设备设计过程中设定的供电、信号等与其他设备和接口的匹配情况。

25.1301（a）（4）款

要求系统在机上安装后功能正常，这不仅与系统本身有关，还与系统的安装设计、安装施工等密切相关，并且还与机上和该系统交联的系统和设备有关，因此必须确保和验证系统安装后的功能正常。

25.1301（b）款

进一步强调和明确了本条规定的线路系统的设计和安装必须符合 H 分部的要求。在第 25.1703 条中对线路系统的功能和安装提出了一些新的要求。

（三）符合性验证方法

本条款是 CCAR-25 部 F 分部的通用性条款，原则上只适用于本分部所属各系统。对于其他分部所属系统，凡没有其他可适用条款对其提出类似要求，本条款也可适用。本条款不适用于 B、C 分部的性能、飞行特性、结构载荷和强度等要求，但却适用于此两分部内要求符合第 25.1301 条为基础的任何系统，如应当适用于符合第 25.207 条要求的失速警告装置。

1. 合格证明文件

申请人应该提供适用的设备合格鉴定文件，表明机上所装的每个系统、设备符合本条（a）（1），（a）（2），（a）（3）款。

（1）合格审定的方式。文件必须能够表明这些系统、设备是经过合格鉴定的，合格审定的方式和程序可为下列 4 种方式之一，具体视情况而定：

① TSOA 的审定方式和程序。

② 随航空器 TC 或 STC 审定的方式和程序。

③ 按 PMA 批准的方式和程序。

④ 其他的方式和程序。

（2）证明文件的内容。证明文件应能表明这些系统、设备的种类、性能和适用范围已经满足所装备飞机的要求：

① 设备种类应能满足飞机的功能要求。

② 系统、设备应能满足飞机对其性能的要求。

③ 系统、设备的适用范围应能满足飞机整个适用范围。

2. 地面试验

地面试验是系统装机后，功能正常性验证试验的第一步，用于表明系统符合（a）（4）款的要求。试验应按照适航管理当局批准的试验大纲和程序进行，试验结果应能表明系统功能正常。

3. 飞行试验

飞行试验是表明系统功能正常的最后步骤，也是用于表明系统符合（a）（4）款的要求。试验应按照适航管理当局批准的飞行试验大纲和程序进行，各系统通常可以参考 FAA 咨询通告 AC25-7A 并结合飞机的自身特性制定飞行试验大纲和程序。由于本条款涉及所有装机的系统和设备，覆盖面广，因此申请人也可以根据各系统的实际适用情况，分别采用设计符合性说明、分析和计算、系统安全分析、实验室试验、机上检查、模拟器试验等验证方法来表明符合性。

九、CCAR 25.1309 设备、系统及安装

（一）条款原文

（a）凡航空器适航标准对其功能有要求的设备、系统及安装，其设计必须保证在各种可预期的运行条件下能完成预定功能。

（b）飞机系统与有关部件的设计，在单独考虑以及与其他系统一同考虑的情况下，必须符合下列规定：

（1）发生任何妨碍飞机继续安全飞行与着陆的失效情况为极不可能。

（2）发生任何降低飞机能力或机组处理不利运行条件能力的其他失效情况的概率为不可能。

（c）必须提供警告信息，向机组指出系统的不安全工作情况并能使机组采取适当的纠正动作。系统、控制器件和有关的监控与警告装置的设计必须尽量减少可能增加危险的机组失误。

（d）必须通过分析，必要时通过适当的地面、飞行或模拟器试验，来表明符合本条（b）的规定。这种分析必须考虑下列情况：

（1）可能的失效模式，包括外界原因造成的故障和损坏。

（2）多重失效和失效未被检测出的概率。

（3）在各个飞行阶段和各种运行条件下，对飞机和乘员造成的后果。

（4）对机组的警告信号，所需的纠正动作，以及对故障的检测能力。

（e）在表明电气系统和设备的设计与安装符合本条（a）和（b）的规定时，必须考虑临界的环境条件。中国民用航空规章规定具备的或要求使用的发电、配电和用电设备，在可预期的环境条件下能否连续安全使用，可由环境试验、设计分析或参考其他飞机已有的类似使用经验来表明，但适航当局认可的技术标准中含有环境试验程序的设备除外。

（f）必须按照 25.1709 条的要求对电气线路互联系统（EWIS）进行评估。

（二）条款解析

25.1309 条款作为一个通用要求，应适用于任何安装的设备或系统，是对特定系统要求的补充要求。

25.1309（a）款

"航空器适航标准"对应 FAR 的"this subchapter"，指的是"CFR-Titlel4Aeronauties and Space-Volume 1-Chapter 1Subchapter C：Aireraft"的所有航空器适航标准，主要有：

CFR 21, Certification Procedures for Products and Parts。

CFR 23, Airworthiness Standards: Normal, Utility, Acrobatic, and Commuter Category Airplanes。

CFR 25, Airworthiness Standards: Transport Category Airplanes。

CFR 26, Continued Airworthiness and Safety Improvements for Transport Category Airplanes;

CFR 27, Airworthiness Standards: Normal Category Rotorcralt。

CFR 29, Airworthiness Standards: Transport Category Rotorcraft。

CFR 31, Airworthiness Standards: Manned Free Balloons。

CFR 33, Airworthiness Standards: Aircraft Engines。

CFR 34. Fuel Venting and Exhaust Emission Requirements for Turbine Engine Powered Airplanes。

CFR 35, Airworthiness Standards: Propellers。

CFR 36, Noise Standards: Aircraft Type and Airworthiness Certification。

CFR 39, Airworthiness Directives。

CFR 43. Maintenance, Preventive Maintenance, Rebuilding, and Alteration。

CFR 45, Identification and Registration Marking: CFR 47, Aircraft Registration。

CFR 49. Recording of Aircraft Titles and Security Documents。

"各种可预期的运行条件"指的是飞机预计可能的所有运行条件，包括环境温度条件、高度条件、各种气象条件、飞行包线等。

25.1309（b）款

（b）款对每种失效状态的概率及其严重性之间合理而可接受的反比关系提出般要求。"Extremely Improbable（概率极小）"指的是如此的不大可能，以致它们在同一类型的所有飞机的总的使用寿命期间预期都不会发生。

概率和数理统计的历史和角色：自从早期规定和评估适航性，判断"概率"已变得十分必要。要求的容量、能力、裕度、环境质量合格认证、容错水平等，这些都反映了什么样的条件和事件是"预期"发生的和"注定实际的"来实现安全的装配。例如，在双翼飞机中要求双套飞控钢索，这是因为考虑到单套钢索的失效概率太高了，提供双套更为实际。随着这些"失效-安全"要求不断发展，使得这类适航性的确极大地依赖（并将继续依赖）"工程判断"和定性的方法。但是，由于飞机系统的数量、严重程度、复杂性、集成度以及部件数量都在增加，设计必须安全装配的条件和事件的组合，仅通过定性的手段、难以有效地进行判断。用于凭主观来规定组件双套或三套备份以限制可能的失效变得不再充分了。可以通过增加系统中独立"通道"的数目无限降低整个系统的失效概率。但是，冗余的每一层次都存在成本、复杂性以及与之相关不可预见失效状态的内在风险的问题。航空工业界早在 20 世纪50 年代已经认识到有必要建立合理的可接受的定量概率值，在 20 世纪 60 年代，定量概率值被接受为具体化工程判断的工具（如适航管理当局有关自动着陆系统的准则）。

英国民用适航规章（BCAR）是首个为运输类飞机系统建立可接受的定量概率值的规章，建立这些指导纲要的主要目标是为了保证关键系统的激增不会增加某个严重事故的概率。当时的历史数据表明，由于运行及机体相关原因导致某个严重事故发生的概率约为百万飞行小时发生一次事故。进一步分析发现，所有事故中约 10% 被认为是飞机系统失效状态所引起的。因此，对于一架新设计的飞机，由所有这样的失效状态引起严重事故的概率不能大于 10 个百万飞行小时一次。相应地，对于较为不那么严重的输出状态可以对应更高的可接受概率指标。

对于严重事故对应发生概率为 10^{-7} 每飞行小时的难处在于，根据 BCAR 指导纲要规定，在有可能确定目标是否达到前，必须对飞机上的所有系统完成数值分析。出于这个原因，（有一些极端的）假设是，在任何给定的运输类飞机型号设计中，有不超过 100 个失效状态对某个灾难性后果有贡献，同样也做了如下的假设，对不那么严重输出的概率进行规定，即

（1）只有"灾难性的失效状态"会对灾难后果概率有显著的贡献。

（2）所有可能的失效状态是可以预见的。

因此，目标允许的 10^{-7} 每飞行小时的平均概率值分摊到 100 个灾难性的失效状态上，导致每个失效状态分配得到的值不超过 10^{-9}。因此，对于灾难性失效状态每飞行小时的平均概率的上限即成为大众所熟悉的"1×10^{-9}"。对于没有那么严重影响的失效状态可以相对较多可能的发生。

FAA 将这些 BCAR 指导纲要纳入 AC25.1309-1 系统设计分析（1982 年 9 月 7 日公布），该 AC 建立了在 25.1309（b）款中使用的术语"极不可能的"近似概率值，以及其他相关的概率术语。

由于 FAA 接受了这些信息，这些概率指导纲要以及它们在对 25.1309（b）款证明和发现符合性中的角色，成为误解、混淆以及争论的源头。FAA 认为在 AC25.1309 中，这些与 25.1309（b）款中概率术语相关的数量值在某些适用情况下作为可接受的风险指导来使用，这里的适用情况指的是系统失效影响可通过定量的概率分析方法进行检验的情况。数字化概率分析和这些指导纲要的使用仅仅是为了补充，而不是替代基于工程和工作判断的定性方法。设计是否满足这些纲要仅仅提供了一些证据以支持已由 FAA 做出的有根据的符合性判断，来确认设计是否符合规章的旨意。

简而言之，无论 25 部在哪一条款要求某个状态是"极不可能的"，符合性方法（定性的、定量的，或者是两者的组合）必须结合工程判断，提供令人信服的证据，以表明该状态不应在服役期间出现。

25.1309（c）款

本款对系统监控、失效警告和机组人员的恰当纠正动作的能力提出一般要求。

25.1309（c）款要求提供警告信息，向飞行机组告诫系统的不安全的工作情况，对于下述事件要求有警告：

（1）该事件是它们的任何潜在灾难性后果的一部分。

（2）该事件与其他任何潜在继发失效事件与先前事件结合会导致灾难性失效状态且在飞行机组差错之前发生的失效事件。

警告的目的是为飞行机组提供时间或机会去采取合适的纠正动作，在时间上或影响程度上减少发生其他潜在继发的灾难性失效事件或机组差错的可能性。系统、控制器件和有关的监控警告装置的设计必须尽量减少可能产生附加危险的飞行机组人员的差错，设计应该定性地表明这一符合性。

通常，由一个装置的单一失效模式产生的失效状态不能认为是极不可能发生的。做出这种评估时，应该考虑所有可能的和有关的情况，包括该装置的所有有关属性。潜在的失效是其发生时固有、未检测出来的一种失效，重大的潜在失效是当它和一个或多个其他失效或事件组合时将会产生一个危险失效状态。经验表明，尚未产生过的失效模式可能很广泛，但决不会充分表现出来。因而，如果一个灾难性失效换式会在没有任何预先提示的情况下失效，使用监控和警告系统是一种在目前技术水平条件下切实可行的措施。一个可靠的失效监控和警告系统既不会在应当告警时未发生警告，也不会在不应有告警时发出误告警（误告警有时可能比没有警告装置或极少发生的漏警告更危险）。

25.1309（d）款

本款要求用分析的方法，必要时采用适当的地面、飞行或模拟器试验来验证在每个失效状态的概率和严重性之间存在合理而可接受的反比关系。但是，对假设是灾难性的失效状态并不需要用试验来证实。本款的目的是保证有秩序地和充分地对可预见的失效或其他事件对安全性的影响进行评估。

评估失效状态的严重性时，可以考虑下述方面：

（1）对飞机的影响，如安全性裕度减小、性能降低、执行某些飞行操作能力的丧失或对结构完整性有潜在的或继发的影响。

（2）对机组成员的影响，如工作负荷增加到超过他们正常的工作负荷，从而影响他们应付不利的操作或环境情况或继发失效的能力。

（3）对乘员的影响，即对旅客和机组成员的影响。

失效状态的分类并不取决于一个系统或功能是否是某个具体条款所要求的。有的条款所要求的某些系统，如应答器、航行灯和扩音器系统可能只会有轻微的失效状态。相反，具体条款未做要求的其他系统，如飞行管理系统和自动着陆系统倒可能会有严重的或灾难性的失效状态。

实际上，有些系统的失效影响不是固定不变的，而与其在各个飞行阶段的功能有关。例如，自动飞行控制系统在航路上的失效影响是重大的，但是在Ⅲa级以上自动着陆状态失效，影响会是灾难性的。另外，系统失效后影响的程度与设计密切相关，因此很难对系统简单地分类。一般来说，飞机动力的丧失、起落架不能放下均为灾难性失效；大部分系统失效状态都是严重的失效。

25.1309（d）款描述了针对 25.1309（b）款要求，有关飞机系统和组件相关的专门的符合性方法。其要求表明对 25.1309（b）款的符合性必须是，在必要时通过分析、地面、飞行或者是模拟器试验来表明符合性。此外，还描述了这样的分析必须考虑的特征，如：

（1）可能的失效模式。

（2）多重的或未探测的失效概率。

（3）引起对飞机和乘员的影响。

（4）所需的机组告警提示和纠正动作。

（三）符合性验证方法

25.1309（a）的符合性

（1）25.1309（a）款覆盖的设备必须表明，在安装后功能正常。设备、系统和安装所处的飞机运行和环境条件必须包括飞机飞行手册所定义的全正常运行包线，以及与非正常或应急程序相关所做的修正。其他外部环境条件如大气紊流、HIRF、闪电降水以及飞机可能合理预见的都应考虑。应考虑的外部环境条件的严重程度限制在审定规章和程序规定的范围内。

（2）除外部运行和环境条件外，还应考虑飞机内部的环境效应。这些效应应当包括振荡和加速载荷，液压和电源的变化，液体或水蒸气污染，这些效应或者可能是正常环境如此，或者是事故性泄漏或人员操作时溅出导致。

（3）在批准的飞机运行和环境下，设备、系统和安装的正常功能所需的实证可以通过试验和/或分析或参考其他飞机可比的服役经验。对于25.1309（a）款所覆盖的设备、系统和安装，其符合性证明还应证实这样的设备、系统和安装的正常功能不会与25.1309（a）款覆盖的其他设备、系统或安装的正常功能相互干扰。

（4）25.1309（a）款所覆盖的设备、系统和安装一般是指旅客生活便利设施，如旅客娱乐系统、空中电话等，它们本身的失效或不正常功能不会影响飞机的安全性。这些设备、系统和安装的运行和环境质量合格认证要求可以降低至进行必要的试验，以表明它们的正常、非正常功能不会对25.1309（a）款所覆盖的设备、系统或安装的正常功能造成不利影响，也不会对飞机或其乘员的安全产生不利影响。这些不利影响的例子有起火、爆炸、将乘客暴露在高电压下，等等。

25.1309（b）款的符合性

25.1309（b）款要求飞机系统及相关的组件，在单独考虑以及与其他系统一起考虑时必须设计成，任何灾难性的失效状态是极不可能的，并且不会因某个单个失效引起。

（1）总则。对25.1309（b）款要求的符合性应通过分析以及必要时通过适当的地面、飞行或模拟器试验来表明。失效状态应得到识别，它们的影响应被评估。各个失效状态的最大允许发生概率值是通过失效状态的影响来确定，并且在评估失效状态概率值时，应解释所做的适当分析考虑。任何分析必须考虑：

① 可能的失效状态及它们的原因、失效模式以及从系统外部源引起的损伤。

② 多重失效以及未检测到的失效的可能性需求、设计以及执行差错的可能性。

③ 在某个失效或失效状态发生后合理预见机组差错的影响。

④ 当执行维修动作时合理预见差错的影响。

⑤ 机组提示信息所需的纠正动作，以及检测差错的能力。

⑥ 对飞机及其乘员的结果影响，考虑飞行阶段以及运行和环境条件。

（2）计划。为达到该安全目标所需的方法论细节有赖于很多因素，特别是系统的复杂和集成程度。对于含有大量复杂或集成系统的飞机，有可能需要制定一个计划来描述预期的过程。该计划应包括以下方面的考虑：

① 系统的功能和物理的内部联系。

② 详细的符合性方法的确定，可能包含研制保证技术的使用。

③ 制定完成计划的方法。

（3）工业标准和指导材料的可用性。目前在工业界已使用了多种可接受的技术。

（4）可接受的研制保证方法的应用。在设计和系统研发中所犯差错，传统上是通过在系统及其组件上执行彻底的试验，通过直接的监察，以及其他有能力完全刻画系统性能的直接验证方法来进行检测和纠正的。这些直接的技术对于那些执行有限数目的功能和没有与其他飞机系统高度集成的简单系统，仍然是适用的。对于更为复杂或集成的系统，由于所有系统状态不能被确定，因而彻底的试验可能是无法进行的；由于需完成的试验数目过多、彻底的试验也是不切实际的。对于这类系统的符合性可通过使用研制保证来表明。研制保证等级应该根据系统发生故障或丧失功能后，对飞机的潜在影响的严重程度来确定。

（5）机组和维修动作。若某个分析识别出一些提示是提供给飞行机组、客舱护组、维修机组和/或需其采取行动的，则必须完成以下活动：

① 验证任一确认的指示确实是由系统提供的。

② 验证任一确认的指示将确实被识别出来。

③ 验证任一动作具有可以成功地和及时地完成这样一个合理的期望。

25.130（c）款的符合性

25.1309（c）款要求有关不安全系统运行条件的信息必须提供给机组，使得他们可以采取合适的纠正动作。25.1309（c）款要求如果需要紧急的纠正动作，则必须提供告警指示，25.1309（c）款还要求系统和操纵器件，包括指示和告警，必须设计成将可以造成附加危险的机组差错降至最小。

（1）所需信息将依赖于识别的紧急程度以及机组采取的纠正动作。信息应有如下形式：

① 告警，需要飞行员立即识别，并采取纠正或补偿动作。

② 戒备，需要机组立即感知并需采取后续的机组动作。

③ 提示，需要机组感知，并可能需要采取后续的机组动作。

④ 其他情况下提供信息。

（2）当由系统提供失效监控和提示时，其可靠性应与提供指示的系统功能相关的安全目标相兼容。例如，如果发生某个失效的影响加上不对该失效进行告警是灾难性的，则该失效及告警失效的组合必须是极不可能的。另外，不期望的工作（如误告）也应得到评估。失效监控和指示应是可靠的、技术可行的、并且是经济的。可靠的失效监控和指示应使用与当前技术发展水平相当的技术来最大化检测和指示真实失效的概率。同时，最小化错误检测和指示不存在失效的概率。任一指示应是及时的、明显的、清楚的和不被混淆的。

（3）在飞行条件要求机组紧急动作的情况下，如果不能通过内在飞机特性来提供告警，则应提供给机组合适的告警指示。这两种情况的任一种情况下，告警应在潜在灾难序列中的某一点被触发和发生，该点应使得飞机能力和机组能力仍然能够足以支持有效的机组动作。

（4）除非被接受是正常的飞行技术，在发生任何失效告警后的机组程序都应在批准的飞机飞行手册（AFM）或 AFM 修订版或增补页中进行描述。

（5）即使在失效发生时运行和性能没有受到影响或没有受到显著的影响，如果认为有必要让机组采取任何动作或采取预防措施时，则要求提供信息给机组。例如，重构系统，对安全裕度减少的感知，改变飞行计划或状态，或无计划的着陆来减少暴露在更为严酷的失效状态中，这些更为严酷的失效状态可能由后续的失效或运行的环境条件所导致。如果在下一次飞行前失效必须被纠正，则同样要求提供信息。如果运行或性能没有受影响或没有受到显著的影响，且如果认为机组采取纠正动作比无动作更为危险时，信息和告警指示可以在飞行的某些特殊阶段得到抑制。

（6）定期维修或飞行机组检查以探测不期望发生的重大潜在失效，不应替代实际的和可靠的失效监控和指示。

（7）需特别关注开关或其他互相关联的控制装置，目的是最小化不利的错误机组动作的发生可能，尤其在紧急情况下或高工作负荷的阶段。额外的防护，如使用防护开关，有时可能是需要的。

十、CCAR 25. 1321 仪表安装布局和可见度

（一）条款原文

（a）必须使任一驾驶员在其工作位置沿飞行航迹向前观察时，尽可能少偏移正常姿势和视线，即可看清供他使用的每个飞行、导航和动力装置仪表。

（b）第 25.1303 条所要求的飞行仪表必须在仪表板上构成组列，并尽可能集中在驾驶员向前视线所在的垂直平面附近。此外，必须符合下列规定：

（1）最有效地指示姿态的仪表必须装在仪表板上部中心位置。

（2）最有效地指示空速的仪表必须直接装在本条（b）（1）所述仪表的左边。

（3）最有效地指示高度的仪表必须直接装在本条（b）（1）所述仪表的右边。

（4）最有效地指示航向的仪表必须直接装在本条（b）（1）所述仪表的下边。

（c）所要求的动力装置仪表，必须在仪表板上紧凑地构成组列。此外，必须符合下列规定：

（1）各发动机使用同样的动力装置仪表时，其位置的安排必须避免混淆每个收表所对应的发动机。

（2）对飞机安全运行极端重要的动力装置仪表，必须能被有关机组成员看清。

（d）仪表板的振动不得破坏或降低任何仪表的精度。

（e）如果装有指出仪表失灵的目视指示器，则该指示器必须在驾驶舱所有可能的照明条件下都有效。

（二）条款解析

本条规定了驾驶舱内仪表布局和可见度方面的要求。

条款中规定驾驶舱仪表布局需满足"基本 T 布局"。无论是用传统的机电式化表，还是用电子显示器，都需满足基本 T 布局的要求。

25.1333 要求需要有单独的备用姿态、大气数据和航向显示。因为这些显示仅在相应的主仪表失效时采用，故 25.1321 条所要求的 T 形布局的要求并不适用，但是，所有的备用仪表应布置成便于其中一个驾驶员使用。

根据 AC25-11A 的内容，有关电子显示器方面的设计和合格审定要考虑如下内容：

（1）显示信息的要素和特征。一般而言，任一驾驶员在其工作位置沿飞行航速向前观察时，应尽可能少偏移正常姿势和视线，即可看清供他使用的每个飞行、导航和动力装置仪表。

对于所有的显示构型，要考虑所有可预期的照明条件。可预期的照明条件包括照明和电源系统失效下的各种故障模式、驾驶舱照明和显示系统照明选择的全部范围以及运行环境（如白天和夜间照明）。如果提供了目视指示器指示仪表故障，那么该指示器必须在驾驶舱所有可能的照明条件下都有效。

（2）信息文本。无论所显示的信息是何种字体、颜色和背景，在所有预期的照明和运行条件下，从飞行机组位置处都应能看清信息文本。

（3）基本 T 布局。基本 T 布局内的信息在正常条件（即显示系统无故障时）下应能持续地、直接显示在飞行机组面前。基本 T 布局适用于姿态、空速、高度和航向的主显示。根据驾驶舱设计的不同，可能有多于一个的基本 T 布局的信息显示。

主要姿态指示位于驾驶员向前视线所在的垂直平面附近的中心位置处，这应从驾驶员就座位置处的设计眼位点进行测量。如果显示器安装在仪表板上，那么姿态的仪表必须装在仪表板上部中心位置。姿态仪表的安装还应保证在所有的飞行条件下不被阻挡，主要的空速、高度和航向仪表应邻近主姿态仪表安装。

（4）动力装置信息的布局。动力装置信息的布局应紧凑排列、容易识读且具有逻辑性，可使飞行机组明显迅速地识别显示的信息并能将其与对应的发动机联系。通常，同一个发动机的参数都垂直排列，不同发动机的同一参数根据发动机位置水平排列对齐。参数的排列一般是按重要程度来区分的，最重要的参数排在最上面，最上面的参数一般是主要的推力设置参数。

（三）符合性验证方法

建议申请人采用设计符合性说明、机上地面试验、飞行试验和机上检查等符合性方法。

设计符合性说明：系统原理（方案）说明、设计图纸。

机上地面试验：进行仪表板的振动特性试验和指出仪表失灵的目视指示器在驾驶舱所有可能的照明条件下都有效的试验（也可在地面试验中验证仪表板的布局及可见度，但也可用其他方法验证此内容）。

飞行试验：进行仪表板的振动特性试验和指出仪表失灵的目视指示器在驾驶舱所有可能的照明条件下都有效的试验（也可在飞行试验中验证仪表板的布局及可见度，但也可用其他方法验证此内容）。

机上检查：检查仪表板的布局是否符合 T 形排列（或综合电子显示器显示内容是否符合 T 形排列要求），以及在驾驶员位置处能否看清他使用的每个飞行、导航和动力装置仪表。

在进行本条款的符合性验证时，还要考虑人为因素方面的要求是否满足，最终可通过飞行员的评定去验证。

十一、CCAR 25.1322 警告灯、戒备灯和提示灯

（一）条款原文

如果在驾驶舱内装有警告灯、戒备灯和提示灯，则除适航管理当局另行批准外灯的颜色必须按照下列规定：

（a）红色，用于警告灯（指示危险情况，可能要求立即采取纠正动作的指示灯）。

（b）琥珀色，用于戒备灯（指示将可能需要采取纠正动作的指示灯）。

（c）绿色，用于安全工作灯。

（d）任何其他颜色，包括白色，用于本条（a）至（c）未做规定的灯，该颜色要足以同本条（a）至（c）规定的颜色相区别，以避免可能的混淆。

（二）条款解析

本条款对驾驶舱内安装的不同级别的告警灯提出了颜色上的要求。

（三）符合性验证方法

建议申请人采用设计符合性说明、安全性评估、飞行试验和机上检查等验证方法表明符合性。

设计符合性说明：系统原理（方案）说明、设计图纸，主要对各种告警灯及信息的等级及颜色规定等进行评估。

安全性评估：从 FHA、FTA、SSA 等出发，考虑各种警告信息的等级是否正确，以及是否考虑到虚假警告和丧失警告的情况，主要考虑丧失警告和虚假警告情况。

飞行试验：主要是对告警系统所进行的飞行试验，经机组评审后确定各种灯光颜色是否符合要求。

机上检查：主要是针对灯的颜色及能否正常显示进行检查。

十二、CCAR 25. 1357 电路保护装置

（一）条款原文

（a）必须采用自动保护装置，在线路发生故障或在系统或所连接的设备发生严重失灵时，最大限度地减小对电气系统的损坏和对飞机的危害。

（b）发电系统中的保护和控制装置的设计，必须能足够迅速地断电，并将故障电源和输电设备与其相关联的汇流条断开，防止出现危险的过压或其他故障。

（c）每一可复位型电路保护装置的设计，必须在发生过载或电路故障时，不论其操作位置如何，均能断开电路。

（d）如果飞行安全要求必须有使某一断路器复位或更换某一熔断器的能力，则这种断路器或熔断器的位置和标识必须使其在飞行中易被复位或更换。在使用熔断器的地方，必须有备用熔断器供飞行中使用，其数量至少应为保护整个电路所需的每种额定熔断器数量的50%。

（e）每一重要负载电路必须具有单独的电路保护。但不要求重要负载系统中的每一电路

（如系统中的每个航行灯电路）都有单独的保护。

（f）对于正常工作中有必要进行断电或电源复位的飞机系统，该系统必须设计为：其断路器不得作为断电或电源复位的主要手段，除非将断路器设计作为开关使用。

（g）如果对于接至某设备的电线已有电路保护，则可采用自动复位断路器（如热断路器）作为该电气设备自身装有的保护器。

（二）条款解析

25.137（a）款

电路保护装置是用于发电系统的电路保护，即控制主电源接触器（该主电路断路器）通断的设备，通常称为发电机控制保护器，或用于对设备或系统输电线路的保护，通常用熔断器、断路器等。每个设备成系统的输电线路都应采用电路保护装置，电路保护装置的参数选择应能达到这样的目的，即线路或用电的设备（成系统）发生故障时，该电路保护装置应起到保护作用，把故障源与电气系统隔离，使故障的危害限制在最小限度，不影响其他电气系统或其他设备的正常工作。为此，在选择配电系统中的电路保护装置时，应按分级选择的原则，在电路保护装置参数选择时，应使前级电路保护装置的安秒特性高于后级的安秒特性。

根据 AC25.1357-1A，当选择和设计（a）款要求的自动保护装置的安装时，应该表明，在电路保护装置波其保护的设备上周围环境温度变化的影响不会造成危害。

25.1357（b）款

发电系统的电路保护装置（发电机控制保护器）应对发电系统的基本故障进行保护，基本故障对交流主电源系统是指过电压、低电压、过频、低频、短路故障，对这些不同的故障，发电机控制保护器应具有不同的适时斯电功能，其最终目的应达到切新主接触器（或主电路断路器），将故障电源与用电设备及相关联的汇流条断开，防止过压，或其他故障危害设备或系统，并将故障隔离。此外，发电机馈电线短路时，差动保护功能应切断发电机的励磁，发电系统电路保护装置的保护性能应在发电系统采购规范的技术条件中规定。

25.1371（c）款

飞机上常用的可复位型的电路保护装置为断路器，在选择使用断路器时，必须注意其保护特性（即安秒特性）和分析能力，即当被保护的设备该线路发生故障时，其故障电流应大于断路器的动作（断开）电流，另外，该断路器能够分断可能产生的最大故障电流，这样，可复位型的电路保护装置才能可靠地对故障的设备及电路起保护作用。

25.1357（d）款

为飞行安全而需复位的断路器换成可更换的熔断器，应当有明显的位置标志或指示，即断路器应能立即识别是处于断开位置还是接通位置，而熔断器应采用带有断开指示灯或其他易于识别其通、断状态的熔断器，使其在飞行中能易于复位该变换。

如采用熔断器，则必须有备用熔断器供飞行中使用，其每种规格备用数量至少为所需量的 50%。在飞机设计时，要考虑备用熔断器安放的位置应取用方便，可在飞行时更换断开的熔断器。

根据 ACZS.1357-1，在飞行中具有重置成替换电路保护装置的能力对飞行安全是重要的，那么电路保护装置必须容易被接近。在定义一个安全设计时，必须考虑到单个失效或组合失效，包括自动电路保护装置断开。需借助其才能使得电持续供应的任何单个电路保护装置，包括那些用于保护汇流条或电源的电路保护装置，也就是那些在飞行中对安全起重要作用的元件，必须是机组人员在不需离开其座位的情况下容易接近的。

25.1357（e）款

每一个重要用电设备电路必须具有单独的电路保护装置（熔断器或断路器），一个电路保护装置只能接一个重要用电设备，但不要求重要负载系统中的每一个电路都有一个电路保护装置。当某一电路发生故障时，该电路保护装置起作用，而不会影响其他设备或线路的正常工作。

根据 AC25.1357-1A，本款要求"每一重要负载电路必须具有单独的电路保护"，传统上这意味着每一架飞机的重要系统电路都将有自己的专用电路保护装置，因为每一个重要的飞机系统都将有自己的电源、设备和导线，然而，现代飞机还在持续增加对高集成度的系统架构的利用。这意味着，单个模块的航电设备可能提供对安全飞行起重要作用的多个飞机系统的控制。一般来说，这些航电模块是冗余的，由 2 件或 3 件设备用来提供功能冗余。"电路"的传统定义在这些情形下不适用，由集成电路控制的每个飞机系统不存在电源、控制设备和导线的一对一通信，因此，在本款的范畴内，一个电路被定义为电路保护装置、执行综合功能的设备及其相关联的导线。当一个集成了多个功能模块的设备表明符合第 25.1357 条（e）款的要求时，申请者必须表明整个电路具有单独的电路保护，注意其他款，比如（a）款，可能要求电路中的子系统同样要求提供电路保护。

25.1357（f）款

根据 AMC25.1357（f）：

（1）对于那些有必要在正常操作期间具备断电或复位电源能力的飞机系统，断路器不被用作断电或复位系统电源的主要方式。

（2）飞机上的每个电动系统都有一种采用非断路器的方式断电，这并不是该要求的目的。术语"正常地需要断电"是用于区分在正常运行期间正常地开启和关闭的飞机系统，和那些一直都保持正常供电的飞机系统，诸如驾驶舱多功能显示器或飞行管理计算机。但是，如果飞行管理计算机确实需要定期功率循环，不管是什么原因，这个系统都将需要有一种非采用断路器的方法来处理此种情形。

（3）在正常运行期间需要断电的系统应该被设计成当电源从系统中断开时应尽可能从接近实际可行的电源源头处断开，而不是简单地停用供电系统的输出。

（4）一个单独的或集成的电源开关可用来表明符合（1）款，如果应用了一个集成的开关（即一个控制功率流向多个飞机系统的开关），那么它必须被表明对多个系统执行断电或电源复位操作时将不会对安全飞行产生有害影响。

（5）如果一个开关额定断路器能够被证明在系统或其服役寿命期内符合所需操作的开关次数，则可以被选择作为一个开关额定断路器使用。

25.1357（g）款

自动复位断路器作为设备自身的保护装置时，一般设置在设备内部，作为设备的一部分，不能替代电路保护。为此，在设备自身带有自动复位断路器时，设备电路还需设有电路保护装置，即断路器或熔断器。

（三）符合性验证方法

满足该条款一般可综合采用设计符合性说明、分析计算、安全性分析、试验室试验、飞行试验、机上检查和合格证明文件等验证方法来表明符合性。

设计符合性说明：通过配电系统原理图、接线图及熔断器、断路器数目表，查证每个设备或系统的输电线路是否采用了熔断器或断路器等电路保护装置，以验证对（a）款的符合性。所选择的可复位型电路保护装置（如断路器）的性能应符合产品技术条件要求，以验证对（c）款的符合性。对（d）款的验证要确定飞行安全需要复位的断路器和熔断器，查证断路器板和熔断器板安装图，验证这些电路保护装置是否安装在空勤人员易于观察和易于复位更换的位置。此外，需证实这些电路保护装置在接通和断开位置时，具有明显不同的标志。对（e）款的验证要查证重要设备或系统的接线图，及断路器和熔断器明细表，所有设备或系统都应有单独的断路器或熔断器作为电路保护装置。对（f）款的验证要根据熔断器明细表和备用熔断器明细表，查证备用熔断器数量是否符合本条款要求。对（g）款的验证要查证用电设备接线图，对可以安装电路保护装置的设备或系统均应设置有电路保护装置。

分析计算：主要进行电源系统的电气负载分析。

安全性分析：对发电系统进行故障分析，并提供 FMEA 报告。

试验室试验：对（b）款的验证可通过发电系统采购规范或技术条件及 25.1363 条规定的电气系统试验，验证发电系统具有过压等故障的保护能力。在电气系统试验中将列入发电系统故障试验项目，对飞机中可能出现的过压、低压、过频、欠频和短路故障进行故障模拟试验，发电系统对这些故障均应进行保护。电网各设备电路产生短路故障时，可复位型电路保护装置应具有对该短路电流的分断能力，通过电气系统试验，对设备电路模拟造成短路故障，可复位型电路保护装置应能可靠地分断电路，实现对（c）款的验证。

飞行试验（A380）：在 FADEC 中，交流电路中的电路断路器和过电流保护装置用来减少对电气系统的损坏。这用飞行试验来验证。

机上检查：检查断路器或熔断器的位置和标识。

合格证明文件：对断路器本身性能进行验证。

十三、CCAR 25.1381 仪表灯

（一）条款原文

（a）仪表灯必须满足下列条件：

（1）提供足够的照明，使安全运行所必需的每个仪表、开关或其他装置易于判读，除非有其他光源提供的充足照明。

（2）灯的安装应做到：

（ⅰ）遮蔽直射驾驶员眼睛的光线。

（ⅱ）使驾驶员看不到有害的反光。

（b）除非在每一预期的飞行条件下，不可调节亮度的仪表灯已令人满意，否则必须有措施控制照明强度。

（二）条款解析

仪表灯的用途是对驾驶舱仪表板上的各种仪表、开关或其他装置提供照明，使机组人员能在各种飞行条件下清晰判读需要观察的仪表显示信息。本条是从满足适航的最低安全标准出发，对运输类飞机驾驶舱仪表灯照明的总体效果所做的规定。

（a）款中的"易于判读"是对仪表灯照明功能综合效果的最低要求。"易于判读"的要求包含客观照明条件和主观视觉两方面的内容。机组要能容易地判读仪表的显示，与下列因素有关：机组人员的视觉敏锐度和对比敏感度、仪表显示的清晰程度、照明环境（由驾驶舱观察窗的自然采光、仪表照明和其他灯的照明共同形成）。

眩光：眩光是指视野范围内由于亮度分布和范围不适宜，或者在空间或时间上存在着极端的亮度对比引起的一种不适的、降低观察能力的视觉状态或条件。一般是由灯、玻璃等透射或反射的光造成。眩光刺激眼睛，影响正常的视觉，并加速视觉疲劳，是影响照明质量的最重要因素之一。

反射眩光：由物体镜面反射引起，产生不舒适感，严重的会产生视觉丧失。

光幕反射：由于仪表板表面的反光，减弱了仪表刻度、指针、字符和底面间的黑白对比，降低了反差，从而增加了辨识的困难。这除了与灯光照射的方向有关外，还与驾驶员视线与仪表板的角度、仪表板表面的光滑程度以及刻度、指针和字符的发射率等因素有关。

（三）符合性验证方法

申请人应采用设计符合性声明，设计说明文件、机上地面试验、飞行试验和机上检查等验证方法表明符合性。

设计符合性声明：对本条符合性的总体描述。

设计说明文件：系统原理（方案）说明和设计图纸等设计说明文件对本条符合性的具体描述。

机上地面试验：由飞行员在地面对驾驶舱仪表灯的照明效果进行整体评估，并提出适航符合性意见，由适航管理当局审定。

飞行试验：通过飞行试验对驾驶舱仪表灯的适航符合性进行评定。飞行试验中应考虑下列情况：

（1）夜航时，着重验证仪表灯在低照度条件下各种信息的易读性。

（2）在日出或黄昏飞行时（或模拟飞机在遇到雷暴雨状态时），着重验证仪表灯在高亮度条件下各种信息的可读性。

（3）在各种飞行条件下，注意验证是否有直射驾驶员视线的光线，是否有漏泄光，以及是否能感觉到有害的眩光。

（4）飞行员既能观察仪表，又能观察窗外景物的照明需要。

机上检查：对仪表灯的安装进行机上检查以确认对本条要求的符合性。

十四、CCAR 25.1543 仪表标记总则

（一）条款原文

每一仪表标记必须符合下列要求：

（a）当标记位于仪表的玻璃罩上时，有使玻璃罩与刻度盘盘面保持正确定位的措施。

（b）每一仪表标记必须使相应机组人员清晰可见。

（二）条款解析

仪表标记使相应的机组人员清晰可见，是指刻度的粗细、长短以及颜色的组合能使机组人员位于驾驶位置上时，可在各种光线条件下看清楚，并且要求最小的误读率。可以使用包括颜色组合、闪烁等等各种途径达到以上目标。以下经验数据可供参考：

（1）红、黄和绿色直线：1.25 mm 宽，7.5 m 长。

（2）红、黄和绿色弧线：2.5 mm 宽，长度按需要确定。

（三）符合性验证方法

本条规定了仪表标识的通常要求。申请人可采用设计符合性说明、机上地面试验、飞行试验和合格鉴定等验证方法表明符合性。

设计符合性说明：如有标记于玻璃罩上的仪表标记，需要系统设计报告说明其与表盘相对位置固定的措施；对于仪表中使用的其他标记可以通过设计符合性说明表明其标记方式与常见设计特征间的关系，如标记的长度、宽度、颜色等。

机上地面试验：对标记的清晰度等进行目视检查。

飞行试验：在飞行中特别是在各种光照条件下，检验标记的清晰易读情况。尤其需要注意使用液晶屏幕显示相关仪表指示的情况下，在飞行员正常操作的位置和姿态条件下，在不同角度光照情况下显示的仪表标记信息仍然足够清晰。

合格鉴定文件：主要检查根据不同标准或者环境标准进行设备验证的各种证明文件。

十五、CCAR 25.1555 操纵器件标记

（一）条款原文

（a）除飞行主操纵器件和功能显而易见的操纵器件外，必须清晰地标明驾驶舱内每一操纵器件的功能和操作方法。

（b）每一气动力操纵器件必须按第 25.677 条和第 25.699 条的要求来标示。

（c）对动力装置燃油操纵器件有下列要求：

（1）必须对燃油箱转换开关的操纵器件做出标记，指明相应于每个油箱的位置和相应于每种实际存在的交叉供油状态的位置。

（2）为了安全运行，如果要求按特定顺序使用某些油箱，则在此组油箱的转换开关上或其近旁必须标明该顺序。

（3）每台发动机的每个阀门操纵器件必须做出标记，指明相应于所操纵的发动机的位置。

（d）对附件、辅助设备和应急装置的操纵器件有下列要求：

（1）每个应急操纵器件（包括应急放油操纵器件和液流切断操纵器件）必须为红色。

（2）如果采用可收放起落架，则必须对第 25.729（e）条所要求的每个目视指示器做出标记，以便在任何时候当机轮锁住在收起或放下的极限位置时驾驶员能够判明。

（二）条款解析

25.1555（a）款要求"除飞行主操纵器件和功能显而易见的操纵器件外……"，其中，"显而易见的操纵器件"包括 25.781 条规定操纵手柄形状的操纵器件，如襟翼、起落架等。

气动力操纵器件要按 25.677 条（配平系统）的要求，在配平操纵器件近旁，必须设置指示装置以指示与飞机运动有关的配平操纵器件的运动方向以及配平装置在其可调范围内所处的位置；按 25.699 条（升力和阻力装置指示器）的要求对升力和阻力操纵器件进行标示。

对动力装置燃油操纵器件按本条（c）款进行标示。

对附件、辅助设备和应急装置的操纵器件按本条（d）款进行标示。特别地，如果采用可收放起落架，对起落架的收放操纵器件，应按 25.729（e）款（收放机构位置指示和警告装置）的相关规定进行标示。

（三）符合性验证方法

一般可通过提供图纸说明等设计资料、机上检查和飞行试验来表明操纵器件的标记符合本条款要求。

第二节　FAR25 部中与航空人因设计相关的适航审定条例

一、与航空人因设计相关的适航审定条款

表 6-4 列出了美国联邦航空条例 FAR 第 25 部中大部分与人因设计相关的审定条款。这些条款主要涉及飞机上各类装置的人机工效设计要求，如可视性、可达性、可操纵性、可维护性、防差错设计等要求，其中最为重要的人因设计适航审定条款是 25.1302 和 25.1523。前者要求从人的认知能力的角度出发，设计飞行机组使用的安装系统与设备；后者则涉及飞行机组的工作负荷的评估测定。读者可到美国联邦航空局、欧洲航空安全局、中国民用航空总局等机构的官网，下载最新版本的第 25 部航空规章的电子版，查询相关条款的具体内容。

表 6-4　FAR25 部中与人因设计习惯的审定条款

条款编号	条款名称	条款编号	条款名称
25.203	失速特性	25.773	驾驶舱视界
25.207	失速警告	25.775	风挡和窗户
25.233	航向稳定性和操纵性	25.777	驾驶舱操纵器件
25.251	振动和抖振	25.779	驾驶舱操纵器件的动作与效果
25.253	高速特性	25.781	驾驶舱操纵手柄形状
25.397	操纵系统载荷	25.785	座椅、卧铺、安全带和肩带
25.607	紧固件	25.789	客舱和机组舱以及厨房中物件的固定
25.611	可达性措施	25.793	地板表面
25.671	操纵系统——总则	25.809	应急出口布置
25.672	增稳系统及自动和带动力的操纵系统	25.831	通风
25.677	配平系统	25.841	增压座舱

续表

条款编号	条款名称	条款编号	条款名称
25.679	操纵系统突风锁	25.941	进气系统、发动机和排气系统的匹配性
25.703	起飞警告系统	25.977	燃油箱出油口
25.729	收放机构	25.981	燃油箱点燃防护
25.735	刹车	25.1141	动力装置的操纵器总则
25.771	驾驶舱	25.1142	辅助动力装置的操纵器件
25.1143	发动机操纵器件	25.1357	电路保护装置
25.1145	点火开关	25.1360	预防伤害
25.1147	混合比操纵器件	25.1381	仪表灯
25.1149	螺旋桨转速和桨距的操纵器件	25.1383	着陆灯
25.1153	螺旋桨顺桨操纵器件	25.1401	防撞灯系统
25.1155	反推力和低于飞行状态的桨距调定	25.1403	机翼探冰灯
25.1157	汽化器空气温度控制装置	25.1447	分氧装置设置的规定
25.1159	增压器操纵器件	25.1523	最小飞行机组
25.1161	应急放油系统的操纵器件	25.1541	标记和标牌 —— 总则
25.1301	功能和安装	25.1543	仪表标记 —— 总则
25.1302	飞行机组使用的安装系统与设备	25.1545	空速限制信息
25.1303	飞行和导航仪表	25.1547	磁航向指示器（标记）
25.1305	动力装置仪表	25.1549	动力装置和辅助动力装置仪表
25.1309	设备、系统及安装	25.1551	滑油油量指示器
25.1321	布局和可见度	25.1553	燃油油量表
25.1322	警告灯、告诫灯和提示灯	25.1555	操纵器件标记
25.131323	空速指示系统	25.1557	其他标记和标牌
25.1325	静压系统	25.1561	安全设备
25.1326	空速管加温指示系统	25.1563	空速标牌
25.1327	磁航向指示器	25.1711	部件识别：EWIS
25.1329	飞行指引系统	25.1719	可达性规定：EWIS
25.1331	使用能源的仪表	25.1721	EWIS 的保护
25.1351	电气系统和设备 —— 总则		

二、与人因设计适航审定相关的咨询通告、政策和备忘录

FAA 发布了一系列关于人因适航审定的咨询通告、政策和备忘录，用于指导申请人开展符合性验证工作和规范审定成员的适航审定工作，如：

（1）AC25.1302-1，飞行机组使用的安装系统和设备。

（2）AC25-11B，电子飞行显示器。

（3）AC25.1322-1，飞行机组告警。

（4）AC20-175，驾驶舱系统操控器件。

（5）AC25.1523-1，最小飞行机组。

（6）AC25.73-1，驾驶舱视界设计的考虑。

（7）AC25.1309-1A，系统设计和分析。

（8）AC120-28D，批准Ⅲ类起飞、着陆和着陆滑跑的最低天气标准。

（9）PS-ANM11-199-992，运输类飞机驾驶舱审定人的因素审定计划评审指南。

（10）PS-ANM-01-03，驾驶舱审定人的因素符合性方法评审考虑。

（11）PS-ANM111-2001-99-01，增强自动驾驶运行期间飞行机组的意识。

（12）FAA Notice81.98，关于复杂综合航电作为 TSO 过程部分的人因/飞行员界面问题。

（13）FAA Human Factors report，飞行机组和现代驾驶舱系统的界面。

（14）DOT/ FAA/CT-03/05，人的因素设计标准。

第三节　FAR25.1302"飞行机组使用的安装系统与设备"简介

目前，CCAR25 部中还没有引入 25.1302 条款（供飞行机组使用安装的系统和设备），但是 FAR25.1302 已经存在，以下是该条款的一些介绍。

一、FAR25.1302"飞行机组使用的安装系统与设备"条款产生的背景

如表 6-4 所列，在驾驶舱人因设计适航审定专门条款 25.1302 发布之前，有关人的因素的适航审定条款零星地分布在第 25 部的各个部分，主要针对系统部件本身特性做出工效学上的要求，最终通过 25.1523"最小飞行机组"作为人的因素的集中体现。对于人的因素适航符合性的考察也主要以 25.1523 条款的符合性为主导。

由于飞行机组判断和操作失误造成的航空事故时有发生，随着综合航电和机电一体化技术的不断发展，驾驶舱内需要飞行员监控关注的因素越来越多，即使是经过良好训练、资深的飞行机组成员也难免会发生差错。事故分析结果显示，在涉及运输类飞机的大部分事故中，飞行机组的人误是一个重要因素。这些错误部分是由飞行机组使用的系统或人机界面的设计缺陷引起的。

针对居高不下的与人误相关的民机事故率，早在 1999 年，FAA 人的因素协调工作组（ Human Factors- Harmonization Working Group，HF-HWG），成员包括 FAA、JAA、波音和空客等单位，HF-HWG 的研究发现，已有的各种适航条款（不仅仅是第 25 部）和咨询通告（AC）存在约 250 项与人机界面设计人的因素有关的问题。其中，35 项重要问题主要集中在已有的适航审定条款和咨询通告中，没有就驾驶舱设计如何充分地考虑飞行员能力、如何有效地支持飞行员作业绩效和人误管理，提出全面系统的适航要求及指导。

研究还发现，由于没有充分考虑飞行员的能力，以及设计对飞行员操作绩效的影响，导致机载人机界面设计过于复杂和缺乏足够的人机工效，从而可能导致人误的产生。较为突出的问题有：对贯彻"以人为中心"的设计理念缺乏具体有效的方法、工具和标准；设计过程和决策缺少足够的人机工效学考虑或专业人员的参与；设计人员和试飞员缺乏足够的人机工效学知识和技能等。

如传统机电式机载设备人机界面设计中所采用的一些防错设计，为预防和减少人误的发生发挥了作用。例如，操纵装置的形状编码、互锁设计、位移限定装置等，但"玻璃驾驶舱"

所带来的数字综合化交互式人机界面，出现了很多新问题，需要用新的方式考虑其防差错设计问题，如多功能控制器/控制显示器（MFC/CDU）中复杂的多层次菜单结构；非规范化设计的按键排列；难记且不一致的英文缩写指令符号；对某些重要飞行参数的输入缺乏执行前核准或复原功能等。这些设计有可能增加飞行员的认知工作负荷，并导致人误的发生。

又如，虽然民机驾驶舱自动化提高了飞行操作的准确性、可靠性、航运经济性和整体飞行的安全性，但它的发展从一开始就是以技术为导向，而并非遵循以飞行员为中心的人机工效学理念，新增的机载设备虽然为飞行安全提供了进一步的保障，但如果没有与原有机载设备实现有效的系统化整合，则可能增加人机界面的复杂性。比如，原有机载设备通过各种信息加工通道（听觉、视觉、触觉等）给飞行员提供了众多的告警信号，由于逐步增加的新机载设备的告警信号并没有与原有各类告警信号实现有效的系统化整合，有时会在高负荷应急状态下，造成飞行员信息过载，从而导致产生人误的隐患。

人的因素协调工作组经过多年研究，于 2004 年 6 月向 FAA 提交了最终建议报告，HF-HWG 注意到系统设备的设计特性能够影响飞行机组差错，认为局部修改第 25 部的部分条款无法系统地解决所存在的问题，因而有必要按照"以飞行员为中心"的人机工效学方法来增补一项新条款，他们建议增加更明确的管理和避免飞行机组差错的相关设计要求，以补充增强现有驾驶舱人的因素适航性要求。这些要求之后被纳入 25.1302 条款中。

欧洲航空安全局 EASA 率先于 2007 年采纳了这些建议报告，颁布了审定规范 1302（C25.1302，CS：Certification Specification）和可接受的符合性方法 AMC25.1302，并对其进行了具体的解释。FAA 在向航空业界广泛征求意见后，于 2013 年正式发布了内容一致的联邦航空条例 FAR25.1302 以及咨询通告 AC25.1302-1。FAR25 部 25-137 号修正案新增的 25.1302 条款于 2013 年 7 月 2 日生效，这意味着在此日期之后申请取证的运输类飞机皆需满足此要求。这一重大举措标志着飞机设计中考虑人因问题不再是单个飞机制造商或设计公司的行为，而是从法规上强制必须达到的设计要求。

从 25.1302 条款要求本身来看，并没有要求航空器在设计和制造时，为满足飞行机组需要而额外增加相应的系统和设备，而是要求飞行员所使用的驾驶舱系统和设备需具有较好的防差错设计和显示功能，能够有效提高飞行机组工效，避免出现操作或判读失误，该条款的增加，要求航空工业方在飞行员所使用的驾驶舱系统和设备的显示和操作的人机工效设计上下功夫，从而满足适航条款要求；同时也要求适航审定当局能够结合驾驶舱系统和设备的人机工效评判准则，给出条款符合性验证方法和判定准则。这虽然在一定程度上增加了航空工业方产品设计和适航当局审定的负担，但这对于减小驾驶舱人误、提高航空器安全意义重大。

25.1302 条款对相关设备和功能的设计提出了一系列人机工效学要求，包括提供合适的显示器和控制器，这些显示器和控制器不但需符合相关的硬件设计指标，还需在信息的呈现方式和可用性等方面进行有效的设计，来支持各种飞行任务并进行后续的情景意识设计、设备和功能的可预测性和可控性分析、机载人机系统和界面整合设计以及人误管理设计等。

二、FAR25.1302 "飞行机组使用的安装系统和设备"的具体内容

（一）条款内容

本条款适用于驾驶舱中飞行机组在正常座位位置操作飞机时所使用的机上安装的系统和

设备。申请人必须证明，所安装的系统和设备，无论是单独的还是与其他系统和设备的集成，设计上都满足经使用培训合格的机组人员能安全执行与系统和设备预定功能相关的所有任务，所安装的这些设备和系统必须满足以下要求：

a）驾驶舱控制器件的安装必须允许完成那些要求设备安全执行预定功能的所有任务，同时必须给飞行机组提供完成规定任务所必需的信息。

（b）供飞行机组使用的驾驶舱操控组件和信息必须满足以下条件：

（1）以明确的、毫不含糊的方式提供，且具有适合于任务的分辨率和精准度。

（2）对于飞行机组方便可用，且与任务的紧迫性、频率和持续时间一致。

（3）如果需要安全运行警告，则能够警告飞行机组其行为对飞机或系统的影响。

（c）所安装设备的操作相关活动必须：

（1）是可预测的和明确的。

（2）设计上能够使飞行机组以适于任务的方式进行干预。

（d）在实际可行的范围内，所安装的设备必须包含针对飞行机组操纵设备所造成的、可合理预测的使用中差错的管理方法。本款不适用于下列情形：

（1）与飞机人工控制相关的技能错误。

（2）由于恶意决策、行动或不作为造成的错误。

（3）机组成员的鲁莽决定、行动，或忽视安全引起的遗漏。

（4）暴力行为或受威胁造成的错误，包括受威胁进行的行为。

（二）条款解读

条款 25.1302 第一自然段中提及的"飞行机组"是指为了组成最小飞行机组的任何人或所有人，以便同 25.1523 条相符合，并且飞行机组人员还需满足"经使用培训合格"这一条件，条款第一自然段中提及的"正常座位位置"（normally seated positions）是指飞行机组坐在他们通常操纵飞机的位置上，这一短语是为了限制要求的使用范围。比如，本条款并不适用于某些供维修成员（以及不操纵飞机时的飞行机组）使用驾驶舱内的维修用控制器件。

25.1302（a），本项要求型号申请人为 25.1302 条第一款（第一自然段）中所确定的所有驾驶舱设备安装适当的控制器件，并提供必要的信息，控制器件和信息显示必须能够让飞行机组执行任务，虽然这看起来很明显，但揭示了驾驶舱控制器件和信息显示满足飞行机组需要的特定要求，这些要求没有在规章的其他部分反映，因此需在此处进行明确说明。

25.1302（b），本条款为驾驶舱控制器件和信息显示提出了必要的和适当的要求，使飞行机组能够如 25.1302（a）所规定的完成他们的任务。

（1）25.1302（b）（1）条规定了应当以明确的毫不含糊的形式，对任务提供具有适当精度的控制件和信息显示。对控制器件来说，"明确的，毫不含糊的"的要求是指飞行机组能恰当地使用控制器件完成设备的预期功能，对信息显示，"明确的，毫不含糊的"的要求是指，能正确感知（易读）；飞行机组任务的上下文能够被理解，25.1302（b）（1）条也对分辨率和精准度提出了要求。分辨率偏低或精度不高将意味着飞行机组无法充分地执行任务，而分辨率过高则会因为信息的可读性，或者完成任务需要的功能比实际更加精确面使任务难度增加。

（2）25.1302（b）（2）条规定了控制器件和信息显示需与任务的紧迫性、频率和持续时间相匹配，以供飞行机组读取和使用。例如，经常使用或紧急使用的控制器件必须能够随时进行访问，或者需要较少的步骤就可以执行任务。

（3）25.1302（b）（3）条规定设备需要提供信息，以告知飞行机组对飞机或系统活动的影响，这种告警对安全操作是必需的，目的是让飞行机组了解由于飞行机组活动对系统或飞机状态产生的影响，从而允许他们检测和纠正自己的差错。

25.1302（c），设置该条款，是因为服役经验表明，一些自动驾驶系统的人机界面设计了过于复杂的自动化模式和控制方式，不能被飞行机组成员很好理解，这样的设计特征会使飞行机组成员产生混淆，并且在实际飞行中证明对一些事件或事故有重大影响。

（1）25.1302（c）（1）条规定系统行为应当能够让一个合格的飞行机组成员了解系统正在做什么和为什么这样做，要求运行相关的系统行为是可预测和无歧义的。

（2）25.1302（c）（2）条规定设计应该使飞行机组成员能对系统采取一些行动或者以一种适合于任务的方式改变系统输入。

25.1302（d），本条款阐述了如下的事实：即使是受过严格训练、娴熟的飞行机组成员在操纵精心设计的飞机时也会犯错，这样就要求设备被设计成能够使飞行机组成员管理这样的差错。

同时，本条排除了由于具有不良信誉的飞行机组成员所做的决策、行为、疏忽引起的差错，也不考虑由暴力或暴力威胁行为引起的差错。

三、适航符合性验证规划

（一）制定驾驶舱人因设计合格审定计划

由于民用航空适航体系以公众的安全为出发点。因此，为了保证航空器在设计制造与使用运营过程中保持其安全品质，要求所有使用的设备和技术都是成熟的，而不一定是最新的，由于适航规章给出的是民用航空产品必须满足的最低安全标准，这也意味着规章给出的最低标准从技术层面而言可能是较为陈旧的，但以目前航空电子技术的发展速度，新的人机交互方式，新的设计理念和技术层出不穷，这又要求适航规章有一定的前瞻性，能够容纳新技术，给新技术应用留有足够的空间，而新技术往往还没有经过实际的运营考验，可能包含潜在的不安全因素，应如何调和这一矛盾？在 25.1302 的咨询通告中，引入了三个指标来衡量合格审定大纲制定的繁简程度。这三个指标是综合性/集成水平、复杂性和新颖性。

1. 综合性/集成水平（Integration）

系统综合性/集成水平主要指的是影响飞行机组操纵飞机的各系统之间的相互作用或相互依存的程度。

现代民用飞机为了有效降低飞行机组执行飞行任务过程中的工作负荷，越来越多地采用自动化技术，如综合模块化航空电子（Integrated Modular Avionics，IMA）系统，这势必带来更多的系统交联，可能为飞行机组对系统工作状态的情景意识带来困难。因此，申请人在符合性验证工作中应对系统集成的情况，通过详细的系统描述文件，明确飞行机组任务和系统功能的关系，对于可能造成飞行机组情景意识降低的情形，需要开展相关试验验证工作。

2. 复杂性（Complexity）

复杂性有多重衡量尺度。从认知的角度来说，飞行机组所必须使用的信息元素其数量的多寡（如在某个显示器上的信息条数）便可反映出一种复杂性程度；从操纵的角度来说，对系统的控制或自动化模式的切换等也反映出其复杂程度。由于自化程度较高,需要机组监控的信息量可能会有所增加。同时,对不同自动化模式间的转换控制也会相应增加,因此在验证方面也要给予充分关注。

3. 新颖度（Novelty）

新颖度这一概念对于人因设计尤为重要,系统设计引入新技术可能带来新的交互方式,飞行机组在这种情况下可能带来人误,一般来说新颖度主要包括以下几类:

（1）引入新技术带来的新的操作方式。

（2）引入新技术带来的非常规操作或额外附加程序。

（3）引入新的交互方式。

（4）对原有系统增加新的任务功能。

因此,申请人应当将设计特征按其综合性、复杂性和新颖性进行分类。被划为较新颖的特征,在合格审定时通常需要额外详细地审查。新颖性特征的影响会与其复杂性及其与驾驶舱其他组件的综合程度有关联,对一个新颖但简单的特征,所要求的审查详细程度,一般要比既新颖又复杂的特征要低。

这样,通过衡量这三个指标,局方和工业方就可对有关 25.1302 条款的审查范围和审查详细程度有一个评估。集成水平越高、越复杂、越新颖的设计特征,就需要越多的符合性验证证据,充分证明其安全性。

针对上述重点关注的要素,应按照图 6-2 所示的总体思路规划人的因素适航合性验证过程。

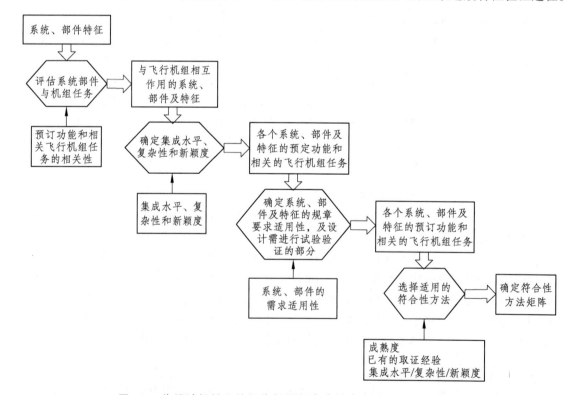

图 6-2　为设计相关人的行为问题制定合格审定计划的方法途径

（二）设计考虑

从适航条款的要求分析可知，人的因素验证的主要目标是尽可能减少由设计诱导的人的失误。人的因素适航符合性验证的重点也是关注如何从设计源头规避人的差错。通过对驾驶舱设计过程细化分解，识别出在设计过程中需要考虑的要素。

1. 预定功能与飞行机组任务（Intended Function and Associated Flightcrew Tasks）

人的因素是基于任务的动态过程，所有验证工作都围绕飞行机组任务展开。因此，在驾驶舱设计过程中首先要明确飞行机组的任务，飞行机组完成任务的前提是飞机必须提供与任务相匹配的功能，这就是"预定功能"。

在适航符合性验证中，必须对机组任务和预定功能进行详细描述。尤其新的功能更要明确说明与任务的匹配性。比如"速度显示功能"，早期显示方式是仪表显示，现在大多采用液晶显示器，其在主飞行显示器（PFD）上显示，先进的还可在平视显示器（HUD）上显示，另外还有备用仪表显示。在显示内容上，可以显示以"节"为单位的空速，也可以显示用马赫数表示的空速，还可以显示真空速、地速等速度信息，而这些速度信息都与不同飞行阶段的任务相关。在符合性验证过程中必说明功能是与任务相匹配的。

2. 操纵器件（controls）

操纵器件是飞行机组操纵控制飞机以及进行系统管理的控制界面。必须表明驾驶舱中供机组使用的每一个操纵器件都是完成机组任务所需的，同时其功能、操作方式以及控制效果必须满足人的因素要求，即标识清楚、操作方式明确、功能适当、可达可用及反馈充分。

3 信息显示（Presentation of Information）

显示界面是飞行机组获取飞机状态信息，以及对控制输入提供反馈信息的主要通道，也是保证飞行机组良好情景意识的重要途径。必须表明驾驶舱内显示信息可视、可辨识、可理解、精度和分辨率恰当、与任务匹配、能够为飞行机组决策提供支持。研究表明人机交互过程中，认知环节的差错率通常比执行环节的差错率高。因此为了给飞行机组提供良好的认知通道，信息显示设计应给予更多的关注。

4. 系统行为（System Behavior）

系统设计特征不同，飞行机组任务的需求也不同。不同系统对有关的飞行机组输入的响应也是不同的。条款要求"安装设备与相关的系统行为"必须设计成：可预知的和明确的，同时使飞行机组能够以与任务（和预定功能）相适应的模式干预。也就是说，飞行机组在任何时刻都应该明确知晓系统正在做什么，以及为什么这做。飞机自动化程度越来越高，各类自动化功能可以使飞机在大多数时间由计算机控制飞行，这就使得飞行机组容易过度依赖自动化系统而丧失对系统行为的监控。在符合性验证工作中必须明确人机功能分配的原则，同时应在任何时刻为飞行机组提供自动化系统的工作模式信息，同时必须提供机组干预自动化模式的有效途径。

5. 飞行机组差错管理（Flightcrew Error Management）

墨菲定律指出，人总是会犯错误的。既然人误无法根除，驾驶舱设计必须提供有效的手段控制差错。设计上应遵循下列基本原则来有效控制差错：

（1）能使飞行机组发现差错并从差错中恢复。

（2）确保飞行机组差错对飞机功能或性能的影响，对飞行机组而言是显而易见的，且可以继续安全地飞行和着陆。

（3）通过使用开关保护、互锁装置、确认操作或相似的方法来降低飞行机组犯错的可能性。

（4）通过系统逻辑和/或冗余、健壮或容错系统设计来降低或消除差错的影响。

由于人误是人的因素条款重点关注的内容，而目前并没有有效的途径能够充分证明驾驶舱设计是可以完全避免人误的。因此，在适航符合性验证工作中应通过合理地设置场景试验，涵盖正常和非正常的情况，并能够覆盖大部分预期运行情况，从而表明条款符合性。

6. 整合/集成（Integration）

许多系统，如飞行管理系统，它们在物理上和功能上都被集成到了驾驶舱中，并且会与驾驶舱的其他系统互相作用。重要的是不能孤立地考虑一项设计，而是要在整个驾驶舱的环境中综合考虑。集成问题包括显示器或操控器件安装在什么地方；它与其他系统如何相互作用；在一个多功能显示器内的各项功能之间是否具有内部的一致性，以及与驾驶舱的其余设备是否具有一致性。其通常需要衡量以下四点：集成的一致性、一致性的折中权衡、驾驶舱环境、集成对工作负荷和差错的影响。

（1）一致性。设计中应当考虑在某个给定系统内和整个驾驶舱内的一致性。不致可能会增加工作负荷和差错，尤其是在高度紧张的场合。例如，在某些飞行管理系统 FMS 中，经纬度输入的格式在不同的显示页上是有差别的，这可能会导致飞行机组差错，或至少会增加飞行机组工作负荷。另外，如果经纬度以不同于大多数常规纸质图纸使用的格式显示，就可能导致差错。所以应当尽可能使用与其他媒介一致的格式。

（2）一致性的折中权衡。虽然提倡尽可能地保持一致性，但有些场合可能做不到。有时尽管符合了驾驶舱设计理念、一致性原则等，却可能会对飞行机组工作负荷产生负面影响。例如，某项设计中的所有音响告警都可遵循驾驶舱告警规律，但告警的数量可能会多到不可接受。当单个任务要求必须以两种完全不同的格式显示数据时，在整个驾驶舱内格式的一致性就行不通了。有个例子是，在气象雷达显示器上是以扇形区的格式显示环境情况的，而在活动地图显示器上则是以 360°的视景显示。在这种情况下，申请人应当表明接口设计与驾驶任务要求的协调性，它可以单独使用，也可与其他接口一起使用而不会对系统或功能两者产生干扰。

（3）驾驶舱环境。飞机的物理形态及其运行环境会影响驾驶舱系统的集成和配置，该系统会受到作用于驾驶舱内诸如湍流、噪声、外界照明、烟雾和振动的影响。系统设计应当认识到此类影响对其可用性、工作负荷和飞行机组任务执行的作用。例如，紊流和外界光线会影响显示器的可读性。驾驶舱噪声会影响音响告警的可闻度。驾驶舱环境也包括操控器件和信息显示器的布局或物理布置。这里举一个影响可视性和可读性的物理集成设计不成功的例子：要求必须配备的交通防撞系统，会被正常工作位置的推力杆遮挡。

（4）集成对工作负荷和差错的影响。进行功能和/或设备集成时，设计人员应当知道其对飞行机组工作负荷以及随之而来对差错处理的潜在影响。因为集成到驾驶舱内的每一新系统，对工作负荷都可能产生正面或负面的影响，所以必须单独按每一系统及与其他系统一起进行对第 25.1523 条"最小飞行机组"的符合性评定。这样做是为了确保其总的工作负荷是可接受的，即对执行飞行任务无不利影响，飞行机组对信息的检测和解读所用的响应时间不会过长到不可接受。

四、FAR25.1302 条款的符合性验证方法

（一）符合性验证方法的种类

在适航管理程序 AP-21《航空器型号合格审定程序》中共包括 10 种符合性验证方法（MOC）。在欧盟，符合性验证方法通常被称为"可接受的验证方法"（AMC）。

符合性验证方法可以单独使用，也可以组合起来使用，这主要取决于要验证的适航条款内容。一般而言，涉及面广的、比较重要的条款往往需要使用多种符合性方法来验证。适航符合性验证方法如表 6-5 所列。

表 6-5　适航符合性验证方法

符合性工作	方法编码	符合性验证方法	相应文件
工程评审	MOC0	符合性声明： 1. 引述型号设计文件； 2. 公式、系数的选择； 3. 定义	型号设计文件； 符合性记录单
	MOC1	说明性文件	说明、图纸、技术文件
	MOC2	分析/计算	综合性说明和验证报告
	MOC3	安全评估	安全性分析
试验	MOC4	试验室试验	试验任务书 试验大纲 试验报告 试验结果分析
	MOC5	地面试验	
	MOC6	试飞	
	MOC8	模拟器试验	
检查	MOC7	航空器检查	观察/检查报告，制造符合性检查记录
设备鉴定	MOC9	设备符合性	设备的鉴定是一种过程，它可能包含上述所有的符合性验证方法

从飞机立项开始，就应考虑符合性验证的基础和方法；确定之后，飞机研制部门就要按章办事，严格执行；民航审定部门负责跟踪检查，逐条审定。可以说民用飞机的研制过程就是符合性验证的过程，从确定哪些适航条例需要进行符合性验证开始，到是否满足这些条款作为符合性验证结束，全部满足符合性验证要求后，符合性验证的工作才算完成。

（二）25.1302 的符合性验证方法

作为一项新的适航审定条款，即使是适航当局，也缺乏对实际取证工作进行指导的丰富经验。FAA 在 25.1302 的发布公告中明确表示，要与航空界共同累积经验并细化所建议的符合性验证方法。FAA 希望飞机设计方申请人在研发早期就能和 FAA 多做沟通，分享相关信

息。这种合作可帮助申请人准确理解条款要求并确定合适的符合性方法。为了鼓励飞机设计制造商尽早与局方沟通，FAA 设立了认证信用分（Certification Credit）制度。对于申请人在研发早期主动向 FAA 分享信息和取证数据的，FAA 会考虑给予认证信用分。这样一来，人的因素符合性验证过程中的验证信用积累就很重要。

以下是 AC25.1302 中，FAA 建议对 25.1302 条款采用的符合性验证方法。

1. 相似性声明（Statement of similarity）

相似性声明是一个关于待批准系统和之前已批准的系统，针对符合性要求在物理、逻辑和运行上相似性的详细描述。可与先前已通过审定的系统进行比较来证明设计的充分性，这种比较可表明系统设计会尽可能少地产生机组差错，或当差错发生时增强飞行机组进行相应处理的能力。由于相似性声明方法的适用范围较窄，驾驶舱人的因素审定是以任务为基础的，强调整体动态过程，因此该方法只能在局部适用并作为符合性材料的一部分。

2. 设计描述（Design description）

可采用图纸、构型描述和设计准则等来证明设计符合特定规章的要求。

3. 计算分析（Calculation/ Analysis）

通过工程计算或分析的方式表明符合性。如可以通过在数字样机中建立合理的人体模型，对驾驶舱的可达性进行分析。可采用计算的方式表明外视界的符合性。

4. 评估（Evaluations）

驾驶舱评估是驾驶舱人的因素符合性验证区别于其他条款的重要方法之一。驾驶舱评估并不要求一定在达到最终状态才开始评估，在设计过程中即可与局方沟通进行驾驶舱评估；一般评估局方不用到场。

评估可以在工程样机、部分任务模拟器、全任务模拟机中进行，也可以是飞行评估。

5. 试验（Tests）

评估和试验作为人的因素的符合性验证方法，都可以归为试验大类，施行过程都是人在环（Human in loop）的，试验主要关注的是软硬件系统对飞行机组绩效的影响，包括环境因素、系统响应、延迟和系统逻辑等。试验和评估最大的区别是，实验要求用真正满足适航制造符合性要求的产品/系统以及系统接口。

试验可在台架、试验室、模拟器或飞机上进行。

（1）台架或试验室试验。

这类试验通常限于表明组部件工作是否符合设计要求。通常台架试验单独作为符合方法是不充分的。不过，在结合其他方法的情况下，它们可以提供有用的支持数据。

比如，飞机设计方为验证显示器在预期最亮照明条件下的可视性，可以用台架试验来表明，前提是有支持信息来定义预期照明条件。这类支持信息资料可能包括表明太阳照到显示器的潜在方向的几何分析，以及预期视角的计算。这些条件随后可在试验室复现。

（2）模拟器试验。

模拟器通常具有较为完整的模拟座舱，可以模拟真实的飞机座舱操纵环境和视景，主要用于进行人在环的飞机操纵品质评估、人机界面和驾驶舱布局分析和评估等，只有满足适航制造符合性要求的驾驶舱零部件才可以用于模拟器试验。

比如，飞机设计方，可使用飞行机组训练模拟器，为设计确认大部分正常的和应急的程序，以及设备对飞行机组的任何工作负荷影响。若驾驶舱已全面地满足制造符合性要求，且其航电设备由满足适航制造符合性要求的硬件和软件驱动时，则飞机设计方申请人可通过使用综合航电试验来表明符合性。并非对任何给定的符合性问题，在模拟的所有方面都必须具有高等级的逼真度。对逼真度的要求可以根据要评定的问题来确定。

（3）飞机试验。

飞机试验可在地面或空中实施。

飞机地面试验：如对显示器潜在反射的评定。该试验通常需要遮挡驾驶舱窗户来模拟黑暗并调节驾驶舱照明到需要程度。因为光源、显示器硬件和/或窗户构造的不同，该项特定试验可能无法在模拟器上实施。

飞行试验是对设计的最终演示验证。这些试验是在满足适航制造符合性要求的飞机的飞行期间实施的，飞机及其组部件（驾驶舱）是待审定型号设计的最终体现，并且是最接近真实设备运行的。空中试验是最实际的试验环境，尽管其仅限于可以安全实施的那些评定。飞行试验可用来确认和证实在项目研发和合格审定期先期进行的其他试验，对于用其他符合方法（包括分析和评定）收集到的数据资料，往往最好通过飞行试验进行最终确认。但飞行试验也存在一定的限制：试飞试验有时不能找到特定的天气条件，或不能安全地设置一些特定的系统故障状态，这时可考虑试飞与模拟舱或地面样机试验相结合的符合性方法。

第四节 AC25.1523 最小飞行机组

一、目 的

本咨询通告为联邦航空法规 25.1523 适航规章提供了相关符合性验证方法，25.123 条规定了与运输类飞机最小机组有关的验证要求。和所有的咨询通告（AC）一致，本咨询通告并非强制性文件，因此并不构成适航法规，仅对相应适航法规的验证起指导作用。

二、FAR 相关条款

根据 25-3 修正案所修订的 FAR25.1523 条款。

三、背 景

早在 1981 年，对飞行机组数量就提出过相应的任务量标准。该标准对"新一代商用运输类喷气飞机由 2 名机组成员操作是否安全，以及这类飞机验证中的 FAA 职责是否应当与 1958 年所制定的联邦航空议案（该联邦航空议案是为促进飞行安全而制定的）相一致"提出了某些看法和建议。1981 年 7 月 2 日，在"飞行机组数量所涉及任务量"的报告中提出了几点建议，其中包括：建议 FAA 完善并保持现有 FAAOrder 8110.8《运输类飞机工程试飞指南》第 187 章节（最小飞行机组）， FAA 采纳了以上建议并逐渐完善了相关标准内容，并将报告中的部分内容增至 Order 8110.8 之中。1982 年底， FAA 决定将该命令（Order）的内容升级为咨询通告以对公众开放。

四、讨论

机组：

a. 根据 25.1523 条，为保证安全运行，运输类飞机必须按照以下几点确定最小。

（1）最小机组运行条件下，每个机组成员的工作量。

（2）相关机组成员对必需的操纵器件的可达性和操作简易性。

（3）25.1525 条所规定的运行类型。

b. 标准

25 部附录 D 阐述了按 25.1523 条要求确定最小飞行机组时应采用的准则。

c. 为验证 25.1523 条和 25 部附录 D 的符合性，以下不同类型审定对象，其验证程序复杂度不同。

（1）新机型。

（2）后续机型。

（3）对已颁布型号合格证飞机，为减小其现有机组规模而进行的修改。

（4）预期会对任一飞行机组成员工作量产生实质增加的型号设计变更或补充型号认可证项目。

d. 虽然 25.1523 条除单个机组成员工作量之外，也阐明了对必需的操纵装置的可达性和操作简易性，但却没有直接规定相关工作量的评估方法，对于此条的验证通常也决定了最小飞行机组数。另外，25 部对机组工作量的评估中没有直接阐明人为因素，因此对人为因素的评估往往归入最小机组的评估之中。一般认为最小机组数在申请人型号设计初期就已经确定。所以，根据 25.1523 条实施最小机组评估的目的是保证申请人所提交的预计机组工作量符合 25.1523 规章要求，提供飞机在真实运行环境下对单个机组成员工作量的独立而全面的评估。如果发现问题，一般可通过更改系统设计或机组操纵程序，从而更加均匀地分配机组工作量，以满足规章要求。

e. 有关机组数量和相关机组工作量的讨论，相应的 FAA 飞机验证部门和生产制造商之间应在型号研发初期进行。这些讨论应集中在会对机组工作量产生影响的设计特征的证明上。通过实施后续分析、验证和试验以证明这些设计特征不会过度增加任一机组成员的工作量。需合理安排每个机组成员的职责和任务。保证他们在持续工作的同时保持精力集中。

五、验证程序

a. 总则

（1）对任一新机型或改型飞机，需进行系统评估和制订相应的试验大纲。验证 25.1523 条符合性的方法包括可接受的分析方法、模拟器验证和/或飞行试验。通过飞行试验，可以验证通过分析或模拟所预计的结果。对于特定的驾驶舱设计，应通过合理的分析、评估和验证程序来确定其最小机组工作量。

（2）申请者应在设计过程的早期进行合理的分析。在选取相应的分析方法时。

对于特定的驾驶舱布局，特别是对于驾驶舱更改或新设备，应评估选取方法的有效性、可靠性和适用性，以及是否可通过合适的参考机型进行对比。

b. 分析方法

（1）一种可接受的工作量评定方法如下：对所执行的任务进行百分比划分（时间线分析法），根据易于辨识的重要的时间节点，将所执行任务适当地划分为一系列飞行阶段，这一方法适用于与显著的飞行任务（如飞行操纵和数据输入）相关的驾驶舱更改评估。为保证该方法的符合性，应在一定范围内仔细地选取典型运行要求下（包括正常、非正常和应急程序）的飞行场景和时间段。当所执行的任务有严格的运行时间限制时，采用时间线分析法可得到非常有效的数据。对所需时间的精确评估是此方法是否有价值的关键。此方法所确定的时间度量不应视为绝对的标准，但是所记录数据可用于后续模拟机飞行或试飞试验中以确定所增加的工作量需求，并可与现役飞机所需的机组工作量进行比较。对于可能影响非正常和应急程序的驾驶舱设计更改，则需进行专门评估。

（2）验证新设计飞机符合性最常用的方法为，将实际运行中经过验证的现役飞机与新设计飞机进行对比。通过设计一些能体现新的飞机设计特性的场景，并将新飞机在此场景中的表现与参考机型进行比较，通过对比，应能表明新的设计特性可以达到其预期的设计目标。如果新的设计为对参考机型驾驶舱的改进，且没有增加足以影响机组工作量的重大系统时，则可进行直接比较。需要评估参考机型服役期间或与新机型具有类似系统的其他飞机中所存在的问题，确保在新机型中，这些问题已得到解决或改进。

（3）当验证小组通过预分析发现设计潜在问题范围时，应对这些存在问题的范围进行更加深入的评估和数据采集，相关信息应完全地记录在生产制造商的试验大纲中或递交给FAA的验证计划当中。

（4）当新的飞机设计会造成飞机自动化程度或机组职责的重大改变时，参考机型比较法的有效性也会相应地降低。飞机机组完成正常和应急程序时所需的时间，如果没有准确的试验数据，则需通过模拟飞行和/或飞行试验来完成相应的验证。

c. 试验

（1）只有经过具有相应资质的、有经验的现役飞行员试飞后方能决定验证飞机所需的最小机组数。评定飞行员不应仅仅局限于生产商试飞员和FAA试飞员，本AC强烈建议由具有类似机型经验的"航线飞行员"来完成某些科目的评估，因为他们能够根据他们的运行经验很好地完成相关评估。25部附录D包含了根据25.1523条款决定最小飞行机组的相关标准（基本工作职能和工作量因素）。

（2）试验大纲需包括25.1523条和25部附录D中列出的所有工作职能和工作量因素。例如，在进行工作量评估时，需在包含飞机正常运行环境通信任务的条件下进行评估。这是为了保证在真实运行条件下（包括典型的空中交通、天气、航线运行和相应的公司运行和与客舱机组间交流）根据预计数量的机组成员评估机组工作量。

（3）验证飞行员需确保在可代表飞机设计运行环境的典型场景中对新系统和驾驶舱布局变更进行评估。虽然通常验证工作需提供一定数量的验证数据，但是在现有技术层面上，对机组工作量的评估仍依赖于对系统的主观评价。在相同或相似的环境中，通过新机型与具有一定服役经验的参考机型之间操纵难易度的比较以完成评估。

（4）为表明25.1523条和25部附录D相关规定的符合性，申请人需拟定试飞试验大纲、该试飞试验大纲需由以下因素构成：

（ⅰ）航线。试验航线应综合考虑航海营救、机场、仪表进近和空中交通管制等因素。

（ⅱ）天气，航线的选择应能保证在遭遇不利天气状况时飞机仍能够正确地实施操作（仪表飞行气象条件，夜间飞行，湍流，结冰等）。

（ⅲ）机组工作计划。根据设计飞机的运行类型，合理地安排试验机组工作计划，使其与飞机设计运行类型相一致。该计划应包括连续工作天数、预计最大离港和到港数量、夜间飞行数、最大允许工作时间和机组最小作息周期。

（ⅳ）最低设备清单。在制定飞行试验大纲时，申请人需综合考虑典型的签派放行形态。这些典型的签派放行形态和可能与其对应的后续模拟故障模态构成了很多评估场景的基础。

（Ⅴ）空中密度。飞机需在仪表飞行气象条件（IMC）和目视飞行气象条件（VMC）下，模拟空中高密度运行，但同时也需考虑精密和非精密进近、复飞、转场等情形。

（ⅵ）丧失活动能力机组成员。

NTSB 事故数据显示从 1980 年 1 月至 1989 年 7 月期间，共发生了 262 起与 91 部相关的机组丧失活动能力事件，并导致 180 起灾难性事故，所有这些灾难性事故都可归结为单个飞行员操作。NTSB 数据显示同时期共发生了 32 起与 135 部相关的飞行员丧失驾驶能力事件，并导致 32 起灾难性事件。所有这些灾难性事件也都应归结为单个飞行员驾驶。相反地，在同时期第 121 部飞机运行中共发生了 51 起单个飞行员丧失活动能力而由另一飞行员将飞机改回至正常运行状态的案例。

在任何实际运行标准下都需要至少 2 名最小飞行机组，验证程序中需包括任何飞行条件下 1 名机组成员完全丧失活动能力时的操作程序的验证。需证明通过剩余机组成员，飞机仍能安全地运行至目标机场或其他备用机场着陆。丧失工作能力机组成员试验无须进行其他"签派放行形态及相应失效"场景试验。某个机组成员丧失活动能力应归结为签派放行形态所对应的一两种"后续失效"场景的例子，这一签派放行形态对应从最低设备清单中所选择的相应的设备。虽然 25 部中并没有明确指出不允许单个飞行员进行运输类飞机取证，但综合考虑运输类飞机的使用范围，运输类飞机可能因为飞行员丧失活动能力所引起的灾难性结果，以及上文所述的历史事故记录，对 25 部运输类飞机，FAA 并不允许单个机组成员。

（ⅶ）系统故障。试飞大纲中应对飞机由正常状态改变至失效模态时所引起的结果进行说明。同样地，试飞大纲应考虑初始系统和备用系统，各种典型的失效模态组合也应在试飞大纲中有所说明，参见 5c（4）。

（ⅷ）应急情形及非正常情形。在试飞大纲中应列举各种应急情形和非正常情形的案例，来说明它们对机组工作量的影响。注意：在确定将在试飞大纲中进行评估的系统失效前，需进行模拟或相关分析，并且需明确应急情形或非正常情形时机组工作量的分配，以确保选择合适的失效情形。

（5）对于如何选择主观的、生理的和性能上的工作量评估方法和技巧以实施机组工作量评估，参见 FAA《机组工作量度量方法、技巧和程序的评估》报告（Vol. Ⅱ，Report No.WRDC-TR-89-7006）。

d. 记录飞行试验数据

（1）作为型号许可证验证小组的试飞员和观测人员，申请人应向其提供主观工作量评估清单，以保证其所进行的评估能够达到一定的评估范围和水平。如果已通过充分验证的驾驶舱布局因为增加了某一新的系统而发生了改变，则相关评估可限定在对应场景和评估清单范围内。对于全新的驾驶舱设计和申请人想要减小现有已验证最小机组数量情形，则需根据相应的完整评估清单，对飞机运行中所有飞行阶段的工作量进行完整地评估。另外，应有相应的机上观测人员表格（清单），该表格应对如何记录机组性能、机组差错、失去联系、检查单问题、飞行管理或飞行指导系统等的方法进行说明，或者应有在飞机设计后根据经验运行情形确定的问卷单或检查单。另外，为保证数据采集，飞机布局应能保证评估人员能够从驾驶舱观察所有的机组活动，听见机组间的内部交流以及机组与外部之间的通信交流。

（2）不同于参考机型及试验环境的变化，规章标准及单个飞行机组能力并不利于精确度量以进行分析。相反，在与基准样机进行比较时，或在评估者评估与现有飞机相似的飞机设计的典型工作量时，对 25 部附录 D 所列出的可感知的工作量因素进行相对粗糙的等级评估却是可接受的。必须明确和解决由于外界因素、系统失效和个体等级差异所增加工作量的范围，以及机组差错的数量和影响。增加的工作量并不一定会使被评估飞机变得不可接受。然而，为保证符合性，对 25 部附录 D 所规定的所有工作量要素，验证小组应达成一致，即设计飞机任务量可由具有适合等级且经过相关训练的飞行员完成。

e. 额外工作量测试方法

（1）当新的飞机设计及更改没有与之相对应的传统试验方法时，生产制造厂需提出可供选择的其他方法，并提供足够的数据表明这种方法的有效性、可靠性和适用性。

（2）必要时需通过对比传统驾驶舱设计和改进后的驾驶舱设计之间，或传统操纵品质与改进操纵品质之间的工作量和解决相同问题的速度和准确度来确定评定方法的适用性。无论如何，都不能假设传统的试验方法适合所有新的设计。

f. 第三方参与

数据采集的前期准备及后续的数据分析应由申请人负责。FAA 应保证机组工作量评定大纲中所使用的机组工作量评定方法是被有关专家认可的、能代表当前知识和技术发展水平的、有效且可靠的评定方法。FAA 及申请人应致力于与政府和工业界其他专家广泛地交流与合作以到达此目标。

六、事件清单

25.1523 条符合性审查相关的各审查阶段以表格形式列出，检查单列出了每一个简述的行动程序应在何时开始和结束，并指明了该计划及其实施的主要责任人。

本章案例：因驾驶员未能正确干预自动驾驶操纵造成的空难事故分析
——台湾中华航空飞机降落阶段坠毁空难事故

1994 年 4 月 26 日，台湾中华航空公司的 140 航班从台北国际机场起飞，前往日本名古屋。执飞机型为 A300B4-622R 型宽体客机，搭载 271 名乘客和机组成员，于当地时间 20 时顺利到达名古屋国际机场上空。20：14，塔台准许 140 航班在 34 号跑道上着陆，飞机一直下降到距离地面 300 m 时，看起来还是一切正常，不过，驾驶舱内部已经陷入一片混乱，起因却是一件很小的过失。

事情的起因是，副驾驶可能为了把自动油门状态改成手动状态，不小心触动了油门杆的起飞/复飞按钮，这个指令使自动驾驶仪转为起飞状态，发动机恢复最大功率，飞机停止下降。机长在 A300 型飞机上有 1357 飞行小时的积累。他立刻发现了这个错误，说："你动了油门杆的起飞/复飞按钮？"副驾驶说："我就碰了一下，先生。"机长吩咐他说："解除起飞/复飞方式"。这个时候，飞机位于机场跑道入口 5 500 m，很快就可以着陆了。

副驾驶只有 26 岁，1990 年毕业于台湾航校，于 1993 年 3 月 22 日获得 A300 机型副驾驶资格。他按照机长吩咐，用升降舵操纵飞机，手动减少发动机功率，使飞机重新回到下降剖面上。可是，尽管机长提醒副驾驶两次，他仍然没有解除自动驾驶仪的起飞/复飞方式。这可能是因为副驾驶认为只要解除油门杆的起飞/复飞按钮就行了，但自动驾驶仪已经改变成起飞/复飞工作方式，不能通过油门杆解除。副驾驶也按照要求前推操纵杆，压低机头，因为自动驾驶仪已经处于起飞/复飞方式，推驾驶杆无法改变它的工作方式，必须直接用自动驾驶仪的功能按钮来解除。其实，只要在仪表板上重新选择要求的自动驾驶仪工作方式就可以了。

飞机在人工操纵下强行下降高度，但在自动驾驶仪的操纵下保持起飞/复飞姿态，飞机在不断抬头。距离地面只有 150 m 高度时，机长自己接过驾驶，但也没有认识到飞机已经接近上仰极限状态，只是发现飞机虽然在勉强下降高度，却在持续抬头。他自言自语地说："今天这是怎么啦？"飞机已经进入最大仰角保护姿态，系统发出了告警声。机长也像副驾驶那样，想通过推操纵杆来压低机头，进一步手动收小油门，可无法降低飞机抬头姿态。机长认为飞机姿态不对，无法落地，只能将错就错，要求改成复飞状态。副驾驶对塔台通话说："飞机进入复飞"。

机长没有发现仪表板上的指示，飞机已经处于起飞/复飞工作方式，这是飞机自动抬头的根本原因。副驾驶没有解除自动驾驶仪的这种方式，他自己也认识到，自己操纵飞机时比正常情况下更费力。这是自动驾驶仪在抵抗他的操作。可是，他碍于面子不敢告诉机长，担心机长批评他，机长接过操纵时，主观认为副驾驶已经完全控制了飞机，没有观察仪表板上的工作状态，自己也没有采取正确的行动和程序。这样，在一系列错误操作下，飞机超过自动配平的工作范畴，系统无法自动保持飞机俯仰平衡，进入失速边缘。偏偏在这个时候，机长又决定复飞。

空中客车公司的这种驾驶系统设计概念在其他西方航空公司里已经导致两次同类错误，由于机组技术过硬，才及时纠正了错误，空中客车公司也发出了相应的修改指南。由于这些指南标识为"建议指南"，而不是"必须执行"。所以，中华航空公司计划等到飞行计算机有了故障需要修理时再一并进行修改。

空中客车的使用说明书写得不够明晰，机组不容易搞清楚这些自动工作方式之间精确的相互关系，特别是没有强调说明如何解除自动驾驶仪的基本工作方式。起飞/复飞方式是自动驾驶仪的基本工作方式。对于飞机失去平衡能力后的紧急回复也描写得不够详细。

140 机组没有及时认识和纠正错误的另一个原因是，公司选择了在泰国航空公司的飞行模拟器上训练，而泰国的模拟器没有及时更新相应的修改软件和培训教材。换言之，实际上中华航空公司机组在泰国没有接受过这样的训练。

飞机在复飞动作下迅速抬头，但是速度太低，飞机立刻超出仰角极限进入失速状态。飞机尾部首先碰到了地面，但速度只有 145 km/h。接着左翼触地，飞机解体，残骸分布范围长 140 m、宽 60 m，起火爆炸，距离跑道中线只有 120 m。左发动机抛离，右发动机还连在挂架上，机翼断成几截，水平尾翼和垂直尾翼都折断了。机上 271 人中，264 人先后罹难。救援人员曾从现场救出 16 名乘客，但是在送往医院的途中有 6 人停止了呼吸。之后，在医院的抢救和治疗过程中，又有 3 人离开人世，整个事故中，仅 7 人得以幸存，他们当时坐在客舱机翼附近部位。

事情发生后，有人提出飞机设计上采取了过多的自动保护措施，导致 140 机组一系列操作错误后，飞机仍然能够勉强保持飞行，使机组没有及时认识到自己的操作问题，最终无法及时挽救飞机。空中客车公司征求了用户意见后，做了全面修改。首先是修改油门杆设计，不能无意碰到起飞/复飞按钮，并对自动驾驶仪软件进行修改，在起飞/复飞方式下，推动操纵杆可以直接解除自动驾驶仪工作。同时，对机组训练科目也做了充实和改进。

这是一起比较典型的由于驾驶舱操控件设计不尽合理造成的空难事故。能够帮助我们更好地理解 25.1302（c）条款："安装设备与运行相关的特性必须是：（1）可预知的和明确的；（2）设计成使飞行机组能够以与其任务相适应的模式干预"。

在此例中，首先副驾驶为了把自动油门状态改成手动状态，不小心触动油门杆的起飞/复飞按钮，说明按钮存在设计问题，无法防止误触发；其次，副驾驶以为只要解除油门杆的起飞/复飞按钮就行了，但自动驾驶仪已经改变成起飞/复飞工作方式，不能通过油门杆按钮解除，说明设计上未做到"可预知和明确的"；设计方说明书写得不够明晰，机组不容易搞清楚这些自动工作方式之间精确的相互关系，副驾驶接受的培训里也无此项内容，不知道正确的解除自动驾驶的方法，造成无法以与其任务相适应的模式进行干预，即无法立即改为手动驾驶着陆，不再执行自动复飞命令。可见人与自动化界面，如果出现人无法正确干预的情况，那么后果是非常危险的，一个小失误就导致机毁人亡的惨剧。因此，对驾驶舱控制器的设计，必须充分考虑到人-机界面，特别是人-自动化界面中，飞行员应能对自动工作方式有清楚的认知，并能够以最直观易实施的方式，做出与其任务相适应的干预，这就是 25.1302（c）条款所强调的适航审定要求。

复习思考题

1. 什么是适航和适航管理？我国与适航相关的法规体系包括哪几个层次，其内涵是什么？美国的适航法规性文件包括哪些？

2. 我国与美国在适航文件中，与人因工程学/工效学密切相关的是哪一部的条款？

3. 解析和讨论 CCAR25.671（a）款的人因工程学内涵及其驾驶舱设计的工程学意义。

4. 解析和讨论 CCAR25.671（b）款的人因工程学内涵及其驾驶舱设计的工程学意义。

5. 解析和讨论 CCAR25.771（a）和（c）款的人因工程学内涵及其驾驶舱设计的工程学意义。

6. 解析和讨论 CCAR25.773（a）和（d）款的人因工程学内涵及其驾驶舱设计的工程学意义。

7. 解析和讨论 CCAR25.777（a）～（h）款的人因工程学内涵及其驾驶舱客舱设计的工程学意义。

8. 解析和讨论 CCAR25.785 条的人因工程学内涵及其驾驶舱设计的工程学意义。

9. 解析和讨论 CCAR 25.1141 动力装置操纵器件总则的人因工程学内涵及其驾驶舱设计的工程学意义。

10. 解析和讨论 CCAR 25.1301 设备功能和安装条款的人因工程学内涵及其对飞行器设计的工程学意义。

11. 解析和讨论 CCAR 25. 1309 设备、系统及安装条款的人因工程学内涵及其对飞行器设计的工程学意义。

12. 解析和讨论 CCAR 25. 1321 仪表安装布局和可见度条款的人因工程学内涵及其对飞行器设计的工程学意义。

13. 解析和讨论 CCAR 25.1322 警告灯、戒备灯和提示灯条款的人因工程学内涵及其对飞行器设计的工程学意义。

14. 解析和讨论 CCAR 25.1381 仪表灯条款的人因工程学内涵及其对飞行器设计的工程学意义。

15. 解析和讨论 CCAR 25.1543 仪表标记总则条款的人因工程学内涵及其对飞行器设计的工程学意义。

16. 解析和讨论 CCAR 25.1555 操纵器件标记条款的人因工程学内涵及其对飞行器设计的工程学意义。

17. 解析和讨论 CCAR25 部和 FAR25 部的异同。

第七章　管制室环境与设备的人因工程学设计

第一节　概　述

一、对管制工作站设计问题分析

在空中交通管制（Air Traffic Control，ATC）环境中，工作环境由管制员工作的物理空间以及工作站中的设备组成。管制员"工作站"指的是控制台、工作面、相关装置（如戴在头上的听筒和麦克风）以及设备。管制员使用人-机界面与系统进行交互并管制交通。因此，工作间必须根据人体工程学原则设计，以满足 ATC 的所有要求。工作站的设计对系统功能的使用是否方便影响很大，工作站的设计可以影响完成 ATC 任务的速度和准确度。因此，工作站设计适当与否对整个 ATC 系统的绩效好坏有非常重要的影响。

对工作间和设计的决策预先决定了许多种可能或迟早会发生的人误。有关显示器和编码、操纵器和输入装置的类型和敏感度、工作间的设备布局、通信频道及其激活方式、显示器和输入装置间的感知关系等方面的决策尤其如此。工作间包括软件、硬件和环境等方面，也包括对人的因素的考虑。管制工作任务完成的好坏则取决于工作间的规格和设计，亦取决于空中交通的需求与提供管制用的设备和设施之间的匹配。自动化改变了人机界面间传输信息的方式，这就导致一些信息根本无法传输，或改变了传输信息的格式。大多数信息传统上通过目视显示器从机器传输给人，通过输入装置和控制器等手段从人传输给机器。不良的界面设计可能延长人类接管自动化所需的时间。

（一）管制工作站及其设备设计中的人因工程学原理

ATC 工作站环境包括管制员工作环境中的所有项目：工作间、主显示器和控制台、辅助显示、通信设备、工作台、座位以及储物柜等。如果设计得当，ATC 工作站和设备环境可以增加管制员的安全、健康、工作表现以及工作成就感。恰当的设计来源于对运行情况的了解以及基本的人因工程学准则的运用。工作地点和工作站的设计应与管制员的期望和能力一致。下面将讨论在 ATC 工作站设计中应考虑的两个因素：

1. 物理尺寸

考虑人的尺寸设计适当的设备尺寸的科学被称为人体测量学。人的身高、腿长和手伸出能达到的距离等物理尺寸是不一样的。如果忽视了这些物理特性，有些管制员可能就不适应工作站或够不着工作站操纵器。工作站的物理尺寸应与使用它们的管制员一致。

可以通过建造一个全尺寸的模拟工作站来进行评估。可以让极端身体条件的管制员们来评估工作站的距离、视觉和延伸区域。仿真测试可以揭示出一些设计中的问题。此外，在设计的方案中也可以考虑这些差异，如采用可调整的工作站显示器和座位。应考虑的尺寸包括键盘高度和角度、屏幕位置和角度以及座位/面板/靠背角度。

2. 心理因素

管制员对设计的新的或升级的工作站的接受度或满意度很重要。如果工作站组织得很好、很方便，那么管制员可能更容易接受一些。工作站设计中的缺陷还会带来更严重的问题，如应激、疲劳甚至生病。在工作站设计中应考虑管制员的认知和情绪等心理特性。

（二）任务数据分析——使设计满足运行适宜性

从现行 ATC 工作台收集的任务数据有助于使新系统满足运行适宜性要求。任务类型、次数和顺序允许设计者预测 ATC 任务会在哪里堆积起来，因此这是确定管制员工作负荷的基础。

任务数据可通过各种方法收集，包括 ATC 模拟练习的录音带或是与管制员直接会面。为了提供适当的数据，数据收集方法要仔细选择。如果控制台完全是新设计的，初始任务数据可能只能根据图画、计划或程序进行推断。管制员可根据他们的运行经验对新设计的控制台进行评估。如果有原型的话，可进行更多的精确测试。

以下类型的任务数据可为设计者提供有用的指导：① 与某特定操纵器、显示器或指示器有关的任务量的使用频率；② 与某特定操纵器、显示器或指示器有关的任务的危急程度；③ 用某特定操纵器、显示器或指示器完成控制或显示操作的预计次数；④ 任务之间的关系或联系。

一项 ATC 任务的危急程度和频率不一定有关系。例如，表明飞机被劫持的告警一般很少出现，但这是非常重要的信息，必须有特色且易识别。因此，独立收集这些任务是很有用的，适当时可综合任务的频率和危急程度确定最重要的 ATC 任务。如果设计组觉得任务的频率或危急程度中某一项更重要一些，可用采用加权因子综合频率和危急程度。不同的方法所得任务级别不同。无论如何，设计时考虑的实际任务数据越多，新系统运行的适宜性就更高。列出了任务清单后，就可以分析这些任务是如何相关完成的。

（三）空管信息及其人因工程学设计

1. 信息的来源

ATC 中的信息主要指通过人-机界面软件来解读，了解信息的等级有助于工作站及其设备的设计。根据 ATC 方式，ATC 可从几个不同的来源获取信息。管制员必须充分理解合成在一起的所有信息。

（1）信息普遍是通过话语获取的。

几乎所有的 ATC 工作都要求管制员使用话语和收听飞行员与其他管制员所讲的信息。普遍的做法是事先得到关于航空器已知的信息（包括航空器识别和飞行计划表中的飞行细节），这也是 ATC 计划任务的主要依据。在飞行进程中，更新这种信息是通过标注纸质进程单或电子进程单，或通过更新计算机中储存的表格和其他相关资料来完成的。通常由雷达获取的、以现行交通地图为形式的信息非常普遍，它也是空中交通管制的主要依据和手段，尤其是有的雷达显示还有提供处于管制中的各航空器的电子标牌，以显示它们的飞行详细情况。在未来，类似的信息可能来自卫星，更多的信息来源于航空器与地面固定设施的对应位置（如标出航线的无线电设备）。许多 ATC 信息是以实际时间形式显示的（如通过航路报告点的时间，预计报告点、航线交叉点或加入点的时间）。有的信息是通过工作间本身获得的（如输入装置、显示信息、显示器与操纵器的关系、通信设施等各项的选择与布局就有利于指出操纵功能并提醒管制员可选择的功能）。

（2）信息可由各种感应器获取，其中许多信息是要求处理和计算的。

未来的 ATC 系统将包括更多处理过的信息，它们分为两大类：一类旨在引起管制员对异常情况、偏离航迹、潜在冲突或违反间隔标准、已变化或已自动更新的信息等情况的注意，引导管制员采取行动；另一类是在对现行情况进行未来预测和推断的基础上，供 ATC 做计划用的信息。有的辅助功能可展现对指定的未来时刻交通状况的预测，或对目前暂不明显的、预测出未来的问题提供解决方案。因为这种计算机辅助功能已远远超出了人能计算的速度和精确性，所以管制员是无法证实这种计算的。

（3）在 ATC 的过渡状态，供相似功能使用的信息可以用平行的不同形式来提供。

有的系统使用纸质进程单，有的用电子进程单；在地空之间有的数据依靠自动发送数据的形式，有的靠飞行员和管制员之间的对话。人因工程学原则都适用于这两种形式，但涉及的人因工程学问题却不相同。例如，在一个工作间内加入一个大的飞行动态监控板（Flight Progress Board，FPB）或一个进程单电子显示器，其人体工效学问题就大不一样。

（4）任何系统一旦失效，就必须依靠人的参与。

管制员要随时准备好接管自动化设备并保证 ATC 服务安全，这意味着管制员必须保持信息不断地更新并对交通情况保持完全了解。如果不能满足这个要求，一旦系统失效，就不可能安全返回到人工形式的管制。在返回到人工模式时，人没有计算机的帮助虽然不可能高效地工作，但必须保证安全。

2. 工作站及其设备设计中须考虑的因素

为了建立和保持管制员对情况的了解，工作站及其设备设计中须考虑以下方面：

（1）显示信息的时机。

（2）信息的格式、编码和详细程度。

（3）不同信息源的兼容性，使它们能够被正确地整体解读。

（4）描绘各不同种类信息之间的关系。

（5）与各类信息相关的差错种类，探测和防止会造成严重运行差错后果的方式，及管制员处置非严重差错的适当程序。

（6）各类信息适当的准确度、精确度和可信度，并为管制员提供正确传达这类信息的手段。

（7）与任务要求相匹配的信息量和详细程度，信息的细节既不能太多也不能太少。

（8）正确使用、应用和解读信息所需的培训要求及落实。

（9）要遵循的程序和细则以及可以或必须使用备用程序或细则的条件。

（10）管制员在年龄、经验、知识、能力或其他因素方面的个体差异对解读或使用提供的信息方面的影响。

（四）管制员的熟练度

1. ATC 要求使用相同的信息或选择使用提供的信息来完成许多不同的任务

在确定显示器、操纵器和工作间的要求时，重要的是它们要适合所有需要完成的任务，而非其中的一部分。这样它们对某一特定功能可以不是最佳，但对于所有的功能都要有效和安全，否则运行系统中的某些功能就可能会是无效的，或是无法完成的。例如，颜色的视觉代码可能有助于完成与其直接匹配的任务，但对那些需要对比不同颜色的信息来完成的任务，就会造成一些不利。在各项任务间要取得平衡，需要选择那些有助于更多任务而不严重干扰其他任务的代码。

2. 管制员必须能够计划空中交通、实施计划、做出决策、解决问题并进行推测

管制员要完成基本管制任务，就必须能理解以各种形式显示的信息。管制员必须清楚能得到什么形式的帮助，并知道何时该使用哪种帮助。在任何情况下，管制员必须知道什么措施是正确的。人因工程学涉及管制员必须遵循的思维过程以及设备变化对思维过程的影响。如有必要，必须确保对设备和程序的修改，不会使这些思维过程改变得太多或太快。无论何时这些思维过程的改变，管制员都必须有适当的再培训，这经常也会涉及人-软件交互的修改。

3. 再培训

如果设备和程序改变相对较小，其目的可能就是将已掌握的知识进行迁移。如果新的设置完全不适用于原管制程序，再培训的目标之一将是要学会新的知识并区分新旧知识之间的相似之处，使管制员不会习惯性地把旧的或不适当的行为带入新系统。因此，引进新系统的管制单位可以学习已经引进相似系统的管制单位有关再培训方面的经验。

（五）最低可接受条件

在允许的最不利的条件下，空中交通管制的工作间也必须要保持安全和有效。这普遍适用于人的各种属性（如最低视力标准）、硬件的属性（如将要更替的设备）、软件的属性（如非标准程序）和环境属性（如阳光造成的眩光）。因此，工作间必须针对这些条件进行测试和验证，而不能仅针对最佳或平均条件进行测试和验证。每个工作间的设计必须考虑到要显示的信息、各任务需要的操纵器类型、它们相互间和与显示器之间的布局、家具设计等。这要求在操纵器和显示信息的位置、布局、间隔和编码方面广泛应用已证实的人体工效学数据。对这些原则的让步会导致长时间的效能低下，易出差错并危及安全。

如果现存的工作间有局限，不能实施人为因素建议，那么应当采用在局限条件下的最佳近似值。然而，当局限严重时，可能会不存在满意的人因工程学解决方案。比如，没有足够的空间摆放所有的进程单，或有眩光影响信息的显示，这些问题必须通过系统的巨大改变来解决，这些问题不能悬而不决。

二、自动化及未来航空系统（CNS/ATM 系统）中的人因工程学问题

自动化已经被逐步地应用到航空系统之中。驾驶舱的自动化保证了机动飞行的精度，提供了显示的灵活性，达到了座舱空间的最优化，从而增强了航空器运行的安全，提高了航空器运行的效率。现代 ATC 系统都包含有自动化功能，过去几十年来在空中交通管制中引入了很多感知、告警、预测及信息交换的自动化组件。例如，数据的采集和处理已经完全自动化而不需要人的直接干预。计算机化的数据库和电子数据显示器增进了数据的交换，彩色雷达系统的引用改进了管制手段，空中交通流量管理（Air Traffic Flow Management，ATFM）的

计算机化已被证实为能有效地处理各种流量控制率和交通需求增加的重要元素。这些自动化系统有很多好处，而且已逐渐被管制员接受。

空中交通管理技术在不断变化。新的数据链和卫星通信方法在进化，雷达质量和数据处理水平在提高，防撞系统在不断改进，起飞机场与着陆机场之间代替曲线航路的直飞航线在探索之中，未来空中导航系统（包括 CNS/ATM 系统）也在研究和开发之中。这些进步改变了全球航空系统的程序和做法，改变了工作环境，改变了飞行员、管制员、签派员、飞机维修工程师等人员的角色，为所有有关人员提出了不可忽视的人因工程学挑战。人们不得不从安全、效率、成本效益和与人的能力与限制的兼容性方面考虑这种技术进步所提供的更多选择。所以，未来航空系统（包括 CNS/ATM 系统）产生的一个主要问题是，自动化对人类操作者的冲击以及先进技术被人类操作者所使用。未来科技发展的程度已经使得计算机（自动化）几乎能够完成空中交通管制和监视以及航空系统中航空器导航的所有连续性任务。那么，这样的系统中为什么还需要人？设计出的自动化难道就不能完成人类操纵者的所有不连续的任务吗？未来系统中的自动化应当扮演什么样的角色，它应当拥有多大的权威，它如何与人类操作者交互，什么样的角色应该保留给人类？

航空系统由大量的可变因素构成，这些因素是高度动态的，也是不可能完全预测的。确保整个航空系统安全运行的正是对不断变化的情况所做出的实时反应。尽管人类离完美的感知者、决策者、控制者相差甚远，但他们仍然具有一些宝贵的属性，其中最重要的是，面对不确定的情况他们有进行有效推理的能力，有抽象思维的能力，有对问题进行概念化分析的能力。当面临新的情况时，人类不像机器一样可能会彻底失效，他们能应付突发情况并能够成功地解决问题。因此，人类为航空系统提供了一定程度的灵活性。这种灵活性，计算化的系统现在没有达到，将来也永远不可能达到。人是有智慧的，他们具有对新的情况做出迅速且成功的反应的能力。人的反应就在于眼、耳、话语的协调使用，在于依靠主动性和常理对突发事件的反应能力。自动化（计算机）依靠的却是安装好的正确程序来保证在适当的时机采取适当的行动。自动化设计者没有能力设计一个可以对付航空系统中各种假定的不可预测事件和情况的程序。环境的多变性也是无法控制的，这是对航空系统的任务进行计算机化的一些主要难题。事实上，如果自动化遇到一个在程序中没有设定的情况，那么它就会失败。自动化也可能有不可预测的失效形式，系统或程序方面微小的偏差，都会导致必须实时解决的突发情况。1980 年，美国佐治亚州亚特兰大市终端空域的空中交通管制瘫痪；1991 年，纽约市的电信系统瘫痪正是这种情形。对这些限制的考虑使我们不难看出，一个以自动化为中心的航空系统可以轻易地使整个航空基础结构发生灾难。因此，在航空自动化系统中，对系统的安全运行承担最终责任的人类（飞行员、管制员等）必须且依然是系统的关键元素，自动化和机器必须帮助人来完成总体目标，使得人类的或技术的失效不至于导致灾难性的后果。

CNS/ATM 系统的开发寻求事半功倍，航空中的自动化也将不可避免的增多。因此，现在的问题不是要不要应用自动化，而是在于什么时候、什么地方以什么方式实行自动化，我们希望自动化不仅能增加容量，还能提高安全、提高效率、减少人员、可运行、维持费用并减少管制员的工作负荷。实现这些目标需要对新系统的设计与开发中的人为因素进行考虑，考虑操作者和自动化交互的人因工程学问题。这样才可以保证在整个系统中以安全为前提。

第二节　管制工作间的设计

管制工作空间的人因工程学设计包括工作空间位置设计、室内设计、管制席位的设计。

一、工作空间位置设计

人因工程学原理被应用最广泛的应是工作空间位置设计。首先应考虑有关工作间的建筑设计在哪里，设计什么能满足所有明显的需要。例如，位于机场内的 ATC 单位要求完全隔音，噪声才不会破坏话语的清晰度；停车位、小卖部、休息室、卫生间及其他的生活设施都应设置在工作空间附近，这样使用这些设施才不需要过度延长工间休息时间；要设置一个可供大宗维护设备出入的入口，尽量减少对 ATC 工作的干扰。其次，在对空间的设计中，房屋建筑的布局应当使维护和修缮对 ATC 工作的影响降至最低。譬如，为大型维修设备提供方便的入口。再次，管制室内及其通道的照明不应有明显差异。最后，通往工作间的通道和工作间本身的墙壁与天花板应当使用吸音材料，地板应当有地毯，这样进出工作间对工作所产生的干扰才能降至最小。

以目视为主的塔台管制，其工作地点应该在基础的制高点上。在塔台环境中，所有的管制员必须能清楚看见所有工作所需的信息。管制员必须能够看见航空器起飞或最后进近的跑道和他们所负责的航空器，这个要求适用于每条跑道的两个方向。有的管制员需要能看见塔台下面的滑行道和停机坪上的航空器活动，要求能看见全部或大部分停机坪、全部或大部分起落航线，以进行正常的工作。其他人、塔台内部设备、标牌、内部其他装置或者机场建筑都不能妨碍管制员的视野。同时，也要求在机场范围内运行的航空器能随时看见和识别出塔台，以便在通信失效的情况下，管制员向航空器提供灯光信号和信号旗。

塔台工作空间设计还必须能促进信息快捷、清晰地传递。繁忙机场的管制工作可以分为进近、离场、监控、计划和地面管制。塔台的内部设计应有利于数据传递以及管制责任移交。每次移交时，必须将飞行进程单放在大致指定的位置，但决不能放错位置。即便是在空间有限的塔台内，飞行进程单托架必须能容纳最大允许航班数量的飞行进程单以及其他显示器的信息，如地面活动计划、接地区指示灯距离等，必须准确无误地与其他来源的信息相结合，并使它们之间完全一致。以雷达为主的进近和区调管制，其工作地点要求能清楚地接收到雷达信号和无线电信号，工作地点附近没有或较少电磁干扰，管制员能收到连续的雷达和通信信号。

管制室设计示例如图 7-1 所示。

图 7-1 管制室设计示例

二、室内设计

房间布局也是环境的一个方面，包括管制空间容量、管制室内布局和设计以及管制席位的设计。

（一）管制空间容量

ATC 单位工作站和工作站组所需空间大小由管制空域环境类型（塔台、终端区、航路）、单位的物理限制等几个因素决定。以下是决定工作站空间大小的主要因素。

1. 成员多少

成员多少，如一个、两个或三个人组成的管制员班组。依据工作站是一人使用还是与其他人一起使用，空间要求也不一样。随着成员增多，独立的、面对面的通信变得更加困难，且为了使语音更清晰，成员必须站得或坐得更近一些。如果两个或更多人共用同一工作站控制台和显示器，可以节省空间。如果两个或更多人常需要同时穿过工作站间的过道，那么工作站之间的距离应足够大。房间的布局应当能容纳计划在此工作的最多人数，包括管制员、助理、监察员和其他工作人员，这样便于交接班、上岗培训和出入。工作间内应当有足够的空间对移交进行的观察、在岗培训和评估，而不对管制员的注意力造成分散或影响。

2. 管制员和管制员班组的视觉要求

管制员或班组工作站显示器的空间和间距还取决于对管制员和管制员班组的视觉要求。工作站的间距和布置取决于管制员是坐着还是站着，或有时要坐着有时要站着。有可能一个管制员不得不站在另一个管制员身后看显示屏。这时，设计工作站的布置和间距时，应注意人体尺寸。为 ATC 塔台管制员设计新的工作站和设备时考虑的因素如图 7-2 所示，这一设计概念是针对管制员对以前的设计概念的反对而发展的。以前的设计概念是，当管制员常需要站着，常要保持能看得到窗户外面的时候，让他们坐在"head-down"位置。这一设计思想是为管制员提供可见性和便利性。这种设计概念表明，设计人员必须了解运行的实际情况和要求，才能为需要经常看窗外的管制员设计出适合需要的显示器。

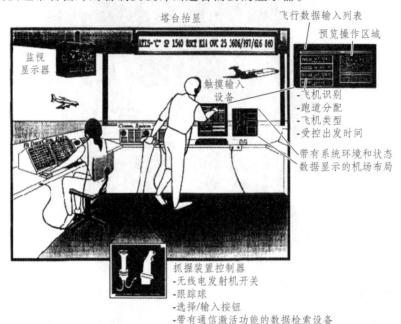

图 7-2　解决空中交通管制塔台工作站设计中人因工程学问题的设计思想

3. 维护和支持人员能接近设备

虽然运行上的考虑很重要，但工作站的布局和间距应当有足够的空间来安放供紧急情况时或者主用设备失效时使用的备份席位，允许维护支持技术人员可将系统组件移除或换动位置。支架、支持结构或其他障碍物不应该妨碍打开或移去设备的盖子或架子。另外，工作站的位置应使得其他设备或工作站不影响该工作站设备组件的可达性。在紧急情况下或设备故障时，空余位置空间足够，同时不能妨碍进出。安全设备必须始终随时可用，不得受阻碍。

（二）管制室内布局和设计

1. 室内布局和设计

必须分清管制任务与非管制任务各自的范围，进行相应的室内布局和设计。所有的管制和非管制任务应当明确，房间的布局设计应当有助于完成这些任务。如果 ATC 工作间要求连续有人工作，管制室的布局应当允许在一些工作间能保持运行时，还能够定期进行维护和清扫。同时，工作空间室内布局必须考虑到负责非管制任务的人员，如设备检查、对现行系统进行修改、未来工作计划、质量保证或航空安全工作等人员。

总的设计原则是，事先识别出需要，然后设计满足这些需要的房间布局。如果不这样做，一些需要可能得不到满足，一些需要可能得不到充分的满足，这样就会造成在事后需要对环境进行昂贵的改造,而且即便进行了改造也达不到在初始设计时就考虑了人因工程学的效果。

2．其他考虑

空中交通管制部门是参观人员常来的地方，为避免管制员工作受到来访者的干扰，房间布局应设计为使来访者既能看见管制员的工作并听取讲解，又不影响他们的工作。例如，墙上装有显示器的隔离房间或者与管制室隔音的观看走廊等。这样，既满足了参观人员的需要和愿望，也不会干扰到管制员的工作。

（三）管制席位的设计

各管制员的工作间根据工作和任务被组合为操作席。操作席的设计包括环境、软件和硬件部分。每个工作席位必须包含完成该席位全部职责所需的所有设施，包括信息显示、数据输入装置和通信设备，并且这些设备都必须满足人体工效学所要求的可触及距离和可观看距离及易达性。

1．席位的数目

管制室里的席位要求至少有两个——管制席与协调席，是否增加席位的数量主要考虑空域内的交通流量与管制员的心理负荷是否匹配。

随着时段或季节的变化，有些地区的空中交通流量变化很大。ATC 可能会需要通过开辟或关闭席位，分摊或合并工作来解决这种变化，并允许员工人数的总体变化。这可以根据交通情况，以不同的方式来解决。一个管制员所负责的扇区的面积可增大，可减小；或者区域内的扇区可合并，可分离。操作席的布局应当允许员工数量顺畅有效的变化；各工作间的软、硬件必须适合任务和工作能够按计划地分离与合并。无论员工数量如何，监察员都需要能看见所有的工作间。某些工作间可能要求持续地被占用，因此它的设计应当满足这样的要求。

2．席位间的距离

管制席和协调席要求密切合作，有许多信息需要交换，因此两个席位之间不能相距太远，两者之间应该有一个合适的距离。这个距离的一般要求是使两者的操作范围有所重叠。对坐姿操作者而言，操作的范围是左右 75 cm，前方 50 cm，所以管制席与协调席之间的间隔距离建议为 65～70 cm。任何设计给相邻管制员共用的设施必须同时满足双方的人体工效学要求。例如，如果两个管制员偶尔要共用同一输入装置，该输入装置就必须满足双方的触及距离要求。供多个管制员观看的显示器必须满足所有人的观看距离和观看角度要求。任何公用的壁挂式信息显示器，从每一个需要的工作席位观看都应当清楚、舒适，并且所有的管制员都能够面对显示器。如果没有公用的壁挂式信息显示器，操作席可以组合在一个房间之内，这主要便于各操作席之间的任务分担，通达、监督和通信要求。所有操作席都不得阻碍任何管制员观看到重要信息，而且所有的操作席都要避免眩光和反射。但是当操作席的布置为小组式而不是单排式时，这些要求就会变得难以满足。

3．席位上的人员

在席位上的工作人员的安排应视当地的具体情况来决定，一般来说应该是新老管制员交替安排。另外，安排上岗的人员还要考虑每个人的心理特点、与其他人员的配合程度、当天的精神状态等。合理安排上岗人员可以减少管制员的疲劳，提高管制效率。

第三节 管制设备设计中的人的因素原理

一、座　椅

（一）座椅与工作台设计中的人因工程学原理

工作台和座位的设计应考虑管制员对空间、所要接近的设备以及舒适性的要求。这些要求应以各种数据形式反映给设计者。座椅与工作台的设计首先应考虑人体测量学。人体测量学测量的是人体标准化物理尺寸的范围和分布，并综合各方面的所有特征，尤其是人和环境。对不同的身材，工作间的有关方面需要有可调节性。要么工作台可调节，如上下移动架板；要么管制员的座椅高度可调；要么都是可调的。前面的架板应当薄，以确保每位坐着的管制员有足够的空间放腿。操作席下面应提供充裕的空间，供坐着时伸腿用。基于这些考虑，管制室工作台和座位应从运行的角度进行全面的评估。评估过程如下：

（1）确定整个 ATC 系统（工作站是系统的一部分）的运行要求。这些运行要求规定了工作站所需的功能，这些要求可为工作站中的旋钮、开关、按钮及设备的类型和数量提供设计选择。

（2）确定了需求之后，就要确定用户群体，通常通过对工作人员主要物理尺寸的调查来完成。

（3）定义了用户群体之后，就要确定有多少比例的工作人员使用工作站会比较舒适，从而增加一些设计的限制。如上所述，典型的设计限制是 5%的女性和 95%的男性。

（4）确定了一致同意的设计限制后，就可以得到初步的工作站和工作空间的设计方案。随后，设计者和人的因素专家可以利用专门设计的计算机程序，针对特定的工作人员测试新设计的工作空间的可达性和间距。对于主要是升级的工作站，常要制作全尺寸的模拟工作站。这些模具的物理尺寸和工作站类似，通常还包括有新工作站的灯光系统，但它们可以简单地使用泡沫来制作。一旦模具建成，就可以完成可达性、间距以及视觉的人因工程学测试。

（二）座椅的设计

1. 座位设计指导原则

（1）臀部应支撑人体绝大部分的重量。

（2）大腿应尽可能少的承受压力。

（3）座位应支持背部较低的人。

（4）脚应该可以放在地板上。

（5）坐着的人应可以改变姿势。

（6）座椅可充分支持各种体型的人。

（7）座椅应当移动方便，最好是装有大的脚轮，这样才不会卡在地板缝隙之中。

（8）相邻管制员之间的两个座位中央的间距不小于 650 mm。这一点非常重要，它使管制员离开或进入工作席位时不至于干扰邻座。始终有人坐的席位，尤其在有扶手的座椅之间，建议有不少于 750 mm 的间距。

2. 座椅设计要素

（1）坐面高：即座椅面离地面的高度，最好设计成垂直可调式，以适应可接受的管制员身材范围。增量不超过 1 in（25.4 mm），而座位高度可在 15～21 in（381～533 mm）进行调整。

（2）椅面倾角：通常设计成略往后倾，以便防止臀部的前滑。

（3）椅面与靠背的夹角：座位靠背可以设置为 100°～115°，以便充分支持背部较低的工作人员。靠背使管制员身体活动范围不超过 3 in（76 mm），以便使眼睛调整到视觉显示中所建议的位置。

（4）垫子：靠背和椅子都加上至少 1 in 的填充物衬垫。坐垫可以使臀部受力均匀，保持身体平衡。坐垫厚度通常为 25 mm，面料应有利于散热、透气、防滑，建议使用皮革。

（5）扶手：建议座椅配有扶手，并且应当是可调的。座椅扶手应当容许相邻座位间建议的间距，这样管制员离开或进入工作席位时才不至于干扰到邻座。手臂扶手应为 2 in（50.8 mm）宽、8 in（203 mm）长。

二、工作台

（一）工作台的外形

作为环境的特征之一，设备的外形必须满足各种身材的管制员的人体工效学要求。如有必要，有的平面应当做成可调节式的。外形必须能够促进工作台内硬件及其相关软件的有效使用。各主要显示器的平面应当与繁忙时管制员的正常视线基本垂直。繁忙时管制员通常会向前坐，而不会向后坐，因此使用的人体测量学数据应当根据弯腰的情况加以修正，建立正常的眼睛位置、观看角度与距离以及触及距离。图 7-3 和 7-4 所示的工作台外形是一套平面构成的侧视轮廓图，它是为在工作席位就座的管制员提供的，其中包含人-机界面。

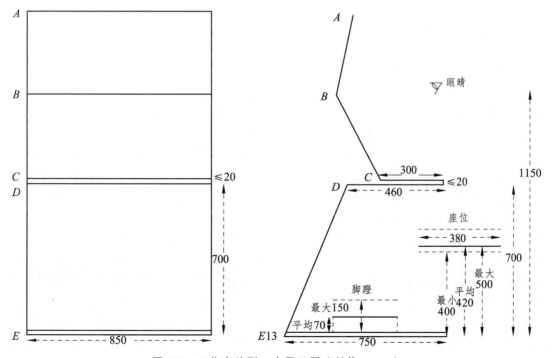

图 7-3 工作台外形：大显示器（单位：mm）

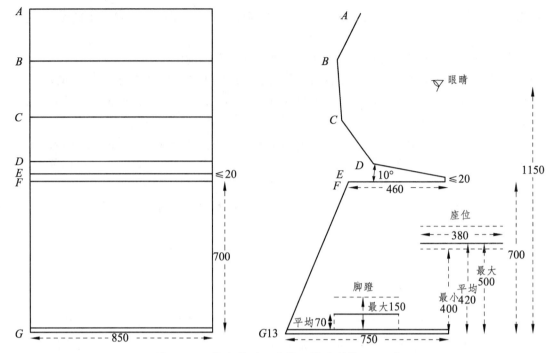

图 7-4　工作台外形：小显示器（单位：mm）

工作间的设备外形应当避免干扰，突出主要活动，减少由任务设计造成的头部主要运动的频率和幅度。如果经常需要的信息不能显示在同一屏幕上，就应当在邻近的屏幕上显示，而且相互关系要明确。在同一工作间内，不同的常用信息显示器之间的亮度不应当有总体的视觉差异。

（二）工作台的布局

对工作台的布局设计应考虑到以下因素：

（1）由于管制员坐在座椅上较少移动，因此需要将管制员使用的设备集中在工作台上，最远的按钮不得超出管制员手臂伸长的最大范围。对于整个管制群体来说，所有任务需要的操纵器必须设在建议的可触及距离之内。实际的建议可触及距离会根据操纵类型，触摸、抓握或拨动的方式而有所不同。频繁或不断使用的操纵器应当处于管制员所使用的工作台架前面的最佳操纵位置，该工作台架板也应当是水平的或几乎水平的。另外，还应该可支撑手臂或手，从而有利于防止疲劳。使用频率小的操纵器，可置于工作台的垂直平面上，尽管这样手臂没有支撑，操纵易使人疲劳，但因为使用频率低也就影响不大。

（2）设备的提供和布局很大程度上决定了可能的功能。每个工作间的功能能得以切实实现而非虚设这是至关重要的。环境中设备的布局必须通过有效的人-人界面，使功能能得以完成。管制工作台应设计成两人同时使用的工作台，对大多数习惯右手的人而言，管制席在左，协调席在右。一般来说，雷达屏幕正对管制席，屏幕右边是雷达的控制按钮，进程单架放在写字台上，管制席略偏右；无线电通信设备控制面板放在管制席与协调席之间；协调用电话放在协调席右边；其他不常用的设备放在两旁。如果有监察员，在监察员的工作间就应当有可用、有效地进行监察的设施，否则没有切实实施监察的手段，监察工作将名存实亡。

（3）在设计工作台时，要考虑塔台管制与区域管制的区别。区域管制工作以监视雷达为主，要求雷达屏幕高度在人坐在座椅上眼睛平视的范围内，工作台较高。塔台管制工作要随时向外观察跑道的情况，要求工作台不能阻挡管制员向外观察的视线，因此塔台的工作台比较低平。

（三）通信设备设计

ATC单位管制员端的人因工程学设计的好坏将支持或削弱管制员与飞行员及其他单位管制员的通信。通信质量与空管安全息息相关，1991年发生在美国纽约的通信开关转换问题造成了整个东海岸的空中交通管制陷入混乱状态，航班延误了数小时，其后果非常严重（Roush，1993）。

1. 在通信设备设计时应考虑的几个问题

（1）工作间可用的通信设施应当明确。

在SHEL模型中，通信是主要的软件，它通过硬件来实现。将通信设施集成到工作间时，通信频道应当在被占用时有清楚、明确的指示；成功地发送信息后应当有明确的指示。目前，大多数管制员之间和管制员与飞行员之间的信息发送还是依靠话语进行的，是人-人界面的关系，发报格式中已经包括有收到并理解电文后的正式确认方式。在未来，更多的信息将在航空器与地面系统之间、卫星与计算机之间和通过各种其他通信系统自动发送，而不需要管制员的直接参与，除非有意识地提供给管制员信息，否则管制员并不会收到这些信息。当通信自动化后，人与机器的连接是通过人-机界面实现的，通常是信息只提供给一个管制员，而不提供给一组管制员，因此班组的作用将会被削弱。

（2）管制员要理解并组合可能遇见的各种信息。

在未来的许多年中，ATC系统仍将要包含各种混合的通信。ATC必须为装置了不同机载通信设备的各类型航空器提供服务。如果通信有自动化辅助设备，管制员必须要知道它们是如何工作的。只有以可行的人-机界面设计方法，各种不同类型的通信信息才能组合并协调起来。

（3）将ATC话语电报尽可能标准化。

为了避免语义含糊和潜在的差错源，ATC话语电报的内容、结构、对话、词汇和顺序都应尽可能地进行标准化，其中许多工作多年前就已经做了。ICAO的拼读字母就是进行了大量研究的结果，它选择了一套即使母语为非英语的人在嘈杂和状况差的通信频道中讲话，听起来也大不相同的单词，实践已经证明ICAO的拼读字母是有效的，对其进一步研究也不大可能再取得重大改进（然而，适合人辨认并不意味着适合机器辨认）。

（4）确定易混淆和相近的主要语音源。

同一空域内呼号相近的航空器，不可避免地会成为造就人误的潜在原因。最好的解决方法是预先就避免这种情况，即当两架以上的航空器在它们某个飞行阶段会在同一区域相遇时，就应当给它们指定不易混淆的呼号。按标准格式和顺序发送的ATC电报内容就可避免语义含糊，并可以降低一种信息被误解为另一种信息的可能性。

（5）良好的管制员和飞行员纪律可以改进通话效果。

慢速、清晰地讲话是很重要的，在讲话人和听话人的母语都不是英语的情况下更为重要。

在长时间值班和长途飞行快结束时，管制员和飞行员都可能会疲倦，这时慢速、清晰地讲话显得尤为重要。人们可以熟悉不同的声音，可如果回答飞行员的管制员不是预期的那个管制员，这样可能会使飞行员感到迷惑。如果在与航空器机组的对话中，机组的回答分别由不同的机组成员完成，也会使管制员感到迷惑。通话的开头或结尾如果被掐掉，也具有潜在的危险，尤其是当管制员工作繁忙时，这种情况更容易发生，也更加危险。如果通话有任何不确定，常规的确认和请求重复有利于防止差错。人们会把所听到的理解为所期待的（但不是实际听到的），而不是对方实际说的意思，这种倾向需要额外小心地去消除。

（6）为了管制员的舒适和便利，通信设备设计者应遵守的规范。

管制员使用的头戴式听筒或其他通信设备应设计得很舒适。听筒应设计为没有裸露的金属部分接触到管制员的皮肤（DoD，1989；NASA，1989）。戴眼镜的管制员不能因为头戴式听筒感到不舒服。正常工作情况下，麦克风、头戴式听筒和电话听筒应允许不用手操作（DoD，1989；NASA，1989）。电话听筒应该很容易拿到。如果需要多个听筒，经常使用的频率或最紧急的听筒应该最容易拿到（DoD，1989）。

2. 控制面板设计

为了便于使用，应该将无线电通信设备的控制按钮做成整合的控制面板，放在管制员和协调席位管制员伸手能及的地方，控制面板首先应该有频率调节旋钮、频率显示窗（数字显示）、耳机话筒插口，并且应该至少有3套，分别处在正式频率、备用频率和军用频率上，以便在各种情况下能及时切换。其他一些按钮还应该包括诸如电源开关、音量调节旋钮等。

由于现在陆空通话仍是单通道通信，听说不能同时进行，因此需要设计一个通话按钮，用按钮的按下或弹开来控制是发指令还是收听信息。为了使管制员确认按钮是否按下或弹开，需要在按下或弹开的同时给管制员一定的信息，以免误操作。

3. 话筒和语音控制设备的设计

目前使用的话筒是为管制员提供听觉信息的 ATC 设备中重要的部分。接收输入的耳机和进行输出的麦克风组合就是话筒。任何话筒的麦克风部分应设计为在人的语音频谱范围内（最好 200～6 000 Hz，最小可接受范围为 250～4 000 Hz）工作最佳。输入的听觉信息应该既提供给耳机，也提供给耳机外面。双声道耳机对 ATC 有两个好处：第一，它们可用于信号从一只耳朵转换到另一只耳朵，可比信号同时提供给两耳更有效地警告管制员；第二，当两个听觉信号/信息同时出现时，双声道可用于防止屏蔽。例如，来自飞行员的语音通信可以通过一只耳朵传送给管制员，而告警信号可以传送到另一只耳朵。

为了尽量减少听觉信号同时出现，应有一个告警/信息优先系统，可行的话，信号和语音信息每次只提供一个。同时，有关的或备份的告警/信息应综合，如指示一个复杂系统故障。

听觉设备的某些方面应由人控制，而不是由计算机控制。对于只要问题存在就一直响的语音信号，管制员应该可以关掉它。但是，轻易就能关掉的告警信号会增加管制员的错误。如果过了很长时间后，问题还没有解决，计算机应再次警告管制员严重的情况。一旦一个信号不论什么原因停止，计算机应自动重新设置，这样当问题再次发生时，告警信号还会发出。关掉语音告警信号不应抹掉有关的视觉信息。而且重复的信号或无限制持续的信号应仅用于很少出现的紧急情况。否则，它们会使管制员感到烦恼，并可能使管制员养成马上随便关掉告警的习惯。

通信设备的另一个问题是输入语音信息的音量，因为年龄、噪声等因素会降低人的听力，所以管制员应该随时可以调整音量。响度控制的量很大程度上取决于设计。如果声音强度有相关的含义/意义，那么信号强度可能应保持不变，以保持它的意义。音量调整机制应防止管制员将听觉设备调到听不见的音量。如果信号用于提示管制员的计算机输入错误，管制员应该控制关掉"beeps"声音，或转换为视觉提示。为了避免由通信原因引起的航空事故，对话筒与耳机的首要要求是传输音量适中、音质清晰、噪声较小。

耳机宜设计成头戴式，耳罩较大，可过滤噪声；耳罩用料应比较柔软，不能给耳朵造成压迫感；耳机整体重量要比较轻，戴上后比较牢固，不易脱落。另外，管制室内也应该有扬声器，便于其他人员监听陆空通话。

（四）工作站显示器

1. 显示器的人因工程学设计

视觉显示器结合了 SHEL 模型的所有方面：观看者（人）、照明（环境）、显示器的物理外观和可调节性（硬件），以及它们的信息内容（软件）。选择视觉显示器设计应考虑人的视觉、信息处理和理解等方面的能力。

（1）视力。

对于所有需要看显示器的管制员来说，即使在设备老化并将要更新的时期内，显示的详细信息也必须清楚可见。在工作空间设计时就应当设定显示器上所有信息的观看距离，并应当根据适用的观看距离来检查各项显示信息的设定要求，确保在可能发生的最不利条件下，即使管制员的视力为允许的最低标准，也能看清楚各项显示信息。

（2）前景和背景信息。

显示交通平面图的 ATC 电子显示器可描述两大类信息：一是静态背景信息，如航路、海岸线、限制飞行区和距离环等，这类信息应当存在，但不能突出，其描绘应当使用区域填充、非饱和的颜色（如果使用颜色的话）和低对比度；二是动态的前景信息，这类信息可变化或移动，其中大部分（包括标牌）与单一的一架航空器相关。动态数据与背景之间的亮度对照比例应大约为 8：1。

（3）颜色。

如果使用颜色，通常应使用柔和、非饱和的颜色。因饱和的颜色会破坏视觉，应当仅用于至关重要的和临时的信息。即使这样，饱和的颜色也不适合各项尺寸小的视觉信息或区域。有的饱和色（尤其是蓝色），会诱发色差之类的问题，不应当使用。所有的颜色，包括饱和度高的颜色，都必须满足亮度对比的要求。否则，不管它们有什么特点，为了适合运行，都必须被弃用。为避免混淆，所选用的颜色相互间应当明显不同，而且为了在话语中提及时不会有含糊的语义，都应当有明确的名称。应当对管制员进行色盲测试，以确保他们全部都满足色觉要求，但所选用的颜色必须允许个别管制员色觉方面的缺陷。

（4）符号、字母和数字。

确定符号、字母、数字的最小尺寸和可接受的设计方案以及它们之间的最小间距，应当应用信息和背景亮度对比、环境光线、符号、字母和数字生成的方法、有关可读性的人因工程学建议以及最低视力标准等方面的知识，这方面的设计要求是刚性的。实验表明，人对数字和字母信息的辨认最好，颜色和几何图形的辨认次之。因此，可以用这些符号来设计显示各种信息。许多动态 ATC 信息是以符号、字母和数字的形式表示的，其可读性取决于它们的生成方式。在现代设备上，符号和标牌信息最低约 3 mm 的字符高度是可以接受的。对于旧的设备或不利的观看条件，比如过强的环境光线，可能会需要增大字符尺寸来进行补偿。同一标牌上的大写字母、数字的最低行间距大约应当是字符高度的 30%；屏幕上的连续文字的行间距不应当小于字符高度的 60%；一行中相邻字符的视觉间隙最小应当是构成字符笔画粗细的两倍；如果字符的大小当作代码尺寸使用，应当只使用两种尺寸，而且两种尺寸间要有明显的不同。

（5）进一步的要求。

ATC 信息的视觉代码需要满足更多的要求。各形状必须可以目视区分，并要有口头能说明的明确名称。人的视觉限制必须得以确认。例如，因为小的符号不易根据颜色区分，所以颜色代码不适于非常小的区域，因为环境光线会改变显示颜色的外观，所以它不应当有颜色，环境光线不能亮得难以看清显示的信息，也不能暗得难以阅读其他重要信息（如印刷材料上的信息）。

2. 显示器设计

（1）显示器的大小。

头部和眼球固定不动，眼睛注视正前方所能看见的空间范围，称为视野，常用角度表示。设计要求显示器中的重要信息大部分要落入人的视野中，这样可以保证管制员能长时间注视雷达屏幕而不感到疲劳。人的双眼视野是水平方向 60º，垂直方向 80º，但只有在水平方向 8º，垂直方向 6º 的中心视野范围内，才能清晰地辨认出物体的细节。当配合眼球转动时，可以注视到水平、垂直方向 18º~30º 的物体。根据前面的工作台设计方法，建议显示器的尺寸为 25 cm×25 cm，这样眼睛较少转动就可以注视屏幕，获得大部分信息。

（2）显示器颜色与亮度。

显示器的背景是黑色的，建议主要图像的颜色设定为绿色，有特殊情况的飞机标牌为红色，这样既容易辨认，又符合人们的生活习惯，不容易弄错。

使用的所有颜色都必须满足亮度对比要求。所选颜色之间彼此应十分清晰，并且都应有确切的名称，以避免颜色表达上的模糊。要随时进行色盲测试，确保每个管制员都能达到分辨颜色的视力标准。

显示器的亮度要适中。一般而言，图像亮度越高，越容易被识别，因为比较显眼。但长时间注视高亮度地区，会使眼睛疲劳，有刺眼的感觉。因此为了区别飞机标牌与背景的航路、导航点等，最好使飞机标牌略亮一些，而航路稍暗。实验表明，运动的数据与背景信息之间亮度对照比例大致应为 8∶1。在人的心理体验中，浅色比深色要亮一些，因此可以将飞机标牌设计成浅绿色，航路导航点设计成深绿色，这样就可以达到要求了。

（3）显示器上符号的设计。

① 航路与导航点。

有背景的航路与导航点用深绿色表示，布局要与航图一致，表示导航点的符号也要与航图一致，旁边要注明名称。

② 飞机标牌。

实验表明，在几何图形中人对三角形、圆形、矩形的辨认最好。由于三角形用来表示航航路上的报告点，因此建议使用圆形或矩形代表飞机。再加上直接用字母和数字表示的航班号、高度、地速等必要信息，就可以构成一个完整的标牌。

③ 字符的大小。

为了增加屏幕内的信息量，字符要尽可能的小，但过小的字符人就无法识别了。如果为了看清楚而加大字符，屏幕的信息量就会减少。实验表明，为了识别英文字母，让视力 5.0（对数 5 分视力表）的人在距屏幕 1 m 处看，字母的大小应不小于 2.5 mm。因此，雷达屏幕上字母数字的大小建议使用 4.5 mm。

3. 与共用显示屏有关的几个因素

当一群管制员经常必须看同一信息时，大型显示屏就很有用。另外，空间的限制也可能去掉单个显示同样信息的显示器。设计共用显示器时需考虑的几个主要因素如下：

（1）视角：只有当显示器允许所有要使用该显示器的管制员没有视觉遮挡地观察该显示器时，才能使用大型显示屏。这一限制包括，在显示屏前走动的人，以及因为显示屏安置在一个繁忙的过道前所引起的信息模糊。

（2）视距：显示屏离观察者的距离不能超过显示器分辨率所允许的距离。对于大型显示屏，因为视距更远，所以字符的大小应比推荐视角的标准要大一些。另外，显示屏离任何观察者的距离不能小于显示屏最大尺寸的一半。

（3）图像亮度：整个显示屏上图像亮度应一致。人眼虽然能够容忍一定的不一致，但显示屏最亮的部分不能超过最暗的部分亮度的 3 倍。如果使用的是投影，作为视角函数的屏幕最大亮度不能超过最小亮度的 4 倍。

（4）控制显示信息：显示信息的控制设计，应使得重要信息不会被无意中修改或删除。共用显示器信息应由指定的人员按预先编好的程序操作。不管显示控制如何设置，对经过训练的观察者来说，显示信息的内容应很明显。例如，对于包含几架飞机到达和起飞时间信息的大型显示屏，显示某航班到达时间比正常时间晚的图例应该可以很明显地从屏幕上看出来。管制员浏览信息时，应不需要看控制面板设置就能指出航班将比预计时间晚到达。

（五）操纵器设计

管制员从开始至完成所有的管制行为都需要使用输入装置。最简单的输入装置是开关和按钮（如在通话前用来选择正确通信频道的开关或按钮）。传统的键盘和一些现代化系统中使用的触摸屏允许向系统输入并及时更新字母数字信息。其他的输入装置还有滚球、鼠标、旋钮和按钮，有时还可能会使用脚踏开关（如通信频道的发射开关）。选择适于任务的输入装置，安排它们之间及其与之相关的显示布局，制订各输入装置的详细设计要求等，应包括使用该装置应有的熟练度、效率和速度、技能培养、使用时可能出现的人误种类等方面的说明。管制员的工作间应当应用标准的人体工效学建议，包括位置、间距、敏感度、反馈和输入装置的视觉外观、操作时所需的适宜触及距离和力量等。

1. 与工作站中操纵器设计有关的人因工程学

程序完成的速度和准确度与操纵器的逻辑安排有关，其中包括与软件相对应的操纵器。操纵器的设计和安排应支持管制员完成运行程序的自然动作顺序，安排应基于完成所需功能必需的子任务或程序。

以下是应考虑的一些主要人因工程学问题：

（1）可见性。为了使 ATC 工作站能够有效运行，必须使操纵器具有可见性。根据管制员眼睛的位置安排的操纵器，可见性是最佳的。管制员是坐姿工作或站姿工作等因素都会影响眼睛的位置。这些因素使设计者将操纵器和显示器安置在既能获得最佳可见性，同时又能控制太阳光反射的位置。图 7-5 所示为一个坐姿管制员的可见范围。

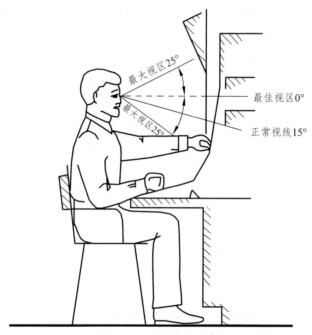

图 7-5　坐姿管制员对操纵器和显示器的可见性

（2）操纵器之间的距离。操纵器的安排应保证它们之间有足够的空间可以方便地操作。如果扳钮开关等操纵器需要抓住，就需要更多的空间。靠得太近的操纵器，会增大无意中触动某个其他操纵器的可能性，或很难触动准备触动的操纵器。最小间隔取决于操纵器的类型和其他几个因素。根据 DOD（1989）的建议，对于手动操纵，操纵器间的最小间隔为 10 mm（0.5 in）到 50 mm（2.0 in）。影响操纵器间距离的因素包括手的尺寸和宽度，这一点不同管制员是不一样的，手较大的管制员需要更大的空间触动操纵器。

影响软件生成的操纵器间隔的因素包括轨迹球或触摸屏等输入设备的灵敏度，以及作为控制标签或符号的图例或图标的清晰度。出于安全考虑，某个重要的操纵器和其他次重要的操纵器之间，还应额外增加距离。

（3）识别因素。安排操纵器时，识别因素也有一定影响。逻辑上相互关联的操纵器，按顺序使用，或在其他方面有相似性的操纵器，应安排在一起。另外，如果可行的话，控制各显示器的操纵器应安排在靠近显示器的位置。提供物理上的边界，如纹理编码，可以提高操纵器的识别和使用。

（4）用户的期望。操纵器的使用应与用户以前的使用习惯保持一致。在美国，人们习惯按一下开关弹上来表示打开开关，按下去表示关掉开关。在英国，期望正好相反，按下去意味着开，弹上来意味着关。同样的，在美国期望顺时针转动开关会使能量增加（如电力、明亮度、压力等）。在设计中应考虑到我们自己的国情和习惯，违反这些期望的设计会增加造成事件和事故的危险。

（5）健康和安全。在工作站设计中，管制员的安全和健康应放在首位。设计一个新的或升级的工作站或工作点时，应进行危险分析。安全风险包括工作面的尖角或凸出部位，增加管制员出错可能性的操纵器和显示器布局。工作站设计中的有些缺陷会引起眼睛疲劳、身体疲劳、甚至疾病。工作站设计不良导致疾病的例子如腕骨损伤综合征，它可以由于工作站中重复性的弯腕动作过多造成手腕的中枢神经损伤，症状包括麻木、抓物不牢、丧失手功能。设计可以减少管制员出现这类病的可能性。另外，视频显示器发射的电磁波应降低到最小，以尽量减少辐射对健康的损害。

（6）标准化。系统标准化有几个好处，包括减少新系统的训练时间，以及从一个 ATC 单位转换到另一个单位时管制员出错的可能性低。标准化还可以减少开发共用软件以节省成本，还可以减少后勤支持。但是，新系统或升级系统的设计者应记住，不能为了标准化而实施不好的设计。例如，从后勤和标准化的角度来看，镜像操纵器布局可能很好，但从运行角度来看，可能导致混淆，并增加出错的可能。标准化的要求有可能会与某个单位的需求冲突。

（7）灵活性。通过提供可调显示器来实现设计的灵活性。特别是架在高处的显示器显示屏应可以倾斜。操纵器和显示器的可调性可提高管制员的绩效表现，使管制员工作更舒适。在布局满足功能适应性的前提下，灵活性是 ATC 工作站设计的另一个主要目标。例如，操纵器的安排应使习惯用左手和右手的管制员都能使用。

2. 评估工作站操纵器和显示器运行适应性的物理标准

工作站操纵器和显示器的设计和布局通常都要权衡考虑，因为不是所有的操纵器、显示器和指示器都能放在最佳位置上。因此，决定操纵器和显示器位置时，评估和安排优先顺序是必要的。通常，优先级别高的操纵器应尽可能靠近管制员，优先级别高的显示器和指示器应放在中间的位置。以下是评估操纵器和显示器的物理（与认知相对）特性的三个主要标准：

（1）操纵器、显示器或指示器及它们相应标签的可见性。

（2）操纵器之间的距离，保证操纵器间有足够的间距抓握和操纵，预防意外触发。

（3）不需要过度的肩部活动和/或屈背就可以触到操纵器。

为了评估这些因素，应使用人体测量学获得工作站间的适当的物理尺寸，以及使用工作站的管制员的不同尺寸。例如，一个坐着的管制员的眼睛位置与管制员的躯干和脖子的长度有关。通过对测量数据形成的分布可对不同管制员的这一尺寸进行评估。由这一分布可以确定坐着时眼睛的平均高度，以及极端的高度。设计者可使用这些尺寸安排操纵器和显示器。一种典型的设计目标是使工作站的设计适合 90% 的用户，包括 5% 的女性和 95% 的男性。

3. 键盘与滑鼠的设计

（1）键盘。

目前，雷达使用的键盘有两种，一种是普通键盘，另一种是特殊键盘。

普通键盘即目前个人计算机所用的 101/104 标准键盘，这种键盘的优点是普遍易学，只要有计算机基础就会使用，无须专门学习；缺点在于调用雷达功能时，需要逐级调用功能菜单，既费时又易出错。

特殊键盘是专门为使用雷达而特制的，它的字母键、数字键排列与普通键盘都有所不同，另外还有许多功能键，每个键代表雷达的某一功能。这种键盘的优点是雷达功能可以直接调用，方便快捷；缺点是使用者要专门学习键盘的使用，不熟悉时容易出错。

特殊键盘通常放置在雷达屏幕旁边，单手即可操作。普通键盘通常放置在写字台上，需要时使用。这两种键盘相辅相成，如何使用视具体情况而定。

（2）滑鼠。

滑鼠可以用于选取飞机、点取菜单等需要。目前所用的滑鼠有两种，一种是鼠标，一种是轨迹球。

鼠标定位准确迅速，拖放操作方便，但使用空间要求比较大；轨迹球使用空间固定，不必做大的移动，但不容易选准目标。

这两种滑鼠各有所长，但考虑到工作台空间狭小，目标移动不快，因此建议使用轨迹球。由于大部分人是右利手，可将轨迹球放置在雷达屏幕右边，与特殊键盘整合在一起，便于管制员操作。

（六）其他设备

1. 气象信息显示器

该设备可以反映实时的风向、风速、场压、修正海压、温度等气象信息，这些信息是管制员发布着陆许可的依据。该仪器应该做成一个整合的显示面板，逐行显示各种信息，要求在各种照明下都能清晰可见，显示面板必须是在头部转动不大时眼睛能注视到的范围内，可以放在管制席的左前方或工作台的上方。

2. 标准时钟

管制员工作时对时间掌握非常严格，需要随时注意时间，因此时钟要求足够大，在管制室内任何位置都能清楚看见，标准时钟应该有指针式和数字式两种，精确到秒，便于不同习惯的管制员观察。

管制室内应该有两套时钟，一套是当地时间，一套是国际标准时，但这两套时钟不要放在一起，应分开较远放置，以免产生误会。

3. 进程单自动打印机

进程单自动打印机可以根据起飞报自动打印出进程单，代替管制员填写，提高了管制效率。打印机一般应放在管制席与协调席管制员之间，使二者都能够伸手可及。控制打印机的计算机应放在协调席上，并且可以与飞行计划显示系统、飞行动态显示系统结合起来，减少工作台的复杂度，也能提高效率。

三、物理环境设计

该部分主要讨论环境的物理特性，如灯光、温度和噪声等，这些环境因素如果超过了可接受的范围时，将对管制员的表现产生明显的影响。

（一）室内装饰

工作室环境的色彩、建筑材料、造型、环境布置等对操作者的心理都有重要影响：黄色能刺激提高人的兴奋度；柠檬花香可使人心情舒畅，消除疲劳，提高工作效率，有利于身心健康。室内装饰应该按一定标准统一设计，而不能随意地设计，这样才能获得最佳的视觉环境。表面应当是不光滑的，不应当发亮，即便是旧了之后也不应当发亮。装修设计应当使墙壁、地板和家具的颜色柔和，如柔和的米色、淡棕色和浅灰色通常会令人愉悦，饱和色彩将会影响管制员对显示屏上数码的识别，而白色通常会太亮。

如果房间大，就应当有能提供视觉结构和能表达房间大小印象的可视特征。例如，地毯的方格表面上略有不同却又总体一致，或是偶尔有所不同但在一面大墙之内却又没有突出的垂直特征。大房间还必须要相当高，大房间的天花板如果太低会使人压抑，且很难在整个工作空间内达到合理的、相对一致的环境光线。

（二）光　线

1. ATC 工作站和环境照明的具体要求

视觉感知，对光的感知是光的物理特性和人的视觉系统相互作用的结果。影响光的感知和考虑管制员明度知觉的因素如下：

（1）年龄及个体差异等因素会影响管制员的明度知觉。

人的视觉系统随年龄而改变。年龄增长主要的变化是眼睛的晶状体变厚，这将影响人的近距离视敏度，并减少进入视网膜的光量。50 岁时进入视网膜的光量只有 20 岁时的一半。并且即使是进入视网膜的光也更分散，使图像的对比度降低。视觉系统的所有这些变化意味着为了获得同样的视敏度，年龄大的人需要更多的光。因此，年龄大的管制员比年轻的管制员需要更多的直接照明（通过环境照明）。

（2）照明和管制员任务要求。

各种标准和指南中都有关于照明的要求，但都很少涉及管制员要完成的任务。在开发先进自动化系统（AAS）照明要求中，扇区需求确认小组（SSRVT）列出了管制员用户群，SSRVT 定义了与 AAS 管制员所完成的任务有关的下列照明标准(Bashinski, Krois, Snyder, and Tobey, 1990)，这些任务要求可能需要由管制员进行评估，以确定工作站或环境照明是否充足。

① 数据输入设备的可用性。在可接受的努力程度范围内，键盘上主要标签、电子显示屏键区及跟踪球应易于辨认。

② 文本、手写、彩色图解材料的可用性。照明应足以支持在控制台架上书写记录，以及阅读台架上放置的材料。

③ 操纵器的可用性。照明应足以使管制员易于定位开关、操纵器、听筒插孔、连接器、把手及显示凹进机制，操纵器的标签应易读。

④ 视觉干扰最小。照明应尽量减少阴影、眩光和反射。

⑤ 彩色显示屏的可读性和充足的显示亮度。彩色显示屏被强光源影响的冲失区域应尽量减小，且应为文本和图像信息提供足够的对比度。在各种预期的照明环境下，管制员应该可以识别各种色彩代码。

⑥ 充足的紧急供电和照明维持。紧急情况下，光强照度应该足以完成 ATC 任务，并允许安全进出操作席位。照明设计应缓冲维护照明，使它不要影响工作站控制台的 ATC 任务。

（3）灯和照明的类型。

ATC 单位主要用两种灯：用电加热灯丝的白炽灯和电流通过气体发光的气体放电灯。最常用的气体放电灯是日光灯。

白炽灯或气体放电灯都是直接或以漫射的方式产生光。对于小区域照明，如为阅读或写记录照明的灯光，使用直接照明更有效。漫射照明可使眩光和反射最少，因此对大区域照明很有用。可将一个或多个设备合并为一个灯，以控制光的散射。这些设备包括镜头、扩散器、遮板以及反射镜。

（4）照度。

对于 ATC 系统和环境的用户及设计者来说，一个主要的问题是确定照度。决定照度的主要因素取决于完成活动的类型以及所要求的视敏度。通常，细节视觉要求越多，环境的照明照度应越高。空中交通管制塔台有其特定的照明问题。白天，直接的阳光照射会"冲失"视觉显示。夜间，塔台内部照明应平衡管制员看窗外和阅读文本（如进程单）这两个要求（明、暗适应）。

新的 ATC 环境和工作站的设计者以及施工者应和熟练的照明工程师、人因工程学工作者一起工作，以准确确定适当的照明照度。

（5）光的分布。

除了对照明度外，光的分布也会影响视敏度，以及空中交通管制员的表现。工作环境中相邻区域的发光度的不同，使人在转换凝视目标时，要不停地适应这些差异（Sanders and McCormick，1987）。光的分布的一个主要标准是发光度比。发光度比是视觉范围内两个相邻区域的发光度的比值。如果两个区域的发光度比相差太大，将影响视力和舒适性。对于周围环境，照明工程师协会建议，工作空间中相邻环境中最亮的和最暗的区域的差异不能超过 3 倍（参见 IES ANSI/IES-1-1982）。

（6）工作站发光度的范围。

因为工作站显示屏会发光，它们不需要能看到周围环境照明。但是，为了完成和显示屏有关的其他任务，通常需要环境照明。对大部分任务，环境照明越高，管制员的视敏度越好。但是，对于 ATC 工作站显示屏照明，环境照明越高，越难阅读显示屏上的内容。因此，建议环境照明应折中考虑读写任务的高照明要求，和看 CRT 屏幕所希望的低环境照明的要求。

为避免极端的折中，可使用任务照明，即为读写任务提供集中的光源。为了避免工作站显示屏和操纵器的眩光和反射，光源的位置和调节很重要。间接照明可避免不期望有的眩光和反射，对于 ATC 任务也很好（Krois, Lenorovitz, McKeon, Snyder, Tobey and Bashinski, 1991）。当管制员环视房间时，各方向上的总体照明强度应当大致相同；这样，环视周围不会导致眼睛瞳孔大小的剧烈变化。房间内部不应当有小片的黑暗或明亮区域。

工作空间、操作席、工作台和显示器的布局，必须根据环境光线来设计。在工作空间的设计方案上，通过描绘出从正常位置观看时各显示器所反射的房间区域，可检查和避免眩光和反射。在反射出的房间区域，不得装有直接可见的光源。这种检查的另一方法是使用实际尺寸或小比例的布局实物模型。

2. 提高环境亮度情况下显示信息的可读性的方法

环境光线是物理环境最关键的一个方面。ATC 的工作空间有不同的两种。空中交通管制塔台内的环境光线，从直接的阳光到夜间的人工照明，变化很大。管制环境设计要求为管制员创造一个良好的光环境。无论环境光线如何，所有的显示器和操纵器都要保持可用，都必须是自动可调或人工可调的，使得它们在黑暗中不会太亮，在阳光下不会太暗。因为管制员工作时要随时看着航空器或雷达信号，如果照明条件不好，很容易使眼球疲劳，直接影响管制工作。天花板上的灯组，或向上照的灯光经过天花板的反射，会是有效的照明方式。照明设施安装在天花板内，天花板上反射光线必须是有效的，墙壁表面应粗糙，颜色呈白色或大致呈白色，后者可以防止突出的阴影，从任何工作位置都不能直接看到光源，如灯丝或灯管等。

为了保持可见度，偶尔有必要为特定显示器提供额外的照明，或局部减小照明，尤其是雷达显示器（然而这不是一个建议的做法，也应当是不必要的，因为ATC环境的设计应能在现行的环境光线下观看其环境内的所有显示信息）。当管制员环视房间时，各方向上的总体照明强度应当大致相同，这样环视周围不会导致眼睛瞳孔大小的剧烈变化。房间内部不应当有小片的黑暗或明亮区域。

（1）减少反射和眩光。

反射指相对于显示屏发出的光量的反射光的量（ANSI/HFS，1988）。落在工作区域或显示屏上的光量由两部分组成：直接射在工作区域上的光量，以及墙壁、天花板和其他表面反射的光量（Sanders and McCormick，1987）。

塔台由于位置较高，四面都是玻璃窗，自然光充足，因此光照条件比较好。但在阳光强的白天，塔台的光线亮度可以变得很高，眩光会是一个严重的问题。塔台的位置应当使管制员在看主要跑道的同时不面向太阳。ATC环境内必须避免任何来源的眩光和反射。通常，眩光可有两种不同的方法来解决——减小环境灯光或更改显示器。建塔台室时，房顶悬于地板之上、窗户玻璃角度向外，可以减少眩光，同时还可防止玻璃上的雨水对能见度带来的损害和失真，但可能会使向上的能见度受限制。此外，窗户玻璃贴膜和滤光，提供可调的、有缝的遮光板，减少房间内发亮的表面，在工作间或个人的显示器周围加遮光罩，将塔台内的工作台、工作间和家具尽可能置于阳光直接照不到的地方等方法，都可减少眩光。总之，管制员的视线绝对不能受眩光的影响。眩光可降低显示信息的对比度和可认读性，因此必须通过增强显示亮度、显示器表面贴膜或滤光、改变显示器使用的技术加以弥补。一些现代显示器技术，声称适合日光条件，但在某些塔台上当光线分外明亮时还是会显得太暗。

区域或进近管制的工作空间，要么没有外界视野，要么窗户装有窗帘或遮光板，以获得可控照明的环境。进近与区调管制室主要采用人工照明。为了看清雷达屏幕，光源不能太亮，不能在雷达屏幕上引起反光，不能掩盖雷达信号；管制员工作时要填写进程单，进程单上的照明又不能太暗。因此，管制室里的光源建议分为两种，一种是比较暗淡的背景光源，另一种是比较明亮的直射进程单架的光源，使二者可以兼得。这里可以使用适合各种视觉显示器和操纵器要求的最佳环境光线，并满足其他要求，如阅读印制的材料等。灯光的光谱、强度和类型及灯光装置的位置等方面，应当作为工作空间设计中不可分割的一个方面设定出要求。同时，要确定好显示器的要求，而不能随后再定。由于区域或进近管制工作间的照明已针对一个固定的视觉环境以及其中的显示器设计为最佳，因此其要求的亮度调节范围比塔台就小得多。

影响管制员视力的是太阳的直射和经过飞机座舱或候机楼的玻璃反射而造成的眩光，为了防止反射和眩光的干扰，可用以下几种方法：

① 将塔台玻璃设计成深色玻璃。

② 玻璃上使用防眩光的遮阳膜。

③ 必要时管制员戴上浅色墨镜。

④ 在光源周围装遮蔽物和滤光器，和/或在显示屏周围加遮光罩。

⑤ 配置或设定工作区域，使反射光不能射向眼睛。

⑥ 调整光源位置，使光源尽可能远离眼睛视线。

⑦ 降低光源的亮度。

⑧ 使用漫射或间接光源。

⑨ 使用扩散光的表面，如给墙壁上漆以及采用不光滑的工作表面。

⑩ 基于显示器的解决方法。

在工作站中，也常使用抗反射（AR）前表面涂层，减少反射的光的量或/和显示屏滤光器减少眩光，这些滤光器放在 CRT 的正面。光通过滤光器，被 CRT 屏反射，然后通过滤光器反射回来。因为屏幕上的字符和图像只通过滤光器一次，所示显示对比度得以提高。但是，当显示屏亮度降低时，对比度和可读性降低。因此，显示设计者在应用滤光器的同时，常增加显示设备的光，来解决日照可读性问题。可产生 100ft（30 m）-朗伯甚至更大亮度的光，再配以适当的滤光器的被称为高亮度显示器的显示器，是目前应用最广泛的解决日照时可读性问题的方法。

在可控制的环境中个人显示器的亮度仅应当在允许的有限范围内可调节，使显示信息设计的最佳可见度得到保持。工作间、操作席、工作台、显示器的布局，必须根据环境光线来设计。在工作间的设计方案上，通过描绘出从正常位置观看显示器时，各显示器所反射的房间区域，可检查和避免眩光和反射。在反射出的房间区域，不得装有直接可见的光源。这种检查的另一方法是使用实际尺寸或小比例的布局实物模型。

（2）控制环境亮度问题的其他方法。

提高 CRT 上日照可读性，增加对比度的另一个方法是减少投射到屏幕上的太阳光。

① 用透明窗帘改善日照环境下的可读性。

如在塔台采用透明窗帘，窗帘透光率可仅为 3%。使用窗帘能极大地提高显示信息的亮度对比度和色彩对比度。但有些管制员可能不喜欢窗帘，他们宁愿戴太阳镜。戴太阳镜其实并没有提高日照情况下的可读性，因为它只是滤掉了进入眼睛的太阳光，并没有减少投射到屏幕上的太阳光。因此，彩色 CRT 显示屏应考虑使用窗帘（或其他有效地减少内部光的方法）。

② 电子铬设备。

近年来，已发展了代替下拉式窗帘的另一些方法，来改善 ATC 塔台环境。例如，电子铬窗户，可用电压自动减少传输的光。这些设备已有一些安装在办公室里调节热量损失和太阳热能，并用在汽车反光镜上，调整入射的汽车前灯光的反射，用在飞机和汽车的车窗上的电子铬窗户也正在发展。

在 ATC 塔台安装这些窗户可能会解决日照下可读性问题，并允许使用低亮度、低成本的CRT。低亮度 CRT 还会使电力消耗减少，并减少发热。这些窗户的吸热特性还可帮助塔台和外界隔离，进一步降低成本。

（三）温度和湿度

ATC 单位中，工作环境的热舒适是很重要的一个方面。热舒适的测量很困难，因为涉及的变量太多。另外，在热舒适方面还有个体差异（部分原因是新陈代谢差异）。影响热舒适的主要因素如下：

（1）空气温度。

（2）墙的温度或周围物品温度。

（3）湿度。

（4）通风。

（5）管制员的体力负荷。

热环境与温度、湿度和空气流通率有关。ATC 是一个只穿衬衣的环境（大多数管制员不大活动，因此从热舒适的角度可归类为久坐类型的人）。塔台管制员可能需要站起来或是绕过障碍物进行移动观察，如果这种情况经常发生，那就表明工作间设计得不好。人的因素的主要目的是获得温度、湿度和通风的平衡，使管制员不要受到环境应激源的影响。这些应激源对体力和脑力有负面影响，使工作表现变差。

1. 温　度

在管制中，需要手的灵巧性的任务（如数据输入或目标跟踪）会受到冷温度的影响。管制员表现变差与低的手表面温度有关。研究表明，当手温度在 55 ~ 65 °F（12.8 ~ 18.3℃）时，表现会变差。有关冷温度对大脑活动的影响目前还不清楚。

实验表明，人体的舒适温度是（23 ± 5）℃. 过热会使人精力涣散，心情浮躁；过冷会使人手足颤抖，影响操作。在过热或过冷的环境下，管制员就很难正常地进行工作。控制温度有效的方法就是在管制室内装上功率足够大的空调。

对于大多繁忙的 ATC 环境来说，通常建议 21 ~ 25℃ 为最舒适的温度。但还应当考虑到，各国家和地区的人们所习惯的、认为舒适的温度有所不同。

2. 湿　度

湿度应当在 50%左右或略高，稍微的变化可以忍受，太高或太低的湿度都不适当。非常高的湿度会使人感到空气发闷，穿衣就不舒服；而太低的湿度会导致喉咙干燥，这样也不可取，因为管制员们非常依赖话语。管制单位的相对湿度应随着温度而变，温度为 21℃（70°F）时，相对湿度应为 45%左右。随着温度升高，相对湿度应降低。无论何时，相对湿度应保持在 15%以上，以防止皮肤、眼睛和呼吸道干燥。ATC 工作室的温度应保持稳定，相对湿度变化不能太大。所有 ATC 环境，尤其是塔台环境，会受到外部冷/热的影响，应制订有关规定使温度和湿度保持在舒适范围内。

3. 通　风

热舒适的另一个决定因素是空气是否流通。管制室由于工作需要，往往门窗紧闭，空气不大流动，这样人在里面工作时间过长，就会有胸闷气淤的感觉。因此，在不影响工作的情况下，应经常打开门窗，保持室内空气新鲜。ATC 单位所使用的通风空气的 2/3 应为新鲜的、未受污染的（DoD，1989）。每分钟所需要的空气量随每个人呼吸量变化（参见 DoD，1989，图 39）。空气应以不超过 60 m/s（200ft/s）的速率流过运行人员。管制员的椅子不应放在空气流通线上。气流速度应进行调整，使工作台上的纸或翻开的手册不受影响。为保证烟、水汽、灰尘或毒气保持在可接受范围内，应保持足够的通风（DoD，1989）。每分钟 10 m/min 的空气流动速率刚刚能让人觉察到，并使空气保持新鲜，而又不会产生气流。另外，房间内家具的布局也很重要，应使它们不会影响气流的流动。不能使用风扇或其他装置来达到空气的流通，以避免产生较大的背景噪声。

4. 空调环境对健康的影响

空调病，又称办公大楼病或封闭楼综合征。空调病表现为无任何器质性损伤，是一种功能改变性症状，特点为周期性发作，上班时出现或加重，离开空调环境后恢复，周末休假后症状改善或消失。空调病有四大症状：干燥症状、过敏反应症状、哮喘症状和不明原因症状，突出表现为易感冒、嗜睡、头痛、胸闷、乏力、思想不集中，鼻、咽、眼和皮肤干燥和关节痛等。产生空调病的主要原因是室内微小气候、通风不良、负离子浓度、臭氧、挥发性有机物、微生物等。

空调环境对心理的影响也较大。空调建筑（如管制室）多为封闭式，这样的建筑是为了避免室外环境的影响，但会造成心理上的隔离感，空调室无窗或有窗不能开，不能与外部大自然联系在一起，从而使人感到自己处于一种封闭的被迫状态，产生一种压抑感、孤独感。长期在空调环境内工作，会产生烦闷、抑郁和焦虑。

空调病的预防措施是通过房间的造型、颜色、环境布置来淡化空调作用，如通过变换色彩来影响空调环境内人的心境和情绪，还可通过空调设备的通风系统使茉莉花和柠檬花香散布到整个空调室，使人产生精神愉快的体验，降低错误率，并且在空调房里严禁吸烟。

（四）噪　声

1. 噪声的影响

高噪声不利于有效的空中交通管制，尤其是在协调和联络时，背景噪声会通过无线电或电话传送给飞行员或是正在其他席位工作的管制员。在 ATC 环境内，不建议使用常规扩音器。安静的通风、地毯、吸声石膏和窗帘，以及工作间内良好的噪声衰减措施，都是避免航空器或其他外界噪声源并将房间内的环境噪声减小到 55 dB 左右的有效手段。如果能够做到些，管制员和飞行员会受益良多，管制员之间、管制员与飞行员之间就可以安静地通话，管制室或塔台管制员的通话音量就用不着太大。在强噪声背景下，会迫使管制员提高通话音量，其他管制员或飞行员也要被迫在嘈杂的背景下去听重要的报文或指令，听错的概率也就会上升。这也会造成给一个管制员或飞行员的指令被其他管制员或飞行员误听并被错误执行。因此，应当采取一切可行措施降低 ATC 所有工作间内的背景噪声。

2. 噪声控制

DoD 指南认为需要经常使用电话或无线电及不超过 5 ft（1.5 m）距离的直接通信单位，环境噪音不能超过 65 dB（DoD，1989）。环境噪声主要由振动引起，大容量通风系统或其他设备常产生振动，但环境噪声有时也来自同一单位工作人员的说话。高噪声不利于有效的空中交通管制，尤其是在协调和联络时。

为了防止噪声对陆空通话的影响，可以采用以下措施：

（1）静音通风、铺设地毯、吸音墙纸和窗帘以及工作空间良好的吸音技术，可以防止来自飞机或其他外界声音源的噪声。

（2）管制员使用有屏蔽噪声作用的耳机，音量最好在 5 dB 左右。

（3）采用隔音材料制作门窗，工作时关紧门窗。

（4）工作时保持室内安静。

（5）在日常 ATC 环境下建议不用喇叭。

本章案例：基于管制员行为需求的航空管制建筑空间设计
（寿劲秋等，2021）

一、行为需求引导的航空管制建筑空间设计原则

（一）空间功能原则

对于航空管制建筑而言，空间的核心功能即为保障空中交通管制精准安全的运行，各类功能空间的合理布局不仅构成了高效的运行体系，也形成了处理突发应急事件简捷高效的功能流线，是航空管制工作必要的基础条件。

（二）空间舒缓原则

管制员特殊的工作周期安排以及封闭的高强度工作易产生疲劳感，压力的聚集如不能得以缓解，容易发生指挥失误的严重后果。在管制区群体建筑空间中营造随时且持续改善压力聚集的环境，使承压下的管制员可在不同空间中及时减轻压力，使航空管制建筑空间本身成为辅助压力转换的场所，将成为航空管制建筑空间设计尤为重要的属性。

（三）空间需求原则

现代建筑的人性化设计理念强调建筑不应是功能的机器，更是满足行为需求的理想空间。航空管制建筑不仅为功能使用而存在，而应成为人与建筑相互协调融洽的空间环境，不仅满足管制员基本工作需求，也应成为实现不同层次心理需求满足的可持续空间。

（四）空间体验原则

人是建筑空间的行为主体，建筑内部空间的尺度、对比、色彩、光线等属性以感观的体验激发了心理的触动与共鸣；建筑外部空间的开合收放、季节感知、生态环境亲近了人与自然的本源属性，空间的体验以深层次的情感触动弱化与缓解了紧张与负面的心理压力而发挥出特殊的价值意义。

二、航空管制建筑空间设计

（一）功能空间的保障策略

1. 技术空间的集约

航空管制建筑中工艺管线与工艺设备空间占据重要的技术主导地位，空间设置的合理性与集约性不仅决定了建筑功能的运作效率，也制约着建筑空间使用的有效性。随着航空管制设备与工艺流程不断细化与更新，工艺技术空间的综合性与复杂性需要建筑空间随之衔接匹配，集约化的技术空间不仅提高了系统集成的简约化与检修的便利，更重要的是在有限建筑面积下为建筑功能空间的充分使用提供了可灵活发展的余地。

2．工作空间的高效

（1）流线组织管制员工作空间的流线一般为：岗前准备→管制工作→班制内休息→管制工作→班制结束后休息。依据管制员的行为动线组织简捷高效的功能流线，将有效避免使用迂回，提高管制工作效率。例如，湛江终端管制中心在管制大厅临近设置了管制员休息室，区分了工作与休憩的空间节奏，并以简捷可达的流线为班制内的休息提供更为充足的休息时间（见图 7-6）。

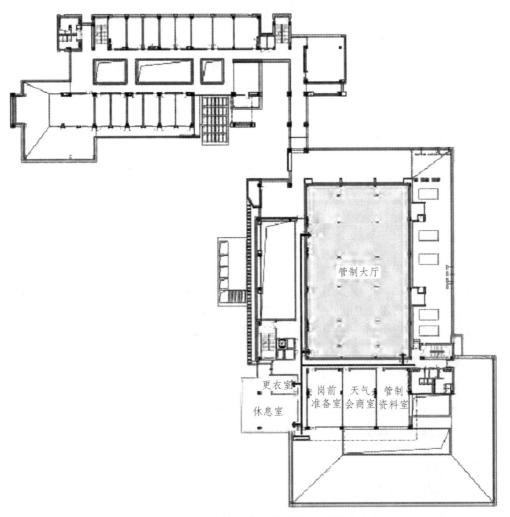

图 7-6　湛江终端管制中心管制楼二层平面示意

（2）措施辅助。

参考 2017 年民航局《民航管制员疲劳管理参考学习资料》的要求，管制室应确保空气畅通，建议管制室内温度在夏天保持 22 ~ 28 ℃，冬天采暖时保持 16 ~ 24 ℃；采用 LED 光源，光源强度保持在 150 ~ 300 lx；相对湿度保持在 50% ~ 60%；严格控制噪声源，环境噪声保持在 55 ~ 45 dB 的 I 类标准。应对管制员工作环境要求的特殊性，避免空间环境对管制员工作专注度的影响，设计中更需要关注维持空间物理特性的技术辅助措施，并从管制员的工作需求反馈中不断完善与探索空间环境在特殊心理压力下的适宜性，提供安全可靠的建筑工作空间保障。例如，卢布尔雅那机场空中交通管制中心设置了光线自动调节感应器自动调整室内光强度，可将不同时段下的环境光线对管制员的工作影响降至最小（见图7-7）。

图 7-7　卢布尔雅那机场空中交通管制中心内部

（二）休憩空间的多样策略

压力的缓释是航空管制建筑内休憩空间设置的主要目的，管制员休息室是承担此功能的主要空间，并根据工作轮班制的特点往往分为两种类型，一种是在班制内强制休息的临近休息室，另一种是班制结束后远离工作岗位的休息区域。但为应对高强度压力下休息空间设计的有效性，需理解管制员对休息模式的需求存在较大的实际差异，不同个体之间，甚至同一个体在不同的情感状态下也存在着一定的差别。设计应从管制员行为需求的轨迹出发，以独处、音乐、阅览、餐饮、观景等多样化休息空间的配置，满足个性化的休息途径，从而达到迅速舒缓压力的目的。例如，德国慕尼黑空中交通管制中心在管制大厅附近专门配备了面积宽松且功能齐全的管制员休息区域以满足不同休息需求的形式（见图7-8）。

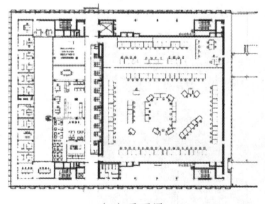

（a）平面图　　　　　　　　　　　　　　　（b）休息室

图 7-8　德国慕尼黑空中交通管制中心

（三）交往空间的复合策略

交往是人与社会关联的基本方式。从个体需求层面，个人的情感表达首先是维系与群体归属感的基本需要。同时，在团队化的管制工作模式中，管制工作由班组的集体行为来完成。在空域交通异常情况时，解决危机必须依靠团队间默契而果断的集体协作。交往也成为提升团队合作默契与效率的重要内化因素，也是提高管制员之间协作性和工作效率的重要途径。在航空管制建筑中加强交往空间的复合可为管制员提供可随时激发交流的适宜空间，也可为航空管制建筑严谨的技术性工作空间增强人性化的空间活力。例如，卢布尔雅那机场空中交通管制中心以核心共享中庭强化了各功能空间的交往与高效的复合联系（见图7-9）。

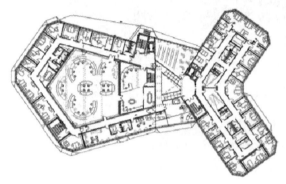 

（a）平面图　　　　　　　　　　（b）中庭

图7-9　卢布尔雅那机场空中交通管制中心

（四）环境空间的协同策略

人与环境息息相通的依存关联赋予了环境对人心理压力调控与恢复的重要意义，航空管制建筑的外部空间环境因此不仅承担了功能流线的空间组织，也将成为有效修复心理压力的复愈性环境而具备空间功能的协同作用。在合理规划功能流线的空间联系中，通过环境空间的距离感、丰富性、吸引力与兼容性的维度，在时空与季节的自然变换中营造出持续改善压力积聚的长效环境。例如，湛江终端管制中心各功能建筑错落围绕核心景观区的规划结构，为各建筑单元获得了最大化的景观视野，并通过工作流线与休闲流线的分类组织进一步提升环境空间在功能联系与压力缓释的双重作用（见图7-10）。

图7-10　湛江终端管制中心

复习思考题

1. 管制"工作站"人因工程学设计应考虑的主要问题包括哪些？

2. 在 ATC 工作站设计中需考虑物理尺寸和心理两方面的因素，请进行简要分析。

3. 为满足空管运行的适宜性应如何进行任务数据分析？

4. 请对空管信息进行分析。

5. 阐述空管工作站及其设备设计中需考虑的人因工程学因素。

6. 为什么要求管制员具备很高的职业/岗位熟练度？

7. 为什么在管制设备设计中需考虑最低可接受条件？

8. 简要分析自动化和未来航空系统将面临的新的人因工程学问题。

9. 管制工作间设计包括哪三个方面的设计？

10. 按照人因工程学原理，在管制工作间位置设计中应考虑哪些因素？

11. 按照人因工程学原理，在管制室室内设计时应考虑哪些因素？

12. 按照人因工程学原理，在进行管制席位设计时应考虑哪些因素？

13. 请阐述座椅与工作台设计中的人因工程学原理。

14. 阐述座椅设计的人因工程学指导原则。

15. 阐述座椅设计需考虑的人因工程学要素。

16. 如何按照人因工程学原理设计管制工作台？

17. 在通信设备设计时应考虑哪些人因工程学问题？

18. 阐述如何按照人因工程学原理/原则设计管制工作站显示器？

19. 举例说明如何按照人因工程学原理设计管制工作操纵器？

20. 举例说明人因工程学在管制工作间/工作站设计中的应用。

21. 简要阐述 ATC 工作站和环境照明的具体要求

22. 防止反射和炫光干扰的方法主要有哪些？

23. 如何有效控制空管环境中的温度和湿度？这样做有何人因工程学意义？

24. 阐述管制环境对噪声的要求，如何进行有效控制？

第八章　航空维修中的人因工程学

第一节　航空维修人因设计中的影响因素

维修人员工作场所中的各种条件都可能影响其健康、安全与有效工作的能力。因此，工作环境必须适宜于任务的执行。中国民航总局发布的《民用航空器维修单位合格审定规定》（CCAR-145R3）中，第 145.20 条厂房设施明确提出"维修工作环境应当适合维修工作的需要并符合下列规定：

（1）机库和车间应当采取适当的温湿度控制，保证维修工作的质量和维修人员的工作效能。在工作区域内，应当采取有效的防尘措施，航空器及航空器部件表面不得有明显可见的灰尘。

（2）机库和车间应当具有满足维修工作要求的水、电和气源。照明应当能保证每项检查及维修工作有效进行。

（3）噪声应当控制在不影响维修人员执行相应维修工作的水平。不能控制噪声的，应当为维修人员提供必要的保护措施。

（4）工作环境应当满足维修任务的要求。因气温、湿度、雨、雪、冰、雹、风、光和灰尘等因素影响而不能进行维修工作的，应当在工作环境恢复正常后开始工作。

（5）有静电、辐射、尘埃等特殊工作环境要求和易对维修人员造成人身伤害的维修工作，应当配备符合其要求的控制、保护和急救设施。2 m 以上的高空作业应当配备相应的保护装置。"

本节将探讨影响航空维修人员的相关因素，主要包括照明、温度、振动和移动、有毒气体等。

一、照　明

人在作业场所进行各种生产活动时，主要通过视觉接受外界的信息，并据此做出判断而采取一定的行动。视觉是人获得外界信息的最主要通道，约有 80% 以上的外界信息是通过视觉获得的。

在作业场所的光源有两种，一种是自然光（即阳光）；一种是人造光（灯光）。把室外的阳光用于作业场所作业面的照明，叫作"采光"。人造光主要是指用电光源发出的光，用于弥补白天作业时自然光不足或夜间照明，通常称为"人工照明"，一般情况下所说的"照明"是指人工照明。

作业场所的采光和照明条件与人通过视觉获得信息的效率和质量有非常密切的关系。合理的采光和照明（有足够的照度、布局合理、稳定均匀、无眩光），能改善人眼的调节能力，减少视觉疲劳，使人感到视觉舒适，从而提高工作效率、增高产量、提高质量、保证安全。反之，不良的采光和照明，除令人感到不舒适、工作效率下降外，还因操作者无法清晰地看清周围情况，容易接受模糊不清甚至是错误的信息并导致错误的判断，因此很容易发生工伤事故。

研究资料表明，环境因素引起的工伤事故中，约有 1/4 是由照明不良所致。所以作业环境的采光和照明对减少生产事故，保证人机系统的安全具有非常重要的意义。

照明对人的工作效率、安全和舒适的影响，主要取决于它对人的视觉机能的心理、生理效应。如人在黑暗的环境中，人们表现为活动能力降低，忧虑和恐惧；在光线充足或照明良好的环境，人们则有积极的情绪体验，因此必须根据人的视觉特点来设计生产环境的照明。

灯光是航空维修中最为重要的工作条件之一。大量的飞机维修工作都是在室外和夜间进行的。尤其是机体内某些详细检查和修理，既需要有灯光照明又要有足够的亮度。有许多工作都是用手电筒提供照明，其优点是方便快捷，缺点是亮度不够，且通常占用一只手，有时迫使维修或检验工作只能用另外一只手来完成。使用可固定在工作区域的便携式灯具有助于减少因人与环境界面不匹配而导致的问题，在进行夜间室外维修工作时尤其要注意这一点。

另外，由于零件/表面上有污物、油脂或液体而无法站立或握稳，乱堆物品会减少可使用的工作空间；航空维修中的毒性材料运用越来越普遍，如结构复合材料、油箱封严或结构黏接化学品等，应该对工作人员进行培训并提供防护设备；适当地设计和使用工作支持系统，以防维修人员在工作台架上滑倒或跌落会造成严重伤害，可减少由此引起的工作差错和人员伤害。

（一）照明设计需要考虑的视觉机能

与生产环境照明设计有关的视觉机能特点如下。

1. 视功能

视功能是指人对其视野内的物体的细节进行探测、辨别和反应的功能。视功能常以速度、精度或觉察的概率来定量表示。视功能与照明有很大关系：照明的照度若低于某一阈值，不能产生视功能；超过某一阈值，开始时，随照度的增加，视功能改善很快，但照度增至一定程度后，视功能改善水平维持不变，即使再增加照度，也不能改善视功能。因此，不适当增高照度，除了浪费能源外，还会产生眩光、照度不均匀，造成视觉干扰和混乱，反而使视功能下降。此外，还必须注意方向性和漫射，以避免杂乱的阴影造成麻烦，使工作易失误。

2. 视觉适应

视觉适应是人眼在光线连续作用下感受性发生变化的现象。适应可使感受性提高或降低，是人适应环境的心理和生理反应，它包括暗适应和明适应两种。

在生产环境中，必须要考虑视觉的适应问题是，如果作业区和周围环境反差过大，就会出现暗适应或明适应的问题，使工作效率降低，并可造成操作者失误或导致事故。因此，作业区与周围环境的照明、作业的局部照明与一般照明均应有一定的比例。

3. 闪　烁

如果光的波动频率较低时，就会从视野内某个光源或某个照射面观察到光的波动，这种现象称为"闪烁"。闪烁会使人感到烦恼，并且使视觉疲劳加剧。

4. 眩　光

使人眼睛眩耀的光线称为眩光。眩光有两种类型，即失能眩光和不舒适眩光，室内照明设计主要是考虑后者。不舒适眩光主要是影响可见度、视功能、对比和视觉满意程度，令人感到不舒适和神经肌肉紧张，促使疲劳过早出现，从而使工作效率下降甚至引发事故，危及安全。

为了让航空维修人员能够安全有效地进行工作，有必要在工作时，提供恰当的灯光条件。眼睛视网膜上的视锥细胞需要足够的光线来识别细节。色觉也需要足够的光线来刺激视锥细胞。不恰当或者不足的光线能够导致工作中犯错误或者增加完成工作所需的时间。照明既包括整个工作环境的照明，也包括维修人员在从事工作时所处位置的照明。

维修人员应当依据工作需要判断是否需要使用补充照明。当使用工作灯光的时候，应该放置在离工作位置较近的地方，但不应当直射维修人员的眼睛以免产生眩光。同时，也必须避免直射维修人员工作场所的反光表面，防止出现间接的眩光情况。任何种类的眩光都会使工作者分心并可能导致出现错误。

（二）照明设计的原则

心理学家根据人的视觉特点提出了一些照明设计的原则。

1. 自然采光

在设计时应最大限度地考虑使用天然光，最好采用综合采光（即同时采用侧方、上方的采光）。因为单独采用侧方采光或上方采光，都会使室内照度不均匀，既影响工作效率，又容易出现工伤。当自然采光不能满足视觉要求时，可采用人工照明补充。

2. 足够照度

作业照明应在工作面与周围环境造成足够照度。局部照明和一般照明必须协调，一般照明的照度不应过分低于局部照明，也不应与局部照明相同，更不允许高于局部照明，一般照明的照度应不低于混合照明（一般照明和局部照明组成的照明）总照度的 5%~10%，并且其最低照度应不少于 20 lx。

3. 保证照度的稳定性和均匀性

如果照度不稳定（闪烁或忽暗忽明）或分布不均匀，不仅有碍视觉，而且常不易分辨前后、深浅和远近，影响工效和易出事故。

4. 选择合理的照明方向

避免作业面和通道有阴影，因为作业面和通道的阴影常会造成事故，正确选择照明方向，可消除阴影和反射。

5. 防止灯光直射和眩光

为保护眼睛不受灯光的直射的防止眩光，在直射式和扩散式照明时，需限制光源亮度，提高灯的悬挂高度和采用带有一定保护角的灯具以及其他防止眩光的措施。

6. 安全要求

照明设备应符合其他安全措施的要求，如不应有造成电击和火灾的危险，符合用电要求，符合事故照明要求，即事故照明的光源应采用能瞬时点燃的白炽灯或卤钨灯，照度不应低于作业照度总照度的 10%，供人员疏散用的事故照明的照度应不少于 0.5 lx。

（三）视力保护措施

在航空维修工作中，对眼睛的保护是十分重要的，应引起高度重视。在日常的工作中，应注意视力保护。在从事某些特定作业时，根据国家有关规定，应对眼睛采取必要的保护措施。

（1）从事能够产生碎屑飞溅的机械加工作业或有酸、碱或其他危险液体溅出时，操作人员及相关人员应戴安全保护镜。

（2）用高压空气进行作业或喷涂或焊接工作时，要求戴护目镜，头盔和面罩。

（3）在光线不足的区域内作业时，应携带相应的照明工具。

（4）合理选择和分布光源，避免眩光和视觉疲劳。

（5）尽可能采用自然光照明。

具有适当的视力以满足任务的需要，对于维修人员来说是重要的。年龄和眼睛本身产生的问题会逐步影响视力。

作为航空维修人员，必须非常清楚，对视力有暂时的或永久的不利的影响时，如果继续工作可能会有怎样的后果。

二、振动和移动

振动在机务维修过程中是常见的现象，如某些测试过程、维修部件、使用电钻时。振动最常见的后果是使用电动工具时手和臂容易疲劳，使站立在平台上变得困难，读取仪表数据困难。

航空维修工作中的振动通常与旋转和敲击工具的使用，以及一些类似发电机的辅助设备的使用等有关。低频噪声，如与飞机发动机相关的噪声，也能产生振动。频率在 0.5 ~ 20 Hz 的振动对人影响最大，因为人体会吸收这个范围内的多数振动能量。50 ~ 150 Hz 的振动对手最为不利。在这个频率范围内使用的气动工具也会导致振动问题，频繁使用能够使得局部血流减少。振动令人烦躁，可能会扰乱维修人员的注意力。

低频率的振动会对人体产生一些影响，一些器官当频率在 1 ~ 50 Hz 时会发生共振。人体主要的共振带宽为 4 ~ 8 Hz，胃和心脏为 4 ~ 6 Hz，肝为 4 ~ 8 Hz。人体的第二个共振带宽在 8 ~ 12 Hz，肾（6 ~ 12 Hz），脊柱（8 ~ 12 Hz）。头的共振频率在 20 ~ 30 Hz。更小的器官共振的频率范围更高，如眼在 60 ~ 90 Hz。

对振动的忍耐程度由其频率，以及振动的加速度来决定。人体受到振动的客观影响主要是不明确的心血管反应，以及肺部换气发生变化（过度换气）。心理运动受到损伤，是因为不正确的运动和视觉信息收集出现了问题。

（一）振动的影响

对于机务维修人员来说，振动的心理影响主要有下列四个方面：

（1）对视认知能力的影响。振动的物体振幅较大时，由于视野抖动不稳定，可影响视觉准确度和仪表认读的正确率。

（2）对人的运动操作能力的影响。振动可使人的运动操作能力降低，振动越强烈，工效越低下，可能降低人从事某些精密控制作业的效能。

（3）振动对信息加工能力影响。一些研究结果表明，振动对人的信息加工能力影响不大，它对信息加工能力的影响主要是干扰视觉，从而影响知觉。

（4）振动对人的舒适的影响。随着振动频率和加速度增高，可引起人体的不适感，甚至可能有眩晕、恶心、呕吐、平衡推敲等。此外，全身振动会引起人的早期疲劳。

总的来说，振动对人的心理的影响与振动的基本物理参量（如频率、振幅等）有一定联系，主要影响人的认知能力和运动协调能力，从而影响工效和安全。

对振动的保护措施主要是限制受振动的时间（产生振动主要是飞机设计问题）。

（二）移动的影响

航空维修人员经常使用梯子和移动平台来接近飞机的各个部位。当在高处作业时，这些设施就容易变得不平稳。当在"升降台"上工作时，用力拧螺栓都可能会使得平台晃动。晃动的程度不仅取决于平台的高度，也取决于其设计和适用性。当维修人员不得不花更多的工夫在保持平衡而不是工作上时，任何不稳的感觉都可以使其分心。另外，正确使用移动平台，避免严重伤害，对维修人员来说也是非常重要的。

三、环境温度的影响

人可以在不同的温度和气候条件下进行工作，但恶劣的气候和温度条件会对人的表现产生不利影响。当太冷和/或太湿或者太热和/或太潮的情况下，都会对工作表现产生不利影响（见图8-1）。

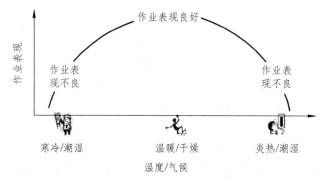

图 8-1　温度对作业表现的影响

低温与高温环境对人的作业都有负面影响。因此，作业场所的温度环境设计就显得很重要。设计的目标就是要使人感到舒适、工效最高，这是一个有关安全和提高工效的实际问题。使人感到舒适且工效最高并有利于心身健康的温度范围便称为至适温度。至适温度即人们对其所在环境的微小气候感到不冷不热的适宜温度，这有利于身心健康和提高工作效率。至适温度与人的主观感觉有关，人对气温的主观感觉又受年龄、性别、健康状况、着装情况以及劳动强度和热适应的有无等因素的影响。我国科学工作者经过大量研究，研制出我国室内空调至适温度：夏季 22 ~ 28 ℃，冬季 19 ~ 22 ℃。至适温度可分为主观至适温度、生理至适温度。一般情况下，若无特殊表明，至适温度通常是指主观至适温度。至适温度取决于作业环境的气象条件、衣着、劳动强度和温度适应的影响，在设计之前可以对这些因素进行分析，并结合一线人员的意见综合考虑。

航空维修人员通常在机库内和机库外工作。很可能会遇到各种各样的气候条件。维修人员有可能不得不在夏日的阳光直射下，强风中，大雨中，高湿度条件下，或者隆冬里工作。尽管机库中工作会比在露天工作好一些，但仍然需要忍受夏日的炎热和冬季的寒冷，特别是当机库门必须保持打开的情况下。

环境条件会影响到生理表现。例如，寒冷条件会使得手指麻木，降低维修人员从事精确维修的能力，而强风能够使人分心，特别是需要在高处工作的时候（如登梯工作）。恶劣的环境条件也能导致生理和心理的疲劳。极端高温和寒冷都会造成绩效受损和健康问题。

（一）高温的影响

由于工作性质的原因，机务人员经常需要在高温环境下作业。在高温环境下作业时，为适应环境温度，机体会产生一系列生理功能的改变，通过各种方式散热，从而使机体体温维持相对稳定。体温的相对稳定取决于机体的产热和散热保持动态平衡，这种平衡称为热平衡。

不管是来自太阳照射还是周围设备（如炉火或锅炉），极度高温所产生的应激都会对操作者产生不良影响。尤其是在感觉运动任务如追踪任务和反应时任务中。高温的破坏性影响大部分是间接的，它影响信息加工的效率但是不影响视觉输入中信息的可用性和手运动的稳定性。

除了热暴露可能导致脱水、热中风或热虚脱的相关研究外，人们对于热暴露对健康的影响还没有太多研究。在估计特定水平的环境温度（和湿度）的影响时，研究人员认识到着装、自然风和风扇引起的空气运动量、操作者所从事体力劳动的强度，这3个调节因素的影响是相当重要的。

抵御高温的3种方式：周围血管舒张、出汗、适应。

周围血管的舒张可以使热量更容易传到皮肤，增强热导性。出汗是通过蒸发水分来降温，但在较潮湿的环境中，这种机制不是很有效（热带气候）。

在高温气候中需要大约15天身体才能够完全适应。出汗增多、血管舒张等方式可以保持机体平衡，缺点是会损失身体水分和矿物成分，如脱水、低钠血（缺少钠），这会导致心血管障碍。

高温的临床特征见表8-1。当体温上升到38℃时，就可以观察到体能和思维能力受到损伤。值得一提的是，疾病造成的发热也会有相同的症状。对耳、鼻、喉及肺部的小毛病而言，更是如此，如鼻咽炎、鼻窦炎、支气管炎，这些都容易被忽视。

表 8-1　高温的临床特征

体温/℃	临床特征
38	体能和思维能力受损
39	出汗，疲劳，必须停止运动
40	精疲力竭，脱水
41	心血管障碍，代谢紊乱，痉挛
42	瘫软，昏迷，死亡

为保证安全起见，有学者建议，对于没有热适应的人来说，在高温环境下，可以连续劳

动 1 h 左右的温度，对轻劳动来说是 39.5℃，中等劳动和重劳动依次为 36.5℃和 31.5℃。如无法对温度进行控制，则应相应缩短每次连续劳动的时间（即相应增加工间休息时间）。

JAR AMC 145.25（c）中陈述："机库与办公室场所应确保职员能有效地执行任务。应保持适宜的温度以保证他们在执行任务时的舒适。"

2012 年 6 月，国家安全生产监督管理总局、卫生部、人力资源和社会保障部、中华全国总工会共同印发了《防暑降温措施管理办法》，对高温条件下各行业劳动者应享有的各项权益进行明确规定。同时，该部门规章也是目前高温天气作业劳动保护主要的法律依据。《防暑降温措施管理办法》对高温天气的表述为："地市级以上气象主管部门所属气象台站向公众发布日最高气温 35 ℃以上的天气。"而高温天气作业是指"用人单位在高温天气期间安排劳动者在高温自然气象环境下进行的作业。"

不能希求维修人员在所有的工作环境都能达到严格的工作标准。JAR145 AMC 145.25（c）要求环境条件应能满足工作需求："外场的工作环境不能导致维修人员在执行特定的维修或检查任务时出现不适当的分心。因此，当温度、湿度、冰雹、结冰、雪、风、光线、灰尘或其他空中污染物达到不可接受的水平时，应暂停特殊的维修工作或检查任务，直到这些影响恢复到正常。"

不幸的是，现实中飞机需要迅速投入运营的压力意味着一些维修任务不能被推迟到工作条件更有利于工作时才进行。

工作环境中温度太高时可以采取的措施：选择适当的衣物，重新设计工作、适当地使用风扇，提高饮水量。

（二）低　温

由于露天作业工作较多，机务人员也经常需要在低温环境下工作。在低温环境下劳动，对人体的影响主要是全身或局部过冷，可能导致手、足、耳及面颊等外露部分发生冻伤，严重时可导致肢体坏疽。低温的临床特征见表 8-2。

表 8-2　低温的临床特征

体温/℃	临床特征
36	强烈颤抖，推理困难
35	颤抖消失，表情淡漠
34	思维障碍，昏迷，肌肉僵化，代谢紊乱
33	心血管障碍，肌肉弛缓
25	死亡

低温对工效的不良影响，主要表现为判断能力明显不良，触觉的辨别能力和准确率下降，手的灵活程度下降，追踪操纵能力下降，视反应延长，动作的精确度下降，因此使精细操作发生困难。在寒冷环境中，裸露手的皮肤温度容易发生较大降低而影响手指动作的灵敏度和手指运动的力量。洛克哈特等人（Lockhart, et al., 1975）研究用冷水冷却手的皮肤温度对手工作业绩效的影响。实验中，皮肤温度用冷水进行快速冷却（浸泡 5 min）和慢速冷却（浸泡 50 min）。一半被试采用快速冷却，另一半被试采用慢速冷却。被试在手的不同冷却皮肤

温度下进行把螺丝刀放入金属杆小孔、旋紧螺钉、装配垫圈等 6 种不同的手工作业。结果表明，冷却手的皮肤温度对不同手工操作绩效发生不同程度的不良影响。

人类抗击低温的办法是哆嗦，即一种非常特殊的用来产生热量的肌肉运动。但是这种运动极大地消耗了身体的能量储备（氧气和碳水化合物）。

冷应激在某种程度上和热应激不同。长期的冷暴露会引起冻伤、体温过低甚至危及健康。不舒服的感受除使人分心之外，还影响手指的协调性。对于温度和气候对维修人员产生的影响，并没有简单的解决办法。如果有些维修工作需要在机坪完成，维修人员就很难避免恶劣天气的干扰。

四、强烈气味

航空维修工作的性质，使得工作中会接触到各种液体和化学物质。例如，维修人员可能会碰到各种油脂（燃油、滑油和液压油等）、油漆、清洗剂和焊接剂。他们也会处于飞机燃油挥发气体和尾气之中。事实上，维修人员在工作场地很可能同时暴露在多种化学物质下。每一种物质都会散发出能被维修人员吸入的某种形式的蒸气或者烟雾。一些化学物质能够嗅出明显的强烈气味。另外一些物质在多数情况下比较稳定，但在某些特定环境条件下会产生强烈气味（如过热的润滑油或者滑油、烧焦的绝缘体）。

强烈气味主要影响维修人员的正常呼吸，同时也可能导致其他问题，如对眼睛的刺激等。当飞机维修工作有时候不得不在受限的空间内完成时（如燃油箱内），问题可能会更加严重。在这种环境下强烈气味不容易消散，应当使用呼吸设备。

在航空维修人员的工作场地不可能根除强烈气味，但只要有可能，就应采取措施或加强通风使强烈气味减到最少。在察觉存在有害气体时，维修人员应当立即通知自己的同事和上级，以便迅速从该区域撤出，并采取措施查找气味的来源并控制源头。

必须避免并远离对健康存在严重影响的有害气体，在这样的气体中工作会影响维修人员的表现，因为他会为了逃离气味环境而赶工。如果确实存在这种情况，维修人员应当加强该地的通风来使气味消散或者使用呼吸设备。

五、噪声与听力保护

航空维修人员经常暴露于噪声环境之中，噪声是一类引起人烦躁或音量过强而危害人体健康的声音。从环境保护的角度讲，凡是妨碍人们正常休息、学习和工作的声音，以及对人们要听的声音产生干扰的声音，都属于噪声。对于民航维修工作来说，噪声源主要是气动铆枪、发动机、APU 气源车和电源车等。

一般来说噪声对人体的危害主要表现在生理和心理两个方面。它不仅会影响人的听力系统、神经系统和心血管系统的正常功能，还在人的睡眠、情绪、认知、行为以及工作绩效等方面都有影响。

营运人可采取一些措施来解决噪声问题，包括封闭或隔离机器以控制噪声源，隔离会发出噪声的活动，使只有少数人处于噪声环境中，为员工提供听力保护设备并要求他们使用，将发动机试车或试验次数减少到最低可接受的水平，以及对工作区域的噪声等级进行测量，噪声监控能辨别问题所在，从而使管理人员能采取相应的纠正措施。

对维修人员来说，在嘈杂的停机坪进行操作时（外部检查）必须佩戴耳塞。使用耳塞与耳罩可以在一定程度上保护听力。使用耳塞可以使噪声水平降低 20 dB，使用耳罩可以降低噪声水平 40 dB。但是，使用听力保护装置往往会干扰言语交流。尽管如此，还是必须按照指示的方法坚持使用。

第二节　航空维修工作区域的危险

在工作区域内，存在诸多危险因素。有些危险因素不但会影响员工的身体健康，对人身安全构成严重威胁，甚至酿成事故。对于一个企业来说，或者对于员工的家庭，发生任何的人身伤害等级事件，都是不可接受的。

2014 年 5 月发生了一起飞机牵引过程中的事故，某航空公司的机务员要向机库内拖拽飞机，在牵引车顶推这架 A321 型飞机至一定角度后，摘掉牵引杆时飞机发生了侧滑，机务员试图上前阻止飞机滑动，结果发生了机务员被飞机碾轧致死的罕见事故。

关于人身安全方面，有"三不伤害"的说法，即不伤害自己、不伤害他人、不被别人伤害。因此，在实际工作场所中，分析和识别危险因素，保持安全警觉性，落实安全防护措施，对于预防人身伤害非常重要。

一、认识和避免危险

（一）航空器维修工程中的潜在危险

维修人员在执行航空器维修作业或运行保障中，会面对很多潜在的危险，绝大部分的潜在危险是物理性的危害，比如：非常强的光线（例如焊接），非常大的声音（突然的或者持续的），狭窄的或者封闭的区域，高空作业（超过 2 m），有毒物质（液体，烟雾等），极端的温度（即太冷或者太热），雷击（户外作业），旋转的部件（丝杆缠绕工作服），液压作动的部件（扰流板、起落架舱门等），发动机运转（进气道区域、尾流区域），牵引飞机行进线路（曾发生过前轮、主轮压伤人员甚至碾压致死的事故），移动的设备、车辆和振动。

（二）工作环境中的安全

维修工作，绝大多数都是团队作业。在工作场所，每名维修人员都应当意识到自己所从事的工作可能会对自己和其他同事的安全产生影响。应重点考虑以下 5 个方面。

1. 做好安全防护

在任何维修作业中，首先要做好本身的安全防护，包括但不限于以下：

（1）高空作业，系好安全带。

（2）危化品作业，根据危化品特性（MSDS 有相关说明），佩戴好护目镜、手套、防护服等。

（3）做好维修前的准备，按手册、工卡要求，拔跳开关、安装安全保护装置（安全销、保护夹、保护套），设置好旁通装置等。

（4）特种作业，应佩戴特种作业所需的安全防护用品。

2. 做好信息沟通

工作场所中，特别是大修、定检工作，需要不同工种、多个小组进行团队作业，交叉作业容易产生干扰、干涉，这就需要做好相互沟通和交流，当然沟通交流必须明确、有效，特别是要避免误解、猜测对方的意图。

3. 做好现场监护

在工作场所，随着工作的进展，现场状况也随之变化，现场人员要关注动态变化的因素。例如，在发动机试车现场，或系统校验测试现场，现场周边的人员、车辆、设备设施等，都有可能随时误入危险区域。因此，必须指定合适的人员负责现场监护，并清楚监护职责和范围。

4. 保持工作现场整洁有序

维修场所乱七八糟地摆放物品，随处堆放垃圾等不仅令人感到讨厌，也会构成危险（绊倒的危险、火灾的危险等）。除此以外，在航线工作的维修人员还应当小心避免在完成工作的时候将外来物遗留在飞机上（外来物将对飞行安全构成威胁）。

5. 关注飞机运动部件的危险

维修人员常需要检查或拆装飞机运动部件或构件（飞行操纵面、起落架等），这些工作其实很危险，运动部件和构件有可能因为误操作而运动，导致维修人员伤残，这种事故在飞机维修上并不少见。为避免这些运动舵面意外活动，维修人员应事先执行保护程序（如拔出跳开关、关断活门、断开电源等），按规定在关键位置设置足够的标识，有利于减少误操作或违章操作而引发人身伤害的问题。

二、紧急情况处理

（一）紧急情况处理原则

危险始终都存在，为了将紧急情况发生后的危害降至最低，维修人员必须了解紧急情况的处理原则。

1. 紧急情况类型

当出现以下情况时，即可认为发生了紧急情况：自己或者同事可能受到直接伤害；当前情况可能会导致更加危险的潜在伤害（如导致有毒物质泄漏）。

维修单位应当对员工进行恰当的指导和培训，并提供用于处置紧急情况的程序和设备（即应急预案），这些程序和设备情况必须向企业所有人传达到。维修单位应当按要求指派和培训急救人员。

2. 应对紧急情况基本措施

当紧急情况发生时，要记住以下基本措施：

（1）保持冷静并估计形势。

（2）观察所发生的情况。

（3）找到对自己和他人构成的危险。

（4）不要使自己处于危险之中。

（5）使本区域变得安全。

（6）避免更大的危险带来的人员伤亡。

（7）如果清除危险的行为是安全的，就将危险清除（如出现触电时候切断电源等）。

（8）意识到个人的局限性（如当火势无法控制的时候不要试图去灭火）。

（9）尽个人的最大能力评估伤亡情况（特别是被授权担任急救员的人）。

（10）打电话求助。

（11）在保证他人安全的前提下，召集附近的人并向他们寻求帮助。

（12）尽可能利用当地的紧急设备（如灭火器）。

（13）打电话寻求紧急服务（救护车或者消防队等）。

（14）如果自己觉得能够胜任就向他人提供协助。

（二）典型紧急情况处理方案

训练如何应对危险环境中的紧急情况具有重要价值。航空器维修人员应尽可能参与这种训练，确保出现紧急情况时，知道该怎么做可能会挽救生命。

以下针对几种典型的危险讨论紧急情况的处理：火灾、触电、化学品烧伤、高处坠落、挤伤、压伤等。

1. 火　灾

火灾紧急处理时应注意以下事项：

（1）遇有火灾，第一是大声呼救或立即拨打火警电话。注意：报警时，要报清火灾位置，并派人等候消防队，以免耽误救援时间。

（2）当身上的衣服被烧着时，可用水冲或就地打滚，以达到灭火的目的。注意：绝对不能带火逃跑，这样会使火越着越大而增加伤害。

（3）遇有浓烟滚滚的火灾时，用湿毛巾紧捂嘴和鼻，防高温、烟呛和窒息。注意：浓烟通常聚集在离地面30多厘米以上的空间内，因此逃生时应采用降低的身体姿势，最好爬出浓烟区。

（4）逃离时即使忘了该带的东西，也切忌再进入火区。

（5）机库消防逃生通道不得堆积杂物。

（6）火灾时容易发生直接或间接的损伤，如玻璃破碎造成各种创伤，甚至发生喉咙痛、睁不开眼、咳嗽、呼吸困难和窒息，应及时急救。

2. 触　电

触电时由于中枢神经系统受到意外刺激，人会产生脸色苍白、呼吸急促、心跳加快、血压下降、神志不清等现象。如果电流继续作用下去，将会抑制麻痹呼吸中枢，产生严重的心脏震颤，如不及时抢救即可造成死亡。

发现触电时应立即断开电闸或用不导电的物品（如木棒或竹竿）拨开电源。在未切断电源以前，急救者切不可接触伤员，以免触电。如发现伤员呼吸心跳停止，应在现场立即行体外心脏按压和口对口人工呼吸，待心跳、呼吸恢复后及时转送就近医院。

3. 化学品烧伤

化学品烧伤往往同时有热烧伤和中毒，受伤者及抢救人员务必弄清化学物质的性质。化学品烧伤的严重程度除与化学物质的性质和浓度有关外，还与接触时间有关。因此，被任何化学物质烧伤者均应迅速脱下被化学物质浸渍的衣服，并立即用大量清水冲洗至少 20 min 以上。头面部烧伤者应优先冲洗眼睛。

4. 高处坠落

高空坠落除有直接或间接器官受伤表现外，还会有昏迷、呼吸窘迫、面色苍白和表情淡漠等症状，可导致胸、腹腔内脏组织器官发生广泛的损伤。面对高处坠落的伤员，紧急处理步骤如下：

（1）去除伤员身上的用具和口袋中的硬物。

（2）在搬运和转送过程中，颈部和躯干不能前屈或扭转，而应使脊柱伸直，绝对禁止一个抬肩一个抬腿的搬法，以免加重伤势导致截瘫。

（3）应保持伤员呼吸道畅通，同时松解伤员的颈、胸部纽扣。

（4）快速平稳地送医院救治。

5. 挤伤、压伤

维修人员在维修工作中，手脚等处可能被活动零部件等挤压致伤。当有人出现挤伤或压伤时，救护人员应尽早搬除或松解挤压物，并尽快将伤员移至安全地带。有伤口时应包扎伤口，怀疑有骨折时或肢体肿胀时，应以夹板将关节固定。挤压伤伤员的患肢严禁抬高，按摩，热敷。当出现外伤出血时，可用指压止血或包扎止血。

第三节　航空维修中的人因设计

人是进行维修的主体，维修性设计所设计的各项因素大都离不开人的参与和使用，所以在维修性设计过程中，应该将人因的考虑置于非常重要的地位。需要考虑的因素包括维修人员的尺寸特性、感知特性、力学特性等，并确定人因维修性设计准则。

一、维修性人因设计内容

维修（Maintenance）是产品发生故障后维修人员为保持、恢复或改善到规定状态所进行的全部活动。一般而言，维修的直接目的是保持装备处于规定状态，即预防故障及其后果，而当其状态受到破坏后，使其恢复到固定状态。

航空维修是指对航空器及航空器上的技术装备进行的维护和修理工作。航空维修是保持提高航空器的可行性，确保航空器安全的重要手段，是航空器使用的前提和必要条件。航空维修的直接目的是持续保持其处在规定的技术状态下工作，预防航空器及其组成系统的功能退化和故障及其后果；当其状态受到破坏后，使其恢复到规定状态。航空维修的根本目的是以最低的维修成本，尽可能地保持、恢复甚至延长其可靠性寿命，保障飞行安全，最大限度地提高其利用率。

维修性（Maintainability）是产品在规定的条件下和规定的时间内，按规定的程序和方法进行维修时，保持或恢复其规定状态的能力，即其易于维修的能力。维修性通常包括定性要求和定量要求两个方面。定性要求在航空器研制初期，根据航空器特点而确定，形成相应的维修性设计准则；定量要求应明确维修相关的参数和指标，如零部件的维修工时和平均维修间隔时间等。维修性直接关系到航空安全、维修成本和航班准时性。

早期维修性概念仅作为可靠性的部分内容加以考虑，直到 20 世纪 60 年代中期，维修性才被公认为一个独立的学科。目前，通常将维修性认为是设计人员需要关注的设计特性，是产品质量的一个固有属性。也就是说，产品的维修性是产品设计赋予的，使产品本身维修简便、快捷和经济的一种固有特性。产品设计决定了维修性的好坏，在产品系统设计过程中考虑进行维修性设计具有十分重要的意义。研究表明，大型设备系统的维修费用占产品寿命周期费用的 2/3，1/3 的人力资源为其服务；在产品或系统研制过程中，每投入 1 元在维修性设计中，在后期可为产品与系统的寿命周期费用减少 50～100 元。

航空维修性是航空器及其上的技术装备易于维修的能力，是由设计赋予航空器的保障简便、快速和经济的维修保障品质。军用飞机上，维修性决定了飞机的出勤率，保持了战斗的主动性；民用飞机上，维修性直接影响航空公司的效益。

二、维修性人因设计

维修人员是航空器维修保障的主要参与者，维修人员在进行飞机维修工作时需要进行很多操作，这就要求维修性设计时需要对人的各种因素进行考虑，否则就会导致维修过程中会出现操作困难、不符合人因工程要求的设计。

在维修某些部件时，维修人员经常会发现很难触及所要维修的位置，或者能够触及但却很难进行维修操作。维修人员必须跪在机舱内地板上才能够触及需要维修的部件，整个维修过程都要保持这种姿势进行，这就是在设计时没有考虑人的因素所导致的问题。如果在设计之初，就可以将此部件设计成人站立就可以触及的位置，或者将此部件设计成可拆卸的，就可以大大缩短后期的维修时间，增加产品的维修性能。

在维修过程中，由于没有提前设置照明灯光，而待维修的部件又无法拆卸，导致维修人员经常难以看到或者看清待维修的对象，这就束缚了维修人员的双手，影响操作效率。

常见的问题还包括：有些维修过程的操作过于精细，部件的布局过于紧密，有些部件即使装反了依然可以安装进去，没有正常使用维修工具的空间，安装拆卸步骤过于烦琐。为了解决这些问题，设计时就必须从维修人员出发，将人的因素融入设计中去。本节将从人体尺寸、人体感知特性、人的心理特性、人体运动特性和人的负荷特性 5 个方面介绍维修性设计中需要考虑的人的因素的问题。

（一）人体几何尺寸

人体几何尺寸是维修性设计必须考虑的因素之一，因为在设计各种设备之前，需要考虑不同身高、体型的维修人员使用设备的状况。美国国防部也将人体尺寸作为维修性人因设计必须考虑的内容之一。在维修室，有很多部件都是不能拆卸的，维修人员只能在一定的区域内进行维修操作，也就必须保证维修人员在该区域内可以触及需要维修的部件。这时，人的身高、臂长等人体尺寸在设计时就必须加以考虑，以便人的操作。在应用这些尺寸的时候，还需要考虑进行相关任务的频率和难度；执行任务时，维修人员的工作姿势；待执行任务的一些其他要求以及执行任务时所穿的服装、携带的工具等尺寸。

在设计的时候，必须保证使用时至少满足90%的使用者可以适应、操作、维修设备。因为维修人员中既有男性又有女性，所以在设计中，一般采用的极限值是第5百分位的女性尺寸和第95百分位的男性尺寸。图8-2展示了男女维修模型的示意图，图8-2（a）为第5百分位女性使用口径9.5 mm、把长190 mm的棘轮扳手使用站立姿势将发动机安装在飞机上；图8-2（b）为第95百分位男性使用口径12.7 mm、把长381 mm的棘轮使用跪姿将发动机装在飞机上。

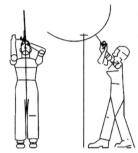

（a）第5百分位女性用口径9.5 mm、把长190 mm （b）第95百分位男性用口径12.7 mm、把长381 mm
的棘轮扳手，立姿将发动机装在飞机上　　　　 的棘轮扳手，跪姿将发动机装在工作支架上

图8-2　男女维修模型示意图

（二）人体感知特性

人的感知系统被分成5个方面：视觉、听觉、味觉、嗅觉和触觉。在执行维修操作时，人的感觉器官起到非常重要的作用，尤其是视觉、听觉和嗅觉，所以在设计时必须将这部分因素考虑进去。

人体所接收到的信息中有80%的信息是通过视觉系统来获取的。因此对于设计人员来说，维修人员的视觉能力是设计时必须考虑的重点内容。当人的眼睛位置固定时，人所能看到的视野范围也是一定的。在进行维修操作时，常常会出现维修者无法看到被维修对象的情况，这时，维修人员只能借助自己手的感觉或者镜子来查看被维修的对象。这就要求在设计之初尽量考虑维修时维修者的位置、视角和视野范围等因素。在进行维修性设计时，都会提出可视性要求，就是指在设计时需要考虑人的视觉要素，保证待维修的设备必须是清晰可视的。如果一名维修人员检视机器是否存在故障，这就要求在设计时要保证被观测的对象是清晰可见的，如果维修人员根本看不到需要检视的目标，或者需要借助其他的工具才能看清楚对象，则会大大影响航空器的维修性，影响维修的效率。

（三）人的心理特性

人的心理因素包括人的适应能力、技术能力、经验等，这些心理因素会在维修操作的过程中影响维修人员的操作。同时，不同的维修人员的心理因素也会有差异。因此，设计人员在进行设计时需要对这些因素加以考虑，以避免设计出超出维修人员心理承受能力的产品。

不同的维修人员的技术熟练程度参差不齐，因此在设计时，需要根据维修人员的技术水平、文化水平、经验来进行设计，保证维修人员可以通过简单的培训就可以进行维修工作。

在进行维修性设计时，应该考虑外场维修人员的操作水平，维修工作一般应保证具有中等以上航空技术相关专业的人员经过培训后就可以完成。

在进行维修工作的时候，经常会出现差错，而差错很大一部分是由于人的错误产生的。越是复杂的系统在维修时越容易出现差错，所以在设计时为了减小维修时可能出现的差错，需要尽可能地简化设计。

（四）人体运动特性

人体的运动特性包括人的力量范围、出力速度、出力方向、出力范围等。因为维修人员需要进行大量的维修工作，所以在设计时需考虑人体的运动特性。

在维修的过程中，维修人员通常会进行持、握、提、旋转、推、拉等一系列操作。在进行设计时，必须考虑在使用时人体的能力极限，尽量少用力，以降低疲劳。在执行维修操作时，一旦超出了人的力量极限，维修人员无法高效地完成作业，可能引发不安全的操作，甚至无法完成维修工作。同时，如果设计时低估了人的力量极限，就会导致不必要的设计和多余的花费。一般情况下，采用第 5 百分位人群的力量极限进行设计。例如，一名维修人员仰头举着工具进行维修工作，如果维修过程中出现拆卸活动，而拆卸的部件质量太大，超出维修人员的力量极限就极有可能导致安全事故，所以在前期的设计中必须考虑人的力量极限。

（五）人的负荷特性

工作负荷是用来反映人在工作中承受压力的大小，它包括操作者在瞬时的工作负荷和持续性的工作负荷。当工作负荷超出了人体的工作能力范围，工作效率和绩效会大大降低，甚至引发相应的损伤事故。

在维修过程中，维修人员一般进行的都是单调的、一致性的工作，这种工作极易引发人体疲劳，所以设计时应该考虑人的负荷极限，尽量缩短某一部件的维修时间，以保证维修人员的正常工作负荷水平。工效学研究表明，在航空维修工作中保持作业姿势正确对维修人员的工作效率以及安全和健康十分重要。站姿和坐姿是最常用的工作姿势，在各种作业姿势中，如果长时间地采用跪、卧、趴、蹲等姿势极易导致疲劳，使出现差错的可能性增大，所以在设计时尽量避免难以操作、引发疲劳的姿势，或者避免长时间使用某一种姿势。同时，在不同的操作姿势下，人的视野、视觉、运动、活动范围、施力状态等都会发生变化，这些都是设计中应该分析的对象。如果一名维修人员以跪姿进行操作，这种不舒服的姿势将会导致工作负荷大于正常的立姿或坐姿，所以在设计时应尽量避免后期维修中维修人员以这种姿势进行操作。

三、维修性人因设计准则

在飞机的维修过程中，人是维修工作的主体，维修性设计工作要符合人因设计准则。除此之外，也需要把人的因素与飞机维修性设计准则的其他因素联系起来，以便更好地满足飞机维修性的要求。根据上述 5 种人的特性要求制定出维修性设计中需要遵守的设计准则，包括可达性、安全性、防错性、简捷性、标准化和舒适性。

（一）可达性

可达性是指维修时接近维修部位的难易程度。对维修部位要求够得着、容易达到维修部位，同时在检查、修理或者更换的过程中有足够的操作空间，这就表示可达性良好。如果某结构难以够着，没有足够的空间使用维修工具或者需要很大的努力才能进行检查和维修，这就是可达性差的结构。可达性差往往意味着要花费更多的人力和时间。在实现了机内测试和自动检测以后，维修时间很大程度上受可达性的影响，因此良好的可达性是维修性的首要要求。

可达性可以从3个方面来理解：视觉可达、结构可达、有足够的操作空间。

在维修过程中，对于待维修装备的观测是非常重要的一个环节。所以维修空间的设计必须保证作业者能够清楚看见被维修的对象，可以清楚地阅读相关视觉显示器的内容等。这就要求作业者的眼睛相对于观察者来说处在一个适当的位置。在维修中，飞机的开敞率常常用来表达故障机件的可见性。开敞率是指飞机表面可以打开的舱盖和口盖净开口面积占飞机表面积的百分比。高开敞率的飞机便于后期维修，如拆装、检查等操作，还可以大大节约维修人员的操作时间。

结构可达指的是维修人员身体的某一部位或者借助工具可以接触到待维修的部位。比如，航空发动压气机的孔探口应满足孔探仪能深入到被探测部位。

足够的操作空间指的是维修人员需要有足够的空间进行维修操作，不论是使用肢体还是需要辅助维修工具。比如，开敞率一般会作为可达性好坏的具体衡量指标。

为了满足可达性设计要求，需要考虑以下设计准则：

（1）故障率高、维修空间需要大的部件尽量安排在系统的外部或容易接近的部位。

（2）产品的检查点、测试点、检查窗、润滑点、添加口及燃油、液压、启动等系统的维修，都应布置在便于接近的位置上。

（3）需要维修和拆装的部件，其周围要有足够的空间，以便进行测试或拆装，如螺栓螺母的安排应留出扳手的余隙。

（4）维修通道口或舱口的设计应使维修操作尽可能简单方便。

（5）维修时，一般能看见内部的操作，其通道除了能容纳维修人员的手、臂之外，还应留给维修人员必要的维修空间以及适当的间隙以供观察。

（6）接头、开关应尽可能置于可达性较好的位置上。

（7）尽量做到检查或拆卸易故障附件时，不必拆卸其他设备或部件。

（8）产品各部分（特别是易损件和常用件）的拆装要简便，拆装时零部件进出的路线最好是直线或平缓的曲线不要使拆下的产品拐着弯或颠倒后再移出。

（9）在不降低产品性能的条件下，可采用无遮盖的观察孔，经常使用的观察孔应采用透明窗或者快速开启的盖板。

（10）如果同一个工作空间有多个显示器，则主要的显示器应获得较高的优先权，即被布置在工作空间的最佳位置上。

（11）保证飞机的开敞率。

（12）除了留有相应的操作空间以外，还应留出一定的空隙，以保障维修人员可以观测被维修对象。

（13）保证工作空间的亮度在人眼可接受范围之内，使维修人员可以看见、看清空间内的装备。

（二）安全性

维修人员在飞机上进行维修操作时，往往处于各种潜在的危险之中。在各种维修中，有许多是由于在设计中考虑不周而产生的，而这些危险往往会导致巨大的危害。

如果维修人员必须分散精力去注意环境存在的潜在危险，那么就无法集中精力去做好维修工作，也就必然会导致维修效率的降低和维修工时的延长。同时，维修人员的生命安全也处于受到威胁的状态。对于这一部分潜在的不安全要素就需要设计人员在设计时尽量避免。下面列出了一些在进行安全性设计时的参考准则：

（1）损坏后容易发生严重后果的系统、设备不布置在易被损坏的部位。

（2）避免维修人员在接近高温、高压、电击、毒性物质、微波、放射性物质以及其他有害物质的环境中进行维修工作。

（3）噪声应控制在规定范围内，如果难以避免，对相关的维修人员应采取保护措施。

（4）采取积极措施，减少振动，避免维修人员在超过标准规定的振动条件下工作，避免振动给维修人员造成的不良影响。

（5）对于盛装高压气体、弹簧、带有高电压等储有很大能量且维修时需要拆卸的装置，应设有备用释放能量的结构和安全可靠的拆装设备、工具，保证拆装安全。

（6）在有可能发生危险的地方，应该在便于观察的位置设置醒目的标志、文字警告。

（7）工作舱口的开口和口盖构件的棱边应倒角和倒圆弧，以避免维修人员操作时被划伤。

（三）防错性

产品在维修过程中常常会出现人的差错，如漏装、错装或其他操作差错，轻则延误时间，影响使用，重则危及安全。这主要是因为产品设计时没有进行防差错的考量。因此，必须要从源头上采取措施以减少差错发生的可能。

维修中的防差错作用很大。如果系统设计时，没有防差错措施，对那些外形相似、大小相近的零部件，维修时常发生装错、装反或漏装等差错，在采购、储存、保管、请领、发放中也常常搞错，那么轻者重购、重领、返工而拖延维修及管理时间，重者会发生严重事故，甚至人员伤亡及设备损坏。在后期的维修中，容易发生的维修缺陷有组件安装不正确、错装部件、电线布线不符合规定、将物件或工具遗失在发动机中、润滑不够、整流罩和检查口盖未紧固等现象。针对这些经常发生的现象，设计人员必须在设计中采取措施，确保不出差错。

防错性设计的准则如下：

（1）对于安装的部件来讲，在结构上只允许装对了才能装得上，错装或是反装，就装不上，即"错位装不上"。

（2）在设计时，应充分考虑并采取措施，防止在连接、安装时发生差错，做到即使发生操作差错也能立即发现。

（3）采取识别标记，即在维修的零部件、备用品、专用工具、测试器材等上面做出识别记号，以便于区别辨认，防止混乱，避免因差错而发生事故，同时也可以提高工效。

（4）产品上与其他有关设备连接的接头、插头和检测点均应标明名称或者用途及必要的数据等。

（5）需要进行保养的部位应设置永久性标记，必要时应设置标记牌。例如，注油嘴、注油孔应用与底色不同的红色或灰色标记。

（6）对可能发生操作差错的装置应有操作顺序号码等标记。

（四）简捷性

随着飞机性能的逐渐完善，其复杂程度也越来越高。然而，复杂程度的提高必然会导致维修难度的增加，对维修人员的技术要求也不断提高，维修的时间也不断加长。所以，各部件的设计应该在满足功能要求和使用要求的前提下，尽可能的简单。

简捷性要求部件设计应尽量简单，使用起来简单，维修起来也简单。从维修性的角度考虑，如果维修起来很困难，或者必须使用特殊的工具，或者需要较高技能的人员才能进行作业，那么产品就不便于维修，就是一个维修性很差的设计。美国陆军曾针对新设计的装备提出了相应的规定，设备在维修时不能要求维修人员具备超过以下标准的能力：高于九年级的阅读水平、完成数学运算、转换数据形式等。比起美国，我国维修业仍处于发展中阶段，维修人员的技能水平相对较低，这就要求在设计过程中参考我国的基本国情，遵照简捷性设计原则进行设计，防止设备后期维修中出现难以解决的问题。

简捷性设计的基本原则如下：

（1）装备的功能多样化是导致结构与操作复杂化的根源，因此，应在满足使用需求的前提下，去掉不必要的功能，特别应该对一些操作的自动与手动进行综合权衡，避免因效益不大的自动化导致的结构和维修复杂化。

（2）把产品中相同或相似的功能结合在一起执行，如把执行相似功能的硬件适当地集中在一起，方便使用的同时，也可以使维修人员一次性维修几个类似组件，减少工作量。

（3）进行产品设计时，要求结构件拆装方便。

（4）尽量减少维修中所使用工具的种类和数量。

（5）要求维修人员仅靠简单技术培训即可上岗工作。

（6）避免装备过于复杂而引发多人交叉作业。

（五）标准化

标准化是近代产品的设计特点。从简化维修的角度，要求尽量采用国际标准、国家标准或专业标准的硬件和软件，减少零部件的种类、型号和式样。实现标准化有利于进行设计与制造，并使维修更为便利，特别是便于快速抢修中进行换件和拆并修理。互换性指同种产品之间可以实现彼此替换，这可以大大简化维修人员的作业量，同时节约备品费用，提高产品的维修性，模块化设计可以帮助实现部件互换通用、快速更换维修。产品中具有相对独立功能的结构整体称为模块。一旦某一模块出现故障，可以单独更换有故障的模块，大大缩短维修时间。

实现产品的标准化、互换性和模块化可以使系统的维修更加简便，可以显著减少维修备件的品种、数量，降低对维修人员的技术水平要求，大大缩短维修工时。

有关标准化的设计准则如下：

（1）产品设计时优先选用标准化的设备、工具、元器件和零部件，并尽量减少其品种和

规格。

（2）设计产品时，必须使故障率高、容易损坏、关键的零部件具有良好的互换性和必要的通用性。

（3）在不同的产品中最大限度地采用通用的零部件，并尽量减少其品种。

（4）产品上功能相同且对称安装的部件、组件、零件，应尽量设计成可以互换通用的。

（5）在进行零部件的设计修改时，不要任意更改安装的结构要素，以免破坏互换性而造成整个产品或系统不能匹配。

（6）产品应按照功能设计成若干个能够完全互换的模块，特别是需要在现场更换的部件更应重视模块化，以提高维修的效率。

（六）舒适性

随着对以人为中心的设计原则的应用，在设计中越来越多地考虑到舒适性原则。在维修过程中，保证维修人员拥有舒适的作业环境、作业状态，对维修工作的完成效率和质量都会有很大的帮助。如果维修者在恶劣的环境中工作，如照明过亮或过暗，振动、噪声强烈，都会导致其产生疲劳，影响维修工作。所以在设计时需要考虑以下设计原则，以保障维修人员在作业时保持较高的舒适性：

（1）设计产品时，应按照使用和维修时人员所处的位置与实用工具的状态，并根据人体的度量值，提供适当的操作空间，使维修人员在比较舒适的姿态下进行操作，尽量避免跪、卧、蹲、趴等容易疲劳或致伤的姿势。

（2）噪声不应超过规定标准。

（3）应对维修部位提供适度的自然或人工照明，保证维修人员的作业环境。

（4）设计时，应考虑维修操作中举起、推拉、提起以及转动时人体的体力限度。

（5）设计时应考虑维修任务的难度和时长，以保证维修任务不超出维修人员的负荷，保证其持续工作的能力、维修质量和效率。

四、飞机维修性人因分析方法

在了解了维修性的要求和准则之后，需要对采用人因分析方法对飞机是否达到了维修性人因设计要求进行验证。下面介绍一下常用的人因工效分析方法。

（一）人体模型

由于人体各部分的尺寸因人而异，并且人体的工作姿势随着航空器不同的作业对象和工作情况的不同而不断变化，因而要从理论上解决人机相关位置的问题是比较困难的。但是，如果利用人体结构和尺寸数据，开发出人体模型，通过分析人体模型和"机"之间的关系，便可以比较直观地分析出在维修过程中的一些问题，为合理布置人机系统提供参考，保障维修性要求。

（二）计算机辅助技术

计算机辅助技术也越来越多地应用到维修性设计中。例如，在波音 B777 型飞机的新型发动机研制过程中，研制阶段引入了三维的人体模型、发动机模型以及飞机整机模型。另外，通过计算机模拟，还可以预测在不同工作位置和姿势下维修人员力量的大小，这不仅有助于提高设计的完整性，也会有利于维修设备和维修工作台的设计。

（三）人机工程实验

人机工程实验也是一种常见的人因分析方法。例如，在人机工程实验中进行扳钮实验，测定航空器构件的扳钮的精度和力量需求，从而保证至少 90% 的作业人员能够在各种作业姿势下达到最小的扭矩极限，因此可以了解不同位置、大小和类型的紧固件对维修人员的体力要求，并确定达到要求扳钮的精度和重复性所需的培训水平。

随着技术的发展，飞机维修性的分析技术方法也越来越多，正是这些技术方法的应用，简化和方便了航空器维修人员的工作，以及从设计中降低和消除发生维修错误的可能性，提升了航空器的维修性。

五、国外飞机维修性人因设计介绍

空中客车和波音公司是民用飞机领域的巨擘，先后研制出 A320、A380 等一系列民用飞机。在进行飞机设计研发时，一个特别重要的问题就是降低民用飞机的运营成本，而维修性的提高是降低维修成本的一个重要措施。因此，空客和波音公司在飞机的设计研发中非常重视维修性设计，力图在飞机的设计阶段就充分考虑到日后的维修难度和成本。

（一）空客公司

空客公司主要从设计制度、进行大量模拟试验和开发创新性自我检控系统方面来提高维修性。

1. 设计制度

空客 A380 型飞机是空客公司第一个自项目开始就有维修工程师参与的项目。为实现人因维修性要求，空客采取其著名的"V"形设计验证过程来设计飞机。"V"形设计验证过程是这样的：首先从整机层面自上而下的提出设计要求，逐步落实到系统层面、子系统层面，直至零部件层面；设计方案出来后，再自下而上从零部件层面到子系统、系统层面再到整机层面一级级地进行验证，以检查最终的设计方案是否能满足最初的设计要求。空客把对飞机可维修性的研究贯穿到整个"V"形设计过程中，如图 8-3 所示。

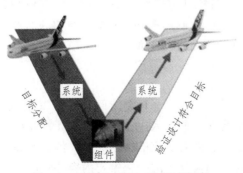

图 8-3 空客的"V"形设计制度

（1）制定维修性人因设计目标：在 A380 项目开始之初，空客公司会要求其客户服务部门中负责指导飞机用户使用和维修飞机的维修专家参与最初的设计团队中。这些维修专家都是未来要进行 A380 型飞机维修的工作人员，他们在设计阶段会向设计人员提出飞机维修中涉及的人因问题。设计人员会结合维修专家的意见，制定出维修、维护的要求和目标，并依次分配到下面的各个设计层面，这种工作模式大大提升了飞机的维修性。

（2）组件设计："力图用最新的技术，优化飞机的可靠性和可维修性；同时又要做到在维修时用到最少的新技能和新程序步骤"，这是空客 A380 型飞机可维修性的设计思想。在使用过程中，最先进的飞机将和其他飞机一起做维修维护检查，所以维修的差异性越小，维修人员的工作负担也就越小，维修人员对新型飞机的适应性也就越好。

（3）验证维修性要求是否实现：采取虚拟现实技术或者样机进行维修性试验，来验证维修性是否满足了人因要求。

2. 进行大量模拟试验

空客公司通过大量的维修性模拟试验来保证设计实现了人因维修性要求，包括试验台试验，也包括数字虚拟试验。

空客公司建立了一个新的计算机模型供设计人员模拟各种维修工具，以确保维修工作的简便易行，并对设备的可达性或拆装程序也进行了模拟优化。例如，在技术人员提起重物或搬运设备时，任何背部、手臂或腿部的不正常用力都会被仪器显示出来，设计人员将分析问题原因并采取修正措施。另外，通过数字全尺寸模型，也可以对 A380 型飞机进行快捷的维修性检查。

通过模拟试验，A380 型飞机的维修间隔明显延长，具体如下：A 检 750 h，使用几年后将延长到 1 000 h；C 检最初将每 2 年 1 次，中期将每 6 年 1 次；大检 12 年 1 次。

3. 开发创新性自我检控系统

在飞机运营阶段，空客公司开发了不同类型的检控系统，不但提高了飞机维修性，方便维修工人维修检查，并且收集到的维修数据对机型改进、新机设计等方面也提供了很大的帮助。空客 A380 通过机载维护系统（OMS）和机载信息系统（OIS）等对飞机进行全面监控。通过这些系统能够收集飞机各系统的故障信息并汇总到驾驶舱，并与客舱的监控装置相连，为飞行操控、机组乘员和维修应用软件提供支持。同时这些系统也可以与地面设施链接，实现信息的汇总。空客公司通过交互式航空应用软件 Airman2000 提供维修计划。Airman2000收集了 A380 型飞机的大量飞行统计数据，能够提供给所有 A380 用户。在训练飞行员、机组乘员和机械员方面，空客公司已研制出一种新式的"维修飞行技术设备（MFTD）"，它主要提供基于计算机的训练，利用飞机的机载维修计算机模拟试验。

（二）波音公司

波音公司一直是世界上最大的民用飞机制造商。早在 20 世纪 60 年代，波音公司就意识到了人因在飞机设计中的重要性，并把人因专家引入到飞机设计人员中。人因专家最初专注于飞机驾驶舱的显控面板设计，随着研究的不断深入，他们所关注的领域也越来越广。维修性的人因设计是波音公司在人因设计中的一个重要内容，波音公司从首席维修技工参与设计、虚拟现实维修性设计方法、错误信息小组几个方面将人的因素纳入维修性设计中。

1. 首席维修技工参与

空客公司在设计阶段听取维修专家的意见，而波音公司则引入了首席维修技工这种工作模式。首席维修技工参与波音飞机的设计工作，把后期维修工作人员的意见和建议融入设计中。汇总飞机生产工人、可靠性和可维护性的工程师以及人为因素专家的经验等多方面的信息，首席维修技工负责所有维修性能的实现。这一举措使波音公司认识到了维修人员加入设计对飞机运转安全和高效产生的重大影响。主要的技工参与的波音公司项目及后续计划有B717、B737-600/-700/-800/-900、B757-300 和 B767-400 加大航程型。

2. 虚拟现实的维修性设计方法

从 B777 计划开始，波音公司停止了建设完整的飞机样机。在过去，完整的样机能够帮助确定维修人员是否可以完成飞机部件拆除和重新安装等工作；而现在，波音公司使用了CATIA 软件来完成这一工作。在 B737-600/-700/-800/-900 等型号飞机的设计中，波音公司使用数字人体模型进行维修性分析，保证了维修技工在更新飞行面板时的可达性。

除了对可视性和可达性的分析，人因专家还对不同环境下维修人员的绩效进行了分析。例如，维修人员需要打开阀门，但对于维修人员来说相应操作姿势较难实现，这时就需要对所需的力进行分析，并保证不超过维修人员的能力极限。又如，如果一个维护工作必须在夜间进行，而又必须要使用支架，这时就需要对维修人员的安全性加以考虑。

3. 错误信息小组

波音公司基于对维修性中人因的考虑，成立了专门的错误信息小组（Fault Information Team， FIT）。在 B737-600/-700/-800/-900 等型号飞机的研发过程中，该小组负责处理维修性设计中各种信息，其中包括嵌入测试设备和各种维修性文件。其目的就是为了提高飞机的维修性，保证维修工人能够尽可能高效而准确地完成维修任务。并且 FIT 涉及维修性、人因工程设计、操作人员等多方面，这对提高飞机人因维修性有很大好处。例如，FIT 规定了维修现实界面信息统一标准，给出了维修显示屏幕上的维修信息的示例，这样使得对于不同的模块设备所显示出来的维修信息都是类似的。另外，FIT 会对所有的与维修人员有关的信息进行评估工作，包括维修标识、手册、训练、尺寸、位置、控制和指示器布局。FIT 的这些工作，有效地降低了维修人员的作业负荷，提升了飞机的维修性。

本章案例 1：西北航空公司图-154 型飞机空难

1994 年 6 月 6 日上午，西北航空公司的 WH2303 航班执行西安—广州任务。其中飞行员5 人，乘务组 9 人，旅客 146 人。机型为苏制图-154M 型 B2610 号。飞机在距咸阳机场 49 km空中解体，机上 160 人无一幸存。

事故原因：图-154 型飞机是 20 世纪 60 年代研制的产品，当时防错设计尚未普遍采用，因而方向舵、副翼舵机的插头为同一型号可以互插。尽管两者涂有不同颜色以示区别，出现插错的概率很低，但仍难以完全避免。本次事故的直接原因是维修人员将方向舵和副翼的舵机插头（Ⅲ7、Ⅲ8）插错。但从人的因素角度考虑，设计者应该考虑到万一错插时的安全保护问题，即两个插头在大小、形状上应有所区别，特定的插头只能插进特定的孔。然而设计者在设计时却没有考虑到错插安全保护问题，导致维修人员在粗心大意的情况下将两个插头插错。

本章案例 2：日本航空 123 号班机空难

事故经过：1985 年 8 月 12 日，日航 JL123 班机（波音 747SR-146 型、编号 JA8119），航线为东京—大阪，搭载了 509 位乘客及 15 位机组人员，在起飞后 56 min 后于日本的高天原山靠近群马县一侧的山脊上坠毁，造成 520 人罹难。

事故分析：根据调查报告显示，JL123 曾于 1978 年在大阪的伊丹机场着陆时机尾触地受损，然而波音公司的维修人员并没有按照波音结构维修手册的规定进行维修，在替换舱壁面板时应需要两排铆钉，但是却只补了一排，因此明显增加了接合点周围金属蒙皮所承受的应力，此处由于金属疲劳积累达到极限导致垂直尾翼脱落使液压管线被扯断，从而机长无法操纵飞机。显然，维修失误是导致此次事故的主要原因，维修人员在错误的意识指导下进行维修，没有按照 SRM 规定操作，最终对 JL123 的运行造成毁灭性影响。后续检查不到位也是事故成因之一，维修日期和出事日期相距较长，在此期间至少应有 6 次检查机会，然而全未执行。

基于人因工程的航空维修误差预防和控制：通过事例我们可以看出人为因素是造成航空维修不良、维修失误或维修疏忽的主要原因之一，因此我们可以通过人因工程对此进行改善，主要有以下一些方法：

（1）加强维修人员的知识和技能培训，提高维修人员的专业能力。维修人员所获得和掌握的信息和知识不准确或不完全时，容易不按照维修手册操作，而只凭借自己之前一些简单的经验对部件进行维修。

（2）加强维修责任管理制度。根据人因工程中的 8020 法则，80%的人为失误出现在管理环节上，仅仅有 20%是维修人员的原因。因此通过科学管理加强责任管理制度，可以一定程度上提升维修人员的责任心，从而减少维修中可能出现的问题。

（3）建立更加完善的定期检查制度，科学规范的监督、检查机制。通过定期检查可以及时发现维修过程中的不足之处，及时采取补救措施，确保维修的准确性与安全性。

复习思考题

1. 飞机维修性设计中需要考虑的人因有哪些？
2. 举例分析飞机维修性设计中的人因设计关系。
3. 轮班制对机务维修人员的主要影响有哪些？
4. 简述制定轮班制的基本原则。
5. 简述听力保护的措施。
6. 简述机务维修工作环境中照面设计要考虑的因素。
7. 简述机务维修人员视力保护的措施。
8. 简述在维修工作环境中照明设计的基本原则。

第九章　机场规划中的人因工程学

第一节　机场系统组成

一、机场的概念

机场是飞机起飞、降落和进行地面活动的主要场所，是航空运输网络的节点，旅客和货物在这里改变运输方式。ICAO 签署的《国际民用航空公约》附件 14 中"机场"的定义为：供航空器起飞、降落和地面活动而划定的一块地域或水域，包括域内的各种建筑物和设备装置，主要由飞行区、旅客航站区、货运区、机务维修区、供油设施、空中交通管制设施、安全保卫设施、救援和消防设施、行政办公区、生活区、后勤保障设施、地面交通设施及机场空域等组成。

机场的基本服务包括：① 基本的运营服务，保障飞机和机场用户的安全。如供飞机安全有序地起飞和着陆；在飞机起降前后，提供各种设施和方便，供旅客舒适快捷地上下飞机，供货邮按时上下飞机；提供包括维护和修理在内的各种技术服务，如通信导航、空中交通管制、航空气象、航空情报等；为飞机提供地面保障，如供油、供电、供气、加水、航食、清运垃圾等；为旅客和货邮到达及离开机场提供方便的地面交通道路；提供消防和紧急救援服务。② 商业活动，包括经营商店、饭店、停车场、宾馆等，还包括航站楼和机场的土地。

二、机场功能区构成

为保障飞机安全准时起降，便于给机场配备相应的技术设备设施及工作人员，提供优质服务，以及能更好地经营管理机场，发挥其最大的社会效益和经济效益，通常要对机场进行功能划分。机场区域包括了地面和空中两部分。根据运行特点，通常将机场分为空侧功能和陆侧功能。按功能划分机场主要由飞行区、航站楼区和地面运输区 3 部分组成，如图 9-1 所示。

（一）飞行区（飞行活动区）

飞行区是机场的主要组成部分，主要提供飞机的起飞、着陆、滑行、停靠等活动，因此又称为飞行活动区。它包括跑道、滑行道、机坪、等待坪等场道以及无线电导航设备、助航灯光设施、气象观测站和指挥塔台等。为保障飞行安全，在飞行区及其附近地区规定了障碍物的限制面，这些限制面以上的空域称为净空区。飞行区的设计一般按照起降飞机的类型而定。现代化大型机场可供任何民用运输飞机起降，它的场道规格、承受能力、净空条件以及相应的助航仪表和灯光系统等设施都有较高的标准。

（二）航站区

航站区又称为客货运输服务区，主要为旅客和货邮运输服务。民用运输机场又可称为航空站，简称为航站。该区域内主要有旅客航站楼、停车场等设施。货运量较大的机场还建有专用的货运楼或货运站。航站楼为区内的主要建筑物，旅客及其行李的进、离港活动大多在此区域进行。航站楼的容量要与飞行区等级和客货运量相匹配。大型现代化机场的航站楼具有各种服务功能，其建筑构型和风格从简单的直面式（一字形）发展成卫星式、指廊式等各种构型特色。

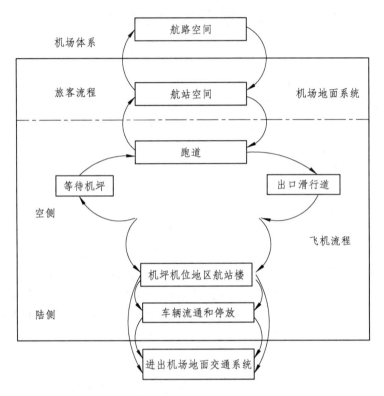

图 9-1 机场功能区构成

（三）地面运输区

地面运输区主要指车辆和旅客活动的区域，通常是公路，包括机场进入通道、机场停车道和内部道路，也包含铁路、地铁（或轻轨）及水运码头等。其功能为将旅客、货物和邮件及时地运进或运出航站楼。

三、机场的分类

（一）按服务对象划分

按服务对象划分，机场分为军用机场、民用机场和军民合用机场。军用机场用于军事目的，有时也部分用于民用航空或军民合用。但从长远来看，军用机场将会和民用机场完全分离。

民用机场又分为商业运输机场（统称为航空港）、通用航空机场以及用于科研、生产、教学和运动的机场。商业运输机场一般由当地政府投资建设和管理，拥有定期或不定期航班并开展商业性质的航空客货运输。通用航空机场通常由单位、企业或个人所有，从事各类民间性质的航空活动，如飞机制造厂的试飞机场、体育运动的专用机场和飞行学校的训练机场。在国外还有大量的私人机场服务于私人飞机或企业的公务飞机，这种机场一般只有简易的跑道和起降设备，规模很小，但数量很大。

（二）按航线性质划分

按航线性质划分，可分为国际航线机场（国际机场）和国内航线机场。国际机场有国际航班进出，并设有海关、边防检查、卫生检疫和动植物检疫等政府联检机构，如北京首都国际机场、大连周水子国际机场等。全国各直辖市、省会城市以及发达大城市的机场都属于这类机场。国际机场又分为国际定期航班机场、国际不定期航班机场和国际定期航班备降机场。国内航线机场是专供国内航班使用的机场。我国的国内航线机场包括地区航线机场。地区航线机场是指我国内地城市与港、澳等地区之间定期或不定期航班飞行使用的机场，并设有相应的类似国际机场的联检机构。

（三）按机场在民航运输系统中的作用划分

按机场在民航运输系统中的作用划分，可分为枢纽机场、干线机场和支线机场。枢纽机场指作为全国航空运输网络和国际航班的枢纽，运输业务特别繁忙且中转业务占较大份额的机场。由于一些机场中转业务量所占比例较小，我国大陆地区目前仅有北京首都国际机场、上海浦东国际机场和广州白云国际机场可以称作枢纽机场。干线机场指以国内航线为主，全方位建立跨省、跨地区的国内航线，同时开辟少量国际航线，运输业务量较为集中的机场，主要指各直辖市、省会、自治区首府以及一些重要城市或旅游城市（如大连、厦门、桂林和深圳等）的机场。支线机场指省、自治区内经济比较发达的中小城市和旅游城市，或经济欠发达但地面交通不便的城市地方机场。这类机场的空运量较小，年旅客吞吐量一般比较低，航线多为本省、自治区航线或邻近省、自治区支线。

（四）按机场所在城市的性质、地位划分

按机场所在城市性质、地位划分，机场可分为Ⅰ类机场、Ⅱ类机场、Ⅲ类机场、Ⅳ类机场。

Ⅰ类机场是指全国政治、经济、文化中心城市的机场，是全国航空运输网络和国际航线的枢纽，运输业务量大，除承担直达客货运输外，还具有中转功能。如北京首都国际机场、上海浦东国际机场、广州白云机场均属于此类机场，也称为枢纽机场。Ⅱ类机场是指省会、自治区首府、直辖市和重要经济特区、开放城市和旅游城市，或经济发达、人口密集城市的机场，可以全方位建立跨省、跨地区的国内航线，是区域或省区民航运输的枢纽，有的可开辟少量国际航线。Ⅱ类机场也称为干线机场。Ⅲ类机场为经济比较发达的中小城市或一般的对外开放和旅游城市的机场，可与少量跨省区中心城市建立航线，因此也可称为次干线机场，如宁波机场、青岛机场、三亚机场、珠海机场等就属于这类机场。Ⅳ类机场指省、自治区内经济比较发达的中小城市和旅游城市，或经济欠发达但地面交通不便的城市的机场。航线主要是在本省区或连接邻近省区，这类机场也可称为支线机场。

（五）按旅客乘机目的划分

按旅客乘机目的划分，可分为始发/目的地机场，经停（过站）机场和中转（转机）机场。

在始发/目的地机场中，始发和目的地旅客占旅客总数比例较高，始发和目的地的飞机或返程架次占大多数。目前，国内机场大都属于这类机场。经停（过站）机场往往位于航线的经停点，没有或很少有始发航班飞机，只有比例不大的始发/目的地旅客，有相当数量的过站旅客，飞机一般停驻时间较短。在中转（转机）机场，有相当大比例的旅客乘飞机到达后，立即转乘其他航线的航班飞机飞往目的地。

（六）按机场业务量划分

按照机场业务量，可以将全国机场划分为三类：一类机场，指单个机场换算旅客吞吐量占全国机场换算旅客吞吐量的 4%（含）以上的机场，其中国际及港澳航线换算旅客吞吐量占其他机场全部换算旅客吞吐量的 25%（含）以上的机场为一类 1 级机场，其他为一类 2 级机场；二类机场，指单个机场换算旅客吞吐量占全国机场换算旅客吞吐量的 1%（含）~4%的机场；三类机场，是指单个机场换算旅客吞吐量占全国机场换算旅客吞吐量的 1%以下的机场。机场分类目录由民航局会同国家发展改革委确定和调整，并通过航空价格信息系统（AirTIS，网址为 AirTIS.NET）公布。具体分类目录见表 9-1。

表 9-1　机场分类目录

机场类别	机场
一类 1 级	北京首都国际机场、上海浦东国际机场 2 个机场
一类 2 级	广州白云机场、上海虹桥机场、深圳宝安机场、成都双流机场、昆明长水机场等 5 个机场
二类	杭州萧山机场、西安咸阳机场、重庆江北机场、厦门高崎机场、青岛流亭机场、海口美兰机场、长沙黄花机场、大连周水子机场、南京禄口机场、武汉天河机场、沈阳桃仙机场、乌鲁木齐地窝堡机场、桂林两江机场、三亚凤凰机场、郑州新郑机场、福州长乐机场、贵阳龙洞堡机场、济南遥墙机场、哈尔滨太平机场等 19 个机场
三类	除上述一、二类以外的民用机场

四、机场的等级

为了合理地配备机场的人员和相应设施，以保障飞机安全、有序和正点起降，促进优质服务并提高经济效益和社会效益，必须给机场划分等级。可按不同要求来划分机场的等级：

（一）飞行区等级

跑道的性能及相应的设施决定了什么等级的飞机可以使用这个机场，机场按这种能力的分类，称为飞行区等级。飞行区等级用由两部分组成的编码来表示：第一部分是数字，表示飞机性能所要求的跑道性能和障碍物的限制；第二部分是字母，表示飞机的尺寸所要求的跑道和滑行道的宽度。因而对于跑道来说飞行区等级的第一个数字表示所需要的飞行场地长度，第二位的字母表示相应飞机的最大翼展和最大轮距宽度。ICAO 规定，飞行区等级由第一要素代码（即根据飞机基准飞行场地长度而确定的代码，等级指标Ⅰ）和第二要素代字（即根据飞机翼展和主起落架外轮间距而确定的代字，等级指标Ⅱ）的基准代号划分。基准代号的意图是提供一个简单的方法，将有关机场特性的许多规范相互联系起来，为打算在该机场上运行的飞机提供一系列与之相适应的机场设施，即根据机场所需用起降机型的种类来确定跑道长度或所需道面强度。表 9-2 中的代码表示飞机基准飞行场地长度。它是指某型飞机以最大批准起飞质量，在海平面、标准大气条件（15 ℃、1 个标准大气压）、无风、无坡度情况下起飞所需的最小飞行场地长度。飞行场地长度也表示在飞机中止起飞时所要求的跑道长度，因而也称为平衡跑道长度，飞行场地长度是对飞机的要求来说的，与机场跑道的实际距离没有直接关系。表 9-2 中的代字应选择翼展或主起落架外轮外侧之间距两者中要求较高者。

表 9-2　机场基准代号

第一要素		第二要素		
代码 （1）	飞机的基准飞行场地长度 （2）	代字 （3）	翼展/m （4）	主起落架外轮外侧之间距 a/m （5）
1	<800 m	A	<15	<4.5
2	800～<1 200 m	B	[15，24）	[4.5，6）
3	1 200～<1 800 m	C	[24，36）	[6，9）
4	≥1 800 m	D	[36，52）	[9，14）
		E	[52，65）	[9，14）
		F	[65，80）	[14，16）

注：a. 指主起落架轮子外侧边之间的距离。

（二）跑道导航设施等级

跑道导航设施等级按配置的导航设施能提供飞机以何种进近程序飞行来划分。

（1）非仪表跑道——供飞机用目视进近程序飞行的跑道，代字为 V。

（2）仪表跑道——供飞机用仪表进近程序飞行的跑道，可分为：

① 非精密进近跑道——装备相应的目视助航设备和非目视助航设备的仪表跑道，能足以对直接进近提供方向性引导，代字为 NP。

② Ⅰ类精密进近跑道——装备仪表着陆系统和（或）微波着陆系统以及目视助航备，能供飞机在决断高度低至 60 m 和跑道视程低至 800 m 时着陆的仪表跑道，代字为 CAT Ⅰ。

③ Ⅱ类精密进近跑道——装备仪表着陆系统和（或）微波着陆系统以及目视助航设备，能供飞机在决断高度低至 30 m 和跑道视程低至 400 m 时着陆的仪表跑道，代字为 CAT Ⅱ。

④ Ⅲ类精密进近跑道——装备仪表着陆系统和（或）微波着陆系统的仪表跑道，可引导飞机直至跑道，并沿道面着陆及滑跑。根据对目视助航设备的需要程度又可分为三类，分别以 CAT ⅢA、CAT ⅢB 和 CAT ⅢC 为代字。

（三）航站业务量规模等级

按照航站的年旅客吞吐量或货物（及邮件）运输吞吐量来划分机场等级，见表 9-3。业务量的大小与航站规模及其设施有关，也反映了机场繁忙程度及经济效益。若年旅客吞吐量与年货邮吞吐量不属于同一等级时，可按较高者定级。

表 9-3　航站业务量规模分级标准表

航站业务量规模等级	年旅客吞吐量/万人	年货邮吞吐量/kt
小型	<10	<2
中小型	[10，50]	[2，12.5]
中型	[50，300]	[12.5，100]
大型	[300，1 000）	[100，500）
特大型	≥1 000	≥500

（四）民航运输机场规划等级

以上三种划分等级的标准，是从不同的侧面反映了机场的状态：能接收机型的大小、保证飞行安全和航班正常率的导航设施的完善程度、客货运量的大小。

在综合上述三个标准的基础上，提出了一种按民航运输机场规划分级的方案，见表 9-4。当三项等级不属于同一级别时，可根据机场的发展和当前的具体情况，确定机场规划等级。

表 9-4　民航运输机场规划等级

机场规划等级	飞行区等级	跑道导航设施等级	航站业务量规模
四级	3B、2C 及以下	V、NP	小型
三级	3C、3D	NP、CAT I	中小型
二级	4C	CAT I	中型
一级	4D、4E	CAT I 、CAT II	大型
特级	4E 及以上	CAT II 及以上	特大型

（五）机场的救援和消防等级

救援和消防勤务主要是救护受伤人员。为了保障救援和消防，必须要有足够的手段。其中包括必要的器材（如灭火剂）、设备、车辆和设施（如应急通道）等。这些物质保障的配备是以该机场使用的飞机外形尺寸（飞机机身全长和最大机身宽度）为依据的。由此划分机场的救援和消防等级，可分为 1～10 级，外形尺寸越大，级别数越大。

第二节　飞行区平面设计

一、飞行区平面设计中人的因素

（一）符号的颜色编码

颜色的种类很多，日常用不同的名称命名，如红、大红、朱红、粉红、紫红等。由于人们感受的差别，这么命名往往会造成不确切的结果，因此将颜色进行分类，并用数字、字母表示很有必要。表色系统可分为两类：一类是以颜色的三个特征为依据，即按照色调、明度和饱和度来分类；另一类是以三原色为依据，即任一给定颜色可以用三种原色按一定比例混合而成的。属于前一类的表色系统称为单色分类系统，这是一个由标准的颜色样品系列组成，并将它们按序排列予以命名的系统，又称为孟塞尔表色系统。属于后一种的表色系统称为三色分类系统，这是以进行光的等色实验结果为依据、由色刺激表示的系统，它能定量表达和测量每一种颜色，目前应用最广泛的是 CIE 表色系统。鉴于篇幅原因，本书仅介绍 CIE 表色系统。

CIE 表色系统是一种颜色的心理物理表示方法，即在色知觉的光物理性质基础上，同时考虑人的视知觉系统特性的定量表示方法。

1. 三原色学说

眼睛受单一波长的光刺激产生一种颜色感受，而受一束包含各种波长的复合光刺激也只产生一种颜色感觉，这说明视觉器官对刺激具有特殊的综合能力。研究证明，光谱的全部研究可以用红、绿、蓝三种光谱波长的光相混合而得，有学者据此而提出了颜色视觉的三原色学说。该学说认为锥体细胞含有红、绿、蓝三种反应色素，它们分别对不同波长的光发生反应，视觉神经中枢综合这三种刺激的相对强度而产生一种颜色感受。三种刺激的相对强度不同时，就产生不同的颜色感觉。现用不同比例的三种原色相加混合表示一种颜色，并以颜色方程表达：

$$[C] \equiv r[R] + g[G] + b[B] \tag{9-1}$$

式中　$[C]$——某一特定颜色，即被匹配的颜色；

　　　$[R]$，$[G]$，$[B]$——红、绿、蓝三原色；

　　　r，g，b——红、绿、蓝三原色的比例系数，即以比例系数表示的相对刺激量；

　　　$\equiv$——匹配关系，即表示在视觉上颜色相同，而不是指能量或光谱成分相同。

三原色系数相加等于 1，即

$$r + g + b = 1 \tag{9-2}$$

例如，某一蓝绿色用颜色方程式表示时，写成

$$[C] \equiv 0.06[R] + 0.31[G] + 0.63[B]$$

匹配白色或灰色时，三原色系数必须相等，即 $r = g = b$。

如果 $[R]$、$[G]$、$[B]$ 三原色相加混合得不出相等的匹配时，可将三原色之一加到被匹配颜色的一方，以达到相等的颜色匹配。这时颜色方程有一项是负值（设为 B），此时可以理解为该原色被滤去，应写成：

$$[C] \equiv r[R] + g[G] - b[B]$$

由于 RGB 系统可能出现负值，故 CIE 系统领用三个假想的三原色 X、Y、Z 来代替 RGB。

2. 国际照明委员会（CIE）1931 年标准色度观察者及色度图

CIE 根据 2° 视场观察条件下光谱色匹配的实验结果，规定了标准色度观察者的三条相对光谱灵敏度曲线（见图 9-2），也称为"CIE1931 标准色度观察者光谱三刺激值"，以符号 $\bar{x}(\lambda)$、$\bar{y}(\lambda)$、$\bar{z}(\lambda)$ 表示。它们分别匹配各波长纯光谱色所需要的红、绿、蓝三原色的量。若想获得某一波长 λ 的光谱色，可以从曲线中差的相应的 $\bar{x}(\lambda)$、$\bar{y}(\lambda)$、$\bar{z}(\lambda)$ 三刺激值按 $\bar{x}(\lambda)$、$\bar{y}(\lambda)$、$\bar{z}(\lambda)$ 数量的红、绿、蓝假想原色相加，便可得到该光谱色。

CIE 在 1931 年指定了一个色度图，如图 9-3 所示，它用三原色比例 x，y，z 来表示一种颜色。由于 $x + y + z = 1$，x、y 确定以后，z 就可以确定了，所以色度图只有 x、y 两个坐标，而无 z 坐标。x 坐标相当于红原色的比例，y 坐标相当于绿原色的比例。任何一个颜色都可以用

色度图上的一点来确定，这一点的色坐标为(x, y)。图中马鞍形的曲线表示光源色，称为光谱轨迹。连接光谱轨迹末端的直线称为紫色边界，它是光谱中所没有但自然界存在的物体。国际照明委员会 1931 年标准色度观察者已作为一个与国际照明委员会(ISO)(ISO/CIE, 1991b)的联合标准文件而被出版。

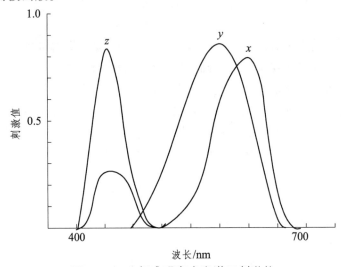

图 9-2　CIE 标准观察者光谱三刺激值

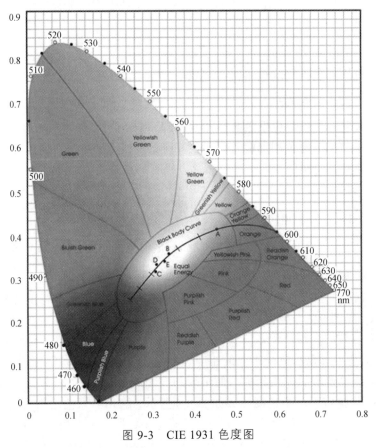

图 9-3　CIE 1931 色度图

在航空活动中，颜色常被用作加强安全和预防事故而设置的标志。安全色要求醒目，容易识别，其作用在于迅速指示危险，或指示在安全方面有着重要意义的器材和设备的位置。国际标准化组织建议采用红色、黄色和绿色作为安全色，并用蓝色作为辅助色。中国国家标准 GB 2893—2008 规定红、蓝、黄、绿 4 种颜色为安全色。其含义和用途如下：

（1）红色，标识禁止、停止，用于禁止标志、停止信号等，如机场跑道上的强制性指示标记牌，它往往是由红色底、白色字体组成，这两种颜色的饱和度很高。图 9-4 和图 9-5 所示为跑道等待位置标记牌，设置在滑行道与跑道衔接口、跑道与跑道的交叉口、滑行道与跑道交叉口的衔接处。图 9-6 所示为跑道进近区域等待位置标记牌，该标记牌设置在跑道进近区域的滑行道上，红底、白字（跑道号-APCH），用以确保进近飞机或者离场飞机不受干扰。

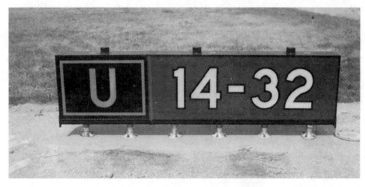

图 9-4　跑道等待位置标记牌

图 9-5　跑道等待位置标记牌

图 9-6　跑道进近区域等待位置标记牌

（2）蓝色，表示指令、应遵守的规定，一般用于指令标志。

（3）黄色，表示警告、注意，用于警告警戒标志、行车道中线等，如机场跑道滑行道中线（Taxiway Centerline）。一般宽度为 15～30 cm 的黄色实线（若在浅色道面，则是黄色实线加黑色描边），飞机滑行应沿着中线滑行，如图 9-7 所示。增强型滑行道中线（Enhanced Centerline）由中间黄色实线加两侧对称黄色虚线组成，一般距跑道等待线 150 ft（45.7 m），其作用是经过飞行员前方就是跑道等待线，减速并能及时停下，除非有跑道进入许可，如图 9-8 所示。

图 9-7　滑行道中线

图 9-8　增强型滑行道中线

（4）绿色：表示通行、安全和提供信息的意思。

此外，黑白两种颜色一般作安全色的对比色，主要用作上述各种安全色的背景色，如安全标识牌上的底色一般采用白色或黑色。

（二）视觉中的空间因素

1. 视觉对比（visual contrast）

视觉对比是由光刺激在空间上的不同分布引起的视觉经验，可分为明暗对比与颜色对比两种。

明暗对比是由光强在空间上的不同分布造成的。例如，从同一张灰纸上剪下两个小的正方形，分别放在一张白纸和一张黑纸的背景上，这时人们看到，放在白色背景上的小正方形比放在黑色背景上的要暗得多，如图9-9所示，由于背景的灰度不同，对比的效果也不同。

 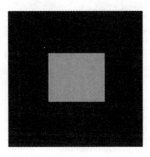

图 9-9　明暗对比

2. 光渗现象

白色（或浅色）的形体在黑色或暗色背景的衬托下，具有较强的反射光亮，呈扩张性的渗出，这种现象叫光渗。由光渗作用和视觉的生理特点而产生的错觉叫光渗错觉。

白字在黑色背景上看起来会向黑色背景中渗透，反过来则不存在此现象。因此。白底黑字应该比黑底白字印刷得更粗一些。

Heiglin（1973）的研究发现：

（1）良好照明条件下，白底黑字 1∶6～1∶8；黑底白字 1∶8～1∶10，能达到满意的视觉效果（注：1∶6的意思是，笔画粗细为1，文字高度为6）。

（2）照明情况下降时，粗体字比细体字可读性更高。

（3）照明情况低或对比度低时，应采用黑体字，并采用低的宽高比 1∶5。

（4）高亮度字体，宽高比可以减到 1∶12～1∶20。

（5）非常高亮度背景上的黑底体，应使用非常粗的笔画。

二、跑道的设计

（一）影响跑道方位和条数确定的因素

许多因素影响跑道的方位和条数的确定，包括机场净空条件、风力负荷、飞机运行的类别和架次、与城市和相邻机场之间的关系、现场的地形和地貌、工程地质和水文地质情况、噪声影响、空域条件、管制运行方式等，其中较重要的因素有下面这些。

1. 运行的类别

机场是供全天候条件使用，还是仅在目视气象条件下使用，以及它是准备供昼夜使用，还是仅供日间使用。机场的跑道条数和方位应当使得准备使用该机场的飞机的机场利用率不低于 95%。

2．气候条件

（1）风的分布。

用以计算利用率的风的统计资料，通常是各种风速和风向的范围，而计算结果的准确性很大程度上取决于在这些范围内所采用的观测资料的假定的分布情况。在缺乏对实际分布情况的确实资料时，通常的办法是假定它是均匀分布的，因为从最有利的跑道方位来说，这样做得出的利用率一般是略微保守的。

（2）最大允许侧风分量。

正常情况下，侧风分量超过下列数值时，飞机不能着陆或起飞。

①对基准飞行场地长度为 1 500 m 或 1 500 m 以上的飞机，侧风分量为 37 km/h（20 kt），除了当由于纵向摩擦系数有时出现不足致使跑道刹车作用不良时，其侧风分量应不超过 24 km/h（13 kt）。

②对基准飞行场地长度为 1 200 m 至小于 1 500 m 的飞机，侧风分量为 24 km/h（13 kt）。

③对基准飞行场地长度小于 1 200 m 的飞机，侧风分量为 19 km/h（10 kt）。

3．机场场址、进近地区及其周围地形

第一，与障碍物限制面的适应性。

第二，目前和将来对土地的利用。跑道方位和布局的选择应尽可能地保护最敏感的地区，诸如居民区、学校和医院等，使之免受航空器噪声引起的不适。

第三，目前和将来提供的跑道长度。

第四，建设费用。

第五，安装适合的用于进近着陆的非目视和目视助航设备的可能性。

4．机场附近的空中交通情况

第一，与其他机场或空中交通服务航路的接近程度。

第二，交通密度。

第三，空中交通管制和复飞程序。

5．机场航空噪声

按人的主观体验，可把噪声定义为一种令人不愉快、心烦意乱和讨厌的杂乱声音。从信号检测论的观点来说，凡是个体不喜欢的、影响人的工作效率和生活质量的声音，都可定义为噪声。机场航空噪声是指航空器在机场及其附近活动（包括起飞、降落、滑行、试车）时产生的噪声，属于交通运输噪声的范畴，噪声源为航空器。航空器噪声源主要有两类，即推进系统噪声和空气动力噪声。推进系统噪声包括螺旋桨噪声、喷流噪声、风扇/压气机噪声、涡轮噪声和燃烧噪声等。空气动力噪声则是由于气流流过机翼、增升装置（尾缘襟翼、前缘襟翼）、尾翼、机身、起落架等引起的气流压力扰动而产生的，其中气流流过机翼而产生的噪声是主要的，因此也称机体噪声。航空器在高速飞行时的附面层压力起伏也辐射噪声。

对于不同类型的航空器，各噪声源在航空器总噪声中所占比重各不相同。螺旋桨航空器的主要噪声源是螺旋桨，喷气式航空器的主要噪声源是喷流，而涡扇航空器的风扇噪声则是航空器的主要噪声源之一。目前，我国各主要航空公司大都采用喷气发动机航空器，机场航

空噪声也主要由此类航空器造成。

机场航空噪声与一般环境噪声不同，它包含着逐次突发的高声级事件，期间又被非常安静的状态所隔开。总的来说，机场航空噪声有以下几个方面的特点：

（1）声压级高。喷气式航空器起飞时，其噪声的声功率级可高达 150 dB 以上，相当于数十辆客车产生的噪声总和。

（2）低频（＜250 Hz）噪声大。航空低频噪声比车辆交通低频噪声高 5～10 dB，而中高频噪声平均来讲反而比交通噪声低。

（3）噪声影响范围广。航空器在起飞和降落的过程中，其噪声辐射范围可达数十平方千米。

（4）属于非稳态运动噪声源。航空器在不同运行状态下，如起飞、爬升、进场、着陆、地面滑行时产生的噪声以及噪声随时间的变化特性均具有明显的差异。

（5）噪声影响具有时空的间断性。对于某一架航空器来说，其只在起、落点（机场）附近有短时较大噪声影响。通常，人们听到航空器噪声是由远及近，再远去。没有航空器经过时，环境可能非常安静。航空器从远处飞来时，首先听到的是隆隆的低频声。随着航空器的接近，声音不断增大，中高频声音也逐渐增多，飞到距离最近处噪声达到最大。在头顶时，中、高、低频的噪声成分都很多。航空器远去时，先降低的为中高频噪声，低频噪声再逐渐降低到正常水平。也就是说，机场周边地区每隔一段时间（机场航班架次越多，间隔可能就越短）的安静中会出现一次 30～60 s 的航空器噪声。这种安静环境中出现的短时持续噪声会让人感到非常不舒适，产生相对于持续道路交通噪声更高的烦恼度。而在航路飞行时，由于航空器所处位置较高，一般不会对地面造成噪声影响。

（6）噪声影响具有累加性。尽管一架航空器的噪声影响转瞬即逝或持续时间并不长，但繁忙机场多架次航空器同时、不间断或小间隔的运行，均会造成噪声影响的累积或叠加。

噪声对人类身心的危害是众所周知的，概括起来，主要在以下几个方面：

（1）对听觉器官的影响。一定强度的噪声刺激人耳一段时间后，可使听觉阈值增高，表现为听力损失，这一现象便称为听阈偏移。按听阈偏移持续时间的长短，一般可将它分为暂时性听阈偏移（Temporary Threshold Shift，TTS）和永久性听阈偏移（Pernamenent Threshold Shift，PTS）两类。短时间进入强噪声环境时，开始会感觉声音刺耳、不适、耳鸣，随后这些主观感觉趋于不明显或消失，同时出现暂时性听力下降，听阈上升可达 10～15 dB，如迅速离开噪声环境，经数分钟后可完全恢复正常。这种现象称为听觉适应（Auditory Adaption），是一种保护性生理反应。但听觉适应有一定的限度，较长时间接触强噪声，听阈升高超过 15 dB，甚至达到 35～50 dB 时，脱离噪声环境后需数小时或更长的时间才能恢复，这种现象便称为听觉疲劳（Auditory Fatigue）。听觉疲劳是病理前状态，是可以恢复的功能性变化，仍为生理现象。永久性听阈偏移是指，在高噪声反复长期刺激下，听觉疲劳不能再恢复，听觉器官发生器质性病变和不可逆转的永久性听力损失或丧失现象。

在民用航空环境中，比较常见的是暂时性听阈偏移，但如果持续时间很长，也可发展为永久性的听阈偏移或听力缺失。据报道，对听力产生不利影响的噪声强度一般大于 65 dB。终身职业性地暴露于 65 dB 噪声背景下的人群，大约有 10% 的人可能出现对某些频率声音的永久性听力损失，但这种损失不一定达到噪声性耳聋的程度。相比其他城市区域环境噪声，机场航空噪声对居住在机场附近或经常暴露于航空噪声中的人们的危害更大，会使他们的听力明显下降。有研究者调查了 112 例的机场机务、地勤人员听力情况，发现语频听力损失达

11.61%，高频听力损伤达 35.71%，并且有随工龄增加而加重的趋势。此外，随着年龄增长，听觉器官老化会表现为听力减退，出现老年性耳聋，也属于永久性听阈偏移。

（2）对人烦恼度的影响。噪声所引起的烦躁、焦虑等不愉快的心理情绪统称为烦恼。丹麦一家研究机构的研究显示，交通噪声中，飞机噪声最令人烦躁，其他依次为公路交通噪声和火车噪声。当这 3 种噪声均为 60 dB（A）时，引起严重烦躁的发生率分别约为 18%、11% 和 5%；当均为 70 dB（A）时，分别约为 38%、25% 和 14%。长期的厌烦容易引起机体自我防御机制的强烈干预，不同的个体表现为不同的心理、精神改变，即出现非精神病性障碍。噪声引起烦恼的程度主要取决于 4 个因素：

① 噪声的强度，强度越高引起烦恼的可能性越大，烦恼的程度也可能越大。

② 噪声的频率，响度相同而频率高的噪声比频率低的噪声容易引起烦恼。

③ 噪声发生的时间变化，如果噪声的强度和频率不断发生变化，则容易引起烦恼。

④ 噪声环境下土地的使用类型和附近居民的职业特点，60 dB（A）的噪声在居住区会引起居民很大烦恼，但是在工业区则影响不大；相同的噪声环境下脑力劳动者比体力劳动者更容易产生烦恼。

（3）对工效和语言通信的影响。国内研究显示，从事较为复杂脑力劳动的人受噪声影响，其工效的准确性和速度会明显下降。工效是指一个人完成某项工作的效率，包括速度、质量等。噪声使人烦恼、注意力分散和增加疲劳以及导致听力的损失，因而在一定的条件下可降低人的工作效率。但其影响的程度却随工作的难易程度和性质，以及人的身心状态而有所不同。就工作难易程度和性质而言，较简单的重复性工作，如巡航飞行中的杆、舵技能，即便噪声高达 100 dB 也可能不会出现明显的影响。对于复杂的智力活动，要求注意力高度集中和需要记忆、辨别和精细操作的工作，即使噪声级在 70 ~ 80 dB，也可产生有害的影响。警觉监视实验、辨别反应时间和心算等实验表明：当噪声达 90 dB 以上时，可使被试者的反应时间延长，信号脱漏及差错增多。

噪声对语言通信的影响主要表现为对语言的掩蔽作用，造成在飞机噪声环境中的通话和对话困难，通常用语言可懂度来评价噪声对语言通信的掩蔽作用。可懂度系指语言信号通过通信系统后能被正确理解的程度，常以能听懂的单词和句子的百分数来表示。在噪声环境中，信噪比（信号强度大于噪声强度的分贝数）越小，对语言通信的干扰越大，可懂度越差。

（4）对人夜间睡眠的影响。机场航空噪声最显著的特点之一是单个噪声事件。单个噪声事件能打扰睡眠、打断交谈。机场航空噪声对睡眠的干扰不仅表现在唤醒率上，而且反映在睡眠状态和睡眠质量上。人进入睡眠后，低噪声引起的唤醒率并不高，但很可能使人从熟睡状态转为半熟睡状态。人在熟睡状态时，大脑活动是缓慢而有规律的，能够得到充分的休息；而半熟睡状态时，大脑仍处于紧张、活跃的阶段。经常性的扰眠或唤醒会对人的生理、心理产生伤害，影响日常工作和生活。单个噪声事件增加了心脏病等疾病的发生率，而且高噪声可能使处于该噪声环境下的人不易察觉周围信息的变化而发生事故。

尽管"红眼航班"受到严格限制，但随着机场航空业务量的快速增长，由国际航线、备降等因素产生的夜航大幅增加。而且夜间的声音比白天传得更远，同一声级的噪声在夜间的刺激性比白天更大。

此外，噪声对人的生理特征也有严重影响，国外噪声生理性实验研究结果表明，高级别噪声会引起人体紧张反应，促进肾上腺素分泌，导致心率急剧改变和血压瞬时升高，以致心脏病发病率升高。噪声还会引起消化系统和神经系统方面的疾病。

航空噪声接触者还会有明显的情感状态改变，表现为紧张、焦虑、忧郁、沮丧、疲惫、易疲劳等，而且在行为功能测试中发现，接触航空噪声组人员的听简单反应时、听选择反应时和敏捷能力均有显著改变，且不同工龄组间的差异显著。

随着民用航空器数量的剧增以及起降密度的加大、人们对乘坐飞机的舒适性以及环保意识的提高，民用航空器噪声问题日益引起世界范围的关注，并且成为评价其性能好坏的一个重要指标，是关系其适航取证及提高市场竞争力的关键问题，同时也是制约其发展的主要因素之一。国际民航组织（ICAO）、美国联邦航空局以及中国民航局均出台了噪声适航条款，对民用航空器的噪声提出了明确要求，强制要求民用航空器满足相应的噪声级限制，并且不断提高噪声级限制标准。

尽管在技术上（已经从根源上极大地减少了噪声）和政策上（如逐步淘汰高噪声航空器）已取得一定进展，但 2004 年国际民航组织理事会航空环境包含委员会的研究表明，如不采取措施，受航空器噪声干扰的人数将再度增加。因此，在可能的情况下，机场跑道的定位和定向应使进离场航迹对邻近机场的已批准用于居住的地区和其他噪声敏感区的干扰降至最低程度，以便防止今后产生噪声问题。

国际民航组织向其缔约国提供了一套航空噪声管理的平衡做法，以便识别机场地区特殊的噪声问题，并依据明确的目标制定解决措施。平衡做法包括 4 个因素：① 消减噪声源；② 土地使用规划和管理（如机场周围增加土地使用计划）；③ 减噪运行程序；④ 运行限制。

第一，消减噪声源。

消减噪声源主要是通过更新机型、改进发动机等措施使飞机更安静，从而达到消减噪声源的目的。随着各种机型的技术改进日益增多，整个机队的整体噪声性能也将大大提升。但鉴于中国民航起步较晚，国内航空公司的机队本身较新，各航空公司在用的高噪声二阶段飞机所占比例不小。

第二，土地使用规划和管理。

土地使用规划的目的是使不兼容的土地（如住房和学校）远离机场周边，并且鼓励机场周围兼容性土地（如工业和商业土地）的使用。在国际民航组织大会上，机场噪声专家表示，"被飞机噪声影响的人数，取决于已经规划和管理的机场周围土地使用方式，特别是居民区和其他噪声敏感性活动区域的发展程度"。

第三，减噪运行程序。

机场周围噪声影响等值线的形状和大小取决于飞机运行规则，并且同时受空中和地面运行程序的影响。减噪运行程序的应用可以减少特定区域的噪声级，可以包括减噪进离场程序、基于区域导航和机载飞行管理系统的自动进离场程序、噪声优先航路、优先跑道、地面运行程序等。

第四，运行限制。

运行限制是指任何限制或减少飞机进入机场的噪声限制措施，可以包括对机型、运行时间、机场容量等的限制。运行限制是平衡做法 4 个因素中最容易对机场发展产生负面影响的因素，在使用时应更加谨慎。

（二）跑道入口的位置

跑道入口应位于跑道的端头，此时应没有障碍物突出进近面。当需要将跑道入口从端头内移时，无论是永久性内移还是临时性内移，应考虑与跑道入口位置有关的各项因素。如果是跑道不适用而将入口内移时，在不适用的地段与内移跑道入口之间应有至少长 60 m、经过清理和平整的场地，并应满足跑道端安全区的有关要求。

（三）跑道长度

跑道的长度应满足使用该跑道的主要设计机型的运行要求，按预测航程计算的起飞重量、标高、天气状况（包括风的状况和机场基准温度等）、跑道特性（如跑道坡度、湿度和表面摩阻特性等）、地形限制条件等因素进行计算，选择最长的跑道长度。当一条跑道不能满足至少95%的机场利用率要求时，应提供另外一条（或多条）跑道，其长度应满足使用该跑道的飞机的运行要求，以保证机场利用率不少于95%。此时，第一条跑道应为主跑道，其余的跑道应为次要跑道；除此之外，不宜区分主跑道和次要跑道。当跑道设有停止道或净空道时，跑道实际长度可小于上述的跑道长度，但在这种情况下，所提供的跑道、停止道和净空道的任何组合应符合使用该跑道的各种飞机起飞和着陆的运行要求。

（四）跑道宽度

1. 基准代号

基准代号的意图是提供一个简单的方法，将有关机场特性的许多规范相互联系起来，为打算在该机场上运行的飞机提供一系列适当的机场设施。基准代号并非用来确定跑道长度或所需道面强度要求。基准代号由有关飞机的性能特性和尺寸的两个要素组成，第一要素是根据飞机的基准飞行场地长度而确定的代码，第二要素是根据飞机翼展和主起落架外轮间距而确定的代字。某一特定规范与代号的两个要素中更适合的那一个或与两个代号要素的适当组合相关联。一个要素中为设计选用的代码或代字同设施所服务的关键飞机特性相关联。机场基准代号的代码和代字应具有表 9-2 中为它们指定的意义。

第一要素代码应从表 9-2 中的第一列选定，即选用对应于拟用该跑道的飞机的基准飞行场地长度最大值相对应的代码。飞机的基准飞行场地长度定义为在批准的最大起飞重量、海平面、标准大气标准、无风、零跑道坡度条件下，起飞所需的最小飞行场地长度。它载于由发证当局规定的合适的飞机飞行手册中，或来自飞机制造商的等效资料。例如，如果相应于飞机基准飞行场地长度的最大值为 1 650 m，所选代码应为 "3"。

第二要素代码应从表 9-2 中的第三列选定，即选用对应于拟用该跑道的飞机中翼展最大或主起落架外轮间距最大的代字，以给出更高要求的代字者为准。例如，如果相应于最大翼展的代字为 "C"，而相应于最大主起落架外轮间距的代字为 "D"，则选用的代字为 "D"。

2. 跑道宽度

设计跑道宽度时，应至少考虑跑道表面污染物（雪、雨水等）、侧风、飞机在接地带附近偏离中线的程度、橡胶积累、飞机进近方式和速度、能见度及人等因素。跑道宽度应不小于表 9-5 所规定的相应尺寸。

表 9-5　跑道宽度相应的尺寸　　　　　　　　　　　　　　　单位：m

基准代码	主起落架外轮外侧边间距			
	小于 4.5	4.5～6（不含）	6～9（不含）	9～15（不含）
1[a]	18	18	23	—
2[a]	23	23	30	—
3	30	30	30	45
4	—	—	45	45

注：a. 基准代码为 1 或 2 的精密进近跑道的宽度应不小于 30 m。

（五）平行跑道之间的间距

平行跑道之间的最小间距应根据跑道类型（仪表或非仪表跑道）、运行方式以及当地地形等各种因素综合确定。

同时按仪表飞行规则飞行，平行跑道中线最小间距应为：独立平行进近为 1 035 m；相关平行进近为 915 m；独立平行离场为 760 m；隔离平行运行为 760 m。

对隔离平行运行所规定的最小间距应为：

（1）当跑道入口错开，而进近是向着较近的跑道入口时，则两条跑道入口每错开 150 m，其间距可减少 30 m，但减少后的间距应不小于 300 m。

（2）当跑道入口错开，而进近是向着较远的跑道入口时，则两条跑道入口每错开 150 m，其间距应增加 30 m。

因场地等条件限制时，可设置近距平行跑道，其中线间隔宜为 300～500 m。同时按非仪表飞行规则飞行，平行跑道中线最小间距应为：基准代码为 3 或 4 时，最小间距为 210 m；基准代码为 2 时，最小间距为 150 m；基准代码为 1 时，最小间距为 120 m。

（六）跑道坡度

1. 跑道纵坡

跑道的纵坡应尽可能平缓，各部分纵坡应不大于表 9-6 中的规定值。

表 9-6　跑道各部分的最大纵坡

基准代码	4	3	2	1
跑道中线上最高、最低点高差与跑道长度的比值/（%）	1	1	2	2
跑道两端各 1/4 长度/（%）	0.8	0.8%	2	2
跑道其他部分/（%）	1.25	1.5	2	2
相邻两个纵向坡度变化/（%）	1.5	1.5	2	2
变坡曲线的最小曲率半径/m[其曲面变率每 30 m/（%）]	30 000（0.1）	15 000（0.2）	7 500（0.4）	7 500（0.4）

注：a. 指适用于 II 类或 III 类精密进近跑道，否则为 1.5%。

当跑道纵向变坡不能避免时，应具有下列无障碍视线：

（1）基准代字为 C、D、E、F 的跑道，在高于跑道 3 m 的任何一点能通视至少半条跑道长度内的高于跑道 3 m 的任何其他点。

（2）基准代字为 B 的跑道，在高于跑道 2 m 的任何一点能通视至少半条跑道长度内的高于跑道 2m 的任何其他点。

（3）基准代字为 A 的跑道，在高于跑道 1.5 m 的任何一点能通视至少半条跑道长度内的高于跑道 1.5 m 的任何其他点。

当不设置全长度的平行滑行道时，在单跑道全长应提供无障碍视线。在交叉跑道的机场，为了运行的安全，在交叉地区应考虑增加视距标准。

跑道应避免过近的起伏或大的纵向变坡。两个相邻的曲线纵向变坡点间的距离应不小于下列二值中的较大者：

（1）两个相邻变坡的绝对值之和乘以下列曲率半径的数值：

① 基准代码为 4 的跑道：30 000 m。

② 基准代码为 3 的跑道：15 000 m。

③ 基准代码为 2 或 1 的跑道：5 000 m。

（2）45 m。

2. 跑道横坡

跑道横坡宜采用双面坡，跑道中线两侧的横坡应对称，跑道各部分的横坡应基本一致。跑道横坡应符合表 9-7 中的规定值，条件许可时宜采用表 9-7 中规定的最大横坡，在与跑道或滑行道相交处可根据需要采用较平缓的坡度。当跑道规划需同时采用上述所允许的坡度和变坡的极限值时，应进行研究，以保证所形成的跑道表面纵剖面不致妨碍飞机的运行。

表 9-7　跑道横坡

基准代码	F	E	D	C	B	A
最大横坡/（％）	1.5	1.5	1.5	1.5	2	2
最小横坡/（％）	1	1	1	1	1	1

（七）跑道表面特性

跑道表面应具有良好的摩阻特性。跑道表面的摩阻特性应使用有自湿装置的连续摩阻测试仪器进行测定。新道面的平均纹理深度不宜小于 1.0 mm。平均纹理深度宜采用填砂法进行测定。在多雨地区，跑道水泥混凝土道面宜在表面进行刻槽。跑道刻槽范围，纵向应为跑道的全长，横向应为跑道的全宽。槽应垂直于跑道中线，槽的尺寸、形状应符合相关规定。刻槽的跑道水泥混凝土道面表面，应在刻槽前先对其表面进行拉毛，其拉毛后的平均纹理深度不宜小于 0.6 mm。跑道的表面应具有良好的平整度。用 3 m 直尺测量时，直尺底面与道面表面间的最大空隙，对新建跑道应不大于 5 mm。

三、跑道调头坪的设计

跑道调头坪是指陆地机场内与跑道连接的规定场地，供飞机在跑道上完成 180°转弯，如图

9-10 所示。跑道末端未设有联络滑行道或调头滑行道时，应设置飞机调头坪。调头坪位置一般设在跑道的两端，对于较长的跑道可在中间适当位置增设调头坪，以减少飞机滑行的距离。

跑道调头坪标志的宽度为不小于 0.15 m 的连续黄色实线，从跑道中线弯出进入调头坪。该曲线的曲率半径应与跑道调头坪拟服务的飞机的操纵特性和正常的滑行速度相适合。

ICAO 建议将调头坪设置在跑道的左侧便于开始转弯，因为左座是机长的正常座位。跑道调头坪标志与跑道中线的交角不应大于 30°。

跑道调头坪标志应与跑道中线标志平行地向前延伸，在基准代码为 3 或 4 时，应延伸至切点以外至少 60 m 处，在基准代码为 1 或 2 时，应延伸至切点以外至少 30 m 处。

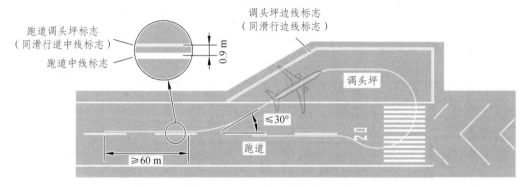

图 9-10　典型的调头坪布置图

四、跑道端安全区坡度的设计

跑道端安全区是指对称于跑道中线延长线，与升降带端相接的一块特定地区，用来减少飞机在跑道外过早接地或冲出跑道时遭受损坏的危险，同时使冲出跑道的飞机能够减速，提前接地的飞机能够继续进近或着陆的区域。根据国际民用航空公约附件 14 的规定，当基准代码为 1 或 2 并为仪表跑道，以及基准代码为 3 或 4 的跑道，应在升降带两端设置跑道安全区，跑道安全区应自升降带端延伸到至少 90 m 的距离，其宽度应为与之相连接的升降带的宽度的两倍。跑道端安全区的纵坡的降坡应不大于 5%。纵向变坡应尽实际可行地平缓，并避免急剧的变坡或突然的反坡。跑道端安全区的横坡，不论升坡或降坡均应不大于 5%，不同坡度之间的过渡应尽实际可行地平缓。

五、滑行道宽度的设计

滑行道道面宽度应使滑行飞机的驾驶舱位于滑行道中线标志上时，飞机的主起落架外侧主轮与滑行道道面边缘之间的净距不小于表 9-8 中的规定值。滑行道直线部分的道面宽度不小于表 9-9 中的规定值。滑行道弯道转弯半径应满足飞机转弯性能的要求，弯道的设计应使当飞机的驾驶舱位于滑行道中线标志上时，飞机的主起落架外侧主轮与滑行道道面边缘之间的净距不小于表 9-8 中的规定（见图 9-11）。

滑行道中线与跑道中线、平行滑行道中线或一个物体间的间隔距离不小于表 9-10 中规定的各相应尺寸，除非经研究表明采用较小的间隔距离不致对飞机的安全生产产生不利影响，或显著地影响飞行正常运行，可以允许在现有机场以较小的间隔距离运行。

表 9-8　飞机主起落架外侧主轮与滑行道道面边缘之间的最小净距

基准代字	净距/m
A	1.5
B	2.25
C	3.0（飞机纵向轮距小于 18 时） 4.5（飞机纵向轮距大于或等于 18 时）
D	4

表 9-9　滑行道直线部分道面最小宽度

基准代字	滑行道道面的最小宽度/m
A	7.5
B	10.5
C	15
D	23

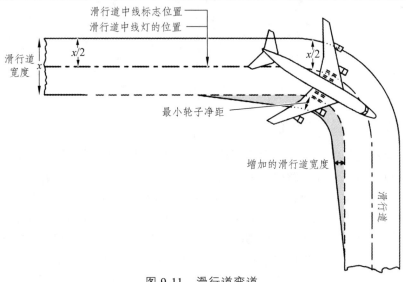

图 9-11　滑行道弯道

表 9-10　滑行道最小间隔距离

基准代字	滑行道中线与跑道中线之间的距离/m								滑行道中线到滑行道中线的距离	滑行道中线(不包括机位滑行道通道)距离物体的距离	机位滑行道通道中线到机位滑行道通道中线距离	滑行道通道中线距物体的距离
	仪表跑道基准代码				非仪表跑道基准代码							
	1	2	3	4	1	2	3	4				
（1）	（2）	（3）	（4）	（5）	（6）	（7）	（8）	（9）	（10）	（11）	（12）	（13）
A	77.5	77.5	—	—	37.5	47.5			23	15.5	19.5	12
B	82	82	152	—	42	52	87	—	32	20	28.5	16.5
C	88	88	158	158	48	58	93	93	44	26	40.5	22.5
D	—	—	166	166	—	—	101	101	63	37	59.5	33.5
E	—	—	172.5	172.5	—	—	107.5	107.5	76	43.5	72.5	40
F	—	—	180	180	—	—	115	115	91	51	87.5	47.5

六、等待坪的设计

当交通密度为中、高水平时，应设置等待坪。下列位置应设立一个或几个跑道等待位置：① 在滑行道上滑行道与跑道相交处；② 在一条跑道与另一条跑道相交处，当前跑道是一条标准滑行路线的一部分时。

滑行道的位置或方向使得滑行的航空器或车辆会侵犯障碍物限制面或对无线电助航设备的运转有所干扰时，在该滑行道上应设立跑道等待位置，确保等待的航空器或车辆不侵犯无障碍物区、进近面、起飞爬升面或仪表着陆系统、微波着陆系统的临界/敏感区等各限制区，并且不干扰无线电助航设备的运行。

当需要限定航空器在滑行道上的等待位置时（不包括跑道等待位置），应在滑行道上设中间等待位置。确定中间等待位置时，应确保使用该滑行道的设计机型与其相交滑行道上的飞机的净距符合相关要求。道路与跑道、滑行道相交处应设立道路等待位置。

等待坪、跑道等待位置或道路等待位置与跑道中线之间的距离应符合表 9-11 中的规定值。对于精密进近跑道，应确保等待的航空器或车辆不干扰无线电助航设备的运转。

表 9-11　跑道中线到等待坪、跑道等待位置或道路等待位置的最小距离　单位：m

跑道类型	基准代码			
	1	2	3	4
非仪表	30	40	75	75
非精密进近	40	40	75	75
I 类精密进近	60[b]	60[b]	90[a, b]	90[a, b, c]
II 类及 III 类精密进近	—	—	90[a, b]	90[a, b, c]
起飞跑道	30	40	75	75

注：a. 如果等待坪、跑道等待位置或道路等待位置的高程低于跑道入口的高程，则每低 1 m，此最小
　　距离可减少 5 m，但以不突出内过渡面为准。
　　b. 为了避免干扰无线电助航设备，特别是下滑航道和航向设施，这一距离可能需要增加。
　　① 对基准代码为 3 或 4 所定的 90 m 距离的根据是航空器尾翼高 20 m，机头至尾翼的最高部分距
　　　　离 52.7 m，机头高 10 m，等待在与跑道中线呈 45° 或更大位置，未侵犯无障碍物区，并对超障
　　　　高度/超障高（OCA/H）的计算无须说明。
　　② 对基准代码为 2 所定的 60 m 距离的根据是：航空器尾翼高 8 m，机头到尾翼的最高部位距离
　　　　24.6 m，机头高 5.2 m，等待在与跑道中线呈 45° 或更大的位置，未侵犯无障碍物区。
　　c. 基准代字为 F 时该距离应为 107.5 m。
对基准代码为 4 而基准代字为 F 所定的 107.5 m 距离的根据是航空器尾翼高 24 m，机头至尾翼的最
高部分距离 62.2 m，机头高 10 m，等待在与跑道中线呈 45° 或更大位置，未侵犯无障碍物区。

在海拔大于 700 m（2 300 ft）的地方，表 9-10 中所规定的代码为 4 的精密进近跑道的 90 m 距离，还应按下列原则增加距跑道中线距离：

（1）海拔 700 m（2 300 ft）～ 2 000 m（6 600 ft），超过 700 m 后按每 100 m（330 ft）增加 1 m。

（2）海拔超过 2 000 m（6 600 ft）但低于 4 000 m（13 320 ft），13 m 加上超过 2 000 m（6 600 ft）后按每 100 m（330 ft）增加 1.5 m。

（3）海拔超过 4 000 m（13 320 ft）但低于 5 000 m（16 404 ft），43 m 加上超过 4 000 m

（13 320 ft）后按每 100 m（330 ft）增加 2 m。

如果基准代码为 4 的精密进近跑道的等待坪、跑道等待位置或道路等待位置的海拔高于跑道入口的海拔，表 9-11 中规定的 90 m 或 107.5 m 距离，还应按等待坪或滑行等待位置每高出跑道入口 1 m，该距离再增加 5 m。

七、机坪的设计

机坪应位于上下旅客、装卸货物或邮件以及航空器维护所需要而不影响机场交通的地方，应根据机坪的类别、飞机的类型和数量、飞机停放方式、飞机间的净距、飞机进出机位方式等各项因素确定。必要时，机坪上应设置服务车道。机坪的全部面积应足以迅速处理在预期最大密度下的机场交通，其坡度应能防止其表面积水，并尽可能平坦；机坪中机位区的坡度应不大于 1%，宜为 0.4% ~ 0.8%。

停机位应对使用它的航空器与任何邻近的建筑物、另一机位上的航空器和其他物体之间提供如表 9-12 的最小净距。

表 9-12 停机位上的净距   单位：m

基准代字	A	B	C	D	E	F
净距	3	3	4.5	7.5	7.5	7.5

当基准代字为 D、E 或 F 时，如特殊情况许可，在机头向内停放时，这个净距可以在以下位置减小：

（1）旅客航站（包括任何固定的旅客登机桥）与机头之间。

（2）提供有由目视停靠引导系统的方位引导的机位上的任何部分。

（3）在机坪上，还应要考虑为地面设备提供专用道路及机动和存储区。

八、被隔离的航空器停放位置的设计

对已知或据信受非法干扰的航空器，或由于其他原因需要与正常的机场活动相隔离的航空器，应指定一个隔离的停放位置，或者将适宜于停放该航空器的地段通知机场的管制塔台。

隔离的航空器停放位置应位于与其他停放位置、建筑物或公共地段等尽实际可行的最大距离，并在任何情况下不小于 100 m。应注意保证该位置不位于地下公用设施，如煤气管道和航空燃油管道之上，并在可能范围内也不位于地下电力或通信电缆之上。

九、除冰、防冰设施的设计

在预料会出现结冰情况的机场应设置飞机除冰、防冰设施。除冰、防冰设施应设置在停机位上或设置在沿滑行道通向供起飞用的跑道的特定远距离处。除冰、防冰设施位置应保证除冰处理的保持时间，应能保证除冰、防冰后的飞机在起飞前不致重新结冰。远距除冰、防冰设施应不突出障碍物限制面，不干扰无线电助航设备，并且塔台管制员能看到处理过的飞机。远距防冰、除冰设施应设置在可快捷进出的位置，或者是旁通道构形，不需要特意拐入

或拐出除冰、防冰坪。应考虑滑行飞机的喷气气流对正在进行除冰、防冰处理的其他飞机或其后滑行飞机的影响，以防止降低处理效果。

除冰、防冰坪的数量应根据机场气候条件、飞机的类型、使用除冰防冰液的方法以及飞机出港流量等因素确定。除冰、防冰坪应包括供除冰、防冰飞机停放的内部场地以及供两部或更多的机动除冰、防冰设备运行的外围场地。除冰防冰坪的尺寸应满足除冰、防冰飞机所需的停放面积，同时飞机四周应至少有 3.8 m 净宽的道面供除冰防冰车辆运行。如除冰、防冰坪布局包括旁通道构型，应按表 9-10（13）栏中规定的最小间距设置，邻接一条常规滑行道设置时，应提供表 9-10（11 栏）中规定的滑行道最小间距（见图 9-12）。

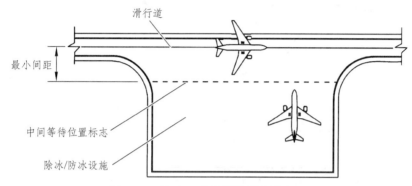

图 9-12　除冰、防冰设施的最小间距

第三节　障碍物限制面的设计

一、障碍物限制面

为保障航空器起降安全和机场安全运行，防止由于机场周围障碍物增多而使机场无法使用，规定了几种障碍物限制面，用以限制机场及其周围地区障碍物的高度，如图 9-13 所示。

（一）内水平面

内水平面是位于机场及其周围以上的一个水平面中的一个面，如图 9-13 所示。内水平面的起算标高为跑道两端入口中点的平均标高。以跑道两端入口中点为圆心，按表 9-13 规定的内水平面半径画出圆弧，再以与跑道中线平行的两条直线与圆弧相切成一个近似椭圆，形成一个高出起算标高 45 m 的水平面。

（二）锥形面

锥形面是从内水平面周边起向上和向外倾斜的一个面，如图 9-13 所示。锥形面的起端应从内水平面的周边开始，其起算标高应为内水平面的标高，以 1：20 的坡度向上和向外倾斜，直到符合表 9-13 规定的锥形面外缘高度为止。锥形面的界限应包括：

（1）底边：与内水平面周边相重合。

（2）顶边：高出内水平面一个规定高度的近似椭圆水平面的周边。锥形面的坡度应在与内水平面周边成直角的铅垂面中度量。

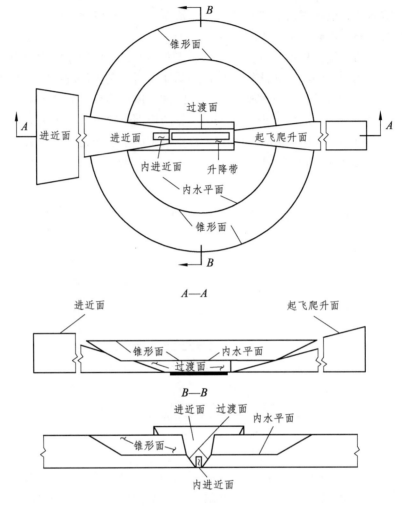

图 9-13　障碍物限制面示意图

（三）进近面

进近面是跑道入口前的一个倾斜的平面或几个平面的组合，如图 9-13 所示。进近面的界限应包括：

（1）一条内边：位于跑道入口前的一个规定距离处，一条规定长度且垂直于跑道中线延长线的水平线。内边的标高应等于跑道入口中点的标高。

（2）两条侧边：以内边的两端为起点，自跑道的中线延长线均匀地以规定的比率向外散开。

（3）一条外边：平行于内边。

当采用横向偏置、偏置或曲线进近时，自进近面内边两端按规定的散开率均匀散开的两侧边应对称于横向偏置、偏置或曲线进近的地面航迹的中线延长线。进近面的坡度应在包含有跑道中线的铅垂面内度量，同时应连续包含任何横向偏置、偏置或曲线进近的地面航迹的中线。

表 9-13　进近跑道障碍物限制面的尺寸和坡度

障碍物限制面及尺寸 [a]		跑道类别									
		非仪表跑道				非精密进近跑道			精密进近跑道等级		
									I 类		II 类或 III 类
		基准代码				基准代码			基准代码		基准代码
		1	2	3	4	1, 2	3	4	1, 2	3, 4	3, 4
（1）		（2）	（3）	（4）	（5）	（6）	（7）	（8）	（9）	（10）	（11）
锥形面	坡度/（%）	5	5	5	5	5	5	5	5	5	5
	高度/m	35	55	75	100	60	75	100	60	100	100
内水平面	高度/m	45	45	45	45	45	45	45	45	45	45
	半径/m	2 000	2 500	4 000	4 000	3 500	4 000	4 000	3 500	4 000	4 000
内进近面	宽度/m	—	—	—	—	—	—	—	90	120[b]	120[b]
	距跑道入口距离/m	—	—	—	—	—	—	—	60	60	60
	长度/m	—	—	—	—	—	—	—	900	900	900
	坡度/（%）	—	—	—	—	—	—	—	2.5	2	2
进近面	内边长度/m	60	80	150	150	140	280	280	140	280	280
	距跑道入口距离/m	30	60	60	60	60	60	60	60	60	60
	散开率（每侧）/（%）	10	10	10	10	15	15	15	15	15	15
	第一段 长度/m	1 600	2 500	3 000	3 000	2 500	3 000	3 000	3 000	3 000	3 000
	第一段 坡度/（%）	5	4	3.33	2.5	3.33	2	2	2.5	2	2
	第二段 长度/m	—	—	—	—	—	3 600[c]	3 600[c]	12 000[c]	3 600[c]	3 600[c]
	第二段 坡度/（%）	—	—	—	—	—	2.5	2.5	3	2.5	2.5
	水平段 长度/m	—	—	—	—	—	8 400[c]	8 400[c]	—	8 400[c]	8 400[c]
	水平段 总长度/m	—	—	—	—	—	15 000	15 000	15 000	15 000	15 000
过渡面	坡度/（%）	20	20	14.3	14.3	20	14.3	14.3	14.3	14.3	14.3
	内过渡面坡度/（%）								40	33.3	33.3
复飞面	内边长度 m	—	—	—	—	—	—	—	90	120[b]	120[b]
	距跑道入口距离 m	—	—	—	—	—	—	—	距升降带的距离	1 800[d]	1 800[d]
	散开率/（%）	—	—	—	—	—	—	—	10	10	10
	坡度/（%）	—	—	—	—	—	—	—	4	3.33	3.33

注：a. 除另有标注明外，所有尺寸均为水平度量。

　　b. 基准代字类为 F 时，该宽度增加到 140m。

　　c. 可变的长度。

　　d. 或距跑道端距离者，两者取小者。

（四）内进近面

内进近面是进近面中紧靠跑道入口前的一块长方形部分，如图 9-13 所示。内进近面的界限应包括：

（1）一条内边：与进近面内边的位置重合，一条规定长度且垂直于跑道中线延长线的水平线。

（2）两条侧边：以内边的两端为起点，平行于包含跑道中线的垂直平面向外延伸。

（3）一条外边：平行于内边。

（五）过渡面

过渡面是沿升降带边缘和部分进近面边缘坡度向上和向外倾斜到内水平面的一个复合面，如图 9-13 所示。过渡面的界限应包括：

（1）底边：从进近面侧边与内水平面相交处开始，沿进近面侧边向下延伸至进近面的内边，再从该处沿升降带的全场与跑道中线相平行。底边上沿进近面侧边部分的标高等于进近面在该点的标高，底边上沿升降带部分的标高等于跑道中线或其延长线上最近点的标高；

（2）顶边：位于内水平面的平面上。

过渡面的坡度应在与跑道中线成直角的铅垂面内度量。

（六）内过渡面

内过渡面是类似于过渡面的面，但更接近于跑道，如图 9-14 所示。内过渡面的界限应包括：

（1）底边：从内进近面的末端开始，沿内进近面的侧边向下延伸到该面的内边，从该处沿升降带平行于跑道中线至复飞面的内边，然后再从该处沿复飞面的边线向上至该边线与内水平面相交处。底边沿内进近面和复飞面的侧边部分的标高等于该点特定面的标高，底边沿升降带部分的标高等于跑道中线或其延长线上最近点的标高。

（2）顶边：位于内水平面的平面上。

内过渡面的坡度应在与跑道中线成直角的铅垂面内度量。

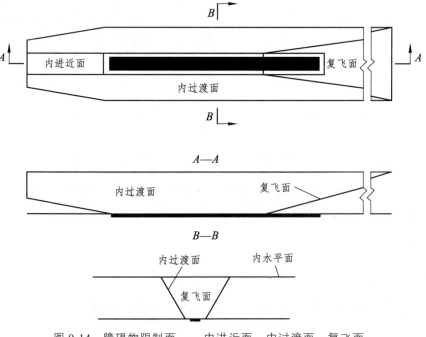

图 9-14　障碍物限制面——内进近面、内过渡面、复飞面

（七）复飞面

复飞面是位于跑道入口后面一个规定距离的、在两侧内过渡面之间延伸的一个倾斜平面，如9-14所示。复飞面的界限应包括：

（1）一条内边：位于跑道入口后面一个规定的距离，并垂直于跑道中线的水平线。内边的标高应等于在内边位置处的跑道中线的标高。

（2）两条侧边：以内边的两端为起点，并从含有跑道中线的垂直平面以规定的比率均匀地向外扩展。

（3）一条外边：平行于内边，并位于内水平面的平面内。复飞面的坡度应在含有跑道中线的铅垂面内度量。

（八）起飞爬升面

起飞爬升面是跑道端或净空道端外的一个倾斜平面或其他规定的面，如图9-13所示。起飞爬升面的界限应包括：

（1）一条内边：位于跑道端外规定距离处，或当设有净空道而其长度超过上述规定距离时位于净空道端处，垂直于跑道中线的一条水平线；内边标高应等于从跑道端至内边之间的跑道中线延长线上最高点的标高，当设有净空道时，内边标高应等于净空道中线上地面最高点的标高。

（2）两条侧边：以内边的两端为起点，从起飞航道以规定的比率均匀地扩展至一个规定的最终宽度，然后在起飞爬升面的剩余长度内继续维持这一宽度。

（3）一条外边：垂直于规定的起飞航道的一条水平线。在起飞航道为直线的情况下，起飞爬升面的坡度应在含有跑道中线的铅垂面内度量。在起飞航道带有转弯的情况下，起飞爬升面应是一条含有对其中线的水平法线的复合面，该中线的坡度应与直线起飞航道的坡度相同。

二、障碍物限制要求

（一）障碍物限制要求

障碍物限制应符合以下要求：

（1）跑道一端或两端同时作为飞机起飞和降落使用时，障碍物限制高度应按表9-13和表9-14中较严格的要求进行控制。

（2）内水平面、锥形面与进近面相重叠部分，障碍物限制高度应按较严格的要求进行控制。

（3）当一个机场有几条跑道时，应按表9-13和表9-14的规定分别确定每条跑道的障碍物限制范围，其相互重叠部分应按较严格的要求进行控制。

（二）障碍物限制要求——非仪表跑道

非仪表跑道应设立锥形面、内水平面、进近面和过渡面这4个障碍物限制面。各个限制面的高度和坡度应不大于表9-13中的规定，其余尺寸应不小于表9-13中的规定。新物体或现有物体的扩展应不允许高出距内边3 000 m以内的进近面或过渡面，除非有关当局认为该物体会被一个已经存在的不能移动的物体所遮蔽，或者经过航空研究后确定该物体不致有害地影响飞行安全或严重影响飞机正常运行。

由于升降带的横坡或纵坡，进近面的内边或内边的一部分可能处于相应的升降带的高程之下，除非认为它们可能危及飞机，否则不用移去。

在考虑计划的建设时，应考虑到非仪表跑道将来的可能发展以及随之而来的更为严格的障碍物限制面的要求。

表 9-14　供起飞用的跑道的障碍物限制面的尺寸和坡度

障碍物限制面及尺寸 [a]	基准代码		
	1	2	3 或 4
起飞爬升面			
内边长度/m	60	80	180
距跑道端距离 [b]/m	30	60	60
散开率（每侧）/（%）	10	10	12.5
最终宽度/m	380	580	1 200，1 800 [c]
长度/m	1600	2500	15 000
坡度/（%）	5	4	2 [d]

注：a. 除另有规定外，所有尺寸均为水平度量。

　　b. 如净空道长度超出规定的距离，起飞爬升面从净空道开始。

　　c. 在仪表气象条件下和夜间目视气象条件下飞行，当拟用航道含有大于 15°的航向变动时，采用 1 800 m。

　　d. 除由于其功能需要应设置在升降带上的易折物体外，所有固定物体不应超出内进近面、内过渡面或复飞面。在跑道用于飞机着陆期间，不应有可移动的物体高出这些限制面。若当地条件与海平面标准大气条件相差很大，宜将表 9-14 所规定的坡度适当减小。减小的幅度取决于当地条件与海平面标准大气条件之间的差异程度以及使用该跑道的飞机的性能特性和操作要求。

（三）障碍物限制要求 —— 非精密进近跑道

非精密进近跑道应设立锥形面、内水平面、进近面和过渡面这 4 个障碍物限制面。各个限制面的高度和坡度应不大于表 9-13 中的规定，其余尺寸应不小于表 9-13 中的规定（进近面的水平段除外）。新物体或现有物体的扩展不应高出距内边 3 000 m 以内的进近面或高出过渡面，除非有关当局认为该物体会被一个已经存在的不能移动的物体所遮蔽，或者在经过航空研究后确定该物体不致有害地影响飞行安全或严重地影响飞机正常的运行。

由于升降带的横坡或纵坡，进近面可能处于相应的升降带的高程之下。除非认为它们可能危及飞机，否则不用移去。

（四）障碍物限制要求 —— 精密进近跑道

Ⅰ类精密进近跑道应设立锥形面、内水平面、进近面和过渡面这 4 个障碍物限制面。Ⅱ类或Ⅲ类精密进近跑道应设立锥形面、内水平面、进近面和内进近面、过渡面、内过渡面、复飞面等障碍物限制面。除进近面的水平段外，各限制面的高度和坡度应不大于表 9-13 中的规定，其余尺寸应不小于表 9-13 中的规定。

除了由于其功能需要应设置在升降带上的易折物体外，所有固定物体不允许超出内进近面、内过渡面或复飞面。在跑道用于飞机着陆期间，不允许有运动的物体高出这些限制面。新物体或现有物体的扩展不允许高出锥形面和内水平面，除非有关当局认为该物体会被现有的不能移动的物体所遮蔽；或者经过航空研究后确定该物体不致有害地影响飞行安全或严重地影响飞机正常的运行。

高出进近面、过渡面、锥形面和内水平面的现有物体应尽实际可行地移去，除非有关当局认为该物体已被一个现有的不能移动的物体所遮蔽，或者经过航空研究后确定该物体不致有害地影响飞行安全或严重地影响飞机正常的运行。

由于升降带的横坡或纵坡，进近面可能处于相应的升降带的高程之下。除非认为它们可能危及飞机，否则不用移去。

（五）障碍物限制要求 —— 障碍物限制面以外物体

对障碍物限制面范围以外拟建的高于有关当局所规定高度的建筑物向该当局进行咨询，以便对该建筑物进行飞机运行影响航空研究。

障碍物限制面以外的机场附近地区，距机场跑道中心线两侧各 10 km、跑道端外 20 km 以内的区域内，高出地面标高 30 m 且高出机场标高 150 m 的物体应视为障碍物，除非经航行部门研究认为其并不危及飞行安全。

（六）障碍物限制要求 —— 其他物体

对于不高出进近面，但对目视或非目视助航设备的最佳位置或性能有不良影响的物体应尽实际可行地移去。

经航行部门研究认为对飞机活动地区上或内水平面和锥形面范围以内的空间的飞机有危害的，应视为障碍物，尽可能将其移除。

三、障碍物的标志

（一）需加标志和灯光标示的物体

1. 位于障碍物限制面内的物体

在机场活动区内，所有车辆和移动物体除航空器外均为障碍物，应设标志，若在夜间或低能见度条件下使用还应设灯光标示，只有在机坪上使用的航空器勤务设备和车辆可例外。在机场活动区内的立式航空地面灯应设标志，使其在昼间鲜明醒目。在活动区内的立式灯具和标记牌上不应设置障碍灯。

在表 9-10（11）栏或（12）栏中规定的至滑行道、机坪滑行道或航空器机位滑行通道中线的间隔距离范围内的所有障碍物，应设标志，如果这些滑行道或机位滑行通道在夜间使用则还应设灯光标示。

距离起飞爬升面内边 3 000 m 以内、突出于该面之上的固定障碍物，应设标志；若跑道供夜间使用，还应设灯光标示。下列情况除外：

a）当该障碍物已被另一固定障碍物所遮蔽时，可略去这些标志和灯光标示。

b）当该障碍物超出周围地面高度不大于 150 m 并设有在昼间运行的 A 型中光强障碍灯时，可略去标志。

c）当该障碍物设有在昼间运行的高光强障碍灯时，可略去标志。

d）当该障碍物为一灯塔并经航行研究表明灯塔的灯光已足够时，可略去障碍灯。

邻近起飞爬升面的物体，虽然未构成障碍物，但是当认为是保证航空器能够避开这些物体所必要的时，应设标志；若跑道供夜间使用，还应设灯光标示；仅在下列情况下可将标志略去：

a）当该物体超出周围地面高度不大于 150 m 并设有昼间运行的 A 型中光强障碍灯时。

b）当该物体设有在昼间运行的高光强障碍灯时。

突出于距离进近面内边 3 000 m 以内或突出于过渡面之上的固定障碍物，应设标志；若跑道供夜间使用，还应设灯光标示；下列情况除外：

a）当该障碍物已被另一固定障碍物所遮蔽时，可略去这些标志和灯光标示。

b）当该障碍物超出周围地面高度不大于 150 m 并设有在昼间运行的 A 型中光强障碍灯时，可略去标志。

c）当该障碍物设有在昼间运行的高光强障碍灯时，可略去标志。

d）当该障碍物为一灯塔并经航行研究表明该灯塔的灯光已足够时，可略去障碍灯。

突出于内水平面之上的固定障碍物，应设标志；若机场供夜间使用，还应设灯光标示；

a）在下列情况下可将标志和障碍灯略去：

1）当该障碍物被另一固定障碍物所遮蔽时。

2）对于由大面积的以不可移动物体或地形形式存在的障碍物所构成的一块环状区域，已制定有程序用以确保（该环状区域）与规定的航道保持安全的垂直净距。

3）经航行研究表明该障碍物对航行无关紧要。

b）当该障碍物超出周围地面高度不大于 150 m 并设有在昼间运行的 A 型中光强障碍灯时，可略去标志。

c）当该障碍特设有在昼间运行的高光强障碍灯时，可略去标志。

d）当该障碍物为一灯塔并经航行研究表明该灯塔的灯光已足够时，可略去障碍灯。

突出于障碍物保护面之上的固定物体，应设标志；若跑道供夜间使用，还应设灯光标示。

对于其他位于障碍物限制面以内的物体（包括目视路径附近的物体，如河道或公路等），如果航行研究认为其对航空器构成危害，则应设标示和（或）灯光标示。横跨河流、水道、山谷或公路的架空电线或电缆等，若经航行研究认为这些电线或电缆可能对航空器构成危害，则应设标志，并对其支撑杆塔设标志和灯光标示。

2. 位于障碍物限制面外的物体

对于其他位于障碍物限制面以外的物体（包括目视路径附近的物体，如河道或公路等），如果航行研究认为其对航空器构成危害，则应设标示和（或）灯光标示。横跨河流、水道、山谷或公路的架空电线或电缆等，若经航行研究认为这些电线或电缆可能对航空器构成危害，则应设标志，并对其支撑杆塔设标志和灯光标示，若杆塔设有在昼间运行的高光强障碍灯，可略去标志。

（二）物体的标志和灯光标识

1. 基本要求

（1）障碍灯的使用。

应用低光强、中光强或高光强的障碍灯或它们的组合来标示上文中规定的应设灯光标示的物体的存在。A型、B型、C型和D型低光强障碍灯，A型、B型和C型中光强障碍灯，以及A型和B型高光强障碍灯应符合表9-15至表9-17的要求。在需要标示（的物体）的每一高度层安装的低光强、中光强或高光强障碍灯的数量和布置应能在每一个方位角将该物体标明出来。当一个灯被该物体的另一部分或另一物体遮挡时，无论遮蔽方向如何，均应在遮挡灯光的相邻物体或其一部分上增设障碍灯以保持应标明物体的基本轮廓。如果被遮挡的灯对于应标明物体的基本轮廓显示不起作用，则可取消该灯。

表 9-15　障碍灯的特性

1	2	3	4	5	6	7
障碍灯型号	颜色	信号形式闪光频率	给定背景亮度 [a] 下基准光强（cd）			光束分布表
			昼间（>500 cd/m²）	黄昏和黎明（50~500 cd/m²）	夜间（<50 cd/m²）	
A型低光强（固定障碍物）	红	恒定光	不适用	10	10	表9-16
B型低光强（固定障碍物）	红	恒定光	不适用	32	32	表9-16
C型低光强（可移动障碍物）	黄/蓝（a）	闪光（60~90 fpm）	不适用	40	40	表9-16
D型低光强"跟随我"车	黄	闪光（60~90 fpm）	不适用	200	200	表9-16
A型中光强	白	闪光（20~60 fpm）	20 000	20 000	2000	表9-17
B型中光强	红	闪光（20~60 fpm）	不适用	不适用	2000	表9-17
C型中光强	红	恒定光	不适用	不适用	2000	表9-17
A型高光强	白	闪光（40~60 fpm）	200 000	20 000	2000	表9-17
B型高光强	白	闪光（40~60 fpm）	100 000	20 000	2000	表9-17

表 9-16　低光强障碍灯的光束分布

类型	最低光强 ᵃ/cd	最大光强 ᵃ/cd	垂直光束扩散角 ᵇ	
			最小光束扩散角/ (°)	光强/cd
A 型	10ᶜ	不适用	10	5
B 型	32ᶜ	不适用	10	16
C 型	40ᶜ	400	12ᵈ	20
D 型	200ᶜ	400	不适用 ᵈ	不适用

注：本表未包括建议的水平扩散角。ICAO 附件 14 中灯的数量和布置要求覆盖障碍物周围 360°。因此
为满足此项要求，需要的灯具数量将取决于每一个灯具的水平扩散角和障碍物的形状。所以扩散
角越窄，需要的灯具越多。

a. 360°水平面

b. 光束扩散角：水平面与光强超过在"光强"一栏中所提光强的方向之间的夹角。

c. 在仰角 2°～10°。灯具水平时，仰角以水平面为基准。

d. 峰值光强应大约位于仰角 2.5°。

表 9-17　根据表 9-15 中的基准光强确定的中、高光强障碍灯的光束分布

基准光强	最低要求					建议				
	仰角 ᵃ/ (°)			垂直光束扩散角 ᵇ		仰角/ (°)			垂直光束扩散角 ᵇ	
	0°		−1°			0°	−1°	−10°		
	最小评价光强 ᶜ	最小光强 ᶜ	最小光强 ᶜ	最小光束扩散角	光强 ᶜ	最大光强 ᶜ	最大光强 ᶜ	最大光强 ᶜ	最大光束扩散角/ (°)	光强 ᶜ
200 000	200 000	150 000	75 000	3°	75 000	250 000	112 500	7 500	7°	75 000
100 000	100 000	75 000	37 500	3°	37 500	125 000	56 250	3 750	7°	37 500
20 000	20 000	15 000	7 500	3°	7 500	25 000	11 250	750	不适用	不适用
2 000	2 000	1 500	750	3°	750	2 500	1 125	75	不适用	不适用

注：a. 灯具水平时，仰角以水平面为基准。

b. 光束扩散角：水平面与光强超过在"光强"一栏中所提光强的方向之间的夹角。

c. 水平面 360°内。所有光强用坎德拉为单位，符号为 cd。

（2）障碍灯的位置。

一个或多个低、中光强或高光强障碍灯应尽实际可行地靠近物体的顶端设置。顶端的障碍灯应布置得至少能够显示出物体相对于障碍物限制面的高点或高边缘。对烟囱或其他类似性质的构筑物，应将顶部的灯设置在顶部以下足够低的位置，使其受烟雾等的污染降至最小（见图 9-15 和图 9-16）。

对于一个要用高光强障碍灯在昼间标明的带有长度超过 12 m 的诸如天线或棒体之类的附属物的塔或天线构筑物，如果无法在附属物顶部设置高光强障碍灯，则应将高光强障碍灯装在尽可能的高点，如实际可行，在附属物顶部装一个 A 型中光强障碍灯。对于一个大型物体或一组密集的物体，其顶部灯应至少显示出其相对于障碍物限制面的高点或高边缘，以标示出物体的基本轮廓和范围。如有两个或多个同样高度的边缘，则应标示出距离着陆区近的那个边缘。如采用低光强障碍灯，其纵向间距应不大于 45 m。如采用中光强障碍灯，其纵向间距应不大于 900 m。当障碍物限制面为一斜面，而物体突出于障碍物限制面之上最多的一点并非物体本身的最高点时，应在物体的最高点增设障碍灯。

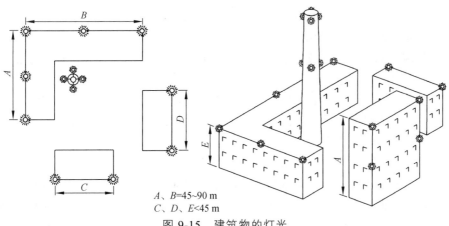

A、B=45~90 m
C、D、E<45 m

图 9-15　建筑物的灯光

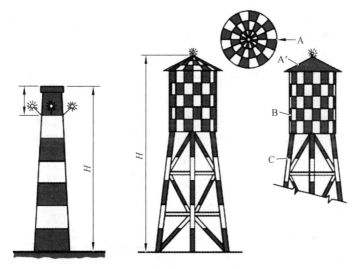

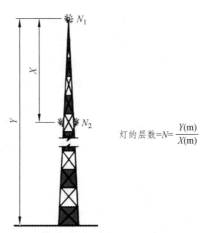

灯的层数=$N=\dfrac{Y(m)}{X(m)}$

A—顶形式；A′—简单顶盖形式；B—曲面；C—骨架结构物。

图 9-16　高结构物的标志和灯光标示示例

注：图中所示 H 小于 45 m。对更大的高度应如图中下部所示增加中间灯。

由 A 型中光强障碍灯标示的障碍物的顶部比周围地面或附近建筑物（当障碍物被多个建筑物包围时）的顶部标高高出 105 m 以上时，应在中间增设障碍灯。增设的中间层障碍灯应视情况在顶部障碍灯与地面或附近建筑物顶部标高之间尽可能以不大于 105 m 的等距离设置。

由 B 型中光强障碍灯标示的障碍物的顶部比周围地面或附近建筑物（当障碍物被多个建筑物包围时）的顶部标高高出 45 m 以上时，应在中间增设障碍灯。增设的中间层障碍灯应为交替的 B 型低光强障碍灯和 B 型中光强障碍灯，并视情况在顶部障碍灯与地面或附近建筑物顶部标高之间尽可能以不大于 52 m 的等距离设置。

由 C 型中光强障碍灯标示的障碍物的顶部比周围地面或附近建筑物（当障碍物被多个建筑物包围时）的顶部标高高出 45 m 以上时，应在中间增设障碍灯。增设的中间层障碍灯应视情况在顶部障碍灯与地面或附近建筑物顶部标高之间尽可能以不大于 52 m 的等距离设置。

在使用 A 型高光强障碍灯时，应将障碍灯以不大于 105 m 的间隔均匀地设置在地面与按规定的顶部障碍灯之间，但在物体被多个建筑物包围时，可用附近建筑物的顶部标高代替地面来确定应设障碍灯的层数。

在使用 B 型高光强障碍灯时，应将障碍灯设置于塔顶或电线/电缆悬垂线的低点，或上述两层之间的大致中间高度。

每一高度层的低光强、中光强或高光强障碍灯的数量和布置应做到在每一个方位角都能将物体标明出来。在有一个灯在某一方向被物体的另一部分或另一物体遮挡时，应在遮挡灯光的物体上增设障碍灯以保持应予标明的物体的基本轮廓。如果被遮挡的灯对于应予标明的物体的基本轮廓的显示不起作用，则可将该灯取消。

2. 可移动物体

应给所有应设标志的可移动物体涂色或展示旗帜。当用颜色标志可移动物体时，应采用醒目的单色。应急车辆应为红色，勤务车辆应为黄色。用以标志物体的旗帜应展示在物体的顶部或最高边缘的四周。旗帜应不增大其所标志物体产生的危害。用以标志可移动物体的旗帜的每一边应不小于 0.9 m，且应为不同颜色的棋盘格式，每个方格的边长不小于 0.3 m。棋盘格式标志的颜色应相互反差鲜明，并与看到它们时的背景反差鲜明。应采用橙色与白色相间或红色与白色相间的颜色，除非它们与背景颜色近似。

除航空器外，在车辆和移动物体上均应设置 C 型低光强障碍灯。在应急和保安用的车辆上显示的 C 型低光强障碍灯应发出蓝色闪光，而在其他车辆上显示的 C 型低光强障碍灯应发出黄色闪光。在引导车（FOLLOW ME）上应设置 D 型低光强障碍灯。在诸如廊桥之类机动性有限的物体上的低光强障碍灯应是红色恒定发光灯，至少应符合表 9-15 中 A 型低光强障碍灯的要求，其光强在附近灯光的光强和正常观看该物体的一般照明水平的条件下应足以保证物体的醒目度。

3. 固定物体

所有应予标志的固定物体，只要实际可行，应用颜色标志；但如实际不可行，则应在物体上或物体上方展示标志物或旗帜；若这些物体的形状、大小和颜色已足够明显，则不必再加标志。

表面基本上不间断的、在任一垂直面上投影的尺寸等于或超过 4.5 m 的物体，应用颜色将其涂成棋盘格式。棋盘格式应由每边不小于 1.5 m 亦不大于 3 m 的长方形组成，棋盘角隅处用较深的颜色。棋盘格的颜色应相互反差鲜明，并应与看到它时的背景反差鲜明。应采用橙色与白色相间或红色与白色相间的颜色。

对下列物体应涂反差鲜明的相间色带：

（1）表面基本上不间断，且其一边（水平或垂直的尺寸）大于 1.5 m，而另一边（水平或垂直）的尺寸小于 4.5 m 的物体。

（2）其一水平边或一垂直边的尺寸大于 1.5 m 的骨架式物体。

色带应垂直于长边，其宽度约为最长边的 1/7 或 30 m，取其较小值。色带的颜色应与看到它时的背景形成反差。应采用橙色与白色，仅当与看到它们时背景反差不明显为例外。物体的端部色带应为较深的颜色（见图 9-16、图 9-17 和表 9-18）。

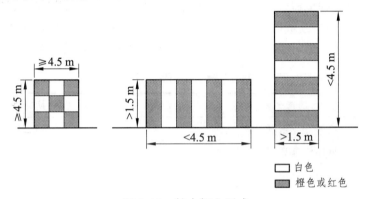

□ 白色
■ 橙色或红色

图 9-17 基本标志形式

表 9-18 标志色带的宽度

最长边的尺寸/m		色带宽度
大于	不超过	
1.5	210	最长边的 1/7
210	270	最长边的 1/9
270	330	最长边的 1/11
330	390	最长边的 1/13
390	450	最长边的 1/15
450	510	最长边的 1/17
510	570	最长边的 1/19
570	630	最长边的 1/21

四、建筑照明

（一）低光强障碍灯的特性

在固定物体上的 A 型和 B 型低光强障碍灯应是红色恒光灯。

在应急和保安用的车辆上显示的 C 型低光强障碍灯应发出蓝色闪光，而在其他车辆上显示的 C 型低光强障碍灯应发出黄色闪光。

在引导车辆上显示的 D 型低光强障碍灯应发出黄色闪光。

在诸如旅客登机桥之类的机动性有限的物体上的低光强障碍灯应是红色恒光灯，其光强在附近灯光的光强和正常观看该物体的一般照明水平的条件下应足以保证物体的鲜明度。

（二）中光强障碍灯的特性

A 型中光强障碍灯应是白色闪光灯，B 型的应是红色闪光灯，C 型的应是红色恒光灯，以及设在一个物体上的 A 型和 B 型中光强障碍灯应同时闪光。

（三）高光强障碍灯的特性

A 型和 B 型高光强障碍灯应是白色闪光灯。设在一个物体上的全部 A 型高光强障碍灯应同时闪光。标明架空电线或电缆等的支撑塔存在的 B 型高光强障碍灯应顺序闪光：首先是中层灯，然后是顶层灯，最后是底层灯。各层闪光之间的间隔时间应大致为表 9-19 中的比例。

表 9-19　灯光闪光间隔与周期时间比

灯光闪光间隔	周期时间比
中间灯与顶部灯	1/13
顶部灯与底部灯	2/13
底部灯与中间灯	10/13

第四节　目视助航设施的设计

一、人类的符号知觉原则

标志作为一种示意、识别、警告甚至命令的大众传播符号而存在，它比语言文字的信息量更大、更准确、更强烈，且具有世界性。因此，一个好的标志，应具有超语言、跨地区的通用性。依此特性，易辨认、易理解、易记忆就成了标志设计的首要原则，而且要求标志具有以下视觉特征。

（一）整体性

格式塔心理学研究表明：整体性特征不仅可以直接感知，而且是一种基本的知觉现象。在感知视觉对象的更多细节前，整体特征就已映入了眼帘。模式识别研究也表明：人眼识别一个形象，首先将图形和背景区分，然后从整体上给予把握，最后再逐步地识别细节。Navon 系列研究表明，总体特征的知觉快于局部特征的知觉。其他相关研究也发现了构型优势效应，即图形整体比部分要易于识别。

1. 边界线

边界线是分化的视野中图形与背景的交界线，这条分界线越清晰越有助于形成图形知觉。在知觉中我们常常将图形和背景共有的边界线判归图形而非背景。在设计中为了强调整体感，可以给标志图形加上明确的边界线，如把它放在一个方形、圆形或三角形的边框里面，加强标志的视觉整体感，使标志从背景中突显处理，引起人们的注意。

2. 图形/背景分明

要加强标志的整体感，还应做到图形/背景分明。标志设计的图形应与背景有较大的反差，如把黑色或蓝色符号置于白色背景上。总之，图形与背景的反差越强烈，越引人注目。

（二）简洁性

人眼倾向于将一个图形知觉成结构特征数目最少的形式，这种简洁性用知觉范畴模式解释就是说人眼所感受到的刺激模式越简单，理解就越容易。阿恩海姆指出"在视知觉中，一旦达到了对某一形式的最简单的理解，它就会显得更稳定，具有更多意义，更易于掌握"。

1. 相似、接近、连续原则

知觉组织上，相似、接近或连续的图形更容易被看成一个整体。在标志设计中，当涉及的要素（如文字、数字和图形）较多时，为了简化特征数目，往往把这些要素进行分组归类。例如，进行字母组合设计标志时，将各个字母的笔画、形状加以适当的变形处理，使之彼此在外形轮廓、位置、方向上趋于一致，以达到简化的效果。如可口可乐商标字体的设计，该标志采用了连笔的艺术体形式，将8个字母一气呵成，使整个设计流畅、飘逸，加强了该标志的整体性、联想性和象征性。

在将文字与图形进行组合设计时，也常常将文字处理成与图形的轮廓相似和基本吻合，彼此穿插、互相呼应，以期达到一致的视觉效果。如中国人民银行的标志，以三个相同的古币形呈三角排开，对应构成一个"人"字形，而三个古币也是"人"字的近似形，三人为众，众多的"人"字形成了"人民"的意念，整个标志简明、生动、形象，贴切地表达了中国人民银行的基本概念。

2. 对称与均衡原则

在视觉领域中，有一种对称及由此产生的"平衡"感的视觉效果。为什么人们对对称的形式情有独钟呢?也许是因为自然界中的生物大多是对称的，人们在长期的生活与实践中，逐渐接受并熟悉了这种对称的形式，而"熟悉"的模式对于大多数人而言，往往是简洁的，而且是"好"的。

在标志设计中，对称平衡形式是设计师最钟爱的设计手法之一，它不仅可以精简设计要素，而且设计出来的符号庄重、大方、稳定，且易于识别与制作。设计中除对称外，以均衡获取平衡也能使画面灵巧、活泼，这种均衡可以通过形状、色彩、面积、方向等的相互牵引来获得。

3. 闭合原则

闭合是人类的一种知觉倾向，它为知觉图形提供完善的定界的形式。人类已经习惯于环境中的直线和几何图形，能从过去的经验或相同的形式中推断或"填补"，人类确实具有对"完结假设"的推论倾向，将这种完形的闭合倾向运用到标志设计中，往往能取得出乎意料的效果。

（三）醒目性

整齐、规则、有秩序的事物都容易被人感知，但太容易被人感知的事物有时会让人觉得枯燥乏味，容易使人忘记。而对规则的破坏，如平整织物上的一个污点，则会像磁铁一样牢牢地吸引住观众的眼睛。在标志设计中，我们可以利用观众这种求新求奇的心理特点，进行引人注目的标志符号设计。

1. 共生原则

共生图形就是图形与图形之间的边缘线相互重合，图形与图形相互连接，构成共生的结构。当人们的视觉注视着某个事物时，从视觉心理上会相应地减弱周围物象的感知和注意，而当我们再移动视觉中心时，新的视觉对象便会成为视觉中心突显出来。共生的图形就是利用这种视觉特点，表现模棱两可的视觉意象。

2. 对比原则

有对比即有差异。在标志设计中，对比能使图形与背景容易分离，可使形态互为反衬、相互烘托，因而可增强标志的表现力。标志设计中的对比有形状对比、色彩对比、位置对比、质地对比等。突变则是一种较为独特的对比形式，是指图形在某一个位置上突破了整体的构图规律，从而成为引人注目的特殊形象。

3. 分离原则

人们对事物的认知，通常是以视觉的完形为基础的，如果将某个独立的物体做分割处理，就会在视觉上产生支离破碎之感，这种支离和破碎违反了人们追求完美的本性，但却能紧紧抓住观众的视线，达到出奇制胜、醒目夺人的视觉效果。

标志作为一种图形符号，主要的功能是用尽可能紧凑、完整、形象的图形，向观者传达尽可能丰富和准确的信息。只有了解人的视知觉的生理和心理特点，更好地利用知觉组织原则，才能使设计出的标志图形，更好地与人的认知规律相匹配，也只有这样设计出来的标志才能经久不衰。

二、指示标和信号设施

（一）风向标

每个机场应在跑道两端的瞄准点附近，距离跑道近边 45～105 m 设置风向标。风向标宜设置在跑道入口的左侧，应能被在飞行中的或在活动区上的飞机看得见，并不受附近物体引起的气流干扰。

风向标形状为截头圆锥形，由织物制成，应能指明地面风的方向，并能显示大致风速。长度应不小于 3.6 m，大端直径应不小于 0.9 m。选用的风向标颜色（一种或一种以上）至少在 300 m 高度看起来相对于背景醒目且便于理解。如选用单色，最好为白色或橙色；如选用两种颜色，最好选用橙色与白色、红色与白色或黑色与白色，并应安排成 5 个两色相间的环带，两端的环带用较深的颜色。

每个机场应至少有一个风向标的位置用直径为 15 m、宽 1.2 m 的圆环标出，选用足够醒目的颜色，最好为白色。在夜间使用的机场至少应有一个风向标设有照明，如图 9-18 和图 9-19 所示。

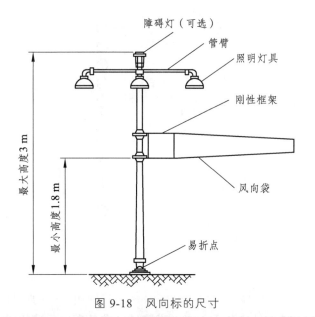

图 9-18　风向标的尺寸

图 9-19　机场风向标示意图

（二）着陆方向标

着陆方向标的位置应设置在机场的醒目地方。《民用机场飞行区技术标准》（MH 5001—2013）中对飞行器着陆方向标做了如下说明：飞机着陆地点的标示，昼间用"T"字标志，夜间用"T"字灯等标志，着陆方向的左侧，距离跑道边沿 5～10 m，距离跑道着陆入口处 50～3 m。

在未设有目视进近坡度指示系统的跑道入口以内，应设"T"字标志（仅供白天使用）。"T"字标志应设置在跑道入口左侧，距跑道近边 15 m 处，至跑道入口的距离约为跑道长度的 1/15～1/10，根据使用机型确定。"T"字的横划应与跑道中线垂直，且由进近方向看为字母"T"。"T"字标志和"T"字灯的形状以及最小尺寸如图 9-20 和 9-21 所示。

着陆方向标"T"的颜色应为白色或橙色，两者中选择观察时与背景反差好的。需供夜间使用的机场，着陆方向标"T"应设有照明或以白色灯勾画其轮廓。

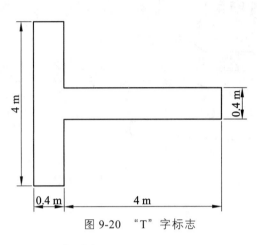

图 9-20 "T"字标志

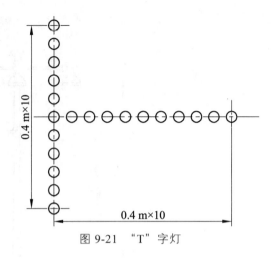

图 9-21 "T"字灯

（三）信号灯

管制塔台上设置的信号灯应能发出出红、绿、白三种颜色光的信号。光束的扩散角应不小于 1°，亦不大于 3°，3° 以外应几乎无光。当信号灯准备在白天使用时，颜色光的光强应不小于 6 000 cd。它的主要功能如下：

（1）按照需要由人工操纵对准任何目标。

（2）发出任何一种颜色光的信号，随之发出另外两种颜色光之一的信号。

（3）用三种颜色光中的任何一种以莫尔斯电码传送信息，速度至少为 4 字/分钟。

三、标　志

（一）跑道标志（runway marking）

跑道标志为在白天且能见度好的情况下给航空器起飞、着陆提供目视引导，在跑道表面涂刷的规定线条和符号。

1. 跑道号码标志（runway designators）

跑道号标识设置在跑道入口处，为白色，由两位数字组成，在平行跑道上应再增加一个字母，如图 9-22 所示。在单条跑道、两条平行跑道和三条平行跑道上，这个两位数应是从进近方向看去最接近于跑道磁方位角度数的 1/10 的整数。在四条或更多的平行跑道上，一组相邻跑道应按最接近于磁方位角度数的 1/10 编号，而另一组相邻跑道则按次一个最接近的磁方位角度数的 1/10 编号。当按上述规则得出的是一位数字时，则在它的前面加一个零。

在有平行跑道的情况下，每个跑道号码标志应从进近方向看去自左至右按下列顺序各增加一个字母。

（1）如为两条平行跑道："L""R"。

（2）如为三条平行跑道："L""C""R"。

（3）如为四条平行跑道："L""R""L""R"。

（4）如为五条平行跑道："L""C""R""L""R"或"L""R""L""C""R"。

（5）如为六条平行跑道："L""C""R""L""C""R"。

跑道字母与数字比例如图 9-23，尺寸不得小于图 9-23 要求，当数字与跑道入口标志结合在一起时，应采用较大的尺寸，以填补跑道入口标志线条间的空隙。

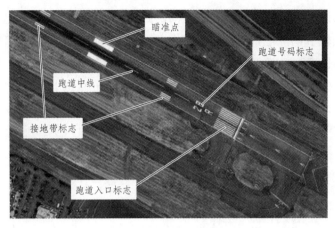

图 9-22 精密进近跑道

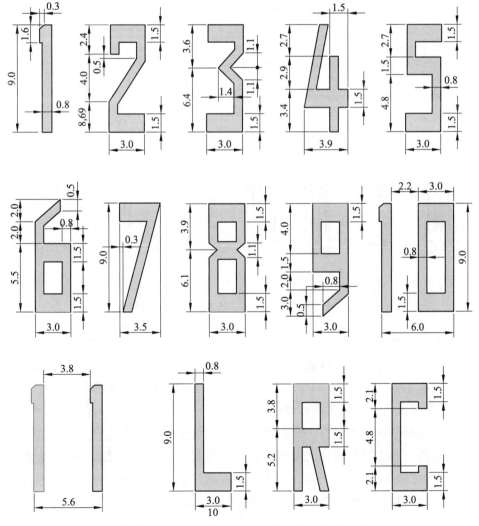

图 9-23 跑道号码标志的数字和字母的形状和比例（单位：m）

2. 跑道中线标志（Runway Centerline Marking）

跑道中线标志设在两端跑道号码标志之间的跑道中线上，用于显示跑道中心的位置，由均匀隔开的白色线段和间隙组成。每一线段加一个间隙的长度不得小于 50 m，亦不得大于 75 m。每一线段的长度至少等于间隙的长度或 30 m，取较大值。在Ⅱ类、Ⅲ类精密进近跑道上，跑道中线线段的宽度应不小于 0.9 m；在Ⅰ类精密进近跑道上以及基准代码为 3 或 4 的非精密进近跑道上，跑道中线线段的宽度应不小于 0.45 m；基准代码为 1 或 2 的非精密进近跑道和非仪表跑道上，跑道中线线段宽度应不小于 0.3 m。如图 9-24 所示。

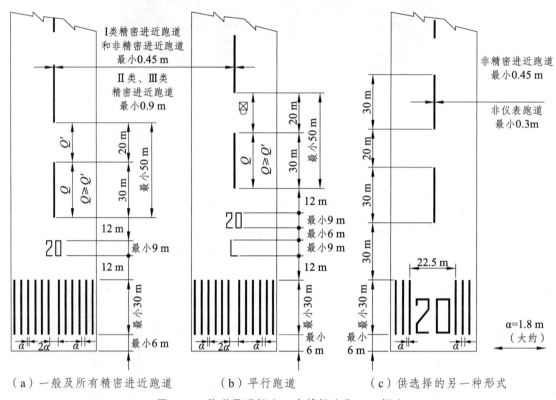

（a）一般及所有精密进近跑道　　（b）平行跑道　　　（c）供选择的另一种形式

图 9-24　跑道号码标志、中线标志和入口标志

3. 跑道入口标志（Runway Threshold Markings）

跑道入口处应设跑道入口标志，由一组尺寸相同，位置对称于跑道中线的纵向线段组成，入口标志的线段从距跑道入口 6 m 处开始，线段的总数应该由跑道宽度确定，如图 9-24 和表 9-20 所示。入口标志的线段应横向延伸至距跑道边 3 m 处，或跑道中线两侧各 27 m 距离处，以较小的横向宽度为准。如跑道号码标志设在入口标志之间，则跑道中线每侧应至少有三条线段。如跑道号码标志设在入口标志上方，这些线段须连续横贯跑道。线段至少 30 m 长、约 1.80 m 宽、约 1.80 m 间距。但在线段连续横贯跑道时，靠近跑道中线的两条线段之间应用双倍的间距隔开，而在跑道号码标志设在入口标志之间的情况下，则此间距应为 22.5 m。

表 9-20　跑道入口标识线含义

跑道宽度	入口白色线段数
18m	4
23m	6
30m	8
45m	12
60m	16

4. 永久内移跑道入口标志（Displaced Threshold）

当跑道永久内移时，依据图 9-25（b）所示在内移跑道入口以前的那部分跑道上设箭头。当跑道入口是从正常位置临时内移时，依据图 9-25（a）或（b）所示加以标志，并将内移跑道入口前除跑道中线标志以外的所有标志予以遮掩，同时将跑道中线标志改为箭头。

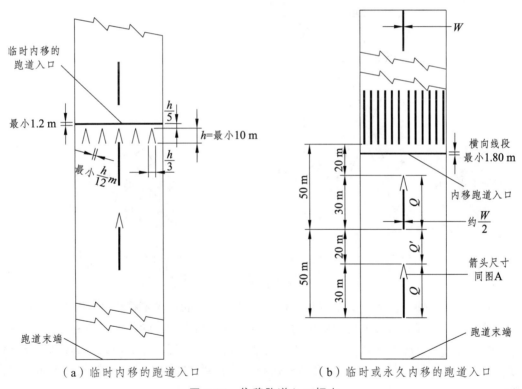

（a）临时内移的跑道入口　　　　（b）临时或永久内移的跑道入口

图 9-25　位移跑道入口标志

5. 跑道入口前地区标志

当跑道入口前筑有道面，其长度超过 60 m，且不适于航空器的正常使用时，应在跑道入口前的全长用"∧"形符号予以标志。

"∧"形标志应指向跑道方向，位置如图 9-26 所示。

"∧"形标志应颜色鲜明，且与跑道标志所用颜色形成反差，以黄色为宜，线条总宽度至少为 0.9 m。

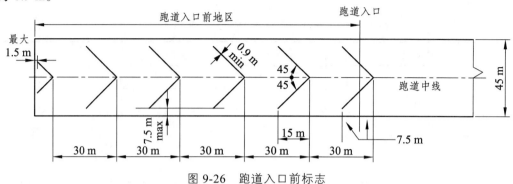

图 9-26　跑道入口前标志

6. 跑道和滑行道关闭标志

在跑道上关闭标志的形状和比例如图 9-27（a）所示。在滑行道上关闭标志的形状和比例应如图 9-27（b）所示。跑道上的关闭标志应是白色，而在滑行道上的关闭标志应是黄色。当跑道和滑行道或其部分为永久关闭时，应涂抹掉所有的正常跑道和滑行道标志。

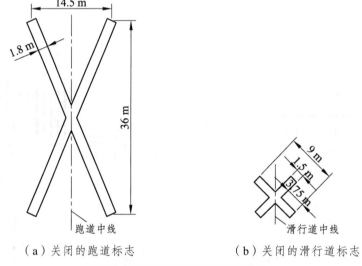

（a）关闭的跑道标志　　　　　（b）关闭的滑行道标志

图 9-27　关闭的跑道和滑行道标志

除为维护目的外，已关闭的跑道和滑行道或其部分上的灯光不得再开启使用。当关闭的跑道或滑行道或其部分与可供夜间使用的跑道或滑行道相交时，除关闭标志外，在横贯被关闭区域的进口处，还应设置间距不超过 3 m 的非适用区标志灯。非适用区标志灯应是红色恒光灯。其光强应足以保证其在周围灯光的光强和正常看到它时的背景的一般照度下明显醒目。在任何情况下，光强不得小于 10 cd 红光。

7. 跑道瞄准点标志（Runway Aiming Point Markings）

瞄准点由两条明显的条块组成，对称设在跑道中线两侧，瞄准点标志从不小于表 9-21 中相应栏中表明的距入口的距离处开始，但在跑道设置目视进近坡度指示系统时，标志的开始点应与目视进近坡度起端重合。在设置接地带标志的地方，瞄准点标志的横向间距应与接地带标志相同。

表 9-21　瞄准点标志的位置和尺寸

位置和尺寸 （1）	可用着陆距离			
	小于 800 m （2）	800m 至不足 1200m （3）	1200m 至不足 2400m （4）	2400m 及以上 （5）
跑道入口至标志开始点距离/m	150	250	300	400
标志线段长度 [a]/m	30～45	30～45	45～60	45～60
标志线段宽度/m	4	6	6～10 [b]	6～10 [b]
线段内边的横向间距/m	6 [c]	9 [c]	18～22.5	18～22.5

注：a. 规定范围较大的尺寸用于要求增加明显度时使用。

　　b. 横向间距可以在这些范围内变动，以使该标志被橡胶堆积物的污染减少到最低程度。

　　c. 这些数字是参照机场基准代号第二要素即主起落架外轮的间距得出的。

8. 跑道接地带标志（Runway Touchdown Zone Makers）

有铺筑面的仪表跑道和基准代码为 3 或 4 的有铺筑面的非仪表跑道应设接地带标志（见图 9-28）。接地带标志由若干对称地设在跑道中线两侧的长方形标志块组成，其对数与可用着陆距离有关。当一条跑道两端的进近方向都要设置该标志时，则与跑道两端入口之间的距离有关。具体规定见表 9-22。

图 9-28　跑道接地带标志

表 9-22　接地带标志对数规定

可用着陆距离或跑道入口之间的距离/m	标志块对数
小于 900	1
900 至不足 1 200	2
1 200 至不足 1 500	3
1 500 至不足 2 400	4
2 400 及 2 400 以上	6

接地带标志按图 9-29 所示两种形式中的一种。在图 9-29（a）所示形式中，每块标志的

长和宽分别不小于 22.5 m 和 3 m。在图 9-29（b）所示形式中，每条标志的长和宽分别不小于 22.5 m 和 1.8 m，相邻线条之间的间距为 1.5 m。长方形的内边的横向间距在设有瞄准点标志的场合，应与该瞄准点标志的横向间距相等。在不设置瞄准点标志的场合，长方形的内边之间的横向间距与表 9-21 中（相应的 2、3、4 或 5 栏）对瞄准点标志规定的横向间距相符。成对标志的纵向间距为 150 m，自跑道入口处开始。与瞄准点标志相重合或位于其 50 m 范围内的各对接地带标志应删去。

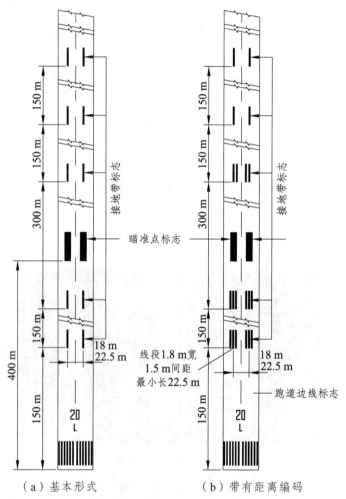

（a）基本形式　　　　（b）带有距离编码

图 9-29　瞄准点和接地带标志（按 2 400 m 或以上长度的跑道示例）

9. 跑道边线标志（Runway Side Stripe Marking）

当跑道边缘与道肩或周围地域缺乏明显对比时，应在铺筑跑道的两端入口之间的范围内设置跑道边线标志。跑道边线标志由两个线条组成，沿跑道的两侧边缘各设一条，每条的外边大致在跑道边缘上，只有在跑道宽度大于 60 m 时，标志才应设在距跑道中线 30 m 处，如图 9-30 所示。当设有跑道调头坪时，跑道边线标志应在跑道和跑道调头坪之间连续。需要注意的是，当宽度为 30 m 或大于 30 m 的跑道边线标志的线条宽度至少为 0.9 m，在较窄的跑道上，线条宽度至少为 0.45 m。

图 9-30　跑道边线与跑道肩标志

10. 滑行道中线标志（Taxiway Centerline）

滑行道、飞机机位滑行通道以及除冰防冰设施应设滑行道中线标志，并能提供从跑道中线到各机位之间的连续引导。滑行道中线标志一般为宽度不小于 15 cm 的连续黄色实线，浅色道面（如水泥混凝土道面）上的滑行道中线标志两侧宜设置不小于 5 cm 宽的黑边，如图 9-31 所示。滑行道中线标志在与跑道等待位置标志、中间等待位置标志及各类跑道标志相交处应中断，中断的滑行道中线标志与上述标志的净距为 0.9 m（不含黑框），如图 9-32 和图 9-33 所示。如 0.9 m 间距无法实现时，也可采用 0.3 m 间距，如图 9-31 所示。

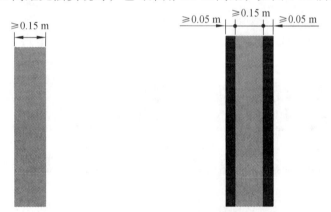

（a）深色道面（如沥青混凝土）　　（b）浅色道面（如水泥混凝土）

图 9-31　滑行道中线标志

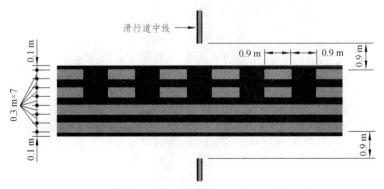

图 9-32　浅色道面上的 A 型跑道等待位置标志

注：沿着"实线—虚线"方向行进将引导航空器或车辆进入跑道。

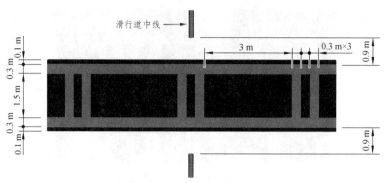

图 9-33　浅色道面上的 B 型跑道等待位置标志

在滑行道直线段，滑行道中线标志应沿滑行道中线设置；在滑行道弯道部分（飞机机位滑行通道除外），滑行道中线标志应使当飞机的驾驶舱保持在滑行道中线标志上时，飞机的外侧主轮与滑行道边缘之间的净距不小于表 9-8 的规定。

作为跑道出口的滑行道（含快速出口滑行道和垂直滑行道），该滑行道中线标志应以曲线形式转向跑道中线标志，并平行（相距 0.9 m）于跑道中线延伸至超过切点一定距离，此距离在基准代码为 3 或 4 时应不小于 60 m，基准代码为 1 或 2 时应不小于 30 m，如图 9-34 和图 9-35 所示。

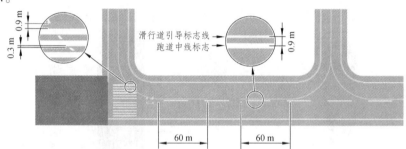

图 9-34　跑道与滑行道相交处标志设置（图示仅包括 60 m 情况）

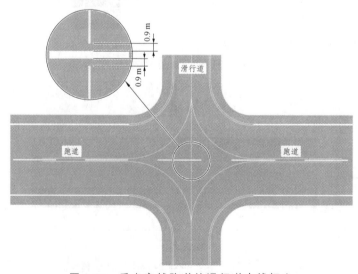

图 9-35　垂直穿越跑道的滑行道中线标志

注：对于仅供穿越跑道的滑行道，转弯圆弧线不画。

11. 跑道等待位置标志（Runway Holding Position Sign）

在跑道等待位置处应设置跑道等待位置标志。跑道等待位置与跑道中线之间的距离应符合表 9-23 的规定。在滑行道与非仪表跑道、非精密进近跑道或起飞跑道相交处，跑道等待位置标志应为如图 9-32 所示的 A 型。在滑行道与Ⅰ、Ⅱ或Ⅲ类精密进近跑道相交处，如仅设有一个跑道等待位置，则该处的跑道等待位置标志应为图 9-32 所示的 A 型。在上述相交处如设有多个跑道等待位置，则最靠近跑道的跑道等待位置标志应采用图 9-32 所示的 A 型，而其余离跑道较远的跑道等待位置标志应采用图 9-33 所示的 B 型。B 型跑道等待位置标志的位置由跑道所服务的最大机型以及 ILS/MLS 的临界/敏感区决定，并且仅当 ILS 运行时，B 型跑道等待位置标志才发挥作用。

表 9-23　跑道中线到等待坪、跑道等待位置或道路等待位置的最小距离　单位：m

跑道类型	基准代码			
	1	2	3	
非仪表	30	40	75	75
非精密进近	40	40	75	75
Ⅰ类精密进近	60[a]	60[a]	90[a, b]	90[a, b, c]
Ⅱ类及Ⅲ类精密进近	—	—	90[a, b]	90[a, b, c]
起飞跑道	30	40	75	75

注：a. 为避免干扰无线电导航设备，特别是下滑航道和航向设施，这一距离可能需要增加。

　① 对基准代码为 3 或 4 所规定的 90 m 距离的根据是：航空器尾翼高 20 m，机头至尾翼的最高部分距离 52.7 m，机头高 10 m，等待在与跑道中线成 45°或更大的位置，未侵犯无障碍物区，并对超障高度/超障高（OCA/H）的计算无需说明。

　② 对基准代码为 2 所定的 60 m 距离的根据是：航空器尾翼高 8 m，机头到尾翼的最高部位距离 24.6 m，机头高 5.2 m，等待在与跑道中线成 45°或更大的位置，未侵犯无障碍物区。

　b. 如果等待坪、跑道等待位置或道路等待位置的高程低于跑道入口的高程，则每低 1 m，此最小距离可减少 5 m，但以不突出内过渡面为准。

　c. 基准代字为 F 时该距离应为 107.5 m。

　对基准代码为 4 而基准代字为 F 所定的 107.5 m 距离的根据是，航空器尾翼高 24 m，机头到尾翼的最高部位距离 62.2 m，机头高 10 m，等待在与跑道中线成 45°或更大的位置，未侵犯无障碍物区。

A 型跑道等待位置标志应如图 9-32 所示。如果 B 型跑道等待位置标志所处地区的宽度大于 60 m，应将"CAT Ⅱ"或"CAT Ⅲ"字样标志在跑道等待位置标志的两端以及最大相距 45 m 的各点的（中间）地面上。字母高度应不小于 1.8 m，并应位于跑道等待位置标志以外不超过 0.9 m 处。当 B 型跑道等待位置标志与 A 型跑道等待位置标志相距小于 15 m 时，在原来 B 型跑道等待位置标志处仅设 A 型跑道等待位置标志即可。

在跑道与跑道交叉处设置的跑道等待位置标志应垂直于作为标准滑行路线的一部分的跑道的中线。在标准滑行路线不与跑道中线重合的情况下，跑道等待位置标志应垂直于滑行道中线标志。标志应为图 9-32 所示的 A 型。浅色道面上的跑道等待位置标志应设置黑色背景，黑色背景的外边宽为 0.1 m，如图 9-32 和图 9-33 所示。

12. 中间等待位置标志

在中间等待位置和比邻滑行道的远距除冰防冰设施出口边界上应设置中间等待位置标

志。在两条有铺筑面的滑行道相交处设置的中间等待位置标志应横跨滑行道，并与相交滑行道的近边有足够的距离，以保证滑行中的飞机之间有足够的净距，净距应满足表 9-10 的要求。中间等待位置标志应采用如图 9-36 所示的单条断续线（虚线）。位于浅色道面上的中间等待位置标志周围宜设置如图 9-36 所示黑色背景。当两个相邻的中间等待位置标志距离小于 60 m 时，可仅保留一个中间等待位置标志，并设置于两个相邻的中间等待位置标志的中间处，如图 9-37 所示。

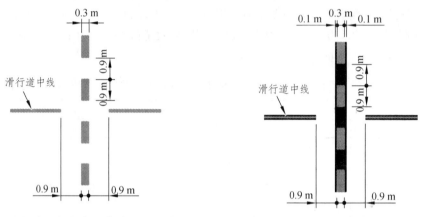

（a）深色道面上的中间等待位置标志　　　（b）浅色道面上的中间等待位置标志

图 9-36　中间等待位置标志（一）

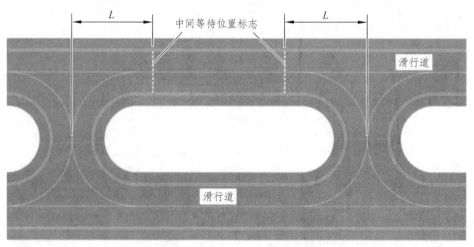

图 9-37　中间等待位置标志（二）

注：L 为中间等待位置到滑行道中线的距离。

（二）强制性指令标志

在无法按照要求安装强制性指令标记牌时，应在铺筑道面上设置强制性指令标志，也可以根据运行需要或为协助防止跑道入侵，应设置强制性指令标志作为强制性指令标记牌的补充。

强制性指令标志应为红底白字，在标志与铺砌面颜色反差不明显时，应在强制性指令标志的周边加上适当颜色的边框，最好为白色或黑色。仅用作跑道出口的滑行道处可设立"禁止进入"标志，该标志为白色的"NO ENTRY"字样，设在红色的背景上，如图 9-38 所示。除禁止进入标志外，白色字符应提供与相关的标记牌相同的信息。

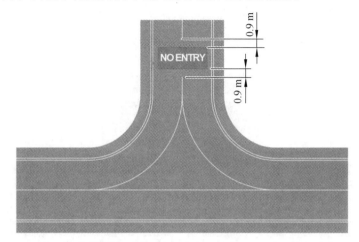

图 9-38 基准代码为 A、B、C、D 滑行道上的强制性指令标志

强制性指令标志应设在滑行道中线标志的左侧和跑道等待位置标志的停机等待一侧，如图 9-39 所示。标志的边缘距离滑行道中线标志和跑道等待位置标志应不小于 1 m。

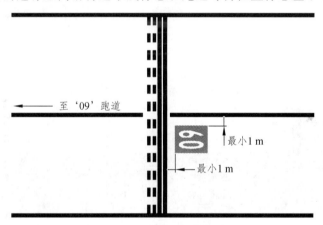

图 9-39 强制性指令标志

（三）信息标志

根据有关当局规定要求设置信息标记牌而实际上又无法安装时，在复杂的滑行道相交处的前面和后面（表明方向和位置），如图 9-40 所示，在运行经验表明增设一个滑行道位置标志可能有助于驾驶员的地面滑行之处，以及在很长的滑行道上全长按一定间距划分的各点，宜相距 300~500 m（见图 9-41）时，应在道面的表面上设置信息标志。信息标志应沿着滑行道的全长，以有规律的间隔将其设置在铺砌的道面上。因受净距要求、地形限制或其他原因导致标记牌只能设置在滑行道右侧时，宜在地面设置信息标志作为标记牌的补充（一般情况下都是设置在滑行道左侧的）。

信息标志应包括：

（1）在黑色底色上的黄色字符（当其替代或补充位置标记牌时）。

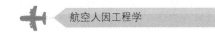
（2）在黄色底色上的黑色字符（当其替代或补充方向标记牌或目的地标记牌时）。

在标志底色与铺砌道面表面的颜色反差不足时，标志应有边框，如字符为黑色时应有黑色边框，字符为黄色时应有黄色边框。

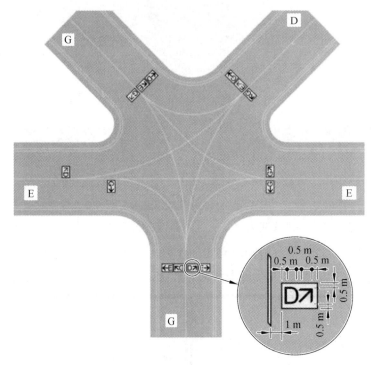

图 9-40　复杂的滑行道相交处信息标志

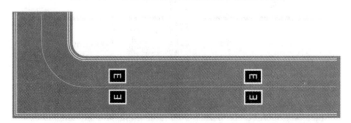

图 9-41　在很长的滑行道上全长按一定间距设置位置标志

四、标记牌

（一）标记牌基本要求

在机场内实现安全有效的航空器滑行和地面活动，应设置一套标记牌系统，供航空器和车辆驾驶员在活动区内使用。

标记牌包括滑行引导标记牌、VOR 机场校准点标记牌、机场识别标记牌、航空器机位识别标记牌及道路等待位置标记牌。其中滑行引导标记牌包括跑道号码标记牌，Ⅰ类、Ⅱ类或Ⅲ类等待位置标记牌，跑道等待位置标记牌，禁止进入标记牌，用于转换频率的等待点标记牌，位置标记牌，方向标记牌，目的地标记牌，跑道出口标记牌，跑道脱离标记牌，滑行道位置识别点标记牌，交叉点起飞标牌，滑行道终止标记牌。

标记牌的特点：

（1）标记牌应是易折的，尺寸如表 9-24 所示。

（2）标记牌应为长方形，其长边为水平（见图 9-40 和图 9-41）。

（3）在活动区上使用红色的标记牌应是强制性指令标记牌。在视程条件小于 800 m；夜间用于仪表跑道；夜间用于基准代码为 1 或 2 或 3 或 4 的非仪表跑道，需予以照明。

（4）标记牌上的文字符号应符合表 9-25 的规定。

（5）标记牌按内容分为不变内容标记牌和可变内容标记牌。可变内容标记牌在不使用或出现故障时，应显示一片空白。在可变内容标记牌上，从一个通知改变到另一个通知的时间应尽可能短，应不超过 5 s。

表 9-24 滑行引导标记牌的位置距离

基准代码	标记牌高度/mm			从规定的滑行道道面边缘至标记牌最近侧面的垂直距离/m	从规定的跑道道面边缘至标记牌最近侧面的垂直距离/m
	文字符号	牌面（最小）	安装高度（最大）		
1 或 2	200	400	700	5～11	3～10
1 或 2	300	600	900	5～11	3～10
3 或 4	300	600	900	11～21	8～15
3 或 4	400	800	1100	11～21	8～15

表 9-25 标记牌的文字符号要求

跑道基准代码	最小字符高度/mm		
	强制性指令标记牌	信息标记牌	
		跑道出口和脱离跑道标记牌	其他标记牌
1 或 2	300	300	200
3 或 4	400	400	300

（二）强制性指令标记牌

在需要指示行进中的航空器或车辆不能越过未经机场管制塔台许可越过的界限处，应设强制性指令标记牌。强制性指令标记牌应为红底白字。由于环境或其他因素，强制性指令标记牌文字符号需要突出其鲜明性时，白色文字符号的外缘宜加黑色边框。跑道基准代码为 1 和 2 的黑色边框宽度为 10 mm，跑道基准代码为 3 和 4 的黑色边框宽度为 20 mm，如图 9-42（i）所示。各种强制性指令标记牌的牌面文字符号示例如图 9-42 所示。

在 A 型跑道等待位置标志延长线的两端应各设一块跑道号码标记牌。如果滑行道上 A 型和 B 型跑道等待位置标志相距不大于 15 m，则应将跑道号码标记牌移至 B 型跑道等待位置处，并将原应在该处设置的 I 类、II 类或 III 类等待位置标记牌取消，如图 9-43 所示。在 B 型跑道等待位置标志的两端应各设一块 I 类、II 类或 III 类等待位置标记牌。在跑道号码标记牌的外侧应设一块标明所在滑行道的位置标记牌。跑道号码标记牌上的文字符号应包括相交跑道两端的跑道识别号码，并按观看标记牌的方向安排号码顺序。只有靠近跑道一端的跑道号码标记牌可仅展示该跑道端的识别号码，如图 9-44 所示。如果滑行道的位置或方向使滑行的航空器或车辆会侵犯障碍物限制面或干扰无线电助航设备的运行，则应在该滑行道上设跑道等待位置标记牌。该标记牌应设在障碍物限制面或无线电助航设备的临界/敏感区边界处的跑道等待位置上，朝向趋近的航空器，并在跑道等待位置的两侧各设一块。牌面文字应包括滑行道识别代码和一个数字，如图 9-42（e）所示。

当需要禁止航空器进入一个地区时应设置禁止进入标记牌，其形状如图 9-45 所示。"禁止进入"标记牌应设置在禁止进入地区起始处的滑行道两侧，面对驾驶员。作为防止跑道侵入的措施之一，对于机场交通密度为"高"的机场，仅作出口的滑行道应在进入跑道方向上设置"禁止进入排灯"，以防止航空器或车辆误入该滑行道。"禁止进入排灯"的构型及光学特性与停止排灯相同，设置在单向出口滑行道反向入口附近，并在 A 型跑道等待位置之前，且不得突破 ILS/MLS 临界/敏感区的边界及对应跑道的内过渡面的底边。与"禁止进入排灯"并列的滑行道端应设置禁止进入标记牌，"禁止进入排灯"前还可设置"禁止进入"地面标志，如图 9-46 所示；对于机场交通密度为"中"的机场，仅作出口的滑行道宜设置"禁止进入排灯"，不设置时，应设置"禁止进入"地面标志；对于机场交通密度为"低"的机场，仅作出口的滑行道可不设置"禁止进入排灯"。不管"禁止进入排灯"是否设置，相应位置均应设置"禁止进入"标记牌。

在Ⅰ类、Ⅱ类、Ⅲ类或Ⅱ/Ⅲ类合用的跑道等待位置标记牌上的文字符号应为相应的跑道号码后加"CATⅠ""CATⅡ""CATⅢ"或"CATⅡ/Ⅲ"，视情况而定，如图 9-43 所示。在机场运行要求航空器滑行至此应停住按空管要求转换频率之处，应设置强制性指令标记牌"HP X"（X 为阿拉伯数字），如图 9-42（j）所示，同时应将此类信息公布在航行资料中。

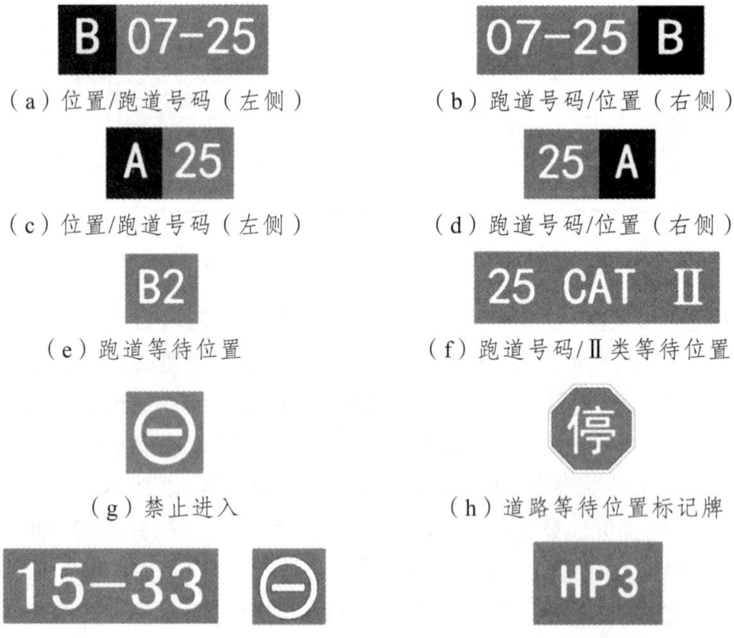

B 07-25	07-25 B
（a）位置/跑道号码（左侧）	（b）跑道号码/位置（右侧）
A 25	25 A
（c）位置/跑道号码（左侧）	（d）跑道号码/位置（右侧）
B2	25 CAT Ⅱ
（e）跑道等待位置	（f）跑道号码/Ⅱ类等待位置
⊖	停
（g）禁止进入	（h）道路等待位置标记牌
15-33 ⊖	HP3
（i）增加了黑边的白色字	（j）用于转换频率的等待点标记牌

图 9-42　强制性指令标记牌

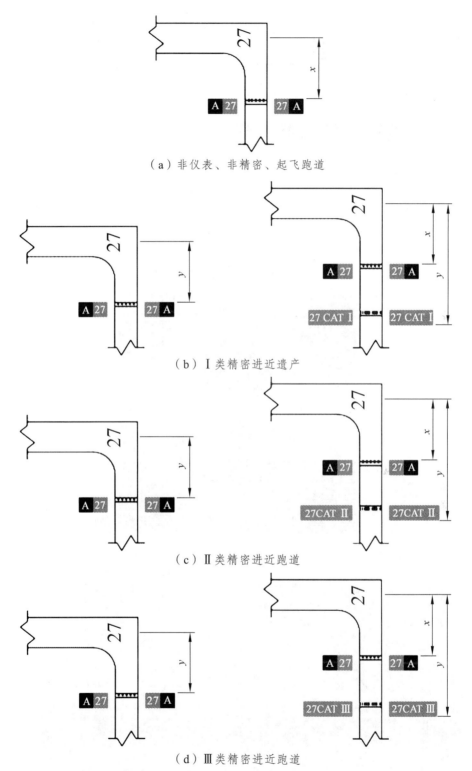

（a）非仪表、非精密、起飞跑道

（b）Ⅰ类精密进近遗产

（c）Ⅱ类精密进近跑道

（d）Ⅲ类精密进近跑道

图 9-43　滑行道与跑道交接处的标记牌位置示例

注：距离 x 是按表 2 确定的，距离 y 是根据 ILS/MLS 的临界/敏感区的边界确定的。左边的图为 $y-x \leqslant 15$ m 时的设置情况。

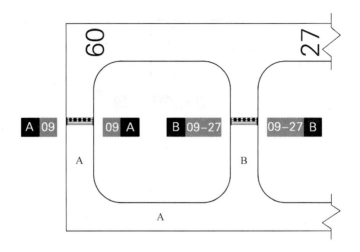

图 9-44　跑道号码标记牌

图 9-45　禁止进入标记牌形状

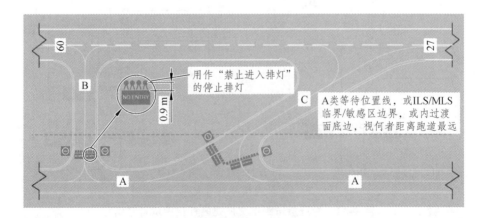

图 9-46　禁止进入标记牌的设置

（三）信息标记牌

1. 信息标记牌上的文字表示

信息标记牌上应用下列文字表示各种地区地段：

（1）跑道端用跑道号码表示。

（2）滑行道用滑行道编号表示。

（3）客机坪或客货共用机坪用"APRON"表示。

（4）货机坪用"CARGO"表示。

（5）试车坪用"RUNUP"表示。

（6）国际航班专用机坪用"INTL"表示。

（7）军民合用机场的军用部分用"MIL"表示。

（8）军民合用机场的民用部分用"CIVIL"表示。

（9）除冰坪用"DEICING"表示。

2. 位置标记牌

在需要向驾驶员提供其所在位置的信息之处应设置位置标记牌，标出所在滑行道的编号。位置标记牌应为黑底黄字，单独设置的位置标记牌应增加一个黄色边框，如图 9-47（g）所示。

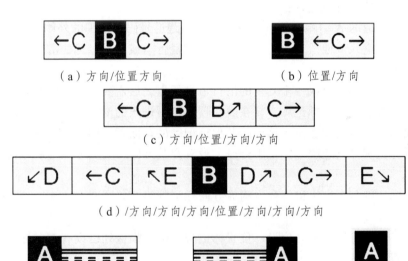

（a）方向/位置方向　　　　　（b）位置/方向

（c）方向/位置/方向/方向

（d）/方向/方向/方向/位置/方向/方向/方向

（e）位置/脱离跑道　　　（f）脱离跑道/位置　　　（g）位置

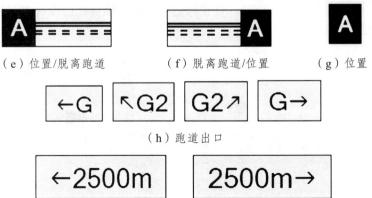

（h）跑道出口

（i）交叉点起飞

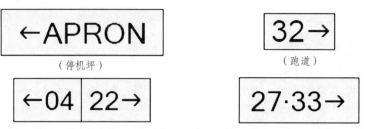

（停机坪）

（跑道）

（标记牌显示航空器去往04号跑道和
22号跑道在此道口分别向左、右转）

（标记牌显示航空器去往27号跑道、
33号跑道在此道口向右转）

（除冰坪）

（j）目的地

（k）滑行位置识别点

图 9-47　信息标记牌

下列位置应设置位置标记牌：

（1）在通往跑道的 A 型跑道等待位置处，设在跑道号码标记牌的外侧，如图 9-42 所示。

（2）在有可能进入其他滑行道的机坪出口处的滑行道或交点以远的滑行道，位置设在出口滑行道的左侧。

（3）在航空器穿越跑道或一个复杂的滑行道交叉点之后需要证实航空器确已进入正确的滑行道之处，宜设置一位置标记牌，设在航空器穿越后进入的滑行道的左侧，若不能设在左侧时可设置在右侧，也可设在位于该处的其他标记牌的背面，如图 9-48 所示。

（4）位置标记牌与跑道脱离标记牌合设，设置在其外侧，如图 9-47（e）和图 9-47（f）所示。

（5）位置标记牌与方向标记牌合设构成方向标记牌组，如图 9-47（a）～图 9-47（d）所示；

（6）在每一中间等待位置处应设一位置标记牌，但如果该处已设有方向标记牌组，则不再单独设置位置标记牌。

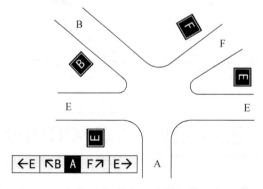

图 9-48　复杂滑行道交叉处增设位置标记牌

3. 方向标记牌

根据运行需要在一相交点的滑行道的识别代码和方向时应设置一块方向标记牌。方向标记牌应为黄底黑字。方向标记牌应包括滑行道编号和用以识别转弯方向的箭头。箭头的方向应与指示的方向一致或近似。指向左转的箭头应设在滑行道编号的左侧，指向右转的或直行的箭头应设在滑行道编号的右侧。在滑行道与滑行道交叉点之前，若按运行常规要求航空器进行观察选择前进的方向，则应在该处设一个方向标记牌组。方向标记牌组应包括一块标明所在滑行道的位置标记牌和若干个标出航空器可能需要转入的滑行道的方向标记牌。

在只有两条滑行道交叉处，宜用一个带两个箭头的方向标记牌代替两个滑行道编号相同、方向不同的标记牌，此时位置标记牌应设在方向标记牌左侧，如图 9-47（b）所示。方向标记牌的布置应使各个方向箭头偏离垂直线的程度随着相应滑行道方向偏离所在滑行道方向的程度的增大而增大，如图 9-47（d）所示。航空器所在滑行道如果在交叉点之后方向显著改变时，则方向标记牌组除包括该滑行道的位置标记牌外，还应包括一块标明该滑行道方向改变的方向标记牌，如图 9-47（c）所示。相邻方向标记牌应用黑色垂直分界线隔开，如图 9-47所示。在滑行道与滑行道交叉处，如果在滑行道交叉点前设有中间等待位置，则方向标记牌组应设在交叉点以前的中间等待位置标志的延长线上，如图 9-49 所示。

4. 目的地标记牌

在需要用标记牌向驾驶员指明前往某一目的地的滑行方向处，宜设一块目的地标记牌，牌面标有代表该目的地的文字符号和一个指明去向的箭头，如图 9-47（j）所示。目的地标记牌不应与其他标记牌合设。如果目的地在正前方，目的地标记牌可设在交叉点远方的方向标记牌组的背面；在滑行道终止于前方 T 形交叉点时，目的地标记牌应设在交叉点的远方，即 T 形交叉点的平顶上方中央，如图 9-50 所示。目的地标记牌颜色应为黄底黑字。

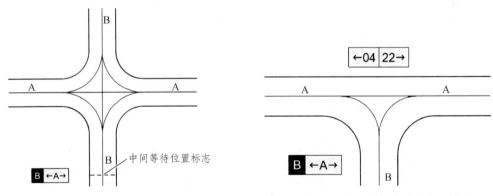

图 9-49 滑行道交叉处标记牌的布置示意图　　图 9-50 滑行道 T 形相交处的标记牌设置

在滑行道终止于一个 T 形相交点时，应用目的地标记牌标明滑行道终止于一个 T 形相交点。当不便设置目的地标记牌时，可设置一个滑行道终止标记牌。目的地标记牌或滑行道终止标记牌应设在终止的滑行道终端的对面，如图 9-50 和图 9-51 所示。滑行道终止标记牌牌面应为黄黑交替斜纹，如图 9-52 所示。

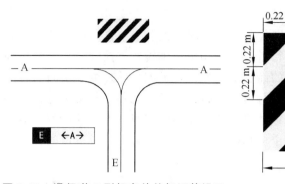

图 9-51 滑行道 T 形相交处的标记牌设置 　　　　图 9-52 滑行道终止标记牌尺寸

5. 跑道出口标记牌

跑道出口标记牌上的文字符号应包括跑道出口滑行道的代码和一个标明应遵行方向的箭头。跑道出口标记牌颜色应为黄底黑字，应设在跑道出口滑行道一侧，并按表 9-26 定位。

跑道出口标记牌应设在跑道与出口滑行道相交切点之前，基准代码为 3 或 4 时，标记牌至切点的距离应不小于 60 m；基准代码为 1 或 2 时，标记牌至切点的距离应不小于 30 m。如果紧临跑道的两条出口滑行道距离较近，当其中一跑道出口标记牌按要求设在跑道与出口滑行道相交切点之前至少 60 m 处时，可能标记牌会位于另一出口滑行道道面上，在此情况下可适当改变标记牌的位置，使其设在相交切点之前不足 60 m 处的适当位置上，并使标记牌至跑道边线、滑行道边线的距离符合表 9-26 的规定，如图 9-53 所示。

表 9-26　滑行引导标记牌的位置距离

基准代码	标记牌高度 /mm			从规定的滑行道道面边缘至标记牌最近侧面的垂直距离/m	从规定的跑道道面边缘至标记牌最近侧面的垂直距离/m
	文字符号	牌面（最小）	安装高度（最大）		
1 或 2	200	400	700	5～11	3～10
1 或 2	300	600	900	5～11	3～10
3 或 4	300	600	900	11～12	8～15
3 或 4	400	800	1100	11～12	8～15

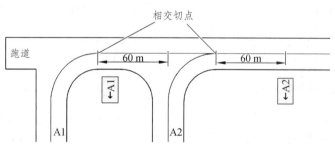

图 9-53　跑道出口标记牌的设置

注：1. A1 标记牌受条件限制无法在标准位置设置，只能设置在转弯开始点切点附近。
　　2. A2 标记牌符合标准安装位置。

6. 跑道脱离标记牌

仪表跑道应设置跑道脱离标记牌，该标记牌应设置在跑道等待位置处，颜色应为黄底黑线。对于单向运行的出口滑行道，则应设置在相当于跑道等待位置处。当跑道设有 ILS/MLS 时，跑道脱离标记牌应设置在临界/敏感区的边界或内过渡面的底边，以距离跑道中线较远者为准。跑道脱离标记牌上应展示 A 型跑道等待位置标志的图案，且至少应设在出口滑行道的一侧，在跑道脱离标记牌的外侧还应设一块位置标记牌，如图 9-54 所示。

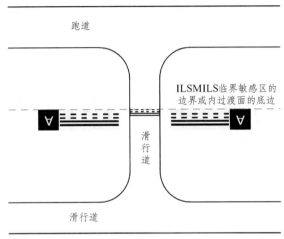

图 9-54　跑道脱离标记牌的设置

在单向运行的滑行道上，应在跑道脱离标记牌背面展示滑行道号码，供航空器或车辆错误进入后辨识滑行道使用。除此以外的滑行道上，跑道脱离标记牌应与应设置在此处的标记牌合设在一块牌子的两面上。

7. 跑道交叉点起飞标记牌

根据运行需要标明跑道交叉点起飞的剩余可用起飞滑跑距离时，应设一块交叉点起飞标记牌。交叉点起飞标记牌应设在入口滑行道的左侧，标记牌至跑道中线的距离应不小于 60 m，但若基准代码为 1 或 2 时，标记牌至跑道中线的距离则应不小于 45 m，如图 9-55 所示。交叉点起飞标记牌上的文字符号应包括以米为单位的剩余可用起飞滑跑距离和一个方向与位置适当的箭头，如图 9-47（i）所示。跑道交叉点起飞标记牌颜色应为黄底黑字。

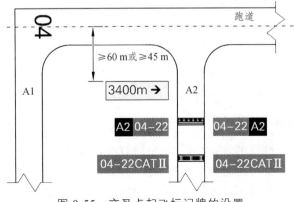

图 9-55　交叉点起飞标记牌的设置

8. 滑行位置识别点标记牌

根据运行需要时，可设置滑行位置识别点标记牌。滑行位置识别点标记牌设置在滑行道左侧，牌面为字母"HP"（"Holding Point"的首字母），后加一个顺序数字。标记牌颜色为黑底黄字。

（四）VOR机场校准点标记牌

当设有VOR机场校准点时，应以VOR机场校准点标志和VOR机场校准点标记牌来标明。VOR机场校准点标记牌应尽可能地靠近校准点，使得从正确地位于VOR机场校准点标志上的航空器驾驶舱里能看得到标记牌上的字样。VOR机场校准点标记牌为黄底黑字，文字符号如图9-56所示。

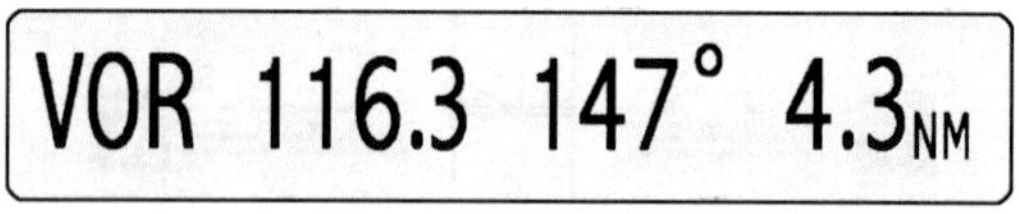

$$\text{VOR } 116.3 \ 147° \ 4.3_{NM}$$

图9-56　VOR机场校准点标记牌示例

注：VOR为缩写，标明这是VOR机场校准点。
116.3为该VOR无线电频率的一个示例。
147°是应在VOR校准点指示出的VOR方位角的度数的一个示例，精确到度。
4.3NM为至与VOR装在一起的测距仪（DME）的距离的一个示例，以海里为单位。

五、标志物

标志物应易折。跑道或滑行道附近的标志物应低得足以保持与飞机螺旋桨和喷气飞机发动机吊舱的净距。为了防止标志物从基座断开后被吹走，有时用地锚或链条将其拴住。

（一）无铺砌面跑道的边线标志物

当无铺砌面的跑道的表面与周围地面比较，不能清楚地显示跑道的范围时，应设置标志物。在设有跑道灯时，标志物应与灯具结合在一起。在未设跑道灯的地方，应用扁平长方形或锥形的标志物清晰地勾画出跑道的边界。扁平长方形标志物的尺寸应不小于1 m×3 m，并应安置得使其长边平行于跑道中线。锥形标志物的高度应不超过50 cm。

（二）表面积雪的跑道边线标志物

当积雪跑道未能用其他方法标出其可用界限时，应采用积雪跑道的边线标志物标出其可用界限。积雪跑道的边线标志物应沿跑道两边设置，间距不大于100 m，并对称于跑道中线，与中线的距离应使其与飞机翼尖和发动机有足够的净距。横贯跑道入口和末端应设置足够数量的标志物。积雪跑道的边线标志物应由醒目的物体诸如高约1.5 m的常青树或轻型标志物组成。

（三）滑行道边线标志物

基准代码为1或2的机场上，未设滑行道中线灯或边灯或滑行道中线标志物的滑行道上，应设置滑行道边线标志。滑行道边线标志物为逆向反射蓝色光。标志物的逆向反光表面在驾驶员看来应为长方形，面积应不小于150 cm²。滑行道边线标志物应易折，其高度应低得足以保持与飞机螺旋桨和喷气飞机发动机吊舱的净距。

（四）边界标志物

起飞着陆区内没有跑道的机场应设置边界标志物。边界标志物应沿着陆区的边界设置。边界标志物应采用如图 9-57 的标志物或采用高度不小于 50 cm、底部直径不小于 75 cm 的锥形体。如采用如图 9-57 所示的标志物，其间距应不大于 200 m；如采用锥形标志物，间距应约为 90 m；每一转角处应设置一个标志物。标志物的颜色看起来应与背景对比明显，应采用单色橙色或单色红色，或橙与白及红与白两种有反差的颜色。

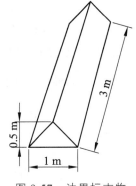

图 9-57　边界标志物

第五节　助航灯光的设计

一、助航灯光的一般要求

（一）可能引起干扰的灯光

机场附近的非航空地面灯，凡由于其光强、构形或颜色可能会妨碍或干扰对地面航空灯的明确理解的，应予熄灭、遮蔽或改装。对于下述地区内能从空中看到的非航空地面灯，应特别加以注意：

（1）基准代码为 4 的仪表跑道：从跑道入口和从跑道末端向外延伸到至少 4 500 m 范围以内、跑道中线延长线两侧各 750 m 宽的地区内。

（2）基准代码为 2 或 3 的仪表跑道：从跑道入口或从跑道末端向外延伸至至少 3 000 m 范围内，跑道中线延长线两侧各 750 m 宽的地区内。

（3）基准代码为 1 的仪表跑道和非仪表跑道：进近区内。

（二）灯　具

1. 立式进近灯

立式进近灯及其支柱应为易折的，只有进近灯光系统距离跑道入口 300 m 以外部分允许：

（1）在支柱高度超过 12 m 时，只要求顶端的 12 m 部分应为易折的。

（2）在支柱周围被非易折的物体围绕时，只有高出周围物体的支柱部分应是易折的。

当进近灯具或其支柱本身不足够明显时，应适当地加以标志。跑道、停止道和滑行道上的立式灯应是易折的，其高度应低到足以与螺旋桨以及喷气航空器的发动机吊舱之间保持必要的净距。

2. 嵌入式灯

嵌入跑道、停止道、滑行道和机坪表面的灯应设计和安装得能承受航空器轮子的压力，不使航空器或灯具本身受到损坏。在安装的嵌入灯具与飞机轮胎接触处，由于热传导和热辐射所产生的温度在接触持续 10 min 的时间内应不超过 160 ℃。

（三）光强和控制

跑道灯光的光强应足以适应准备使用跑道时的最低能见度和跑道周围灯光的情况；当设有进近灯光系统时，跑道灯光的光强应与最近一段的进近灯光的光强配合适当。由于进近灯光系统的灯具的光强可能比跑道灯光的光强大，应避免光强的突然变化，因为这种变化会使驾驶员产生一种在进近过程中能见度正在变化的错觉。在设有高光强灯光系统时，应设置适当的光强控制设备以便调节光强来适应现场情况。

（四）航空灯标

灯标的位置应选择得使其在各重要方向上不被物体遮蔽，并对进近着陆中的驾驶员不产生眩光。

机场灯标应显示有色与白色交替的闪光或仅显示白色的闪光。总的闪光频率应为 20～30 次/分钟。在使用有色闪光的场合，陆地机场灯标发出的有色闪光应为绿色，水上机场灯标发出的有色闪光应为黄色。闪光的有效光强应不小于 2 000 cd。在不能避免高环境背景亮度的地点，闪光灯的有效光强可能需要增大最多到 10 倍。

供夜间使用而且从空中用其他方法不易识别的机场，应设置识别灯标。识别灯标应设在机场内的低环境背景亮度的地区。灯标的位置应使灯标在有效的方向上不被物体遮蔽，并对进近着陆的驾驶员不产生眩光。

陆地机场的识别灯标应在所有方位角上显示。灯光的垂直分布应从不大于 1° 的仰角向上扩展至由有关当局确定的足以在准备使用灯标的大仰角上提供引导的仰角。闪光的有效光强应不小于 2 000 cd。在不能避免高环境背景亮度的地点，闪光灯的有效光强需要增大最多到 10 倍。陆地机场的识别灯标应显示绿色闪光，而水上机场的识别灯标则应显示黄色闪光。

二、进近灯光系统

进近灯光系统（Approach Lighting System，ALS），是辅助航行灯光的一种，使飞机于夜间或是能见度低的情况下降落时，提供跑道入口位置和方向的醒目的目视参考。进近灯光系统安装在跑道的进近端，是从跑道向外延伸的一系列横排灯、闪光灯（或者两者组合）。进近灯光通常在有仪器进近程序的跑道上使用，使得飞行员能够目视分辨跑道环境，帮助飞行员在飞机进近到达预定点的时候对齐跑道。

（一）简易进近灯光系统

拟在夜间使用的基准代码为 3 或 4 的非仪表跑道应设 A 型简易进近灯光系统；拟在夜间使用的非精密进近跑道应设 B 型简易进近灯光系统，在实际可行的情况下，宜设置 I 类精密进近灯光系统。

简易进近灯光系统由一行位于跑道中线延长线上，并尽可能延伸到距跑道入口不小于420 m 处的灯具和一排在距跑道入口 300 m 处构成一个长 18 m 或 30 m 的横排灯的灯具组成。构成横排灯的灯具应设置在一条尽可能接近水平的直线上，垂直于中线灯线并被其平分。横排灯的灯具应布置得能够产生一种直线效果，只有当采用 30 m 的横排灯时可在中线两侧各留一个空隙。这种空隙应保持在最小值，既能满足当地要求，又不大于 6 m。

简易进近灯光系统的灯具应是恒定发光灯。每一中线灯应为：

（1）A 型为一个单灯。

（2）B 型为至少 3 m 长的短排灯。如果预计该系统发展为精密进近灯光系统，宜采用 4 m 长的短排灯。在短排灯由近似点光源构成的情况下，灯具应等距设置，间距不大于 1.5 m。

简易进近灯光系统的布置如图 9-58 所示。

构成中线的灯具的纵向间距应为 60 m，只有在需要改善引导作用时才可采用 30 m 的间距。最靠近跑道入口的灯应根据选用的中线灯的纵向间距设在距跑道入口 60 m 或 30 m 处。如果实际上不可能把中线灯延伸到距离跑道入口 420 m 处，则延伸到 300 m 处以包括横排灯。如果这一距离也不可能，则应将中线灯实际可行地向外延伸，并将中线灯改为由至少 3 m 长的短排灯组成，宜在距入口 150 m 处增设一组横排灯。

A 型简易进近灯光系统应采用低光强发红色光的全向灯具，灯具在水平面以上 0°~50° 内均应发光，其中 6°~10°内的光强应不小于 10 cd（红光）。B 型简易进近灯光系统的中线灯和横排灯应是发可变白光的恒定发光灯，光学特性符合 ICAO 附件 14 中的相关规定。

简易进近灯光系统的灯具的光中心应尽量与跑道入口灯的光中心保持在同一个水平面上，但在距入口 150 m 范围内，灯具应安装得尽可能接近地面。由于地形变化可在距入口 150 m 以外有一段不大于 1∶66 的升坡或不大于 1∶40 的降坡，但光中心的变坡不应多于一个。光中心的每一个水平段或升坡、降坡段应包含至少三个单灯或三个短排灯。距跑道入口 300 m 处的横排灯和各中线短排灯应分别位于一个水平面上。

在灯具光中心形成的平面距跑道入口 480 m 及距跑道中线延长线两侧各 60 m 的范围，除仪表着陆系统或微波着陆系统的方位天线外，不应有突出于其上的物体。此外，在距入口 900 m 及距跑道中线延长线两侧各 60 m 的范围以内，不应存在遮挡驾驶员观察进近灯光的视线的物体。

（二）Ⅰ类精密进近灯光系统

Ⅰ类精密进近跑道应设Ⅰ类精密进近灯光系统。Ⅰ类精密进近灯光系统由一行位于跑道中线延长线上并尽可能延伸到距跑道入口 900 m 处的灯和一排在距跑道入口 300 m 处构成一个长 30 m 的横排灯组成。构成横排灯的灯具应设置在一条尽可能接近水平的直线上，垂直于中线灯线并被其平分。横排灯的灯具应布置得能够产生一种直线效果，只有在中线两侧可各留一个空隙。这种空隙应保持在最小值，以满足相关位置要求，每个空隙不大于 6 m。目前采用的横排灯的灯间距在 1~4 m。中线两侧的空隙可能改善进近出现横向误差时的方向引导，并便于救援和消防车辆的通行。构成中线的灯具的纵向间距应为 30 m，最靠近跑道入口的灯位于离跑道入口 30 m 处。

Ⅰ类精密进近灯光系统的中线灯和横排灯应是发可变白光的恒定发光灯。每一中线灯应为：

（1）A 型：在中线的最里面 300 m 部分为单灯光源，在中线的中间 300 m 部分为双灯光源，在中线的外端 300 m 部分为三灯光源，用以提供距离信息。

（2）B 型：一个短排灯。

Ⅰ类精密进近跑道灯光系统所采用的预防性维护系统应具有的目标：在进行Ⅰ类进近飞行的任何时间内所有的进近灯和跑道灯都是可用的，并在任何情况下，Ⅰ类精密进近灯光系统、跑道入口灯、跑道边灯、跑道末端灯中至少有 85%的灯是可用的。

当作为维护目标的进近灯光系统灯具的可用性水平能够落实时，在每一中线灯位置上可以是 A 型为单灯光源或 B 型的一个短排灯。短排灯的长度应至少为 4 m。在短排灯是由近似点光源组成时，灯具应等距设置，间距不大于 1.5 m。如果中线灯是由 A 型灯具或单灯组成，除在距跑道入口 300 m 处设置的横排灯外，还应在距入口 150 m、450 m、600 m 和 750 m 处

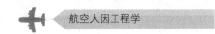

增设横排灯。构成每一横排的灯具应尽可能设置在一条接近水平的直线上，垂直丁中线灯线并被其平分。这些灯应布置得能够产生一种直线效果，只有在中线两侧可各留一个空隙。这种空隙应保持在最小值，应满足相关位置的要求，每个空隙不大于 6 m。

（三）Ⅱ类和Ⅲ类精密进近灯光系统

进近灯光系统由一行位于跑道中线延长线上并尽可能延伸到距跑道入口 900 m 处的灯具组成。此外，本系统还应有两行延伸到距跑道入口 270 m 处的侧边灯以及两排横排灯，一排在距入口 150 m 处，另一排队在距入口 300 m 处，如图 9-58 所示。如可证明进近灯光系统灯达到了规定要求作为维护目标的适用性水平，系统可设两行延伸到距跑道入口 240 m 处的侧边灯和两排横排灯，一排在距跑道入口 150 m 处，另一排在距跑道入口 300 m 处，如图 9-59 所示。

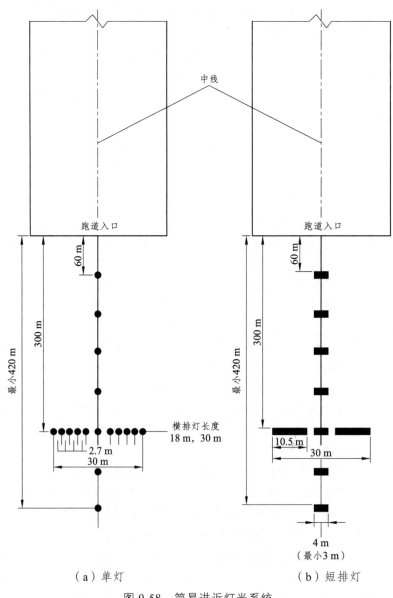

图 9-58　简易进近灯光系统

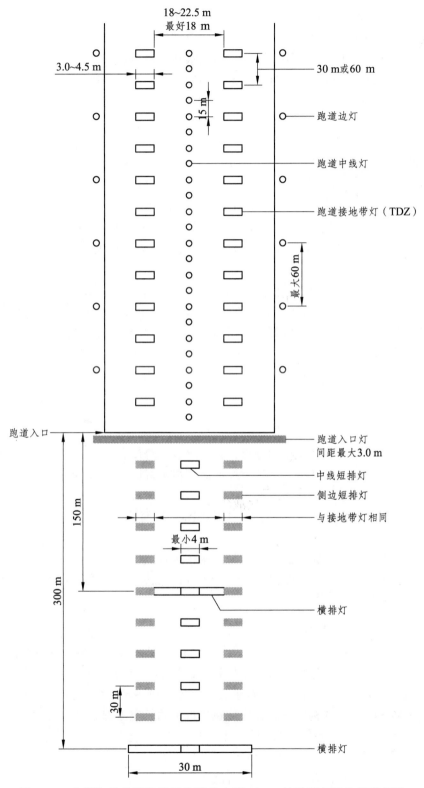

图 9-59　Ⅱ类和Ⅲ类精密进近跑道的内端 300 m 的进近灯光和跑道灯光

　　中线灯的纵向间距为 30 m，靠里的灯位于距跑道入口 30 m 处。侧边灯应位于中线的两侧，其纵向间距与中线灯的纵向间距相同，第一个灯设于距入口 30 m 处。如可证明进近灯光系统灯达到了规定要求作为维护目标的适用性水平，侧边灯可以以 60 m 的纵向间距设在中线的两侧，并将第一个侧边灯设置在距入口 60 m 处。两行侧边灯靠近中线的灯具之间的横向间距应不小于 18 m，也不大于 22.5 m，以 18 m 为好，但在任何情况下它应与接地带灯的横向间距相同。

　　设在距跑道入口 150 m 处的横排灯应填满中线灯与侧边灯之间的空隙。设在距跑道入口 300m 处的横排灯应自中线向两侧各伸出 15 m。如果距跑道入口 300 m 以外的中线灯是由在中线的中间 300 m 部分为双灯光源，在中线的外端 300 m 部分为三灯光源或单灯组成时，必须在距入口 450 m、600 m 和 750 m 处增设横排灯，该横排灯的外端应位于两条平行于中线或逐渐向内收敛在跑道入口以内 300 m 处与中线相交的直线上。突出于灯光平面之上的任何仪表着陆系统或微波着陆系统的方位天线应视为障碍物，并须相应地加以标志和照明。

　　Ⅱ/Ⅲ类精密进近灯光系统距跑道入口第一个 300 m 部分的中线灯由发可变白光的短排灯组成，只有当跑道入口内移 300 m 或更多时，这部分中线灯才可由发可变白光的单灯组成。距跑道入口 300 m 以外的每一中线灯应是与内端 300 m 部分相同的短排灯，或在中线的中间 300 m 部分为双灯光源，在中线的外端 300 m 部分为三灯光源。以上所有灯都发可变白光。短排灯的长度至少为 4 m，在短排灯是由近似点光源组成时，灯具应等距设置，间距不大于 1.5 m。

（四）目视进近坡度指示系统

　　有进近引导要求的航空器使用的跑道，无论跑道是否设有其他目视助航设备或非目视助航设备，应设置目视进近坡度指示系统。标准的目视进近坡度指示系统应为下列几种（见图 9-60）：

　　（1）T 式目视进近坡度指示系统（T-VASIS）和简化 T 式目视进近坡度指示系统（AT-VASIS）；

　　（2）精密进近坡度指示器（PAPI）和简化精密进近坡度指示器（APAPI）。

　　当基准代码为 1 或 2 时，应设置 PAPI 或 APAPI。当基准代码为 3 或 4 时，应设置 PAPI、T-VASIS 或 AT-VASIS。

1. T-VASIS 和 AT-VASIS

　　T-VASIS 应由对称地布置在跑道中线两侧的 20 个灯具组成，每侧包括一个由 4 个灯组成的翼排灯和在翼排灯纵向等分线上的 6 个灯具，如图 9-60 所示。AT-VASIS 应由布置在跑道一侧的 10 个灯具组成，包括一个由 4 个灯组成的翼排灯和在翼排灯纵向等分线上的 6 个灯具。T-VASIS、AT-VASIS 灯具的构造和布置应使在进近中的航空器驾驶员：

　　（1）在进近坡之上时，看到翼排灯是白色，以及 1、2 或 3 个低飞提示灯。驾驶员高于进近坡之上越多，看到低飞提示灯数就越多。

　　（2）正在进近坡上时，看到翼排灯是白色。

　　（3）低于进近坡时，看到的翼排灯和 1、2 和 3 个高飞提示灯均是白色。驾驶员低于进近坡越多，看到的高飞提示灯数就越多。当其低于进近坡很多时，看到的翼排灯和 3 个高飞提示灯均是红色。

（4）正在进近坡上或高于进近坡时，看不到高飞提示灯光；正在进近坡上或低于进近坡时，看不到低飞提示灯光。

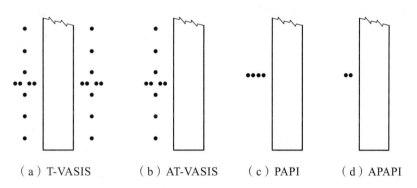

（a）T-VASIS　　（b）AT-VASIS　　（c）PAPI　　（d）APAPI

图 9-60　各种目视进近坡度指示系统

灯光系统应适合于昼间和夜间运行。每一灯具的光束分布应是扇形，在进近方向的一个相当宽的方位角范围内发光。翼排灯灯具应在垂直角 1°54′~6° 内发出白色光束，并在垂直角 0°~1°54′内发出红色光束。低飞提示灯具应在仰角 6° 到约为进近坡度角之间发出白色光束，在进近坡度角处突然截光。高飞提示灯具应在垂直角约为进近坡度角至 1°54′的范围内发出白色光束，并在垂直角 1°54′以下发出红色光束。应设置合适的光强调节设备，以便调节光强来适应当时的情况并避免使驾驶员在进近和着陆中感觉眩目。翼排灯、配对的高飞提示灯或低飞提示灯灯具应安装得使在进近中的航空器驾驶员看来基本上是成对地各在一条水平线上。灯具应安装得尽可能低且易折。

灯具设计应使其在透光或反光面上的凝结水、尘土等对灯光信号的干扰尽可能小，且不应影响光束的仰角和红色与白色信号之间的对比。在预计会下雪或结冰的地方，灯具的构造应使出光缝被冰雪全部或部分堵塞的可能性减至最小。

当设置 T-VASIS 的跑道装有仪表着陆系统 ILS 和微波着陆系 MLS 时，灯具的位置和仰角应使目视进近坡与 ILS 的下滑航道和（或）MLS 的最小下滑航道尽可能相符。跑道两侧翼排灯灯具的光束仰角应相同。最靠近每组翼排灯的高飞提示灯具的光束顶部仰角应与最靠近每组翼排灯的低飞提示灯具的光束底部仰角相同，并与进近坡相符。其余高飞提示灯具的光束顶部的截止角应按离开翼排灯的距离由近及远地依次递减 5′。其余低飞提示灯灯具的光束底部进入角应按离开翼排灯的距离由近及远地依次递增 7′（见图 9-61）。翼排灯和高飞提示灯的红色光束顶部的仰角调置，应使在进近过程中航空器驾驶员看到翼排灯和三个高飞提示灯时，只要看不见任何一个灯具的红色光就会对进近区内的所有物体保持安全净距。

在发现有位于系统的障碍物保护面之外但在系统光束的横向界限以内的物体突出障碍物保护面之上，且航空研究表明该物体对航空器安全会有不利影响时，应适当限制光束的方位角扩散范围，使该物体保持在光束范围之外。

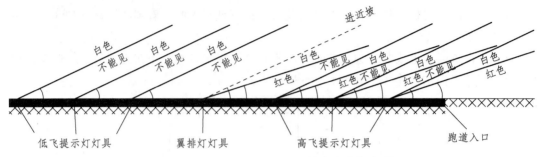

图 9-61　T-VASIS 和 AT-VASIS 的光束和仰角调置

2. PAPI 和 APAPI

PAPI 或 APAPI 系统应设在跑道的左侧（对进近中的驾驶员而言），但在实际不可行时可设在跑道的右侧。在使用跑道的航空器需要未能由其他外部方式提供的目视侧滚引导时，可在跑道的另一侧设置另一组灯具。

PAPI 系统由一个包括四个等距设置的急剧变色的多灯泡（或成对灯泡）灯具的翼排灯组成，APAPI 系统由一个包括两个急剧变色的多灯泡（或成对灯泡）灯具的翼排灯组成组成，如图 9-62 所示。各灯具的光轴在水平面上的投影应平行于跑道中线，朝向进近中的航空器。全部灯具应易折，并应尽可能地安装在同一水平面上。

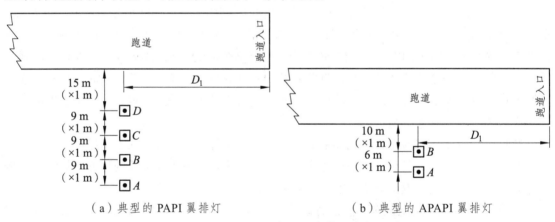

（a）典型的 PAPI 翼排灯　　　　　（b）典型的 APAPI 翼排灯

图 9-62　PAPI 和 APAPI 安装示意图

PAPI 系统的设置应满足下列要求：

（1）当正在或接近进近坡时，看到离跑道近的两个灯具为红色，离跑道远的两个灯具为白色。

（2）当高于进近坡时，看到离跑道近的一个灯具为红色，离跑道远的三个灯具为白色；在高于进近坡更多时，看到全部灯具均为白色。

（3）当低于进近坡时，看到离跑道近的三个灯具为红色，离跑道远的一个灯具为白色；在低于进近坡更多时，看到全部灯具均为红色。

APAPI 翼排灯的设置应满足下列要求：

（1）当正在或接近进近坡时，看到离跑道较近的灯具为红色，离跑道较远的灯具为白色。

（2）当高于进近坡时，看到两个灯具均为白色。

（3）当低于进近坡时，看到两个灯具均为红色。

该灯光系统适合于日间和夜间运行。每个灯具应能调节仰角，使光束的白光部分的下限可以固定在水平以上 1°30′~4°30′的任何要求角度上。灯具应设计得在透光或反光面上的凝结水、冰、雪、尘土等对灯光信号的干扰减至尽可能小的程度，并不得影响红色和白色信号之间的对比和过渡扇形面的仰角。

三、跑道灯光系统

跑道灯光系统的主要目的在于避开建筑物、危险地形或减少噪声。它由若干灯组组成，这些灯组的布置应能够勾画出要求的进近航道，而且能从前一组灯看到后一组灯。

（一）跑道边灯

夜间使用的跑道或昼夜使用的精密进近跑道和拟供在昼间跑道视程低于 800 m 左右的最低运行标准条件下起飞的跑道应设跑道边灯。跑道边线灯沿跑道全长安装于与跑道中线等距平行的跑道两边边缘直线上，或在跑道边缘以外不超过 3 m 处安装。灯具的间距应尽量均匀一致，若为仪表跑道，灯的间距应不大于 60 m，若为非仪表跑道，灯的间距应不大于 100 m。跑道两侧的灯应一一对应，形成一条垂直于跑道中线的直线。

灯光的颜色为发可变白光的恒定发光灯，以下情况除外：

（1）在跑道入口内移的情况下，从跑道起点至内移跑道入口之间的灯应在进近方向显示红色。

（2）跑道末端 600 m 范围内的跑道边灯朝向跑道中部的灯光应为黄色。若跑道长度不足 1 800 m，则发黄色光的跑道边灯所占长度应为跑道长度的 1/3。

（二）跑道入口灯和入口翼排灯

1. 跑道入口灯

除跑道入口内移并设有跑道入口翼排灯的非仪表跑道和非精密进近跑道外，设有跑道边灯的跑道应设置跑道入口灯。当跑道入口位于跑道端时，跑道入口灯应设在跑道端外垂直于跑道中线的一条直线上并尽可能靠近跑道端，距离不大于 3 m。当跑道入口内移时，跑道入口灯应设在内移的入口处一条垂直于跑道中线的直线上。跑道入口灯的布置见表 9-27。跑道入口灯应为向跑道进近方向发绿色光的单向恒定发光灯。

跑道入口灯设置的数量和位置：

（1）非仪表跑道或非精密进近跑道，至少六盏灯。

（2）Ⅰ类精密进近跑道，跑道入口灯的数量至少为在跑道边灯线之间以 3 m 间距等距设置时所需的灯数。

（3）Ⅱ类、Ⅲ类精密进近跑道，跑道入口灯应在跑道边灯线之间以不大于 3 m 的间距等距设置。

（4）（1）和（2）项规定的入口灯可均匀布置也可分为两组均匀布置。两组均匀布置时中间应留一缺口，缺口对称于跑道中线，其宽度应等于接地带标志的间距。若跑道上未设置接地带标志，则两组灯之间的缺口宽度应为 18 m 或不大于两行跑道边灯之间距离的 1/2。

表 9-27 跑道入口和跑道末端灯的布置

情况	灯	跑道类型			
		非仪表跑道及非精密进近跑道	I 类精密进近跑道	II 类精密进近跑道	III 类精密进近跑道
跑道入口在跑道端	跑道入口灯及跑道末端灯				
入口从跑道端内移	跑道入口灯				
	跑道末端灯				

图例：↟ 单向灯，↥ 双向灯。

注：图示为跑道边上装有跑道边灯的宽 45 m 跑道所需的最小灯数。

2. 跑道入口翼排灯

当需要加强显示精密进近跑道的入口时，或当非仪表跑道和非精密进近跑道因入口内移未设有入口灯时，应设入口翼排灯。入口翼排灯应设置在跑道入口的两侧，每侧至少由 5 盏灯组成，垂直于跑道边线并向外延伸至少 10 m，最里面的灯位于跑道边线线上。跑道入口翼排灯的布置见表 9-27。跑道入口翼排灯应为向跑道进近方向发绿色光的单向恒定发光灯，其光强和光束扩散角应足以适应跑道拟供使用时的能见度和周围灯光条件的需要。

（三）跑道末端灯

跑道末端灯设置在有跑道边线灯的跑道末端外垂直于跑道中线的一条直线上，并尽可能靠近跑道端，距离应不大于 3 m。灯具至少由 6 盏灯组成，可在两行跑道边灯线之间均匀分布，也可对称于跑道中线分为两组，每一组灯具等距布置，在两组之间留一个不大于两行跑道边灯之间距离一半的缺口。III 类精密进近跑道的跑道末端灯除中间缺口外（如果设置），相邻灯具之间的距离应不大于 6 m。跑道末端灯的布置见表 9-27，灯光颜色为向跑道方向发红色光的单向恒定发光灯。

（四）跑道中线灯

一般 II、III 类精密进近跑道及起飞跑道应安装跑道中线灯。跑道中线灯应采用嵌入式灯具，在跑道入口至末端之间以约 15 m 的间距沿跑道中线布置，在出口滑行道较少的一侧，允许偏离跑道中线至多 0.6 m。仅在跑道中线灯的维护能够保证灯具的完好率达到 95% 以上同时没有两个相邻的灯具失效，而且跑道是计划在跑道视程等于或大于 350 m 时运行的情况下，灯具的纵向间距才可改为大致 30 m。

跑道中线灯灯光从跑道入口到离跑道末端 900 m 处是可变白色的固定灯；由距跑道末端 900m 处到离跑道末端 300 m 处，是红色与可变白色相间；由离跑道末端 300 m 处直到跑道末端为红色。若跑道长度不足 1 800 m，则应改为自跑道中点起至距离跑道末端 300 m 处范围内为红色与白色相间。

（五）跑道接地带灯

II、III 类精密进近跑道的接地带上应设置接地带灯，该灯为单向恒定发白色光的短排灯组成，朝进近方向发光。短排灯成对地从跑道入口开始以 30 m 或 60 m 纵向延伸至 900 m 处，只有在跑道长度小于 1 800 m 时，该距离就缩短到使其不超过跑道的中点。成对的短排灯对称地布置在跑道中线的两侧，横向间距与接地带标志相同。两对短排灯之间的纵向距离为30 m 或 60 m。接地带短排灯至少由三盏灯组成，灯的间距不大于 1.5 m。短排灯的长度不小于 3 m，也不大于 4.5 m。

（六）快速出口滑行道指示灯

快速出口滑行道指示灯的作用是为驾驶员提供跑道上距最近的快速出口滑行道的距离方面的信息，以便在能见度低的条件下更好地了解飞机所在的位置，使驾驶员能够刹车减速，以获得更高效的着陆滑跑和脱离跑道速度。在跑道视程条件低于 350 m 和（或）高交通密度的情况下使用的跑道应设置快速出口滑行道指示灯。快速出口滑行道指示灯设置在跑道中线连接了快速出口滑行道那一侧的跑道上，其布局如图 9-63 所示。在每一组灯中，灯的间距为 2 m，距跑道中线最近的灯距跑道中线 2 m。快速出口滑行道指示灯为单向黄色恒定发光灯，朝向趋近跑道着陆的飞机。

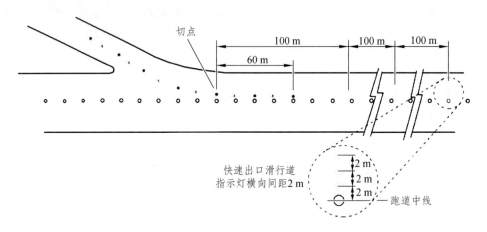

图 9-63　快速出口滑行道指示灯

（七）停止道灯

拟供夜间使用的停止道上应设置停止道灯。停止道灯沿停止道全长设置，设在与中线等距并与跑道边灯线重合的两条平行线上。停止道灯还应横贯设置在停止道端垂直于停止道轴线的一条直线上，该直线应尽可能靠近停止道端并在任何情况下不越过停止道端外 3 m。灯光为单向朝跑道方向发红色光的恒光灯。

（八）道路等待位置灯

当在跑道视程小于 550 m 和（或）高交通密度的情况下使用跑道时，应在服务于跑道的所有道路等待位置上设置道路等待位置灯。道路等待位置灯应邻近道路等待位置标志，距离路边（1.5±0.5）m，宜设在道路右侧。道路等待位置灯的高度应满足障碍物的限制要求。

道路等待位置灯应采用下列两种形式之一：

（1）一套由机场空中交通管制部门控制的红绿交通灯。

（2）一个闪光 30～60 次/分钟的红色闪光灯。

灯具的光束应是单向的，朝向趋近等待位置的车辆。灯具的光强应能满足在当时的能见度和周围灯光条件下使用该等待位置的需要，并不应使驾驶员感觉眩目。

四、滑行道灯光系统

（一）滑行道中线灯

在跑道视程小于 350 m 的情况下使用的出口滑行道、滑行道、除冰、防冰设施和机坪应设置滑行道中线灯，设置方式应确保能在跑道中线和停机位之间提供连续的引导，只有在低交通密度和滑行道边灯及中线标志已能提供足够引导的情况下才无须设置。在跑道视程不小于350 m的夜间情况下使用的滑行道上、复杂的滑行道相交处和出口滑行道上，应设置滑行道中线灯，只有在低交通密度且滑行道边灯和中线标志已能提供足够引导的情况下才可不设。在可能需要勾画出滑行道边之处（如快速出口滑行道、窄滑行道），或在有积雪的情况下，可设滑行道边灯或标志物。如某一出口滑行道、滑行道、除冰、防冰设施和机坪被规定为先进的地面活动引导和控制系统的一部分，则在各种能见度条件下均应为其设置滑行道中线灯，其设置方式应能在跑道中线和停机位之间提供连续的引导。

双向运行滑行道的中线灯应为双向恒定绿色灯，单向运行滑行道的中线灯应为单向恒定绿色灯（见图9-64），下列情况除外：

（1）双向运行滑行道，从航空器脱离跑道方向看，其靠近跑道中线的第一个滑行道中线灯应发绿光，之后应为绿光与黄光交替出现，一直到最靠近如图9-64所示虚线处的灯应发黄光，过了该位置之后的所有滑行道中线灯应为绿色；从航空器进入跑道方向看，最靠近图9-64红线处的灯光应发黄色，之后应为绿色与黄色交替出现，最远的灯应为绿色。

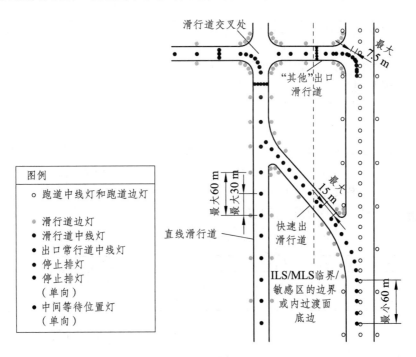

图 9-64 滑行道灯

（2）单向运行滑行道，从航空器脱离跑道方向看，靠近跑道中线的第一个滑行道中线灯应发绿光，之后应为绿光与黄光交替出现，一直到最靠近如图9-64所示虚线处的灯应发黄光，过了该位置之后的所有滑行道中线灯应为绿色；从航空器进入跑道方向看，最靠近图9-64红线处的灯光应发黄色，之后应为绿色与黄色交替出现，最远的灯应为绿色。

滑行道中线灯应设置在滑行道中线标志上，只有在不可能设在标志上时才可将灯具偏离不大于0.6 m的距离。其在滑行道直线段上的纵向间距应不大于30 m，但下列情况除外：

（1）在能见度经常良好，较大的间距仍能提供足够引导的情况下，可用不大于 60 m 的较大间距。

（2）在短的直线段上应采用小于 30 m 的间距。

（3）在跑道视程小于 350 m 时使用的滑行道或作为标准滑行路线的一部分的跑道上，应采用不大于 15 m 的间距。

滑行道弯道上的滑行道中线灯应由滑行道直线段上的中线灯延伸，保持中线灯到弯道外侧边缘的距离不变。滑行道中线灯在弯道上的间距应根据弯道的半径确定，见表 9-28 所示。

表 9-28　滑行道中线灯在弯道上的间距

弯道半径/m	灯间距离/m
≤400	7.5
401～899	15
≥900	15（跑道视程小于 350 m 时） 30（跑道视程等于或大于 350 m 时）

注：在准备用于跑道视程小于 350 m 的情况下的滑行道上，上列间距应保持到弯道前后各 60 m 处。

快速出口滑行道上的滑行道中线灯应从滑行道中线曲线起始点以前至少 60 m 处的一点开始，一直延续到曲线终点以后滑行道中线上预期航空器将降速至正常滑行速度的一点为止，或继续延伸与滑行道直线段上的中线灯衔接。平行于跑道中线的那部分滑行道中线灯应始终距离跑道中线灯至少 0.6 m，如图 9-65 所示。灯具的纵向间距应不大于 15 m。

快速出口滑行道以外的出口滑行道上的滑行道中线灯应从滑行道中线标志从跑道中线开始弯出的那一点开始，沿着弯曲的滑行道中线标志至少延伸到该标志脱离跑道的地点为止。第一个灯应距离跑道中线灯至少 0.6 m，如图 9-65 所示。灯具的纵向间距应不大于 7.5 m。滑行道、出口滑行道和弯道上的滑行道中线灯布置如图 9-64 所示。

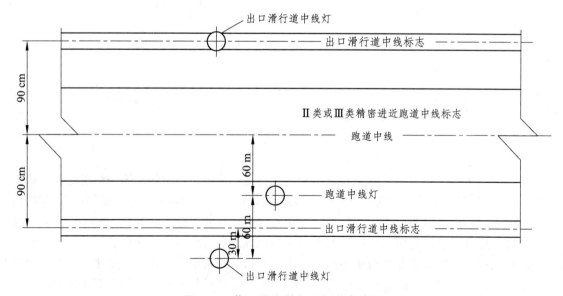

图 9-65　偏置的跑道和滑行道中线灯

（二）停止排灯

在每一个通向拟在跑道视程小于 550 m 情况下使用的跑道，在跑道等待位置以及打算实行停止或放行控制的中间等待位置上应设停止排灯。但在下列情况下可不设：

（1）具备防止航空器和车辆偶然侵入跑道的适当助航设施和程序。

（2）在跑道视程低于 550 m 的情况下，具备限制同一时间内在机动区只有一架航空器和必不可少的最少车辆的运行程序。

在夜间和跑道视程大于 550 m 情况下使用的跑道，在跑道等待位置宜设置停止排灯，作为防止跑道侵入的有效措施之一。停止排灯设在滑行道上要求航空器停住等待放行之处，由若干个朝向趋近停止排灯的航空器发红色光的嵌入式灯组成。停止排灯横贯滑行道，灯间均匀分布，距离不大于 3 m，由 ATC 控制。

在常规的停止排灯可能由于雨雪等因素致使驾驶员看不清楚，或由于要求航空器停住的位置距离停止排灯太近以致灯光被机身挡住的情况下，应在停止排灯的两端滑行道边以外至少 3 m 处各增设一对光学特性与停止排灯相同的立式灯具，并使其一直都能被趋近的航空器驾驶员看到，直到停止排灯位置。

除高光强停止排灯外，停止排灯一般无须调节光强。设置在跑道等待位置的停止排灯应是朝着趋近跑道的方向发红色光的单向灯。停止排灯开亮表示禁止通行，关灭表示许可通行。有选择地进行开关控制的停止排灯电路设计应使在停止排灯开亮时其前方不小于 90 m 以内的滑行道中线灯熄灭，反之亦然。停止排灯应有应急电源。应急电源应能自动投入，有选择地进行开关控制的停止排灯的投入速度应满足灯光转换时间不大于 1 s 的要求。

（三）除冰/防冰设施出口灯

除冰/防冰设施出口灯应设置在比邻滑行道的远距除冰防冰坪出口边界处的中间等待位置标志内侧，距离标志 0.3 m。除冰/防冰设施出口灯由若干个光分布特性类似滑行道中线灯、朝趋近出口边界方向发黄色光的单向嵌入式恒定发光灯组成，灯具以 6 m 的等间距布置，如图 9-66 所示。

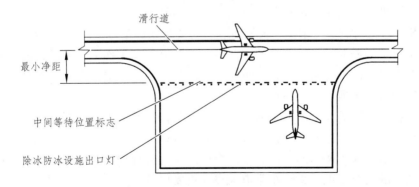

图 9-66　典型的远距除冰/防冰设施

（四）跑道警戒灯

跑道警戒灯的作用是警告在滑行道上操纵飞机的驾驶员和驾驶车辆的司机，他们将要进入一条现用跑道。下列情况下应设置 A 型跑道警戒灯：

（1）跑道视程小于 550 m 且未安装停止排灯。

（2）跑道视程在 550～1 200 m 且交通密度高。

在每个跑道与滑行道（除单向运行出口滑行道）相交处宜设置 A 型或 B 型跑道警戒灯。A 型跑道警戒灯应包括两对背离跑道方向交替发黄色光的立式灯，设在滑行道两侧的立式停止排灯（如设有）的外侧或距离滑行道边约 3 m 处（如未设立式停止排灯），并距跑道中线不小于表 9-11 中对起飞跑道的规定。每一对 A 型跑道警戒灯中的两个灯应以 30～60 次/分钟的频率交替闪光。

B 型跑道警戒灯不应与停止排灯并列，应为背离跑道方向发黄色闪光的嵌入式灯，横贯滑行道设置，间距为 3 m，并距跑道中线不小于表 9-11 中对起飞跑道的规定，如图 9-67 所示。B 型跑道警戒灯中相邻的灯应以 30～60 次/分钟的频率交替闪光，隔开的灯应同时闪光。闪光的明暗时间应相同，彼此相反。

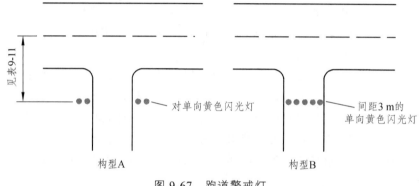

图 9-67　跑道警戒灯

本章案例 1：场务人员的虚无假设造成飞机复飞

事发经过：一架 B757 型飞机在某机场由北向南着陆过程中，在 7～10 m 的高度上，突然发现"T"字灯前（正常着陆的接地点附近）200m 处有一辆面包车正在同向行驶，飞机在距地面 3 m 的高度上从汽车顶部拉起，复飞后安全落地。

原因分析：该机场航班量很少，该时刻通常也没有航班飞行，这几乎已经成为一种惯例。因此该时刻也成了场务部门检查跑道的通常时间。当天场务工作人员从外面回来就直接上了跑道，既没有携带对讲机等通信设备，也没有询问航班动态，更没有取得塔台的许可，而恰好当天有一架加班飞机准备停靠该机场。这是一起由场务人员的虚无假设导致的不安全事件。

改进措施：类似情况在全国范围内发生过若干起，它的发生不是偶然的。只要机场没有关闭，任何时候上跑道、进入机场机动区，都应遵守跑道巡视检查规则，携带对讲机，取得塔台许可，并与塔台保持通畅的双向联系。合理的跑道巡视程序、机场工作人良好的遵守制度的习惯和较强的安全意识，是防止跑道入侵的重要保障。

本章案例 2：设备失效和违规诱发不安全事件

事发经过：某机场所在地区连续下雪。一天，机场除雪完成后，宣布某跑道开放运行后不久，机场管理部门领导发现有一条滑行道仍不太干净，于是派遣一辆吹雪车前往再次执行除雪任务，但是，在吹雪车吹完撤离过程中与一架快速脱离跑道的 B747 型飞机发生了剐碰。

原因分析及改善措施：

（1）违反工作程序和条例：机场除冰雪程序中应有检查确认程序；既然已经宣布跑道开放使用，就不应再有车辆进入机场机动区。机场道面除冰雪完成后，应对所有道面的适用情况进行检查，并通报塔台。而当时机场先向塔台进行了通报，之后又发现道面除雪不净，由此造成了工作环节的错位。

（2）设备处于非完好状态：进入机场机动区的作业车辆都应安装警示灯，并保持其正常工作状态，但吹雪车再次进入作业时，车辆警示灯因工作时间太长而失效，这也是造成航空器驾驶员没能发现该车的一个重要原因。引申到机场工作人员，所有进入机场活动区进行作业服务的工作人员都应穿带有反光条和警示标志的服装，由此提高机场运行的安全裕度。有时可能由于任务紧迫、工作忙碌而忘记对这些警示装置进行检查，而许多机场不安全事件恰恰又是在这种时间紧、工作忙乱而忽略了许多重要细节的情况下发生的。

本章案例 3：不良的组织管理程序导致不安全事件

事发经过：某日，一架 MD90 型飞机预计 23：57 在某机场落地，但该航班最终延误至 00：29 才到达本场。而巡道车与外场指挥中心联系上跑道进行检查时，外场指挥中心认为此时航班已经结束，未认真核对航班计划，也未与塔台联系，就指挥巡道车上跑道检查。巡道车在进行跑道检查时发现车后有灯光，将车辆向跑道外侧驶出的过程中，飞机右襟翼剐中了巡道车顶部照明灯，飞机右翼轻微受损，巡道车顶部照明灯被损坏。

原因：表面上是工作人员没有核对航班就允许巡道车上跑道，而根本原因应归结为跑道巡查程序不合理。国内很多中等规模的机场都成立有外场指挥中心，建立了"场务—外场指挥中心—塔台—外场指挥中心—场务"的工作联系流程，由此增加了工作环节，不便于现场工作人员取得第一手资料，信息沟通太慢，渠道不畅。

改善措施：上跑道的车辆应与塔台有直接、顺畅的联系，不应通过任何中间渠道。

复习思考题

1. 机场功能区有哪几部分构成？
2. 影响跑道方位和条数的因素有哪些？
3. 设计跑道宽度时，应考虑的要求有哪些？
4. 机场航空噪声有哪些特点？
5. 噪声对人的影响有哪些？
6. 跑道、机坪等机场场所应满足什么要求？
7. 机场障碍物限制面应满足什么要求？
8. 指示标、标记牌、标志物等目视助航设备应满足哪些要求？
9. 助航灯光的一般要求有哪些？

参考文献

[1] 薛红军. 民机驾驶舱人机工效设计与评估[M]. 西安：西北工业大学出版社，2014.

[2] Marks S Sanders, Ernest J McCormick. 工程和设计中的人因工程学[M]. 于瑞峰，卢岚，译. 北京：清华大学出版社，2009.

[3] 张炜，马智. 民机驾驶舱人机一体化设计[M]. 西安：西北工业大学出版社，2015.

[4] C D 威肯斯，J D 李. 人因工程学导论[M]. 2 版. 张侃，译. 华东师范大学出版社，2007.

[5] 罗晓利，孟豫. 飞行中人的因素[M].成都：西南交通大学出版社，2017.

[6] 廖光继，易树平. 工业 4.0 环境下的人因与工效学[J]. 技术与创新管理，2016，37（3）：270-275.

[7] 顾铮，李艳军. 航空人因设计与适航审定[M].北京：北京航空航天大学出版社，2019.

[8] 内维尔 A 斯坦顿，保罗 M 莎尔蒙. 人因工程学研究方法：工程与设计指南[M]. 2 版. 罗晓利、陈德贤、陈勇刚，译. 重庆：西南师范大学出版社，2017.

[9] 傅山. 民用运输类飞机驾驶舱人的因素设计原则[M].上海：上海交通大学出版社，2013.

[10] 顾正兵，罗晓利.民航空管班组资源管理[M].成都：西南交通大学出版社，2012.

[11] 揭裕文，朱亮. 民用飞机驾驶舱人为因素适航验证导论[M]. 北京：北京航空航天大学出版社，2017.

[12] 法航 447 空难调查回顾:侧杆设计是"罪魁祸首"[EB/OL]. 中新网（2016-08-25）. https://www.360kuai.com/pc/9b19e0d1a69855330?cota=4&tj_url=so_rec&sign=360_57c3b bd1&refer_scene=so_1.

[13] Installed Systems and Equipment for Use by the Flightcrew. AC No:25.1302-1[S]. Washington, D. C.: Federal Aviation Administration, 2013.

[14] 薛红军，张晓燕. 民机驾驶舱人机工效设计与评估[M]. 西安：西北工业大学出版社，2014.

[15] 田钢. 基于逆向工程方法的 A380 机型人因工程学设计原理分析[D]. 德阳：中国民用航空飞行学院，2013.

[16] 朱丹清，闫栋. 论 CATIA 在产品设计中的运用[J]. 软件，2019，40（4）：175-178.

[17] 王黎静，袁修干. 基于 2003 年标准数据的中国飞行员人体模型[J].计算机应用研究，2005（4）：194-195.

[18] 徐茂，罗亮. 基于 CATIA 的直升机飞行员人体数据库研究[J].直升机技术，2019（4）：36-39.

[19] EATMP Human Resources Team (2000)[Z]. Human Factors Integration in Future ATM Systems-Design Concepts and Philosophies (HRS/HSP-003-REP-01). Brussels: EUROCONTROL.

[20] KIRWAN B, EVANS A, DONOHOE L, et al. Human Factors in the ATM System Design

Life Cycle[C]. In proceedings of EUROCONTROL/FAA ATM R & D *Seminar*, 16-20 June, 1997, Bretigny, France.

[21] 邓娟，牟海鹰. 空中交通管理中人的因素[M]. 北京：中国民航出版社，2015.

[22] 寿劲秋，林紫珊，林师弘. 基于管制员行为需求的航空管制建筑空间设计策略初探[J]. 建筑与文化，2021（5）：198-200.

[23] 王黎静. 飞机人因设计[M]. 北京：北京航空航天大学出版社，2015.

[24] 陈志英，陈光. 航空发动机维修性工程[M]. 北京：北京航空航天大学出版社，2013.

[25] 左洪福，蔡景，吴昊，等. 航空维修工程学[M]. 北京：科学出版社，2011.

[26] 杨子佳. 民用飞机维修工效评估方法研究[D]. 南京：南京航空航天大学，2010.

[27] 王士伟，郭志辉. 民航飞机维修企业职业安全健康危害因素的分析与研究[J]. 民航科技，2004（4）：23-124.

[28] 蒋正杰，张绪，陈丹，等. 某部机务人员健康状况及其影响因素[J]. 职业与健康，2015，31（24）：3504-3506.

[29] 李珇，郭华，韩江林，等. 航空兵部队机务人员常见病因分析[J]. 中华保健医学杂志. 2017（5）：450-451.

[30] 刘石源，左公明. 机场地勤机务人员的个体防护[J]. 中国个体防护装备. 2016(6)：45-49.

[31] 张玲，陈济安，谢莎丽，等. 某部地勤人员健康状况与健康教育需求调查[J]. 人民军医. 2018（7）：659-662.

[32] 刘萍，刘慧欣，刘学燕，等. 人因工程在航空维修中的应用[J]. 科学应用，2019（24）：114.

[33] 中国民用航空局. 民用机场飞行区技术标准[Z]. 2013.

[34] 民航局机场司. 民用机场飞行区技术标准（第一修订案）[Z]. 2019.

[35] 国际民航组织. 国际民用航空公约附件14：机场[Z]. 2006.

[36] 谢智辉，李冬宾，刘一. 跑道安全信息分析与启示[J]. 民航管理，2014（4）：68-71.

[37] 杨昌其，安伟连，吴涛. 跑道安全风险管理浅析[J]. 科技视界，2012（22）：29-31.

[38] 张晓全，常晓晨. 预防跑道侵入技术主导成功[J]. 航空安全，2011（5）：49-51.

[39] 曾小舟. 机场运行管理[M]. 北京：科学出版社，2017.

[40] 俞丽华. 电气照明[M]. 上海：同济大学出版社，2014.

[41] 石英. 人因工程学[M]. 北京：清华大学出版社，2011.

[42] 马志刚，牟奇峰. 机场概论[M]. 成都：西南交通大学出版社，2010.